高职高专建筑产业现代化系列规划教材

Revit 2016 建筑建模

——Revit Architecture、Structure 建模、应用、管理及协同

宋　强　赵　研　王昌玉　编

机 械 工 业 出 版 社

本书共3篇，主要内容包括 Revit 模型创建、Revit 模型应用和 Revit 管理与协同。

全书以某高校教学楼 A 楼的创建和应用贯穿全篇。在讲解主要案例时以“案例”“操作思路”和“操作步骤”3部分展开；尽可能地让读者尽快掌握某种工具（或命令）的使用方法，先让读者在最短的时间内看到自己的成果后，再进行这种工具（或命令）的详细讲解。

本书主要作为高等教育教学用书，以及建筑行业的管理及技术人员的建筑信息建模（Building Information Modeling，BIM）学习用书，也可作为全国 BIM 技能等级考试参考用书。

图书在版编目（CIP）数据

Revit 2016 建筑建模/宋强，赵研，王昌玉编. —北京：机械工业出版社，2018.3

高职高专建筑产业现代化系列规划教材

ISBN 978-7-111-60731-1

Ⅰ.①R… Ⅱ.①宋… ②赵… ③王… Ⅲ.①建筑设计-计算机辅助设计-应用软件-高等职业教育-教材 Ⅳ.①TU201.4

中国版本图书馆 CIP 数据核字（2018）第 194204 号

机械工业出版社（北京市百万庄大街22号 邮政编码 100037）
策划编辑：张荣荣 责任编辑：张荣荣 陈瑞文
责任校对：樊钟英 封面设计：马精明
责任印制：孙 炜
北京中兴印刷有限公司印刷
2019年4月第1版第1次印刷
184mm×260mm · 15.25 印张 · 376 千字
标准书号：ISBN 978-7-111-60731-1
ISBN 978-7-89386-187-1（光盘）
定价：48.00元（含 1DVD）

凡购本书，如有缺页、倒页、脱页，由本社发行部调换

电话服务	网络服务
服务咨询热线：010-88379833	机 工 官 网：www.cmpbook.com
读者购书热线：010-68326294	机 工 官 博：weibo.com/cmp1952
	教育服务网：www.cmpedu.com
封面无防伪标均为盗版	金 书 网：www.golden-book.com

前言

FOREWORD

BIM 技术引入国内建筑工程领域后，被视为建筑行业“甩图板”之后的又一次革命，引起社会各界的高度关注，其应用阶段涵盖了建筑的规划设计、施工和运维等全生命周期。Revit 系列软件是当前应用最广泛的 BIM 核心软件之一，目前以 Revit 技术平台为基础推出的专业版模块包括：Revit Architecture、Revit Structure 和 Revit MEP 3 个专业设计工具模块。在 Revit 模型中，所有的图纸、二维视图和三维视图以及明细表都是同一个基本建筑模型数据库的信息表现形式，其参数化修改引擎可自动协调各个位置（模型视图、图纸、明细表、剖面图和平面图）的修改。

本书主要讲解 Revit Architecture 及 Revit Structure 内容，主要有以下特点：

1）将 Revit 软件操作分为 Revit 模型创建、Revit 模型应用、Revit 管理与协同 3 篇内容。第 1 篇“Revit 模型创建”主要讲解建筑构件的创建方法，也包括族与体量的内容。通过学习，读者可以较为系统地掌握建筑物的创建，能够创建建筑信息模型；第 2 篇“Revit 模型应用”主要讲解基于建筑信息模型的应用，相关应用包括房间和面积、工程量计算、施工图出图、日光研究、渲染与漫游等；第 3 篇“Revit 管理与协同”主要讲解使用 Revit 软件进行设计比选、多人协同、格式互导等内容。这 3 部分内容是一个递进的过程，模型创建是 Revit 软件应用的开始，基于建筑信息模型进行应用并进行管理协同是软件的核心应用价值。

2）本书以某高校教学楼 A 楼的创建和应用贯穿全篇。在第 1 篇中，先用“引例”的形式，简洁地讲解该教学楼的创建方法，再逐节讲解 Revit 软件单个工具（或命令）的具体使用。目的是让读者既能纵向掌握 Revit 建模及应用的工作流程及方法，又能横向掌握单个工具（或命令）的详细操作。

3）本书在讲解主要案例时，以“案例”“操作思路”和“操作步骤”3 部分展开。Revit 软件中的各种工具以及各个工具的使用顺序都有其固定的操作流程，必须按照正确的操作流程才能得到想要的结果。因此，在建模或应用之前先有正确的“操作思路”是非常重要的。

4）本书尽可能地让读者尽快地掌握某种工具（或命令）的使用，先让读者在最短的时间内看到自己的成果后，再进行这种工具（或命令）的详细讲解。某些命令的解释以【注】或【说明】的形式提出。

5）本书基于 Autodesk 的 Revit 2016 版本进行编写，书中的软件界面、对话框以及附带的光盘文件都以此为基础。在随书光盘中亦有 CAD 文件，要想掌握导入或链接 CAD 图纸进行建模的方法，建议读者需要有基础的 CAD 操作能力。

本书内容量较大，望读者根据以下建议来阅读和应用。

1）绪论是对 Revit 软件的概述性总结，建议读者先略读，以便对 Revit 软件的整体架构有系统性的认识。

2）在第 1 篇中，先有引例，建议读者重视其中的“操作思路”部分。Revit 软件虽然功能强大，但是必须按照其设定的操作步骤，才能得到想要的结果。因此掌握操作思路能让读者对软件应用更加得心应手。

3）对于快捷键。在第 1 次讲到部分工具（或命令）时，会用加粗字体告知读者该工具（或命令）的快捷键，在之后的讲解中不再重复。建议读者在第 1 次出现快捷键时，尽量记住该快捷键，并使用快捷键来执行后期的相应操作，而不是采取“单击”的方式进行操作。鼠标指针停在某个工具（或命令）上时会显示其快捷键；也可以在“选项”对话框“用户界面”选项卡内的“快捷键”处，修改或自定义快捷键（“选项”对话框所在的位置见 1. 2. 3 节中的图 1-5 和图 1-6）。

4）当前阶段，以 CAD 图纸做底图进行创建的方式较为常见。在 21. 1 节中，有关于以 CAD 图纸作为底图建模的一般步骤。感兴趣的读者可以在学完第 2 章轴网标高及参照平面后，直接学习 21.1 节的内容。

5）在进行所有的工具（或命令）操作或将鼠标指针停在某一图元上时，窗口左下角的“状态栏”（“状态栏”的位置见 1. 3 节中的图 1-7）会有相应提示，建议读者先关注“状态栏”中的提示再进行下一步的操作，这样能够较快地掌握 Revit 软件的使用。

6）对于建筑设计类专业，建议学习本书中的所有内容；对于土建施工类和建设工程管理类专业建议除了对第 13 章和第 18 章略学外，其他章节都可学习；对于建筑设备类及其他相关专业，建议精学第 1 篇，以及第 14 章、第 17 章、第 18 章、第 20 章、第 21 章，其他章节略学。

本书编者力求使内容丰满充实、编排层次清晰、表述符合学习和工作参考的要求，但受限于时间、经验和能力，仍不免存在疏漏之处，欢迎各位同行专家批评指正、沟通交流（邮箱：289038350@ qq. com）。

编　者

目录

CONTENTS

绪论 Revit 软件概述

1. 软件的 5 种图元要素

Revit 软件包含 5 种图元，分别为主体图元、构件图元、基准面图元、注释图元、视图图元（见图 0-1）。其中，主体图元和构件图元是构成模型实体的图元。

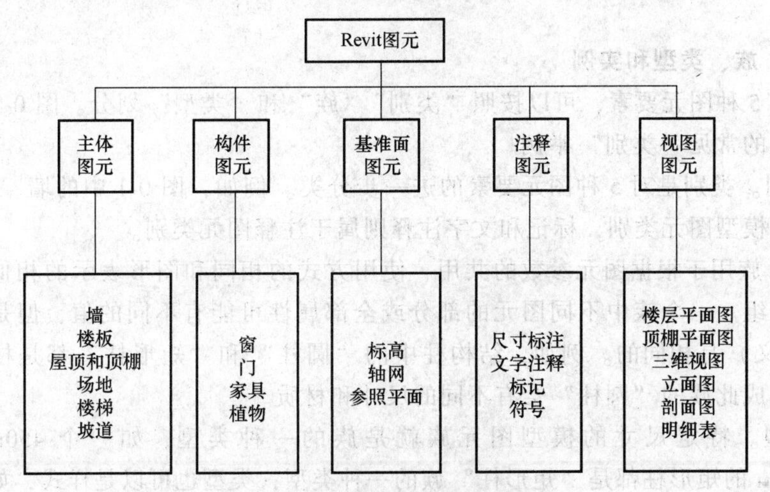

图 0-1 Revit 软件的 5 种图元要素

（1）主体图元。主体图元包括墙、楼板、屋顶和顶棚、场地、楼梯、坡道等。

主体图元的参数设置，如大多数的墙都可以设置构造层、厚度、高度等。楼梯都具有踏面、梯面、休息平台、梯宽度等参数。主体图元的参数设置由软件系统预先设置，用户不能自由添加参数，只能修改原有的参数设置，以编辑创建出新的主体类型。

（2）构件图元。构件图元包括窗、门、家具和植物等三维模型构件。

构件图元和主体图元具有相对的依附关系，如门窗是安装在墙主体上的，删除墙，则墙体上安装的门窗构件也同时被删除，这是 Revit 软件的特点之一。构件图元的参数设置相对灵活，变化较多，所以在 Revit 软件中，用户可以自行定制构件图元，设置各种需要的参数类型，以满足参数化设计修改的需要。

（3）基准面图元。基准面图元包括标高、轴网、参照平面等。

因为 Revit 是一款三维设计软件，而三维建模的工作平面设置是其中非常重要的环节，所以标高、轴网、参照平面等基准面图元就为用户提供了三维设计的基准面。此外，还需要经常使用参照平面来绘制定位辅助线，以及绘制辅助标高或设定相对标高偏移来定位。如绘制楼板时，软件默认在所选视图的标高上绘制，可以通过设置相对标高偏移值来调整，如卫生间下降楼板等。

（4）注释图元。注释图元包括尺寸标注、文字注释、标记和符号等。

注释图元的样式可以由用户自行定制，以满足各种本地化设计应用的需要，如展开项目浏览器的族中注释符号的子目录，即可编辑修改相关注释族的样式。Revit 中的注释图元与其标注、标记的对象之间具有某种特定的关联的特点，如门窗定位的尺寸标注，若修改门窗位置或门窗大小，其尺寸标注会根据系统自动修改；若修改墙体材料，则墙体材料的材质标记会自动变化。

（5）视图图元。视图图元包括楼层平面图、顶棚平面图、三维视图、立面图、剖面图及明细表等。视图图元的平面图、立面图、剖面图及三维轴测图、透视图等都是基于模型生成的视图表达，它们都是相互关联的，可以通过软件的设置来统一控制各个视图的对象显示。每一个平面、立面、剖面视图都具有相对的独立性，如每一个视图都可以对其进行构建可视性、详细程度、出图比例、视图范围等的设置，这些都可以通过调整每个视图的视图属性来实现。

2. 类别、族、类型和实例

对于以上 5 种图元要素，可以按照“类别”“族”和“类型”划分。图 0-1 中的第 3 层即为各种图元的常见“类别”举例。

（1）类别。类别是对 5 种图元要素的进一步分类。例如，图 0-1 中的墙、屋顶以及梁、柱等都有数据模型图元类别，标记和文字注释则属于注释图元类别。

（2）族。族用于根据图元参数的共用、使用方式的相同和图形表示的相似来对图元类别做进一步分组。一个族中不同图元的部分或全部属性可能有不同的值，但是属性的设置（其名称与含义）是相同的。例如，结构柱中的“圆柱”和“矩形柱”都是柱类别中的一个族，虽然构成此族的“圆柱”会有不同的尺寸和材质。

（3）类型。特定尺寸的模型图元族就是族的一种类型，如一个 450mm×600mm、600mm×750mm 的矩形柱都是“矩形柱”族的一种类型；类型也可以是样式，如“线性尺寸标注类型”“角度尺寸标注类型”都是尺寸标注图元的类型。一个族可以拥有多个类型。图 0-2 所示为类别、族和类型的相互关系示意图。

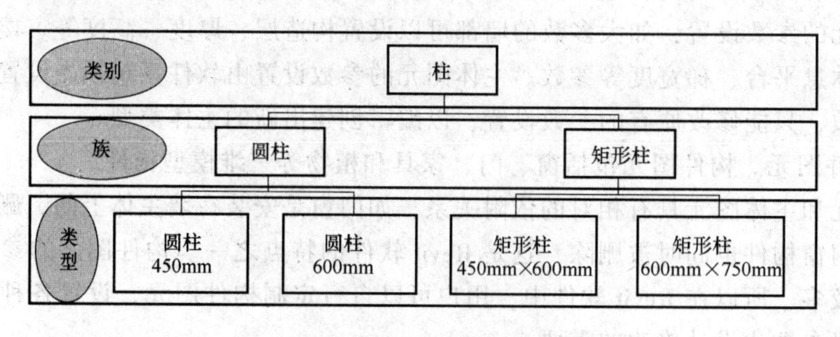

图 0-2　类别、族、类型

（4）实例。实例就是放置在 Revit Architecture 项目中的每一个实际的图元，每一实例都属于一个族，并在该族中它属于特定类型。例如，在项目中的轴网交点位置放置了 10 根 600mm×750mm 的结构柱，那么每一根柱子都是“矩形柱”族中“600mm×750mm”类型的一个实例。

3. 图元属性：类型属性和实例属性

Revit 的图元属性分为以下两大类：

(1) 类型属性。“类型属性”是族中某一类型图元的公共属性，修改“类型属性”参数会影响项目中所有属于该类型的实例。

例如，在图 0-3 中，族“混凝土-矩形-柱”中的类型“300×450mm”的截面尺寸参数 b 和 h 就属于类型属性参数。若修改 b 和 h 的值，则项目中所有属于“300×450mm”类型的实例均被修改。

(2) 实例属性。“实例属性”是指某种类型的各个实例的特有属性，实例属性往往会随图元在建筑中位置的不同而不同，实例属性仅影响当前要修改或放置的图元。

例如，在图 0-4 中，族“混凝土-矩形-柱”中的类型“300×450mm”的“底部标高”“底部偏移”“顶部标高”“顶部偏移”等就属于实例属性参数。当选择某一个类型为“300×450mm”的图元来修改这些参数时，仅影响当前选择的这一个实例图元，其他未被选择的类型为“300×450mm”的图元则不受影响。

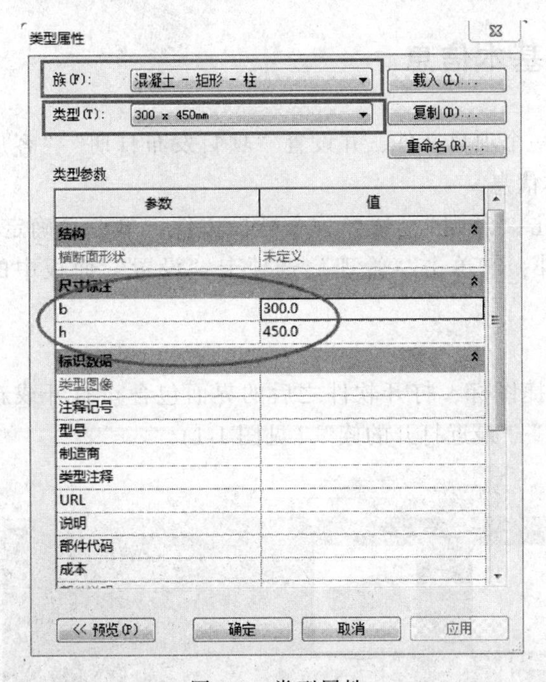

图 0-3 类型属性

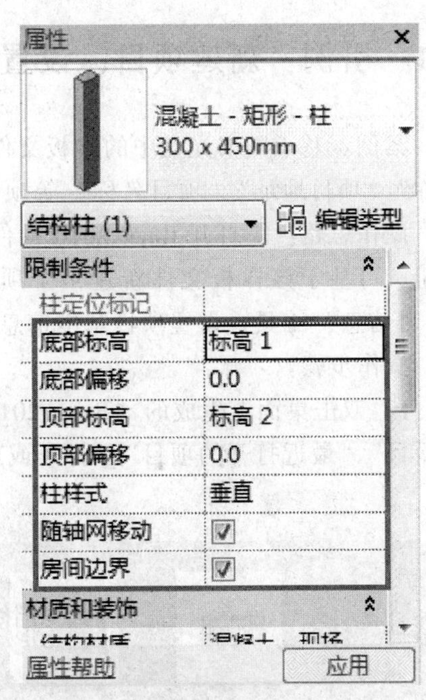

图 0-4 实例属性

第 1 篇　Revit 模型创建

第 1 章　用户界面定义及基本设置

1.1　引例：新建项目、设置项目基本信息

案例：基于随书光盘中的样板文件新建一个项目文件，并设置“项目发布日期”“客户名称”“项目地址”“项目名称”等项目基本信息。

操作思路：①打开 Revit 2016 软件，单击“新建”，选择一个样板文件，单击“确定”按钮，可基于该样板文件新建一个项目文件；②单击“管理”选项卡“设置”面板中的“项目信息”工具，设置项目基本信息。

操作步骤：

1）双击桌面上生成的“Revit 2016”快捷图标，打开软件之后的界面包含“打开或新建项目”“最近打开的项目”“打开或新建族”“最近打开的族”（见图 1-1）。

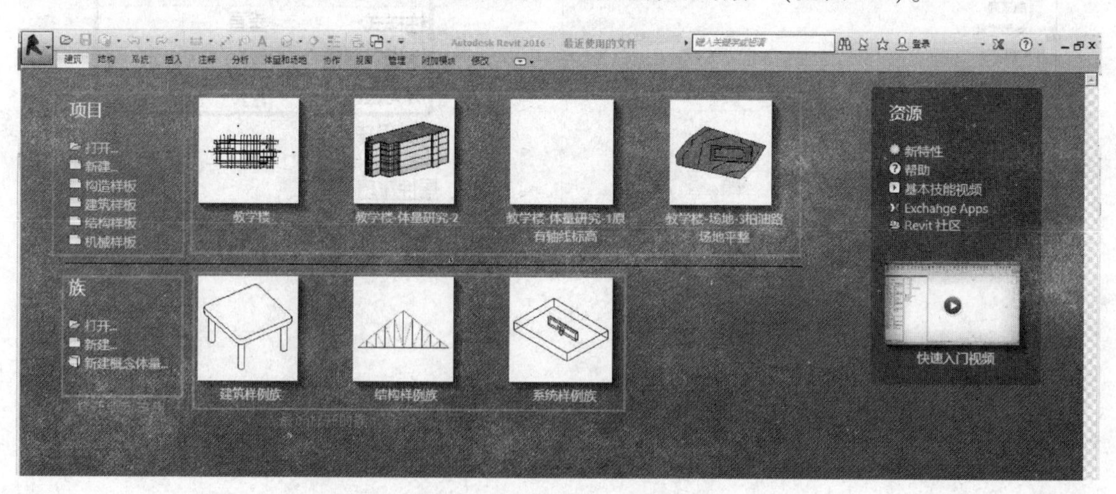

图 1-1　启动 Revit 的主界面

2）单击“新建”（见图 1-2）。在弹出的“新建项目”对话框中，单击“浏览”按钮，选择随书光盘中自带的样板文件“第 1 章 \ 样板文件 . rte”，单击“确定”按钮。

3）项目基本信息设置。单击“管理”选项卡“设置”面板中的“项目信息”工具，在打开的“项目属性”对话框中设置项目发布日期为“2016 年 9 月 16 日”，客户姓名为

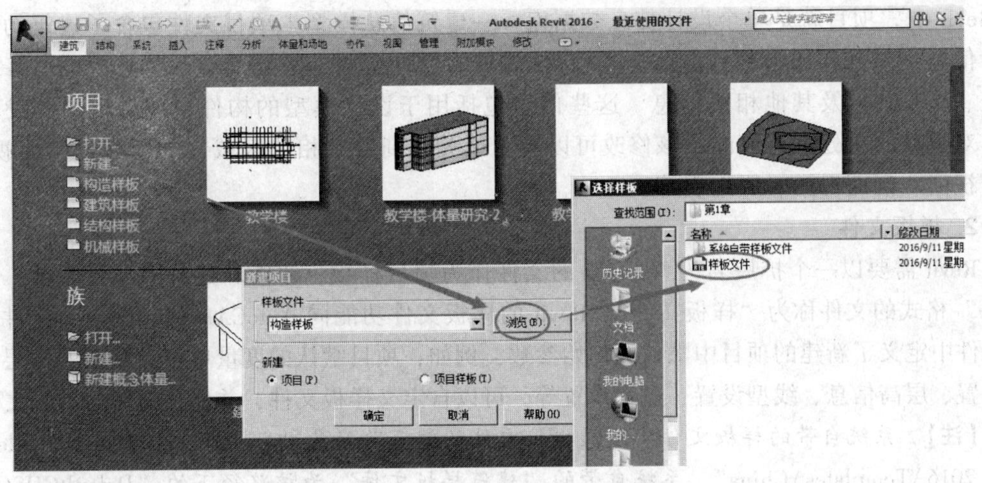

图 1-2　基于样板文件打开新项目

“×××职业技术学院”，项目地址为“×××省×××市×××路×××号”，项目名称为“教学楼 A 楼”（见图 1-3）。

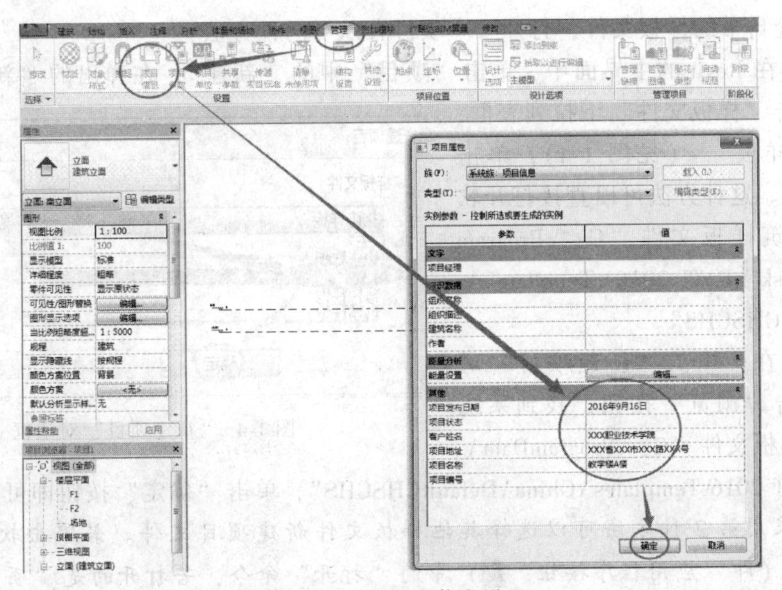

图 1-3　项目基本信息设置

4）单击左上角的“保存”工具，或按<Ctrl+S>快捷键进行保存，设置文件名为“1-引例-项目信息设置完成”。

完成的文件见随书光盘“第 1 章 \ 1-引例-项目信息设置完成 . rvt”。

1.2　项目文件与样板文件

1.2.1　项目文件与样板文件的区别

1. 项目文件

Revit 中，所有的设计信息都被存储在一个扩展名为“. rvt”的 Revit“项目”文件中。

在 Revit 中，项目就是单个设计信息数据库——建筑信息模型。项目文件包含了建筑的所有设计信息（从几何图形到构造数据），包括建筑的三维模型、平立剖面及节点视图、各种明细表、施工图以及其他相关信息。这些信息包括用于设计模型的构件、项目视图和设计图纸。对模型的一处进行修改，该修改可以自动地关联到所有相关区域（如所有的平面视图、立面视图、剖面视图、明细表等）中。

2. 样板文件

Revit 需要以一个扩展名为“. rte”的文件作为项目样板，才能新建一个项目文件，这个“. rte”格式的文件称为“样板文件”。Revit 的样板文件功能同 AutoCAD 的“. dwt”文件。样板文件中定义了新建的项目中默认的初始参数，例如，项目默认的度量单位、默认的楼层数量的设置、层高信息、线型设置、显示设置等。可以自定义样板文件，并保存为新的 . rte 文件。

【注】 系统自带的样板文件，默认样板文件的储存路径为“C：\ProgramData\Autodesk\RVT 2016\Templates\China”，系统自带的“建筑样板文件”为该路径下的“DefaultCHSCHS”文件，“结构样板文件”为该路径下的“Structural Analysis-DefaultCHNCHS”文件，“构造样板文件”为该路径下的“Construction-DefaultCHSCHS”文件。

1.2.2 项目文件的创建

基于系统自带的样板文件，打开一个项目有以下两种方法：

方法 1：在 Revit 的主界面中，单击“项目”中的“新建”，在弹出的“新建项目”对话框中，单击“样板文件”下拉列表框，选择“建筑样板”（见图 1-4），单击“确定”按钮。这种方法可以直接打开软件自带的建筑样板文件“C：\ProgramData\ Autodesk \ RVT 2016\ Templates \ China\DefaultCHSCHS”。

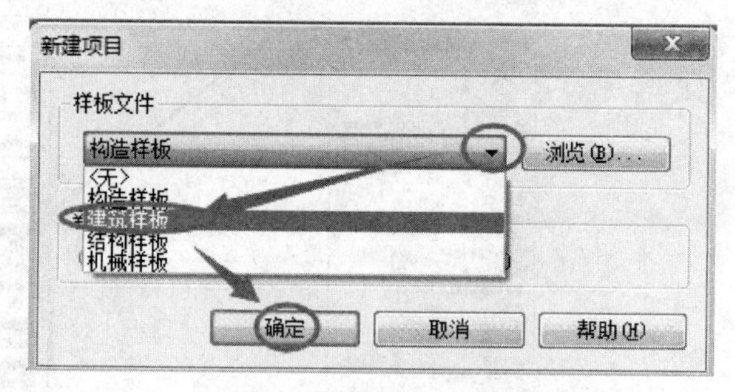

图 1-4 “新建项目”对话框

方法 2：在弹出的“新建项目”对话框中，单击“浏览”按钮，找到系统自带的建筑样板文件“C：\ProgramData\Autodesk\RVT 2016\Templates\China\DefaultCHSCHS”，单击“确定”按钮即可打开。

【注】 采用第 2 种方法可以选择其他样板文件新建项目文件。若单击软件左上角的“Revit 图标”（即“应用程序按钮”）中的“打开”命令，若打开的是“项目文件”，则既可以另存为“项目文件”，也可以另存为“样板文件”；若打开的是“样板文件”，则只能另存为“样板文件”，不能另存为“项目文件”。同理，若双击一个“项目文件”进行打开，则可以另存为“项目文件”，也可以另存为“样板文件”；若双击一个“样板文件”进行打开，则只能另存为“样板文件”，不能另存为“项目文件”。

1.2.3 样板文件的默认位置设置

单击软件左上角的“Revit 图标”（即“应用程序按钮”），单击右下角的“选项”按钮（见图 1-5）。在弹出的“选项”对话框中单击“文件位置”，在右侧“名称”栏中输入自定义的样板文件名称，在“路径”栏找到相应的样板文件（见图 1-6）。单击“确定”按钮退出对话框。

【说明】 随书光盘中的“第 1 章”文件夹中有系统自带的样板文件。

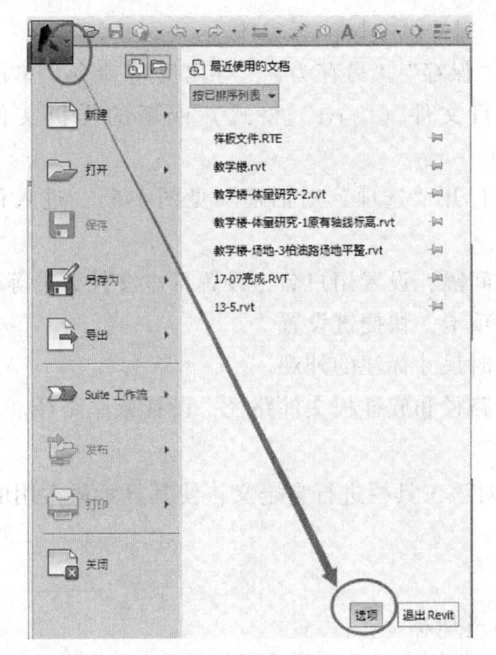

图 1-5　选项

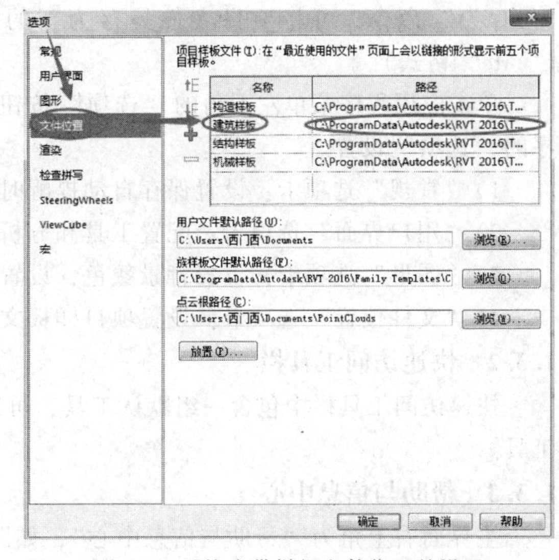

图 1-6　系统自带样板文件位置的设置

1.3　项目工作界面

新建一个项目文件后，进入 Revit 2016 的工作界面，如图 1-7 所示。

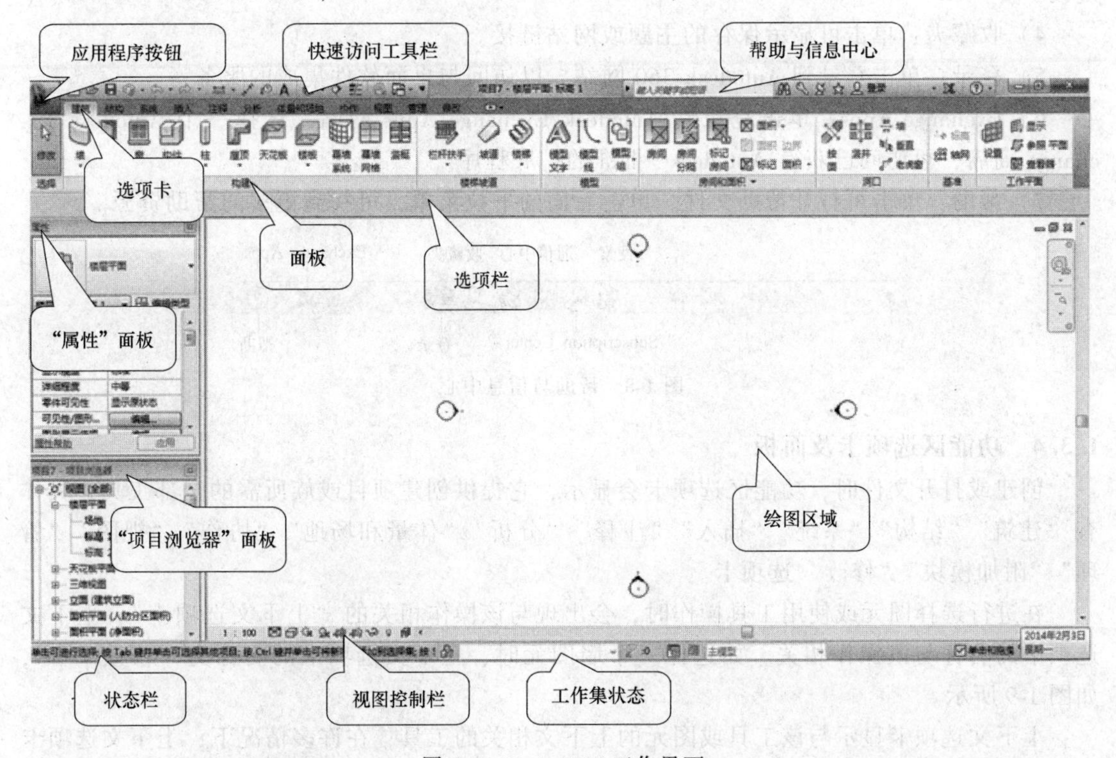

图 1-7　Revit 2016 工作界面

1.3.1 应用程序按钮

单击应用程序按钮，下拉菜单中有“新建”“保存”“另存为”“导出”等命令。单击“另存为”命令，可将项目文件另存为新的项目文件（“.rvt”格式）或新的样板文件（“.rte”格式）。

单击应用程序菜单左下角的“选项”按钮，打开“选项”对话框（见图 1-6），进入程序的“选项”设置。

1）“常规”选项卡：设置保存自动提醒时间间隔，设置用户名，设置日志文件数量等。

2）“用户界面”选项卡：配置工具和分析选项卡，快捷键设置。

3）“图形”选项卡：设置背景颜色，设置临时尺寸标注的外观。

4）“文件位置”选项卡：设置项目样板文件路径和族样板文件路径，设置族库路径。

1.3.2 快速访问工具栏

快速访问工具栏中包含一组默认工具，可以对该工具栏进行自定义，使其显示最常用的工具。

1.3.3 帮助与信息中心

主界面右上角为“帮助与信息中心”，如图 1-8 所示。

1）搜索：在前面的框中输入关键字，单击“搜索”即可得到需要的信息。

2）Subscription Center：针对捐赠用户，单击即可链接到 Autodesk 公司的 Subscription Center 网站，用户可自行下载相关软件的工具插件，可管理自己的软件授权信息等。

3）通信中心：单击可显示有关产品更新和通告的信息的链接，可能包括至 RSS 提要的链接。

4）收藏夹：单击可显示保存的主题或网站链接。

5）登录：单击登录到 Autodesk 360 网站，以访问与桌面软件集成的服务。

6）Exchange Apps：单击登录到 Autodesk Exchange Apps 网站，选择一个 Autodesk Exchange 商店，可访问已获得 Autodesk®批准的扩展程序。

7）帮助：单击可打开帮助文件。单击后面的下拉菜单，可找到更多的帮助资源。

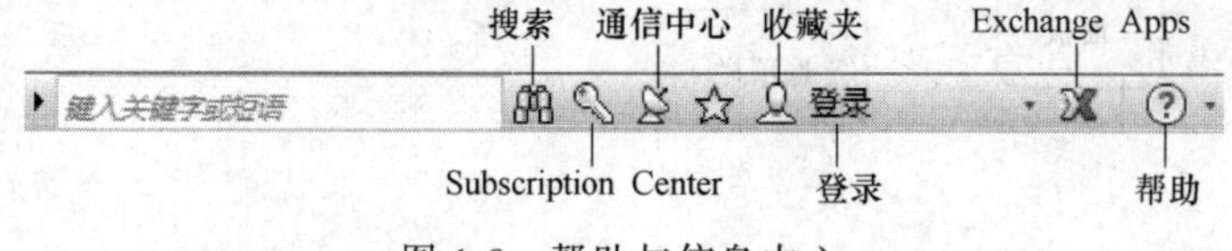

图 1-8 帮助与信息中心

1.3.4 功能区选项卡及面板

创建或打开文件时，功能区选项卡会显示，它提供创建项目或族所需的全部工具，具体有“建筑”“结构”“系统”“插入”“注释”“分析”“体量和场地”“协作”“视图”“管理”“附加模块”“修改”选项卡。

在进行选择图元或使用工具操作时，会出现与该操作相关的“上下文选项卡”，上下文选项卡的名称与该操作相关。如选择一个墙图元时，上下文选项卡的名称为“修改 | 墙”，如图 1-9 所示。

上下文选项卡显示与该工具或图元的上下文相关的工具，在许多情况下，上下文选项卡与“修改”选项卡合并在一起。退出该工具或清除选择时，上下文选项卡会关闭。

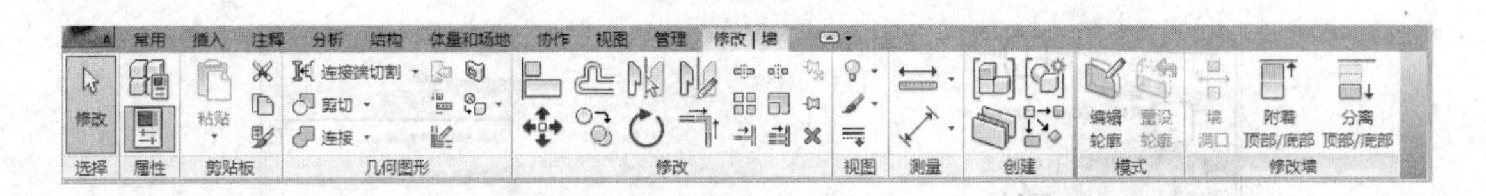

图 1-9 上下文选项卡

每个选项卡中都包括多个“面板”，每个面板内有各种工具，面板下方显示该“面板”的名称。如“建筑”选项卡下的“构建”面板，内有“墙”“门”“窗”“构件”“柱”“屋顶”“顶棚”“楼板”“幕墙系统”“幕墙网格”“竖梃”工具。

单击“面板”上的工具，可以启用该工具。在某个工具上单击鼠标右键，可将这个工具添加到“快速访问工具栏”，以便于快速访问。

1.3.5 选项栏

“选项栏”位于“面板”的下方、“绘图区域”的上方。其内容根据当前命令或选定图元的变化而变化，从中可以选择子命令或设置相关参数。

如单击“建筑”选项卡“构建”面板中的“墙”工具时，可能会出现如图 1-10 所示的选项栏。

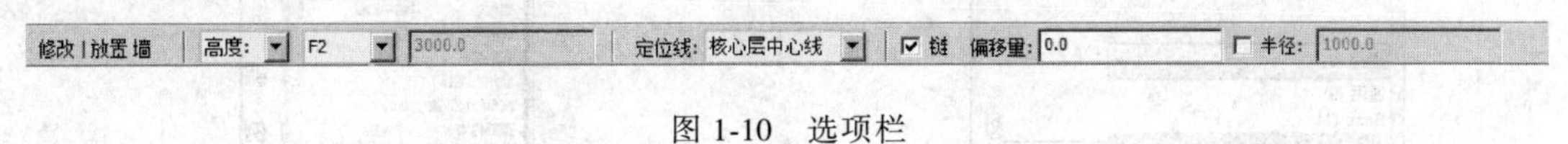

图 1-10 选项栏

1.3.6 “属性”面板

通过“属性”面板，可以查看和修改用来定义 Revit 中图元属性的参数。启动 Revit 时，“属性”面板处于打开状态并固定在绘图区域左侧的项目浏览器的上方。图 1-11 所示是单击“建筑”选项卡“构建”面板中的“墙”工具后显示的“属性”面板，“属性”面板包括“类型选择器”“属性过滤器”“编辑类型”“实例属性”4 个部分。

1）类型选择器。若在绘图区域中选择了一个图元，或有一个用来放置图元的工具处于活动状态，则“属性”面板的顶部将显示“类型选择器”。“类型选择器”标识当前选择的族类型，并提供一个可从中选择其他类型的下拉列表，如图 1-12 所示。

2）属性过滤器。类型选择器的正下方是属性过滤器，该过滤器用来标识将由工具放置的图元类别，或者标识绘图区域中所选图元的类别和数量。如果选择了多个类别或类型，则面板上仅显示所有类别或类型所共有的实例属性（见图 1-13）。当选择了多个类别时，使用过滤器的下拉列表可以仅查看特定类别或视图本身的属性。选择特定类别不会影响整个选择集。

3）编辑类型。单击“编辑类型”按钮将会弹出“类型属性”修改对话框，对“类型属性”进行修改将会影响该类型的所有图元。

【注】 对“类型属性”的解释见绪论中的图 0-3。

4）实例属性。修改实例属性（见图 1-14）仅修改被选择的图元，不修改该类型的其他图元。

【注】 对“实例属性”的解释见绪论中的图 0-4。

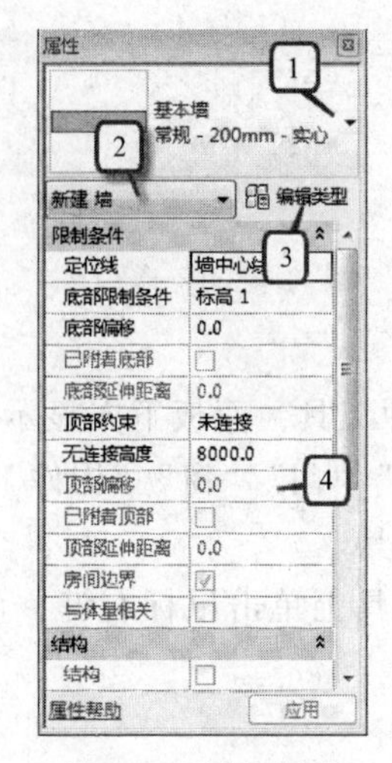

图 1-11 属性面板

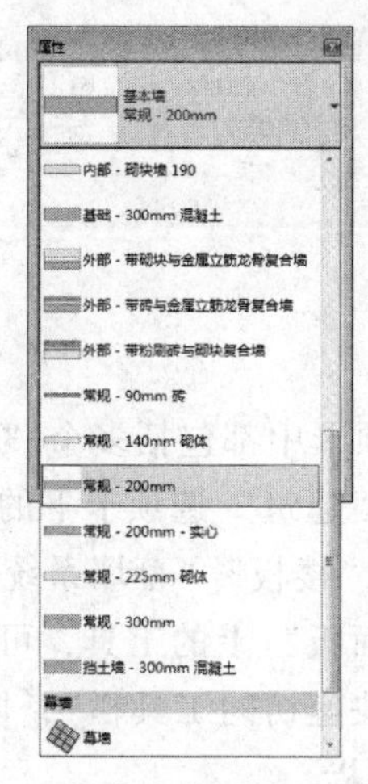

图 1-12 类型选择器

图 1-13 属性过滤器

图 1-14 实例属性

案例：如何打开或关闭“属性”面板。

操作思路：“视图”选项卡“窗口”面板中的“用户界面”工具。

操作详解：有两种主要的方式可关闭或打开“属性”面板，①单击“视图”选项卡“窗口”面板中的“用户界面”下拉按钮，在下拉菜单中勾选或取消勾选“属性”复选框即为打开或关闭“属性”面板（见图 1-15）；②单击“修改”选项卡“属性”面板中的“属性”工具，可打开或关闭“属性”面板（见图 1-16）。

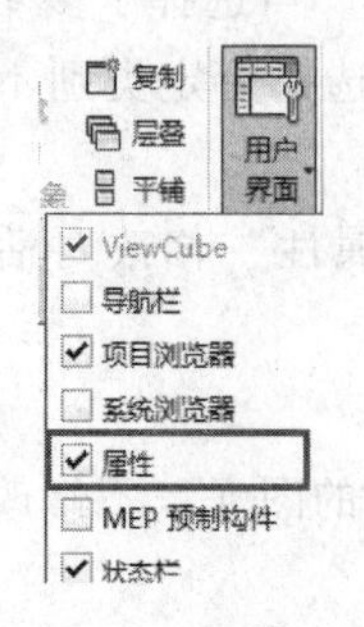

图 1-15 “用户界面”下拉按钮

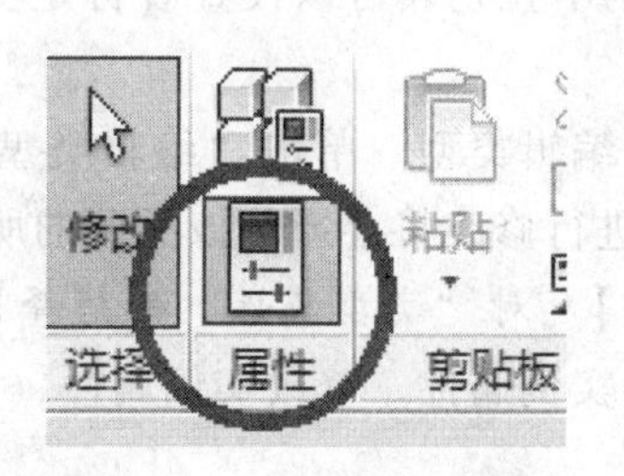

图 1-16 “属性”工具

【注】 一般情况下，“属性” 面板和 “项目浏览器” 应处于显示状态，可用图 1-15 所示的方法，勾选 “属性” 和 “项目浏览器” 复选框。

1.3.7 “项目浏览器” 面板

Revit 2016 把所有的视图（含楼层平面视图、三维视图、立面视图等）、图例，以及明细表、族等分类放在“项目浏览器” 中统一管理，如图 1-17 所示。双击某个视图名称即可打开相应视图，选择视图名称并单击鼠标右键即可找到“复制”“重命名”“删除” 等常用命令。

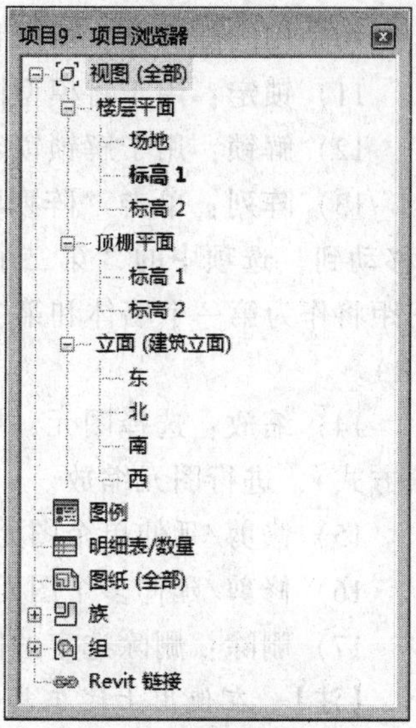

图 1-17　项目浏览器

1.3.8 视图控制栏

视图控制栏位于绘图区域下方，单击“视图控制栏” 中的按钮，即可设置视图的比例、详细程度、模型图形样式、阴影、渲染对话框、裁剪区域、隐藏\隔离等。

1.3.9 状态栏

状态栏位于 Revit 2016 工作界面的左下方。执行某一命令时，状态栏会提供相关的操作提示。当鼠标指针停在某个图元或构件上时，该图元会高亮显示，同时状态栏会显示该图元或构件的族及类型名称。

1.3.10 绘图区域

绘图区域是 Revit 软件进行建模操作的区域，绘图区域背景的默认颜色是白色。打开“选项” 对话框（见图 1-6），可在“图形” 选项卡中的“背景” 选项中更改背景颜色。

1.4 常用操作

1.4.1 “修改” 工具

“修改” 选项卡“修改” 面板中的工具如图 1-18 所示。

1）对齐：在各视图中对构件进行对齐处理。选择目标构件，使用<Tab>键确定对齐位置，再选择需要对齐的构件，使用<Tab>键选择需要对齐的部位（快捷方式：DI）。

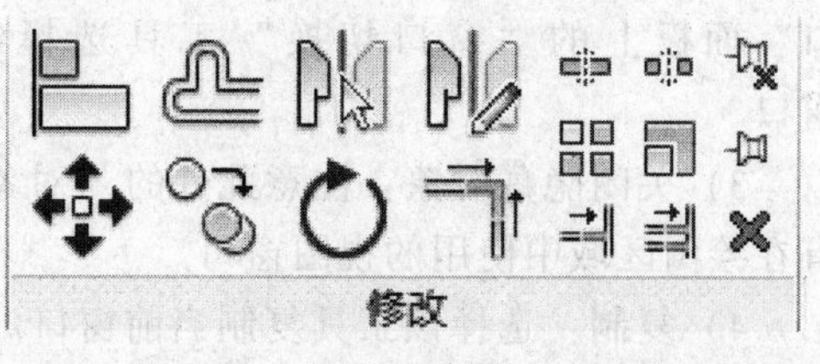

图 1-18　“修改” 面板中的工具

2）偏移：在选项栏中设置偏移值，可以将所选图元偏移一定的距离（快捷方式：OF）。

3）镜像-拾取轴：拾取一个线或一个面作为镜像轴，进行镜像（快捷方式：MM）。

4）镜像-绘制轴：绘制一条临时线作为镜像轴，进行镜像（快捷方式：DM）。

5）移动：单击“移动” 按钮可以将选定图元移动到视图中指定的位置（快捷方式：MV）。

6）复制：单击“复制” 按钮，在选项栏中勾选“多个” 复选框可进行连续复制，勾选

“约束”复选框可复制在垂直方向或水平方向上的图元（快捷方式：CC 或 CO）。

7）旋转：单击“旋转”按钮，拖拽“中心点”可改变旋转的中心位置（快捷方式：RO）。

8）修剪/延伸为角：修剪或延伸图元已形成一个角（快捷方式：TR）。

9）拆分图元：在平面视图、立面视图或三维视图中单击墙体的拆分位置，即可将墙在水平或垂直方向上拆分成几段（快捷方式：SL）。

10）用间隙拆分：可以将墙拆分成已定义间隙的两面单独的墙。

11）锁定：用于将模型图元锁定（快捷方式：PN）。

12）解锁：用于解锁锁定了的图元（快捷方式：UP）。

13）阵列：单击“阵列”按钮，勾选“成组并关联”复选框，输入项目数，然后选择“移动到”选项中的“第二个”或“最后一个”，再在视图中拾取参考点和目标位置，二者间距将作为第一个墙体和第二个墙体或最后一个墙体的间距值，自动阵列墙体（快捷方式：AR）。

14）缩放：选择图元，单击“缩放”按钮，在选项栏中选择缩放方式（图形方式或数值方式），进行图元缩放。

15）修剪/延伸单个图元：可以修剪或延伸 1 个图元到其他图元定义的边界。

16）修剪/延伸多个图元：可以修剪或延伸多个图元到其他图元定义的边界。

17）删除：删除选定的图元（快捷方式：DE）。

【注】 *在使用上述工具时，可按照左下角状态栏中的提示进行操作，以便于快速掌握这些工具的使用方法。*

1.4.2 “视图”工具

“视图”选项卡中的常用工具有“图形”面板中的“细线”和“窗口”面板中的“切换窗口”“关闭隐藏对象”“复制”“层叠”“平铺”等。

1）细线：软件默认的打开模式是粗线模型，当需要在绘图中以细线模式显示时，可单击“图形”面板中的“细线”工具，或单击“快速访问工具栏”中的“细线”工具（见图 1-19）（快捷方式：TL）。

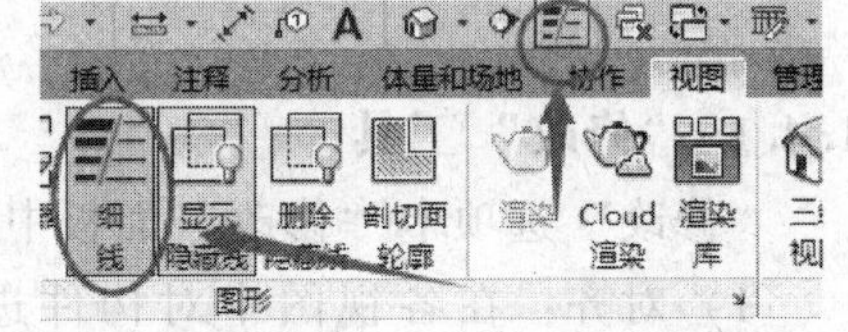

图 1-19 “细线”工具所在的位置

2）窗口切换：绘图时打开多个窗口，通过“窗口”面板上的“窗口切换”工具选择绘图所需的窗口。

3）关闭隐藏对象：注意此处的“对象”为视图窗口，该工具的含义为自动隐藏当前没有在绘图区域中使用的视图窗口。

4）复制：选择该工具复制当前窗口。

5）层叠：选择该工具，当前打开的所有窗口“层叠显示”地出现在绘图区域（快捷方式：WC）。

6）平铺：选择该工具，当前打开的所有窗口“平铺显示”地出现在绘图区域（快捷方式：WT）。

1.4.3 其他常用操作

1）图元的选择有“点选”“窗选”和“触选”3 种方式。①点选：单击某一图元进行选择；②窗选：在绘图区域按住鼠标左键不动，向右侧拉出选择框，松开鼠标即可选中完全包含在框内的图元；③触选：在绘图区域按住鼠标左键不动，向左侧拉出选择框，松开鼠标即可选中与该选择框接触到的所有图元。

2）加选和减选。①加选：按住<Ctrl>键不动，单击多个图元，可实现多个图元的加选；②减选：按住<Shift>键不动，单击选过的图元，可实现减选。

3）选择全部实例。选择一个图元后，单击鼠标右键，在弹出的快捷菜单中选择“选择全部实例”命令，可选择所有相同“类型”的图元。

4）<Tab>键的使用。鼠标指针停在多个图元重叠处，连续按<Tab>键可在多个图元之间循环切换选择。在一面墙上按<Tab>键，可切换选择至整个墙链。

5）图元过滤。选择多个不同类别的图元时，单击“上下文选项卡”中的“过滤器”工具，可以对所选类别进行过滤选择，并且能够知道当前已选的类别和相应的图元数量。

6）参照平面。单击“建筑”选项卡“工作平面”面板中的“参照平面”，可创建一个参照平面，用于图元创建的定位。

7）工作平面。单击“建筑”选项卡“工作平面”面板中的“设置”，可指定或拾取一个面作为工作平面。下一步创建的图元将在该面上。

1.5　项目基本设置

1.5.1　项目信息

单击“管理”选项卡“设置”面板中的“项目信息”工具，输入项目发布日期、项目地址、项目名称等相关信息，单击“确定”按钮，如图 1-20 所示。

1.5.2　项目单位

单击“管理”选项卡“设置”面板中的“项目单位”，设置“长度”“面积”“角度”等单位。默认值长度的单位是“mm”，面积的单位是“m^2”，角度的单位是“°”。

1.5.3　捕捉

单击“管理”选项卡“设置”面板中的“捕捉”，可修改捕捉选项，如图 1-21 所示。

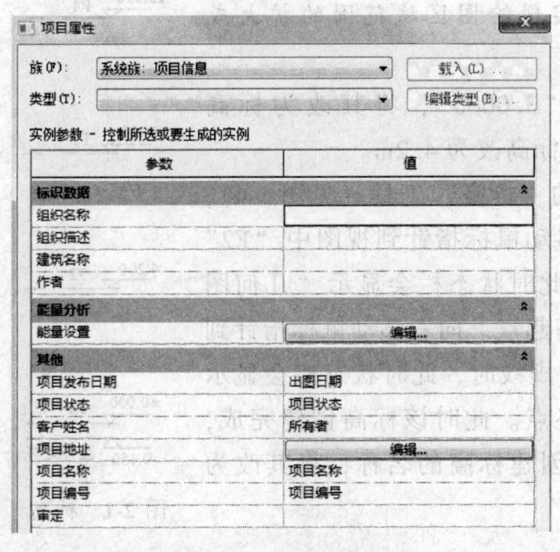

图 1-20　项目信息

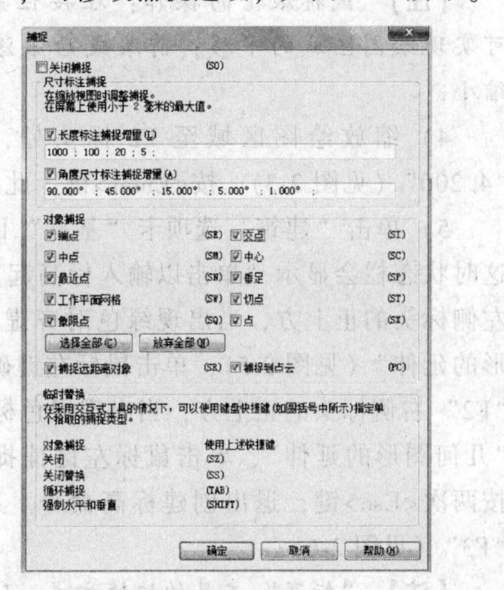

图 1-21　捕捉设置

第 2 章　轴网标高及参照平面

在 Revit 中做设计，建议先创建标高、再创建轴网，这样是为了在各层平面图中正确显示轴网。若先创建轴网、再创建标高，需要在两个不平行的立面视图（如南、东立面）中分别手动将轴线的标头拖拽到顶部标高之上，这样在后创建的标高楼层平面视图中才能正确显示轴网。

2.1　引例：标高、轴网

2.1.1　标高

案例：如何创建图 2-1 所示的标高。

操作思路：在立面视图中，用“标高”工具创建标高，用“复制”或“阵列”命令复制或阵列出其他标高。

操作步骤：

1）打开随书光盘中的“第 1 章\1-引例-项目信息设置完成 . rvt”。

2）确保“属性”面板、“项目浏览器”面板处于打开的状态（见图 1-15）。

3）双击“项目浏览器”面板“立面（建筑立面）”中的任一个立面，如“南”立面（见图 2-2），打开南立面视图。

【注】鼠标滚轮的操作：在按住鼠标滚轮不动的情况下移动鼠标，可实现绘图区域的平移；前滚或后滚滚轮可实现绘图区域范围的扩大或缩小。

4）缩放绘图区域至 F2 标头处，双击“3. 0000”，将其改为标高“4. 200”（见图 2-3），按<Enter>键。此时，F2 标高改为 4. 2m。

5）单击“建筑”选项卡“基准”面板中的“标高”工具（见图 2-4），这时状态栏会显示“单击以输入标高起点”，移动鼠标指针到视图中“F2”左侧标头的正上方，当出现绿色对齐虚线时，此时状态栏会显示“几何图形的延伸”（见图 2-5），单击鼠标左键确定标高起点。向右移动鼠标指针到“F2”右侧标头的正上方，当出现绿色标头对齐虚线时，此时状态栏会显示“几何图形的延伸”，单击鼠标左键捕捉标高终点。此时该标高创建完成，按两次<Esc>键，退出创建标高命令。双击新创建标高的名称，将其改为“F3”（见图 2-6）。

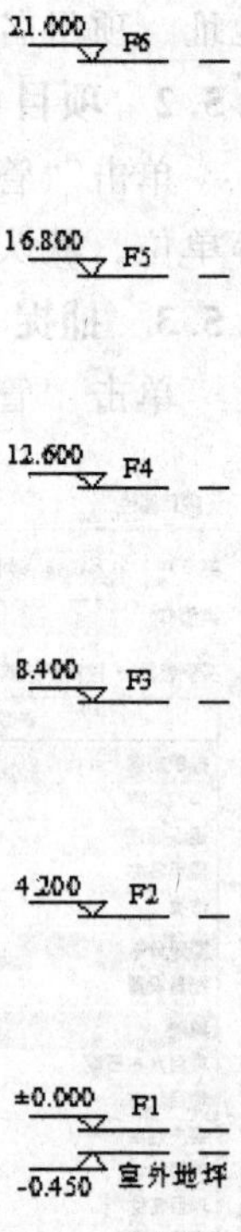

21.000 F6
16.800 F5
12.600 F4
8.400 F3
4.200 F2
±0.000 F1
-0.450 室外地坪

图 2-1　标高

【注】“标高”工具的快捷方式：LL。

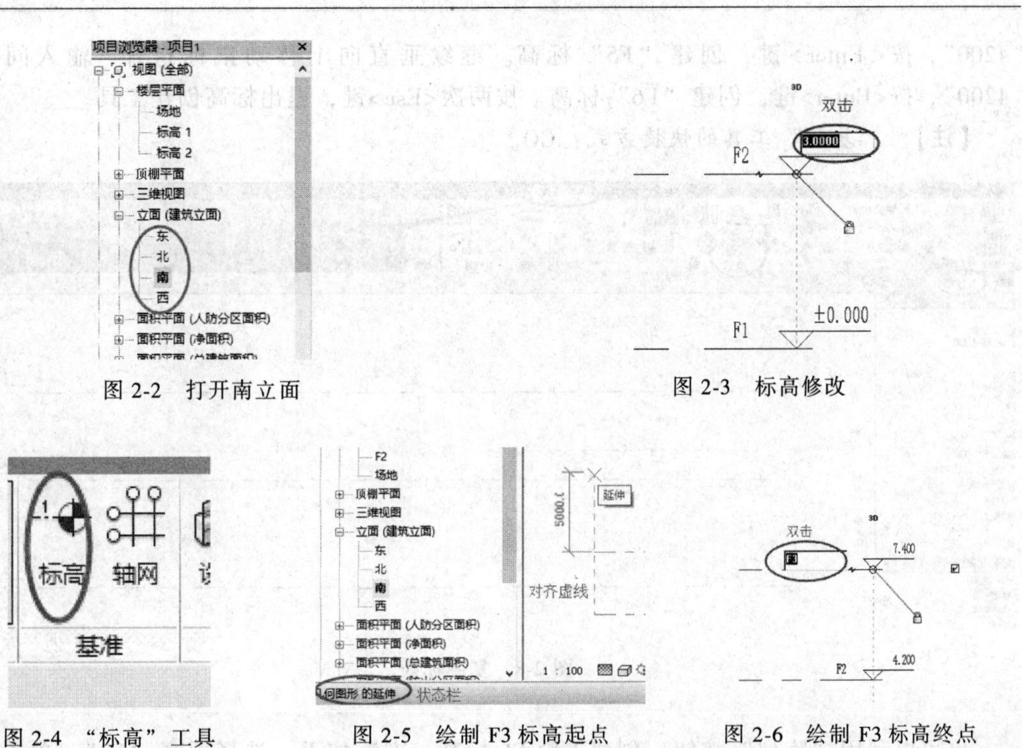

图 2-2　打开南立面　　图 2-3　标高修改

图 2-4　“标高”工具　　图 2-5　绘制 F3 标高起点　　图 2-6　绘制 F3 标高终点

【注】　状态栏位于界面左下角，是对下一步操作的提示。根据状态栏提示，能够尽快地掌握 Revit 中各种工具的使用。

6）按照图 2-3 所示的方法修改 F3 标高为“8.400”。也可采取如下办法：单击选择“F3”标高，这时在 F2 与 F3 之间会显示一条蓝色临时尺寸标注，同时标高、标头名称及标高值也都变成蓝色显示。单击蓝色临时尺寸线上的标注值，激活文本框，输入新的层高值“4200”（见图 2-7），按<Enter>键确认。

图 2-7　蓝色显示可修改尺寸

【注】　蓝色显示的状态为可编辑状态，单击可进行修改。

7）利用工具栏中的“复制”工具，创建 F4～F6 标高，方法如下：选择标高“F3”，此时会出现“修改 | 标高”上下文选项卡。单击“复制”按钮，在选项栏中勾选“约束”和“多个”两个复选框（见图 2-8）。此时，状态栏中显示“单击可输入移动起点”。移动鼠标指针在标高“F3”上单击，捕捉一点作为复制起点，然后垂直向上移动鼠标指针，输入间距值“4200”，按<Enter>键，创建“F4”标高。继续垂直向上移动鼠标指针，输入间距值

“4200”，按<Enter>键，创建“F5”标高。继续垂直向上移动鼠标指针，输入间距值“4200”，按<Enter>键，创建“F6”标高。按两次<Esc>键，退出标高创建工具。

【注】 “复制”工具的快捷方式：CO。

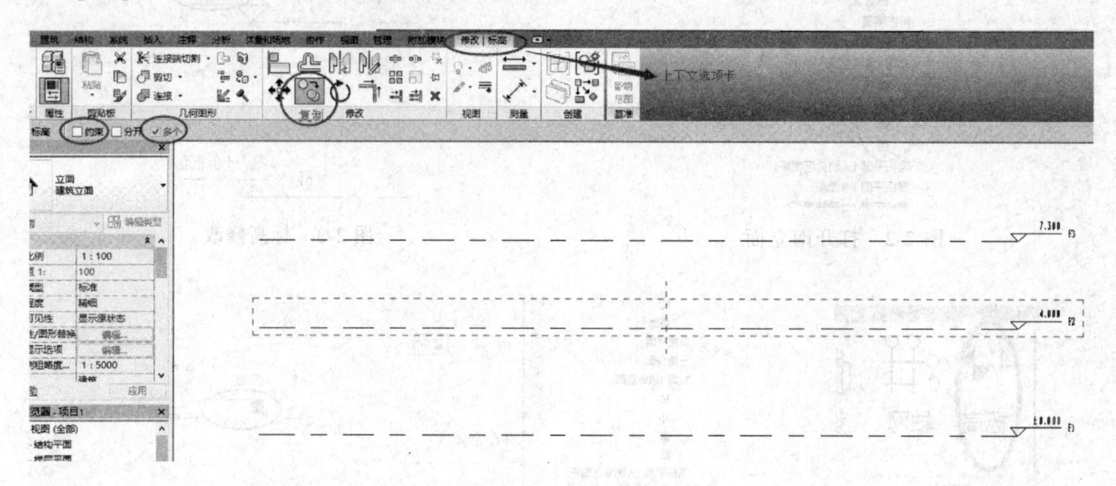

图 2-8　复制标高

也可以利用“阵列”按钮，创建 F4～F6 标高，方法如下：选择标高“F3”，单击上下文选项卡中的“阵列”按钮（见图 2-9），将选项栏中的“项目数”改为“4”，按照状态栏提示“输入移动起点”，垂直向上移动鼠标指针，输入间距值“4200”，按<Enter>键，可创建 F4～F6 标高。

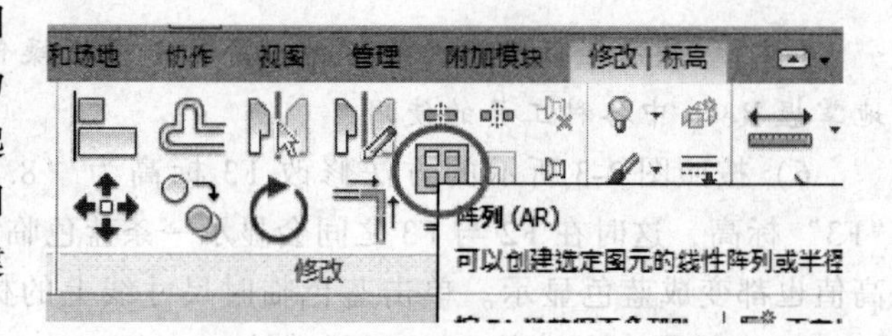

图 2-9　“阵列”按钮所在位置

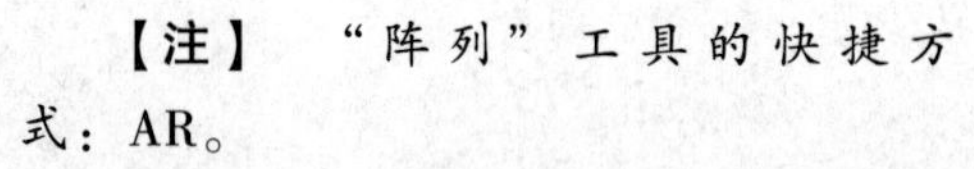

【注】 “阵列”工具的快捷方式：AR。

【注】 利用“阵列”按钮创建的图元为一个“模型组”。建议阵列完成后，选择阵列出的所有图元，单击上下文选项卡中的“解组”工具。

8）创建室外地坪标高，方法如下：选择标高“F2”，单击上下文选项卡中的“复制”工具，移动光标在标高“F2”上单击，捕捉一点作为复制参考点，然后垂直向下移动鼠标指针，输入间距值“4650”，按<Enter>键，按两次<Esc>键，退出标高创建命令。按照图 2-6 所示的方法修改新创建标高的名称为“室外地坪”。选择该标高，单击“属性”面板中的“类型选择器”，选择“C_下标高+层标”（见图 2-10）。

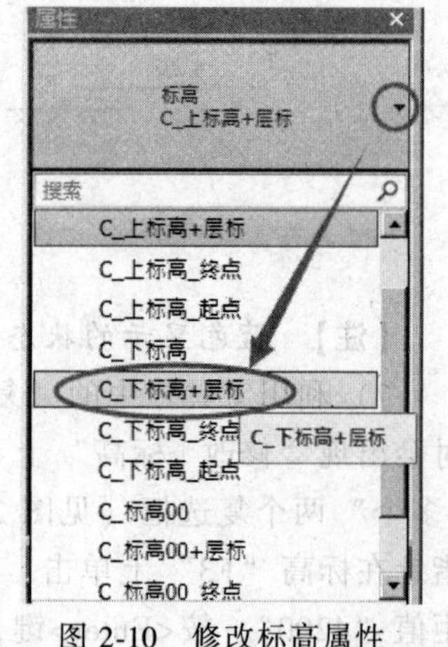

图 2-10　修改标高属性

【注】 “上下文选项卡”是和所单击的对象或执行的命令相对应的，即单击某一个图元或执行某一个命令时，会出现与该图元或该命令相对应的上下文选项卡。选项栏中的“约束”：仅能从 0°、90°、180°、270° 4 个方向改变图元位置；选项栏中

的“多个”：可多次进行相同操作。

9）生成楼层平面。单击“视图”选项卡“创建”面板中的“平面视图”下拉按钮，在下拉菜单中选择“楼层平面”工具（见图 2-11），按住<Ctrl>键选择 F4 至室外地坪，单击“确定”按钮（见图 2-12）。

【注】F3 标高是通过“标高”工具创建的，能够自动生成相应的楼层平面；F4 至室外地坪标高是通过“编辑”功能（复制、阵列等）创建的，不能自动生成相应的楼层平面。

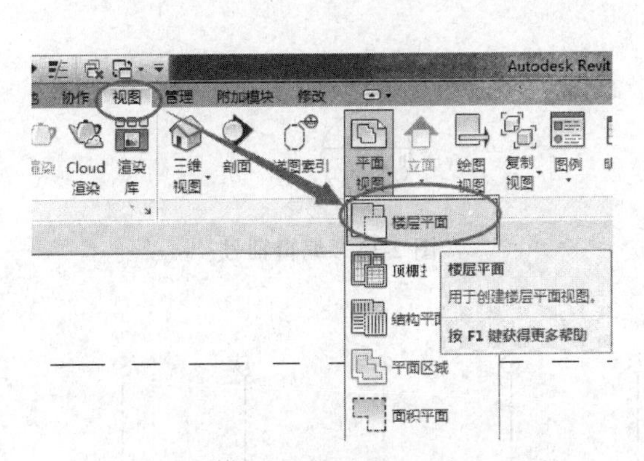

图 2-11　“楼层平面”工具

图 2-12　楼层平面生成

10）至此建筑的各个标高就创建完成了。完成的项目文件见随书光盘“第 2 章\1-引例-标高完成 . rvt”。

2.1.2　轴网

案例：如何创建随书光盘中的“第 2 章\教学楼 A 楼轴网 . dwg”。

操作思路：在平面视图中，用“轴网”工具先创建一根轴线，再用“复制”命令复制出其余轴线。选择轴线，可在“属性”面板中修改该轴线的属性和名称等。

操作步骤：

1）打开随书光盘中的“第 2 章\1-引例-标高完成 . rvt”。

2）双击“项目浏览器”面板中“楼层平面”下的“F1”（见图 2-13），打开首层平面视图。单击“建筑”选项卡“基准”面板中的“轴网”工具，状态栏中显示“单击可输入轴网起点”，属性栏中显示该轴网的属性为“双标头”（见图 2-14）。移动鼠标指针到绘图区域左下角，单击鼠标左键捕捉一点作为轴线起点，然后向上移动鼠标指针一段距离后，单击鼠标左键确定轴线终点。按两次<Esc>键退出轴网创建命令。在轴号的名称上双击，改轴号的名称为“1”（见图 2-15），按<Enter>键确认。

【注】“轴网”工具的快捷方式：GR。

3）单击选择 1 号轴线，单击工具栏中的“复制”命令，在选项栏中勾选“约束”和“多个”两个复选框。移动鼠标指针在 1 号轴线上单击，捕捉一点作为复制参考点，然后水平向上移动鼠标指针，停住鼠标后输入轴线间距值“7800”，按<Enter>键进行确认，创建 2 号轴线；继续右移鼠标，分别输入 7800、7200、7200、7200、7200、7800、6900，分别创建 3、4、5、6、7、8、9 号轴线（见图 2-16），按两次<Esc>键退出轴网命令。

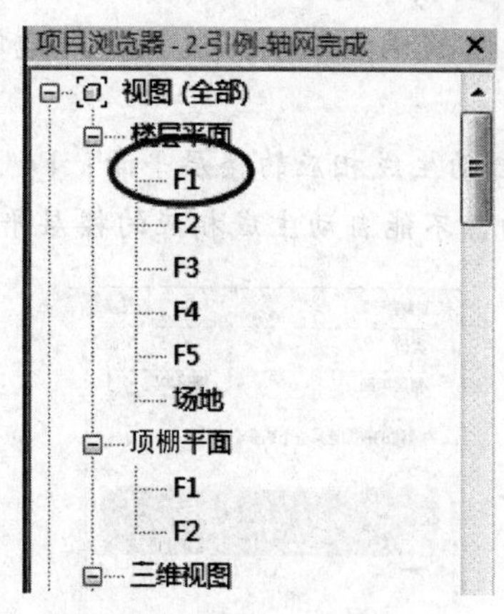

图 2-13　打开首层平面视图

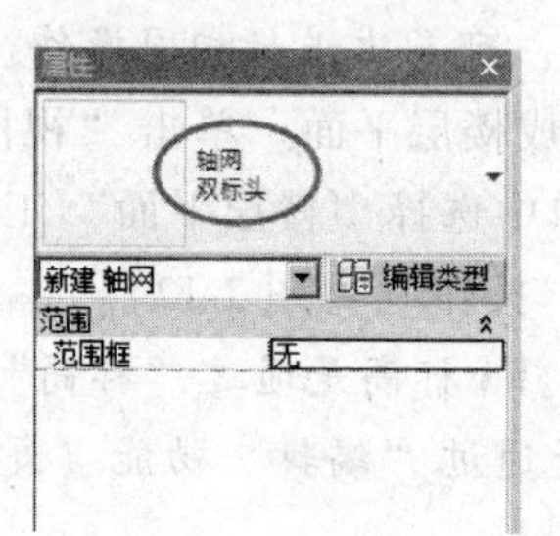

图 2-14　轴网属性

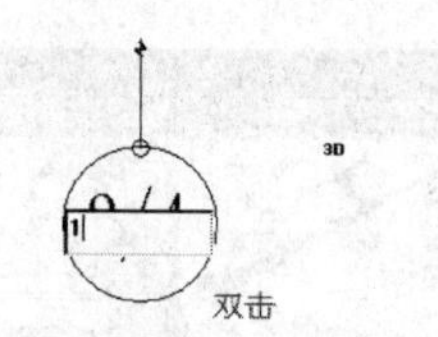

图 2-15　编辑轴号

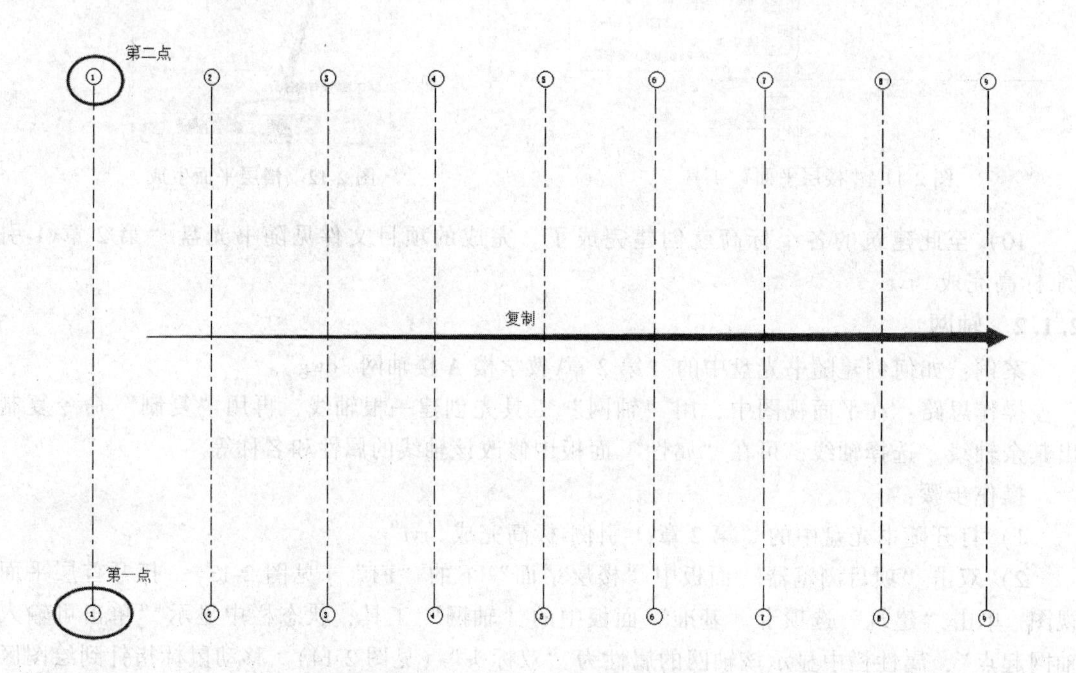

图 2-16　纵向定位轴线创建

4）同理，创建横向定位轴线。单击“建筑”选项卡“基准”面板中的“轴网”工具，移动鼠标指针到视图左下角适当位置，单击鼠标左键确定一点作为轴线起点，然后往右移动鼠标指针至 9 号轴线右侧，再次单击鼠标左键确定轴线终点，创建第一条横向定位轴线，按两次<Esc>键退出轴网创建命令。双击新生成轴线的轴号，更改为“A”，轴线 A 创建完毕。

同理，利用“复制”命令，创建间距为 2400、3900、3600、3000、7900、2100、1500 的 B、C、D、E、F、G、H 轴线（见图 2-17）。

5）创建附加轴线。选择 1 轴，向右复制 4200mm，将新创建出的轴线名称改为“1/1”。选择 1/1 轴，修改属性为“终点标头”（见图 2-18）。单击 1/1 轴线起点位置的锁形图标

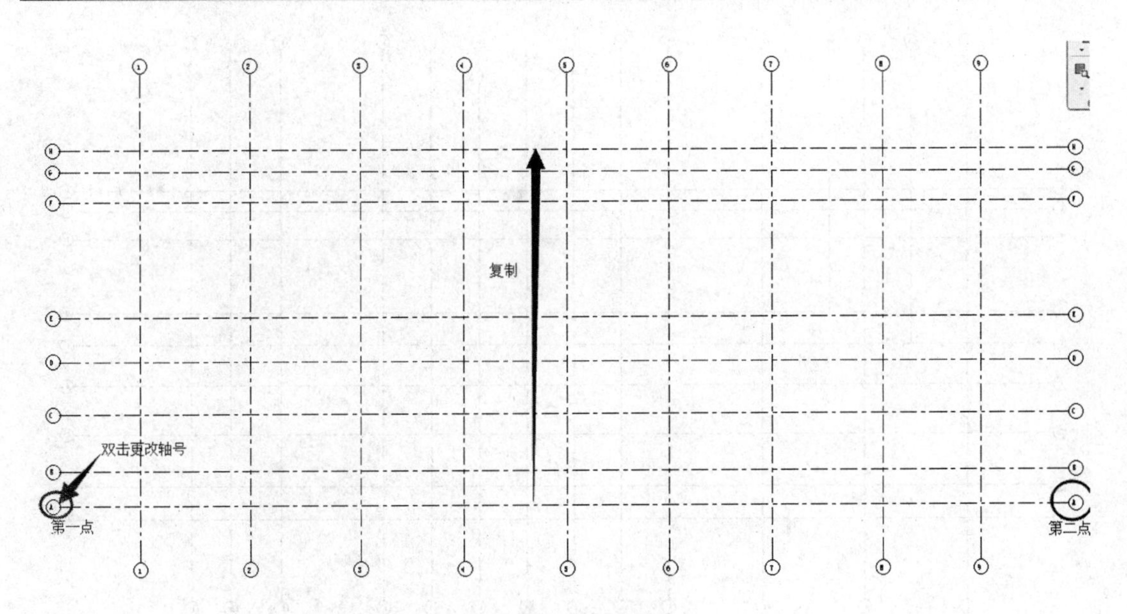

图 2-17　横向定位轴线创建

“”，可进行解锁（见图 2-19）。“解锁”后，单击起点位置的“拖拽点”（见图 2-20），将其拖拽至 E 轴，松开鼠标。1/1 轴线创建完毕。

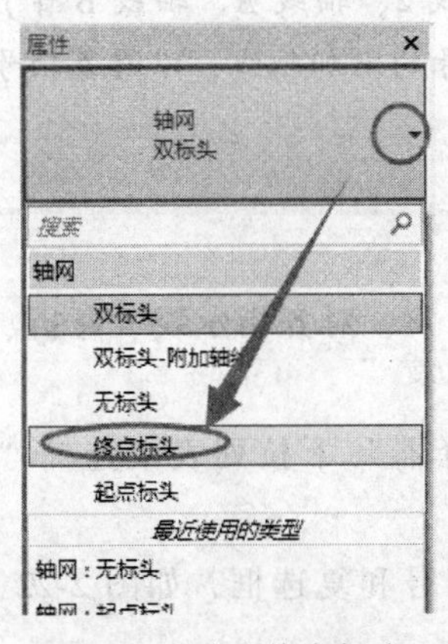

图 2-18　改为终点标头

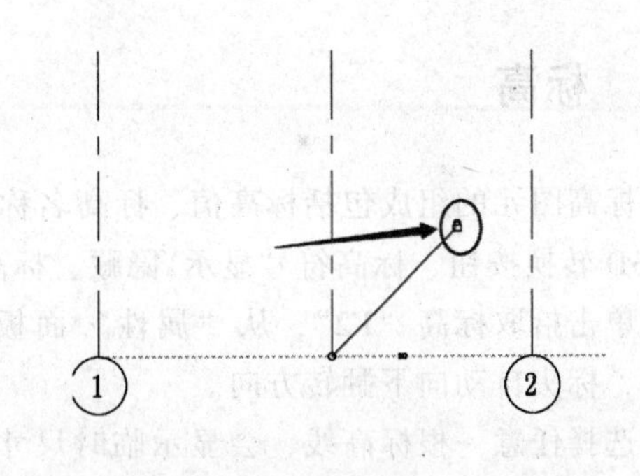

图 2-19　解锁

同理，通过复制、修改标头属性、解锁拖拽的方式创建其他附加轴线：位于 2 轴右侧 2700mm 的 1/2 轴、位于 4 轴右侧 3600mm 的 1/4 轴、位于 5 轴右侧 3600mm 的 1/5 轴、位于 6 轴右侧 3600mm 的 1/6 轴、位于 8 轴右侧 3900mm 的 1/8 轴、位于 E 轴上方 2400mm 的 1/E 轴。其中 1/2 轴是终点标头，1/5 轴、1/6 轴、1/8 轴、D 轴、1/E 轴为起点标头，1/4 轴为双标头。创建完的轴网如图 2-21 所示。

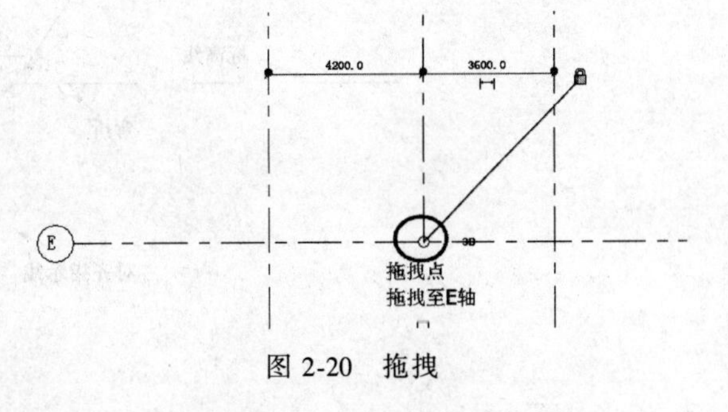

图 2-20　拖拽

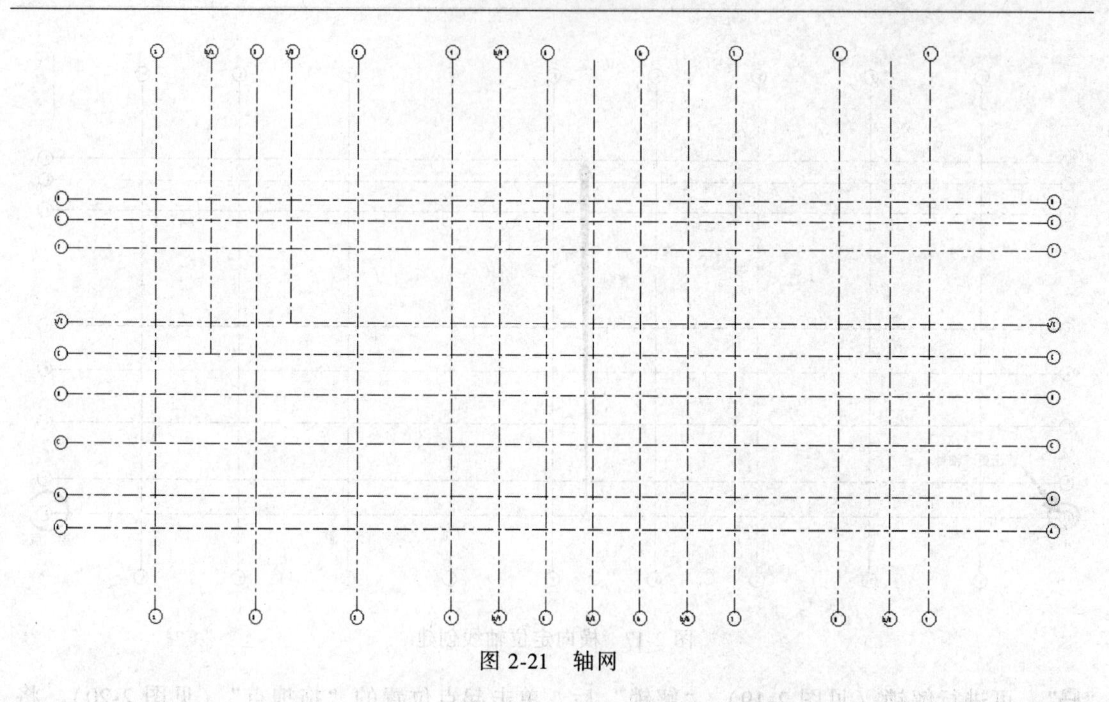

图 2-21 轴网

6）完成的项目文件见随书光盘“第 2 章\2-引例-轴网完成 . rvt”。

【注】 创建轴网的顺序是先创建主轴线（轴线 1、轴线 2、轴线 A、轴线 B 等），再创建附加轴线（轴线 1\1、轴线 1\2 等），最后再创建两端无轴号的附加轴线，以避免轴号重复。

2.2 标高

标高图元的组成包括标高值、标高名称、对齐锁定开关、对齐指示线、弯折、拖拽点、2D\3D 转换按钮、标高符号显示\隐藏、标高线。

单击拾取标高“F2”，从“属性”面板的“类型选择器”下拉列表中选择“下标高”类型，标头自动向下翻转方向。

选择任意一根标高线，会显示临时尺寸、一些控制符号和复选框，如图 2-22 所示，可

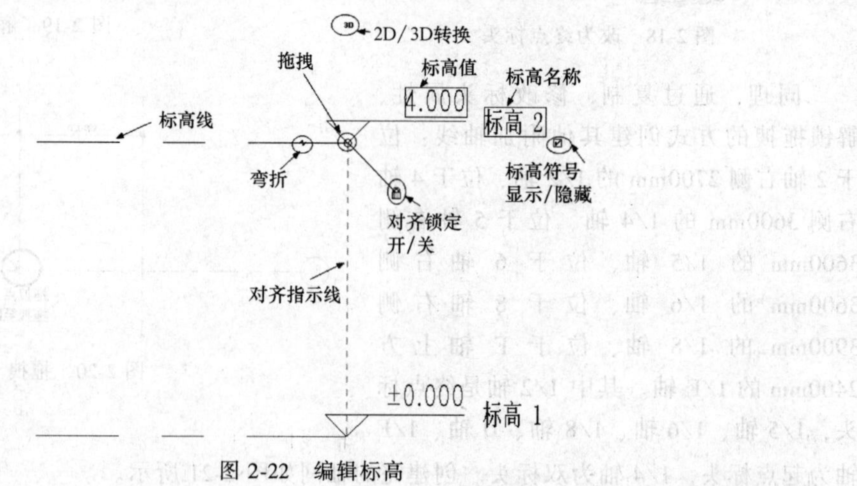

图 2-22 编辑标高

以编辑其尺寸值，单击并拖拽控制符号可整体或单独调整标高/标头位置，控制标头隐藏或显示，以及标头偏移等操作。

2.3　轴网

2.3.1　“属性”面板

在放置轴网或在绘图区域选择轴线时，可通过“属性”面板中的“类型选择器”选择或修改轴线类型（见图 2-23）。

同样，可对轴线的实例属性和类型属性进行修改。

（1）实例属性。对实例属性进行修改仅会对当前所选择的轴线有影响。可设置轴线的“名称”和“范围框”（见图 2-24）。

（2）类型属性。单击“编辑类型”按钮，弹出“类型属性”对话框（见图 2-25），对类型属性的修改会对和当前所选轴线同类型的所有轴线有影响。相关参数如下。

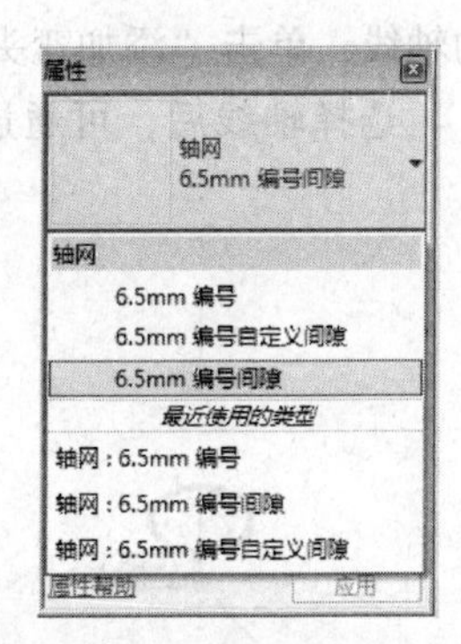

图 2-23　类型选择器

1）符号：从下拉列表中可选择不同的轴网标头族。

2）轴线中段：若选择“连续”选项，则轴线按常规样式显示；若选择“无”选项，则将仅显示两段的标头和一段轴线，轴线中间不显示；若选择“自定义”选项，则将显示更多的参数，可以自定义自己的轴线线型、颜色等。

3）轴线末段宽度：可设置轴线宽度为 1~16 号线宽；“轴线末段颜色”参数可设置轴线颜色。

4）轴线末段填充图案：可设置轴线线型。

5）平面视图轴号端点 1（默认）、平面视图轴号端点 2（默认）：勾选或取消勾选这两个复选框，即可显示或隐藏轴线起点和终点标头。

6）非平面视图符号（默认）：该参数可控制在立面视图、剖面视图上轴线标头的上下位置。可选择“顶”“底”“两者”（上下都显示标头）或“无”（不显示标头）选项。

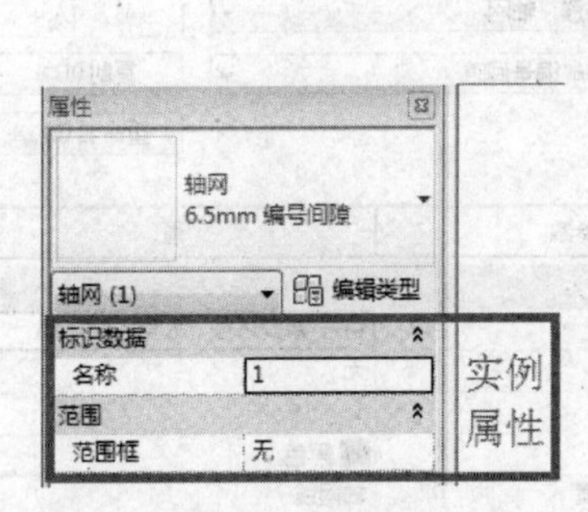

图 2-24　实例属性

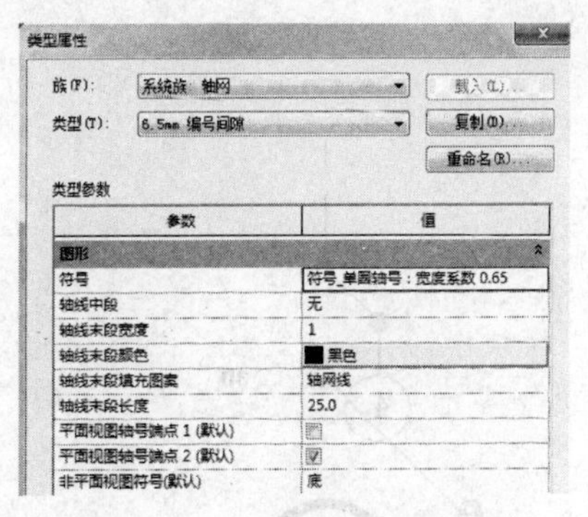

图 2-25　“类型属性”对话框

2.3.2　调整轴线位置

单击轴线，会出现这根轴线与相邻两根轴线的间距（蓝色临时尺寸标注），单击间距值，可修改所选轴线的位置（见图 2-26）。

2.3.3 修改轴线编号

单击轴线，然后单击轴线名称，可输入新值（可以是数字或字母）以修改轴线编号。也可以选择轴线，在“属性”面板上的“名称”文本框中输入新名称，修改轴线编号。

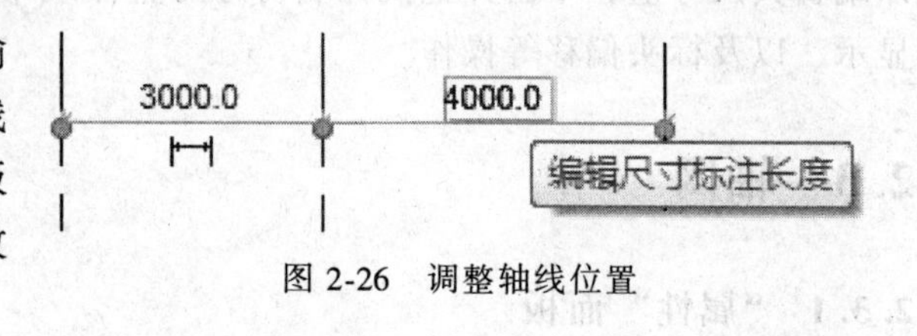

图 2-26 调整轴线位置

2.3.4 调整轴号位置

有时相邻轴线间隔较近，轴号重合，这时需要将某条轴线的编号位置进行调整。选择现有的轴线，单击“添加弯头”拖拽控制柄（见图 2-27），可将编号从轴线中移开（见图 2-28）。

选择轴线后，可通过拖拽模型端点修改轴网，如图 2-29 所示。

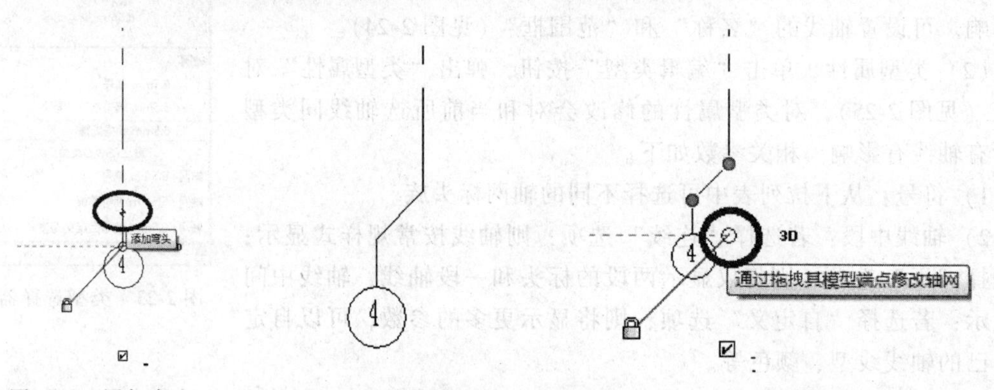

图 2-27 添加弯头　　图 2-28 轴号调位　　图 2-29 拖拽模型端点

2.3.5 显示和隐藏轴网编号

选择一条轴线，会在轴网编号附近显示一个复选框。勾选或取消勾选该复选框，可显示或隐藏轴网标号（见图 2-30）。也可选择轴线后，单击“属性”面板上的“编辑类型”按钮，对轴号可见性进行修改（见图 2-31）。

【说明】 图 2-30 所示的方式为修改“实例属性”，图 2-31 所示的方式为修改“类型属性”。

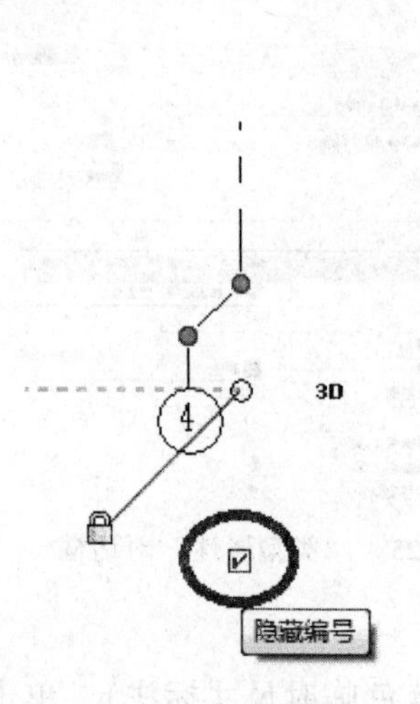

图 2-30 隐藏编号

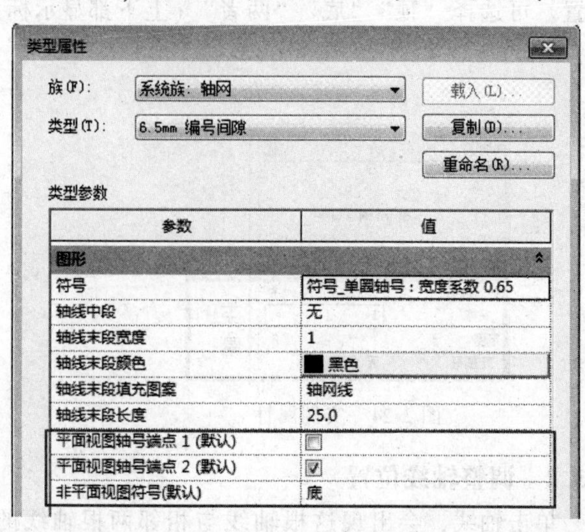

图 2-31 修改轴号可见性

2.4　参照平面

可以使用“参照平面”工具来绘制参照平面，以用作设计辅助面。参照平面在创建族时是一个非常重要的部分。参照平面会出现在为项目所创建的每个平面视图中。

2.4.1　创建参照平面

单击“建筑”选项卡“工作平面”面板中的“参照平面”工具（见图2-32），根据状态栏提示，单击参照平面起点和终点，绘制参照平面。

【注】“参照平面”工具的快捷方式：RP。

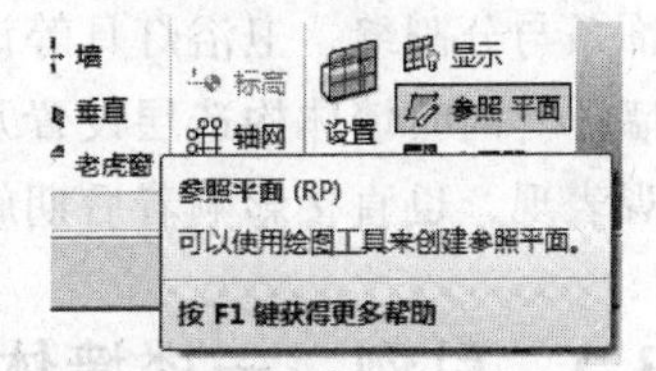

图2-32　“参照平面”工具

2.4.2　命名参照平面

在绘图区域中，选择参照平面。在“属性”面板中，在“名称”文本框中输入参照平面的名称即可。

2.4.3　在视图中隐藏参照平面

选择一个或多个要隐藏的参照平面，单击鼠标右键，在弹出的快捷菜单中选择“在视图中隐藏”→“图元”命令，如图2-33所示。要隐藏选定的参照平面和当前视图中相同类别的参照平面，可在弹出的快捷菜单中选择“在视图中隐藏”→“类别”命令。

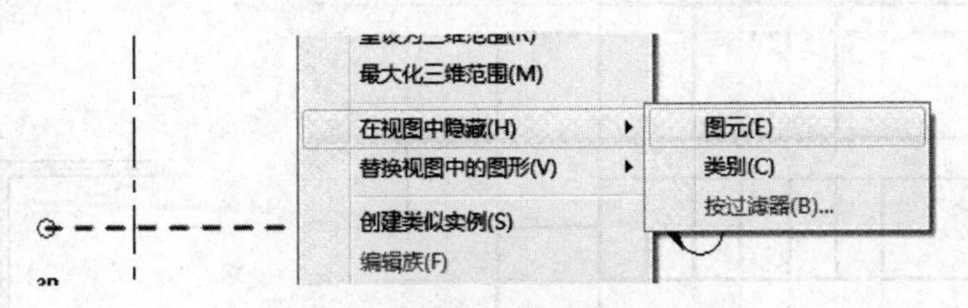

图2-33　隐藏参照平面

【说明】参照平面是个平面，只是在某些方向的视图中显示为线而已（如在平面视图上绘制参考平面，参考平面垂直于水平面，故在平面视图上显示为线）。

第3章 墙与幕墙

Revit 中的墙体属于“主体图元”，它不仅是建筑空间的分隔主体，而且也是门窗、墙饰条与分割缝、卫浴灯具等设备的承载主体，即在创建门窗、墙饰条等构件之前需要先创建墙体。同时墙体构造层设置及其材质设置，不仅影响着墙体在三维、透视和立面视图中的外观表现，也直接影响着后期施工图设计中墙身大样图、节点详图等视图中墙体截面的显示。

3.1 引例：一楼墙体

案例：如何按照图 3-1 所示创建一层墙体。

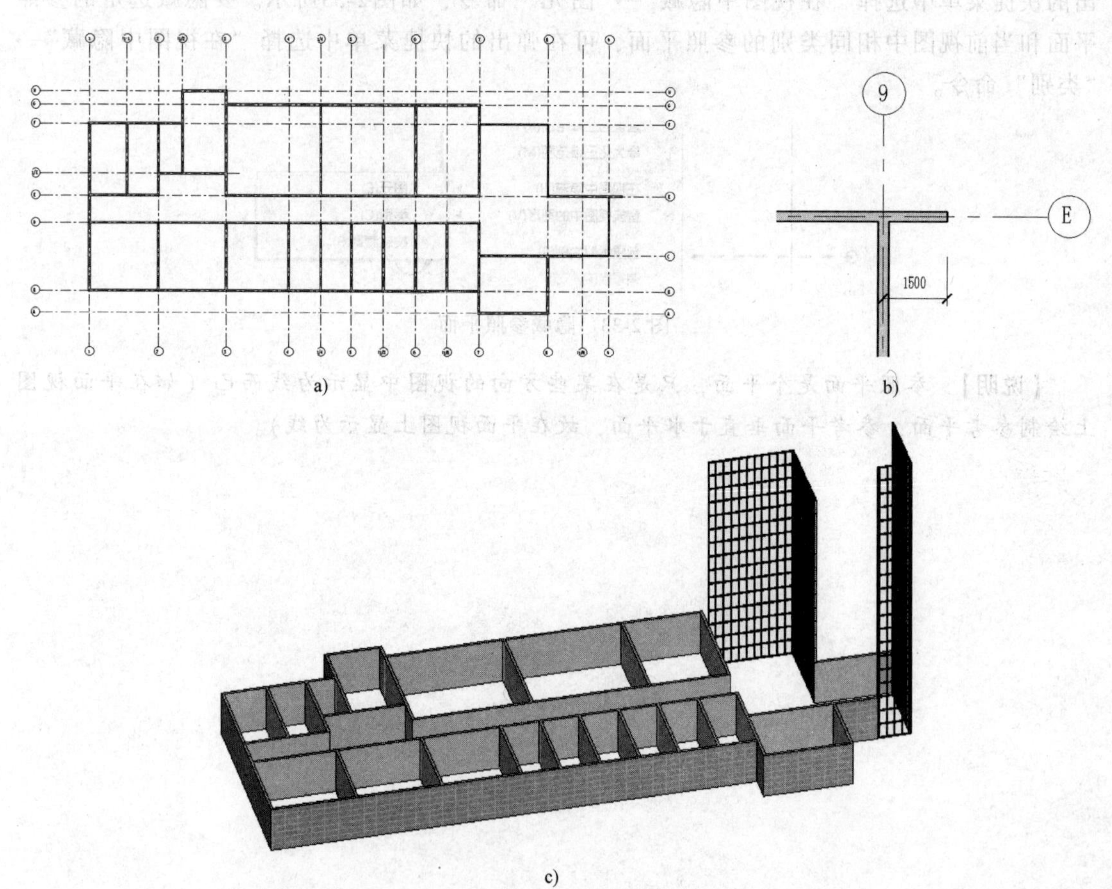

图 3-1 一层墙体

a）一层墙体平面图 b）E 轴、9 轴处墙体定位 c）墙体三维视图操作思路：①创建普通墙体，利用“建筑”选项卡中的“墙”工具，先在“属性”面板中设置墙体的类型、底标高和顶标高等属性信息后，再在绘图区域进行墙体创建；②创建幕墙，在“墙”属性面板的“类型选择器”中选择“幕墙”，在“编辑类型”中设置“幕墙自动嵌入”“幕墙网格”“幕墙竖梃”等信息后，再在绘图区域进行幕墙创建。

操作步骤：

1）打开随书光盘中的“第 2 章\2-引例-轴网完成 . rvt”，双击“项目浏览器”→“楼层平面”中的“F1”，进入 F1 平面视图。

2）创建外墙。

① 单击“建筑”选项卡“构建”面板“墙”下拉菜单中的“墙：建筑墙”，在“属性”面板中选择墙体类型为“外墙-真石漆”、定位线为“核心层中心线”、底部限制条件为“F1”、底部偏移为“0.0”、顶部约束为“F2”、顶部偏移为“0.0”；在选项栏中勾选“链”复选框。此时注意，上下文选项卡“绘制”面板为“直线”绘制，且状态栏中提示“单击可输入墙起始点”（见图 3-2）。

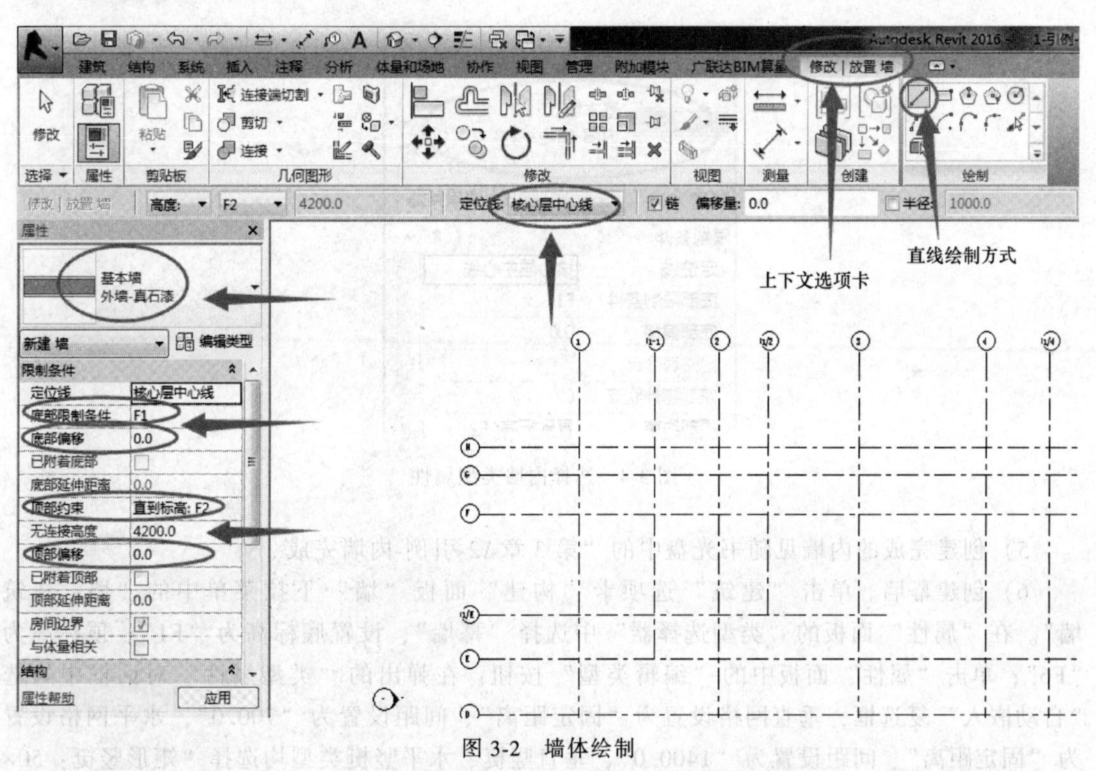

图 3-2 墙体绘制

② 顺序单击 E 轴与 9 轴交点、C 轴与 9 轴交点、C 轴与 8 轴交点、A 轴与 8 轴交点、A 轴与 7 轴交点、B 轴与 7 轴交点、B 轴与 1 轴交点、F 轴与 1 轴交点、F 轴与 1\2 轴交点、H 轴与 1\2 轴交点、H 轴与 3 轴交点、G 轴与 3 轴交点、G 轴与 7 轴交点、F 轴与 7 轴交点、F 轴与 8 轴交点、E 轴与 8 轴交点、E 轴与 9 轴交点，按<Ecs>键，此时仅退出“连续”创建墙体命令，但尚未退出墙体创建命令。单击 E 轴与 9 轴交点，向右移动鼠标指针，将鼠标指针停在 E 轴与 9 轴交点的正右侧，输入“1500”并按<Enter>键确定（见图 3-3）。按两次<Esc>键，退出墙体创建命令。外墙创建完毕。

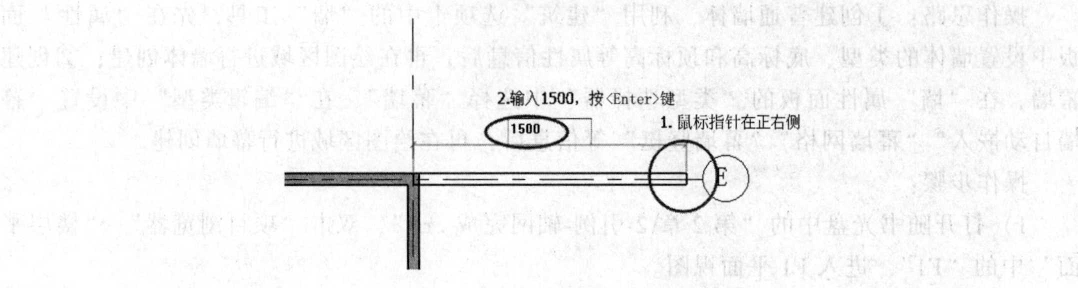

图 3-3　E 轴、9 轴附近墙体绘制

【注】“墙”工具的快捷方式：WA。

3）创建完成的外墙见随书光盘中的“第 3 章 \1-引例-外墙完成 . rvt”。

4）创建内墙。在创建墙体的操作中，除了在“属性”面板中选择“内墙-白色涂料”外（见图 3-4），其余创建方法同创建外墙的方法。

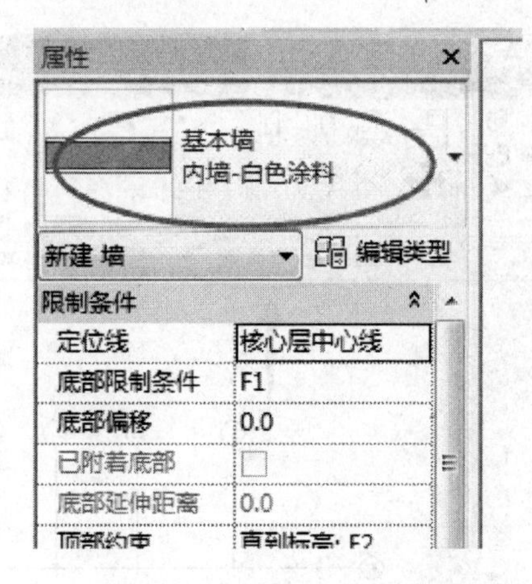

图 3-4　选择内墙类型属性

5）创建完成的内墙见随书光盘中的“第 3 章 \2-引例-内墙完成 . rvt”。

6）创建幕墙。单击“建筑”选项卡“构建”面板“墙”下拉菜单中的“墙：建筑墙”。在“属性”面板的“类型选择器”中选择“幕墙”，设置底标高为“F1”、顶标高为“F6”；单击“属性”面板中的“编辑类型”按钮，在弹出的“类型属性”对话框中勾选“自动嵌入”复选框，垂直网格设置为“固定距离”、间距设置为“700. 0”，水平网格设置为“固定距离”、间距设置为“1400. 0”，垂直竖梃、水平竖梃类型均选择“矩形竖梃：50×150mm”（见图 3-5），单击“确定”按钮退出“类型属性”对话框。单击 F 轴与 7 轴交点、F 轴与 8 轴交点，单击 F 轴与 8 轴交点、E 轴与 8 轴交点。按<Esc>键退出墙体创建命令。选择两段幕墙间的小段墙体（见图 3-6），按<Delete>键删除。创建完成的玻璃幕墙如图 3-7 所示。

7）同理，创建 E 轴与 9 轴交点、C 轴与 9 轴交点，C 轴与 9 轴交点、C 轴与 1/8 轴交点的幕墙，该幕墙的顶部标高应设置为“F6”，顶部偏移设置为“7000”（见图 3-8）。创建完成的幕墙如图 3-9 所示。

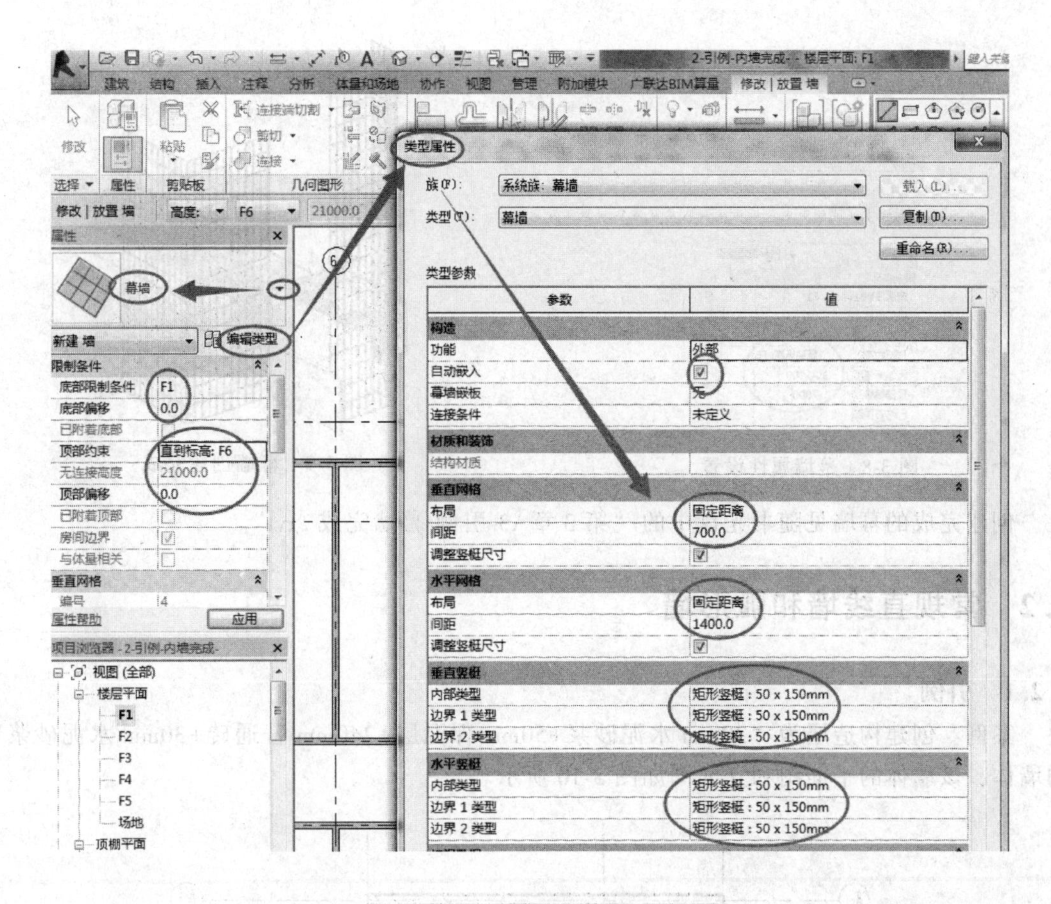

图 3-5　幕墙属性设置

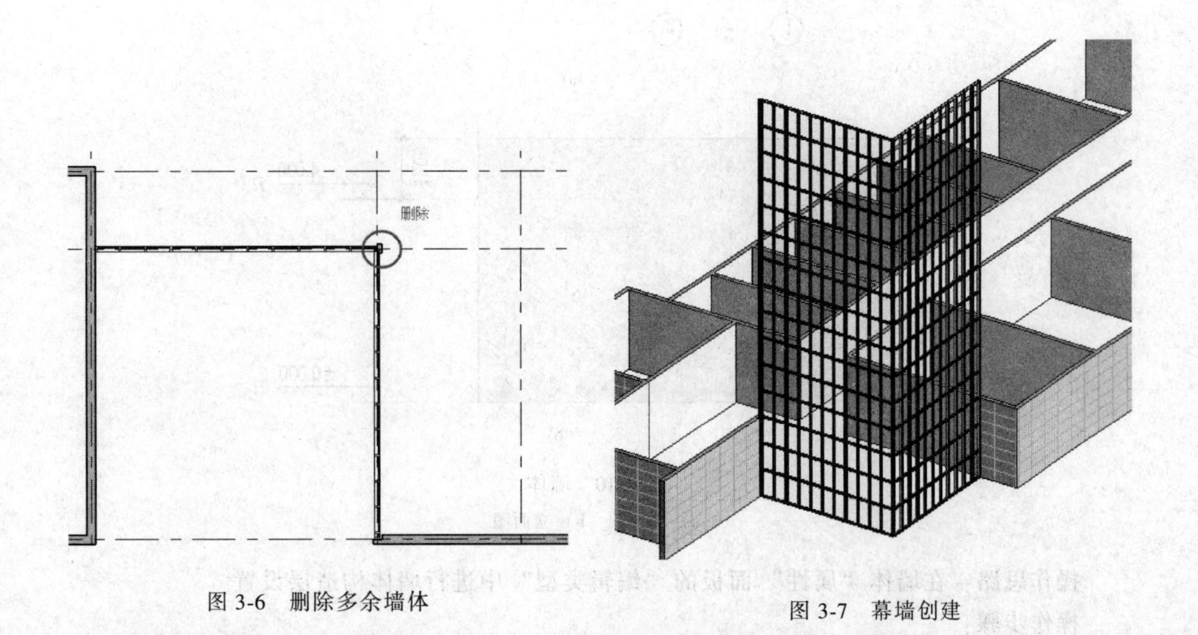

图 3-6　删除多余墙体

图 3-7　幕墙创建

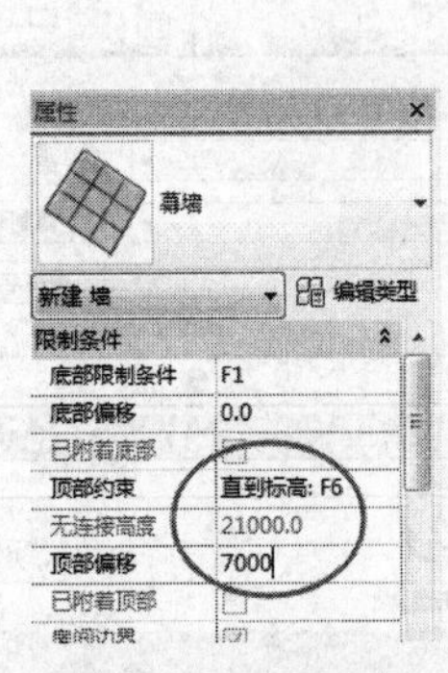

图 3-8　幕墙属性设置

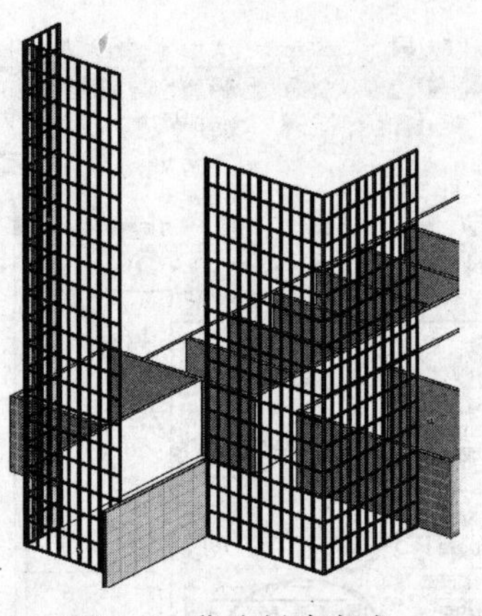

图 3-9　幕墙创建完成

创建完成的幕墙见随书光盘中的“第 3 章\3-引例-幕墙完成 . rvt”。

3.2　常规直线墙和弧形墙

3.2.1　引例

案例：创建构造层为“30mm 水泥砂浆+50mm 保温层+240mm 普通砖+30mm 水泥砂浆”的墙体，该墙体的平面图和立面图如图 3-10 所示。

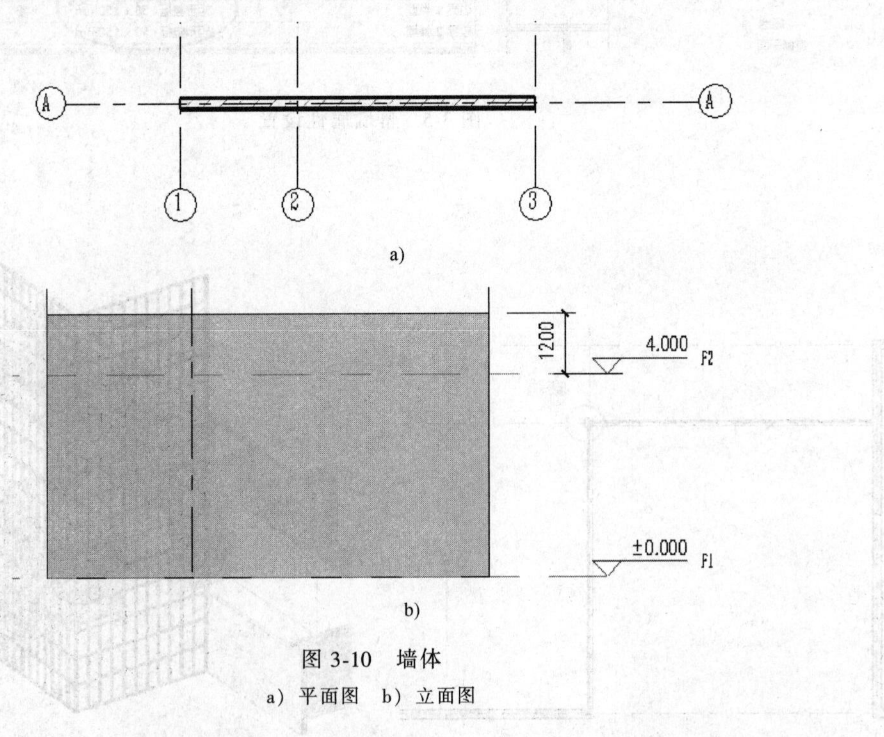

图 3-10　墙体
a）平面图　b）立面图

操作思路：在墙体“属性”面板的“编辑类型”中进行墙体构造层设置。

操作步骤：

1）打开随书光盘中的“第 3 章\墙体构造层”，双击“项目浏览器”→“楼层平面”中的“F1”，进入 F1 平面视图。

2）单击“建筑”选项卡“构建”面板中的“墙：建筑”工具。

① 构造层设置。单击“编辑类型”按钮，在弹出的“类型属性”对话框中单击“复制”按钮，在弹出的“名称”对话框中输入名称为“WQ-30+50+240+30”，单击“确定”按钮（见图 3-11）。在弹出的 WQ-30+50+240+30 类型属性对话框中单击“结构”中的“编辑”，在弹出的“编辑部件”框中，连续单击 3 次“插入”，分别选中新插入的 3 个构造层，单击“插入”键右侧的“向上”或“向下”，使两个新插入的构造层位于“核心边界”以上，另一个新插入的构造层位于“核心边界”以下，即两个核心边界之间仅包络原先的结构层（见图 3-12）。分别修改 4 个构造层“功能”为“面层 1［4］”“保温层/空气层［3］”“结构［1］”（该项为默认值）“面层 2［5］”，并分别修改 4 个构造层“厚度”为“30.0”“50.0”“240.0”“30.0”（见图 3-13）。单击“面层 1［4］”的“材质”框内的右侧按钮（见图 3-14），在弹出的“材质浏览器”对话框中输入“水泥砂浆”，选择“水泥砂浆”，单击“确定”按钮（见图 3-15）。此时“面层 1［4］”的“材质”改为“水泥砂浆”。同理，将“保温层/空气层［3］”“结构［1］”“面层 2［5］”的材质分别改为“隔热层/保温层-空心填充”“砌体-普通砖 75×225mm”“水泥砂浆”，单击“确定”按钮退出“编辑部件”对话框，再单击“确定”按钮退出“类型属性”对话框。

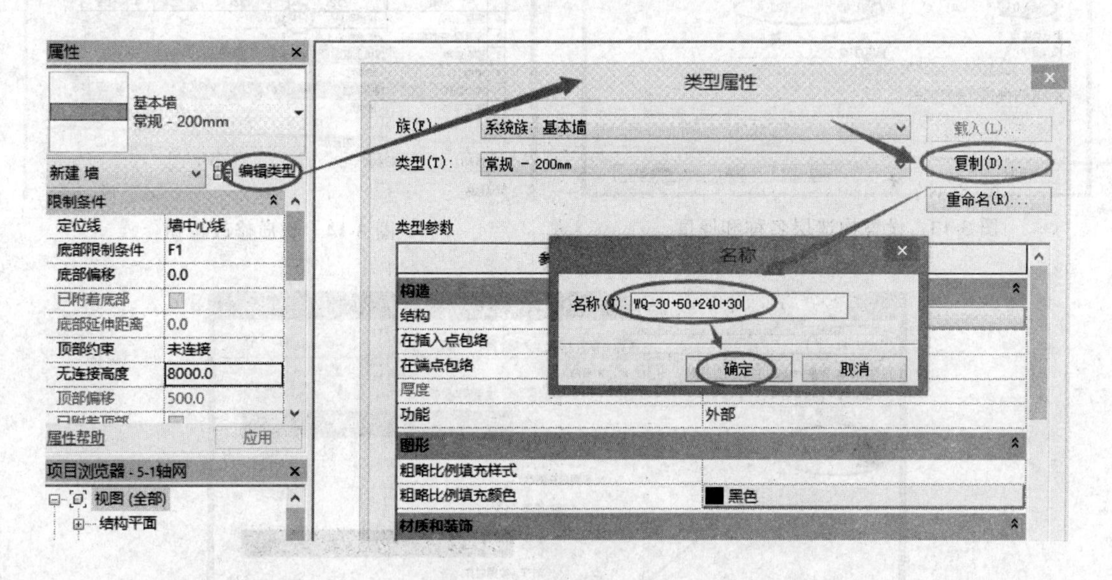

图 3-11 复制新的墙体类型

② 实例属性设置。在墙体的“属性”面板中，将墙的实例属性的“顶部约束”改为“F2”，“顶部偏移”改为“1200.0”，“定位线”改为“核心层中心线”，如图 3-16 所示。

③ 墙体绘制。注意到上下文选项卡中“绘制”面板是“直线”绘制，且屏幕左下角的状态栏中提示为“单击可输入墙起始点”。分别单击 A 轴与 3 轴交点、A 轴与 1 轴交点（见图 3-16），连续按两次<Esc>键，退出墙体创建命令。墙体绘制完毕。

完成的项目文件见随书光盘中的“第 3 章\墙体构造层-完成 . rvt”。

层

	外部边				
	功能	材质	厚度	包络	结构材质
1	结构 [1]	<按类别>	0.0	☑	☐
2	结构 [1]	<按类别>	0.0	☑	☐
3	核心边界	包络上层	0.0		
4	结构 [1]	<按类别>	200.0	☐	☑
5	核心边界	包络下层	0.0		
6	结构 [1]	<按类别>	0.0	☑	☐

图 3-12　调整 3 个新插入的构造层的位置

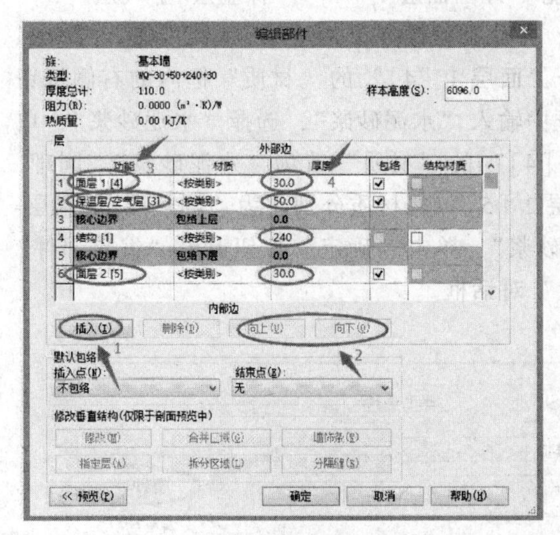

图 3-13　设置构造层名称和厚度

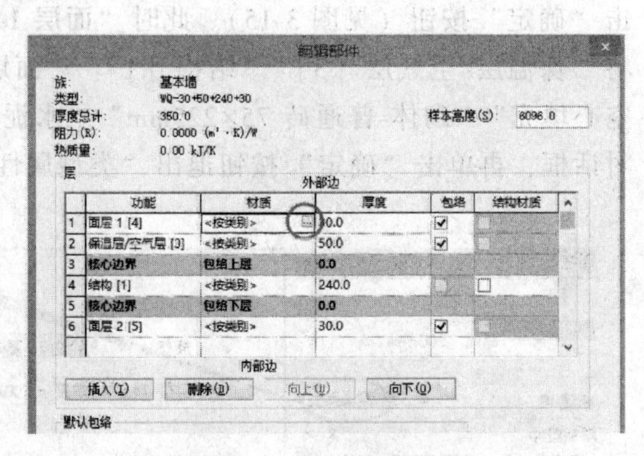

图 3-14　材质修改按钮

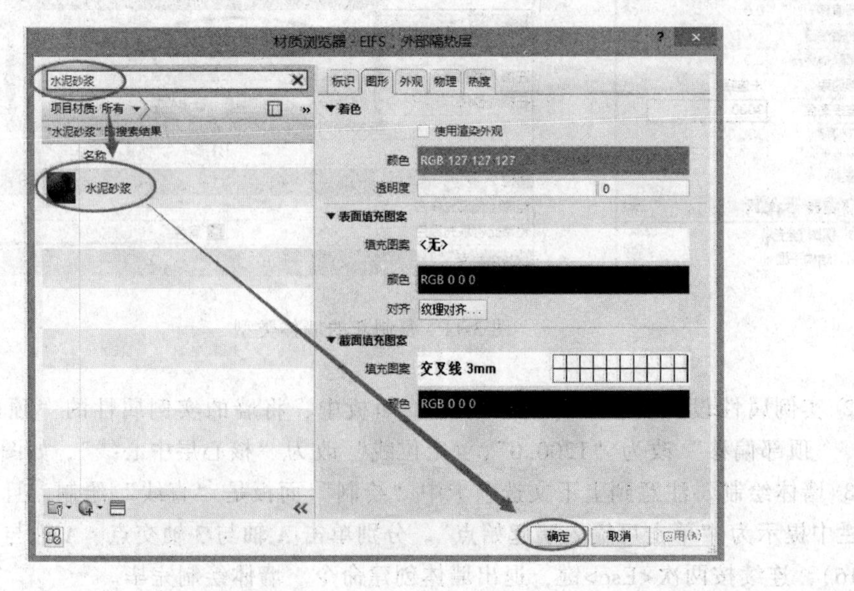

图 3-15　选择水泥砂浆材质

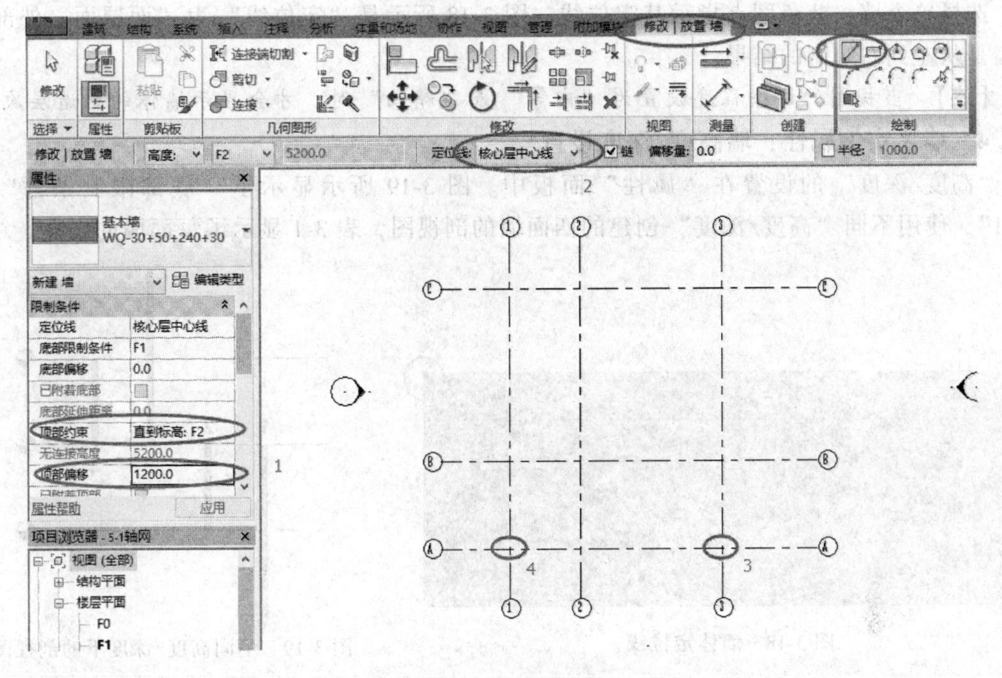

图 3-16 墙体创建

3.2.2 墙体类型设置

在创建墙体时，从“属性”面板的“类型选择器”下拉列表中选择所需的墙类型。此外，还可以在创建完成后，选择创建完成的墙，再对墙体类型进行设置。

3.2.3 定位线设置

定位线是指在绘制墙体过程中，绘制路径与墙体的哪个面进行重合，具体有“墙中心线（默认值）”“核心层中心线“面层面：外部”“面层面：内部”“核心面：外部”“核心面：内部”6 个选项（见图 3-17)，各种定位方式的含义如下。

1）墙中心线：墙体总厚度中心线。

2）核心层中心线：墙体结构层厚度中心线。

3）面层面：外部：墙体外面层外表面。

4）面层面：内部：墙体内面层内表面。

5）核心面：外部：墙体结构层外表面。

6）核心面：内部：墙体结构层内表面。

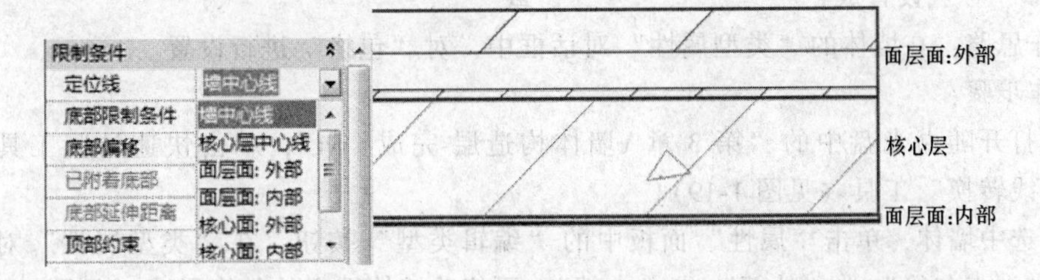

图 3-17 墙体定位线

选择单个墙，蓝色圆点指示其定位线。图 3-18 所示是“定位线”为“面层面：外部”，且墙是从左到右绘制的结果。

【注】 当视图的详细程度设置为“中等”或“精细”时，才会显示墙体的构造层次。

3.2.4 墙体实例属性：墙高度/深度设置

“高度/深度”的设置在“属性”面板中。图 3-19 所示显示了“底部限制条件”为“L-1”，使用不同“高度/深度”创建的四面墙的剖视图，表 3-1 显示了每面墙的属性。

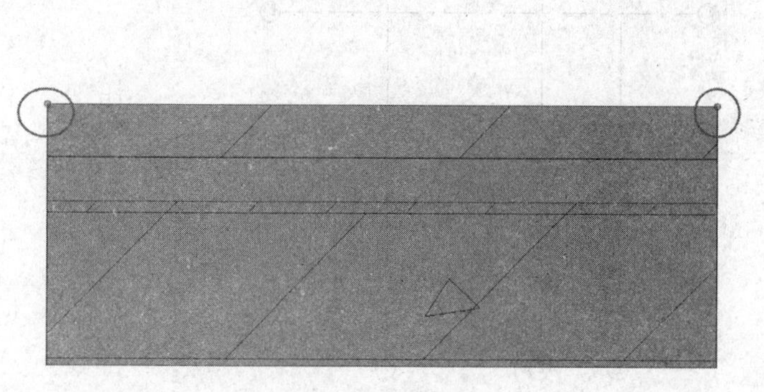

图 3-18　墙体定位线

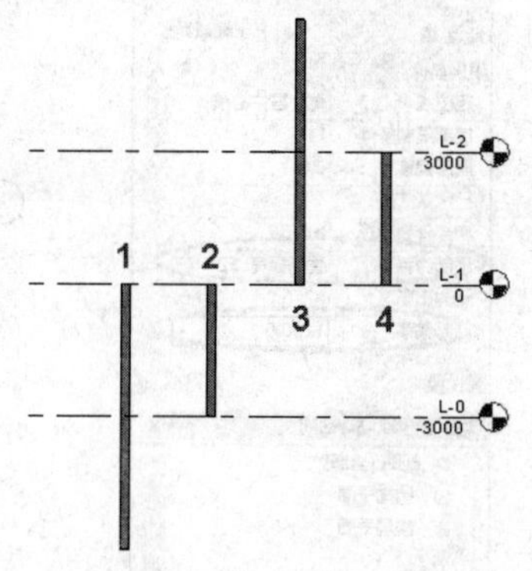

图 3-19　不同高度/深度下的剖视图

表 3-1　墙的属性

属性	墙 1	墙 2	墙 3	墙 4
底部限制条件	L-1	L-1	L-1	L-1
高度/深度	深度	深度	高度	高度
底部偏移	-6000	-3000	0	0
顶部约束	直到标高：L-1	直到标高：L-1	无连接	直到标高：L-2
无连接高度			6000	

3.2.5 墙体类型属性：包络设置、构造层设置

案例：如何将“第 3 章 \ 墙体构造层-完成 .rvt”中的墙体端点，由原先的

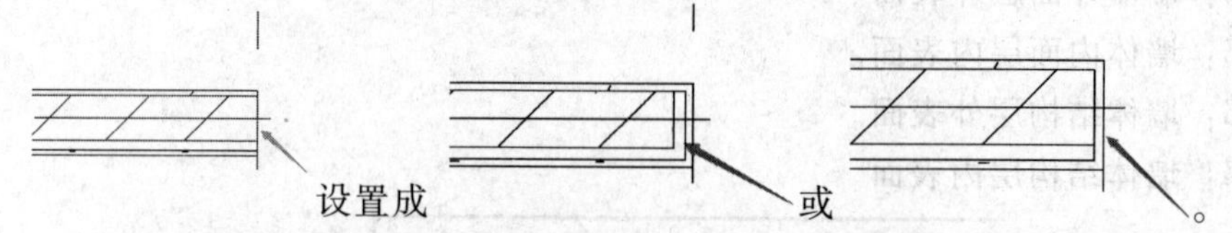

。

操作思路：在墙体的“类型属性”对话框中，对“包络”进行设置。

操作步骤：

1）打开随书光盘中的“第 3 章 \ 墙体构造层-完成 .rvt”，单击快速访问工具栏中的“粗线细线转换”工具（见图 1-19）。

2）选中墙体，单击“属性”面板中的“编辑类型”按钮，在“类型属性”对话框中修改“在端点包络”为“外部”或“内部”，可修改墙体端点的包络形式（见图 3-20）。

创建完成的项目文件见随书光盘中的“第 3 章 \ 墙体外部包络-完成 .rvt”和“第 3

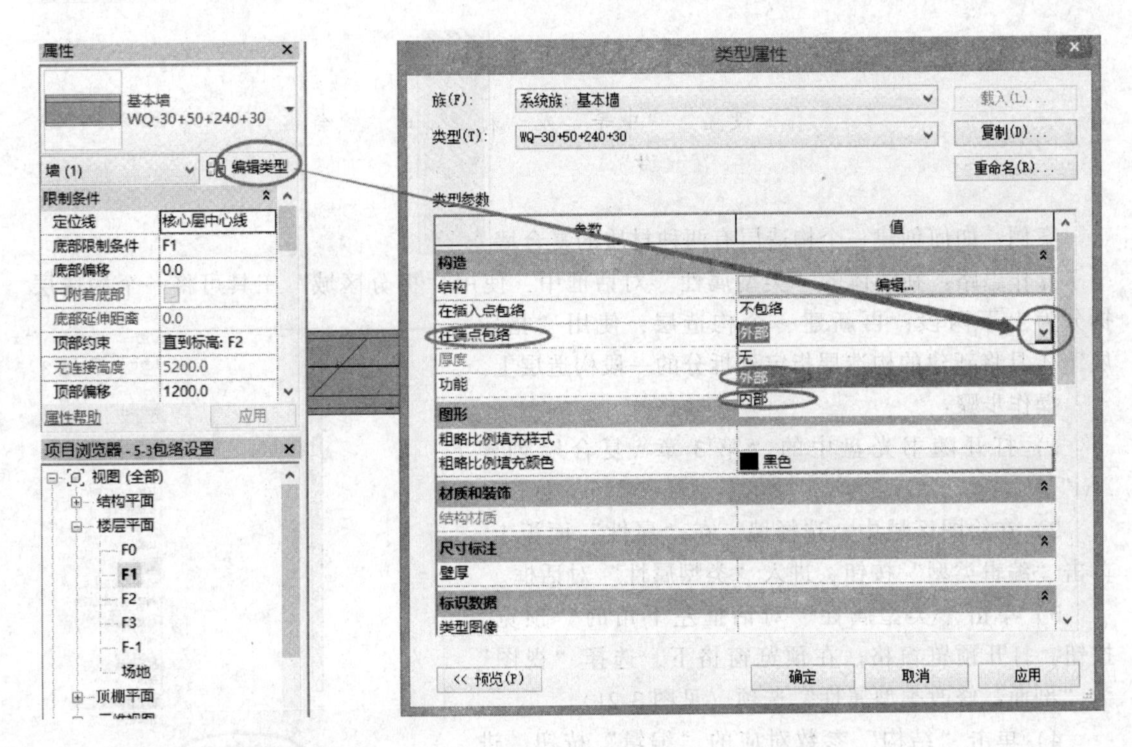

图 3-20 包络设置

章\墙体内部包络-完成.rvt”。

【说明】 在“在插入点包络”和“在端点包络”的下拉列表框中可以选择“无”（该选项为默认选项）、“外部”“内部”“两者”4个选项，这些选项可以控制在墙体门窗洞口和断点处核心面内外图层的包络方式。

3.2.6 绘制直线墙体或弧形墙体

单击“墙”工具时，默认的绘制方法是“修改|放置墙”选项卡下“绘制”面板中的“直线”工具，“绘制”面板中还有“矩形”“多边形”“圆形”“弧形”等绘制工具，可以绘制直线墙体或弧形墙体。

使用“绘制”面板中的“拾取线”工具，可以拾取图形中的线来放置墙。线可以是模型线、参照平面或某个图元（如屋顶、幕墙嵌板和其他墙）的边缘线。

【说明】 在绘图过程中，可根据状态栏中的提示，绘制墙体。

3.3 复合墙及叠层墙

3.3.1 复合墙

复合墙是指由多种平行的层构成的墙，既可以由单一材质的连续平面构成（如胶合板），也可以由多重材质组成（如石膏板、龙骨、隔热层、气密层、砖和壁板）。另外，构件内的每个层都有其特殊的用途。例如，有些层用于结构支座，而另一些层则用于隔热。可采用以下步骤创建复合墙。

案例：如何创建一个构造层有两种材质的复合墙。

操作思路：在墙体的“类型属性”对话框中，使用“拆分区域”工具可将一个构造层拆分为上下两段；再新建一个构造层，使用“指定层”工具将新建的构造层指定到拆分的一段构造层上。

操作步骤：

1）打开随书光盘中的“第 3 章 \ 复合墙创建 . rvt”。

2）在绘图区域中，选择墙。在“属性”面板上，单击“编辑类型”按钮，进入“类型属性”对话框。

3）单击“类型属性”对话框左下角的“预览”按钮，打开预览窗格。在预览窗格下，选择“视图”为“剖面：修改类型属性”选项（见图 3-21）。

4）单击“结构”参数对应的“编辑”按钮，进入“编辑部件”对话框。

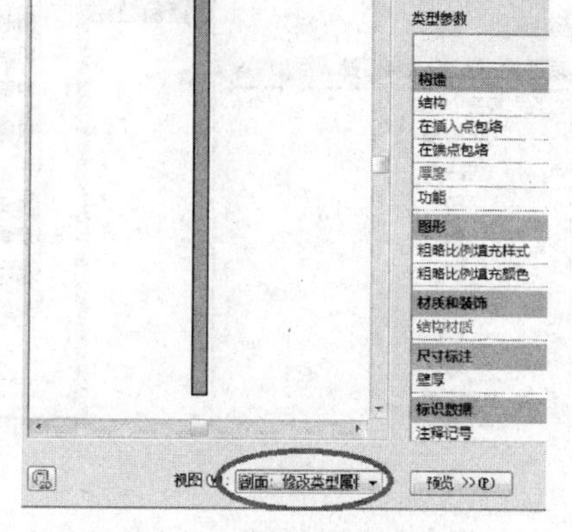

图 3-21　在剖面下进行预览

【注】　*每个墙体类型都有两个名为“核心边界”的层，这些层不可修改，也没有厚度。它们一般包拢着结构层，是尺寸标注的参照。*

5）单击“拆分区域”按钮（见图 3-22），移动鼠标指针到左侧预览框中，在墙左侧面层上捕捉一点并单击，会发现面层在该点处拆分为上下两部分。注意，此时右侧栏中该面层的“厚度”值变为“可变”（见图 3-23）。

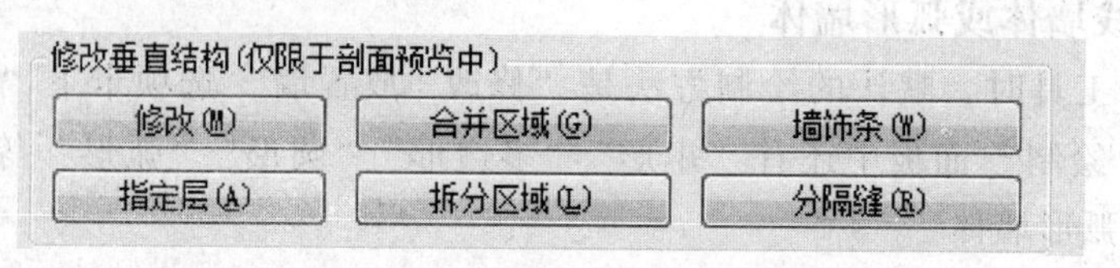

图 3-22　“拆分区域”按钮

【提示】　*单击“修改”按钮，单击选择拆分边界线，编辑蓝色临时尺寸可以调整拆分位置。*

6）在右侧栏中加入一个新的构造层，将功能修改为“面层 1［4］”，材质修改为“涂料-白色”，厚度“0.0”保持不变（见图 3-24）。

7）选择新插入的这个构造层，单击“指定层”按钮，移动鼠标指针到左侧预览框中拆分的面上并单击，会将“涂料-白色”面层材质指定给拆分的面。注意，此时刚创建的面层和原来的面层“厚度”都变为“20.0”（见图 3-25）。

8）单击“确定”按钮关闭所有对话框后，该墙变成了外涂层有两种材质的复合墙类型。

创建完成的项目文件见随书光盘中的“第 3 章 \ 复合墙创建-完成 . rvt”。

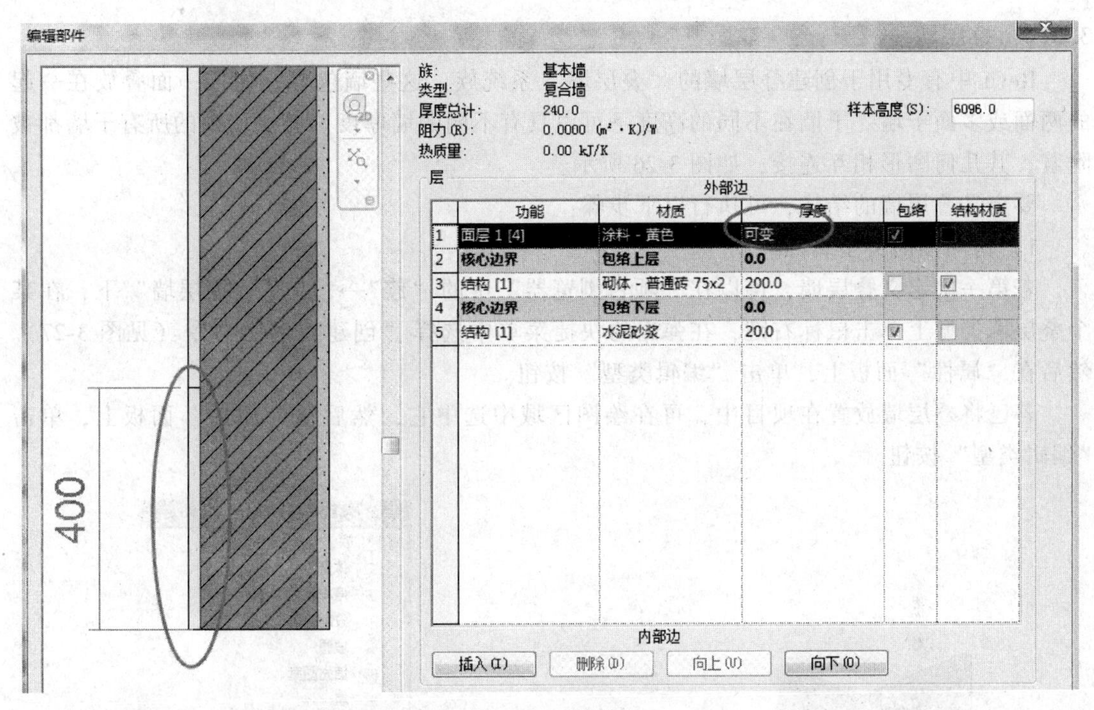

图 3-23　拆分面

层

外部边

	功能	材质	厚度	包络	结构材质
1	面层 1 [4]	涂料 -白色	0.0	☑	☐
2	面层 1 [4]	涂料 - 黄色	可变	☑	☐
3	**核心边界**	**包络上层**	**0.0**		
4	结构 [1]	砌体 - 普通砖 75x2	200.0	☐	☑
5	**核心边界**	**包络下层**	**0.0**		
6	结构 [1]	水泥砂浆	20.0	☑	☐

图 3-24　新插入一个构造层

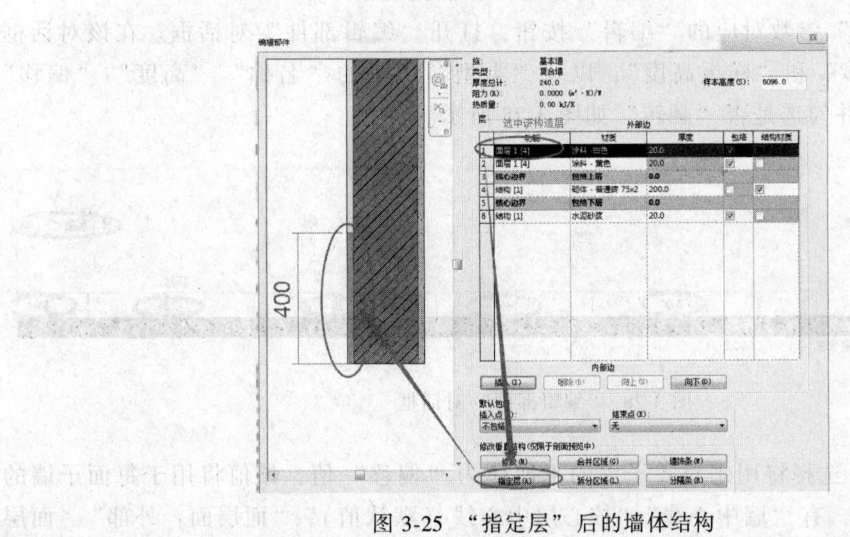

图 3-25　“指定层”后的墙体结构

3.3.2　叠层墙

Revit 中有专用于创建叠层墙的“叠层墙”系统族，这些墙包含一面接一面叠放在一起的两面或多面子墙。子墙在不同的高度下可以具有不同的墙厚度。叠层墙中的所有子墙都被附着，其几何图形相互连接，如图 3-26 所示。

要定义叠层墙的结构，可执行以下步骤：

1）访问墙的类型属性。

若第一次定义叠层墙，可以在“项目浏览器”中的“族”→“墙”→“叠层墙”下，在某个叠层墙类型上单击鼠标右键，在弹出的快捷菜单中选择“创建实例”命令（见图 3-27）。然后在“属性”面板上，单击“编辑类型”按钮。

若已将叠层墙放置在项目中，可在绘图区域中选中它，然后在“属性”面板上，单击“编辑类型”按钮。

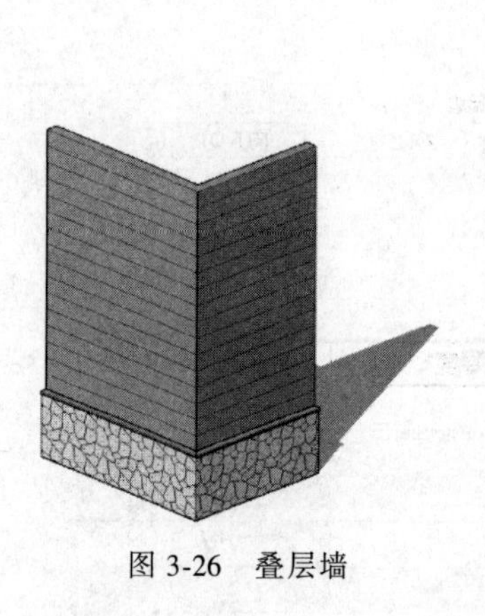

图 3-26　叠层墙

图 3-27　创建叠层墙实例

2）在弹出的“类型属性”对话框中，单击“预览”按钮打开预览窗格，用以显示选定墙类型的剖面视图。对墙所做的所有修改都会显示在预览窗格中。

3）单击“结构”参数对应的“编辑”按钮，打开“编辑部件”对话框。在该对话框中，需要输入“偏移”和“样板高度”，以及“类型”表中的“名称”“高度”“偏移”“顶”“底部”值，并勾选是否“翻转”如图 3-28 所示。

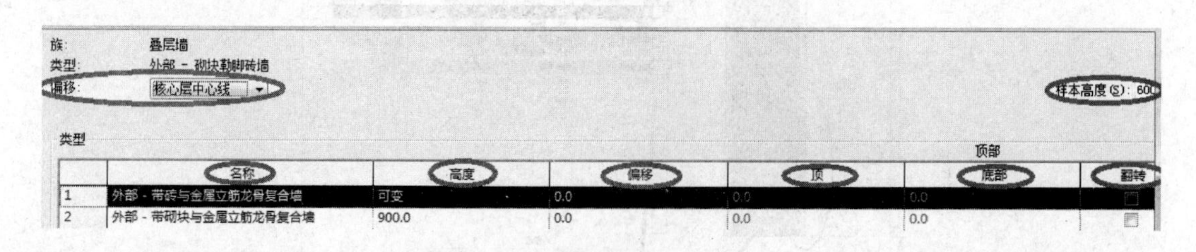

族：叠层墙
类型：外部 - 砌块勒脚砖墙
偏移：核心层中心线
样本高度(S)：600

类型

	名称	高度	偏移	顶	底部	翻转
1	外部 - 带砖与金属立筋龙骨复合墙	可变	0.0	0.0	0.0	☐
2	外部 - 带砌块与金属立筋龙骨复合墙	900.0	0.0	0.0	0.0	☐

图 3-28　“编辑部件”对话框

①“偏移”值。选择将用来对齐子墙的平面作为“偏移”值，该值将用于每面子墙的“定位线”实例属性，有“墙中心线”“核心层中心线（默认值）”“面层面：外部”“面层

面：内部”“核心面：外部”“核心面：内部”6个选项。

②“样本高度”值。指定预览窗格中墙的高度作为“样本高度”，如果所插入子墙的无连接高度大于样本高度，则该值将改变。

③ 在“类型”表中，单击左列中的编号以选择定义子墙的行，或单击“插入”，可添加新的子墙。

④ 在“名称”列中，单击其值，然后选择所需的子墙类型。

⑤ 在“高度”列中，指定子墙的无连接高度。注意，一个子墙必须有一个相对于其他子墙高度而改变的可变且不可编辑的高度。要修改可变子墙的高度，可通过选择其他子墙的行并单击“可变”，将其他子墙修改为可变的墙。

⑥ 在“偏移”列中，指定子墙的定位线与主墙的参照线之间的偏移距离（偏移量）。正值会使子墙向主墙外侧（预览窗格左侧）移动。

⑦ 如果子墙在顶部或底部未锁定，则可以在“顶”或“底部”列中输入正值来指定一个可升高墙的距离，或者输入负值来降低墙的高度。这些值分别决定着子墙的“顶部延伸距离”和“底部延伸距离”实例属性。

3.4 墙饰条与分割缝

3.4.1 墙饰条

使用“饰条”工具可向墙中添加踢脚板、冠顶饰或其他类型的装饰，用于水平或垂直投影，如图3-29所示。可以在三维视图或立面视图中为墙添加墙饰条。要为某种类型的所有墙添加墙饰条，可以在墙的类型属性中修改墙结构。

添加墙饰条的步骤如下：

1）打开一个三维视图或立面视图，在“建筑”选项卡“构建”面板的“墙”下拉列表中，选择“墙：饰条”命令。

2）在类型选择器中，选择所需的墙饰条类型。

3）单击“修改 | 放置墙饰条”上下文选项卡“放置”面板中的“水平”或“垂直”按钮。

4）将鼠标指针放在墙上以高亮显示墙饰条位置，单击以放置墙饰条，如图3-30所示。

图3-29 墙饰条

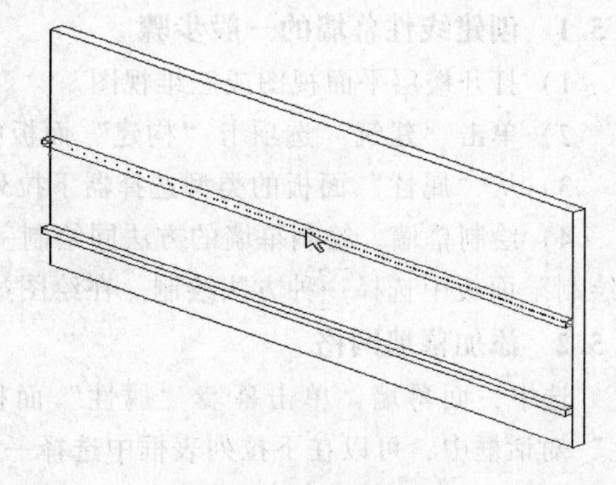

图3-30 放置墙饰条

修改墙饰条的方法：选择墙饰条后，有两种修改方法。第一种方法是在“属性”面板中进行修改，可在“编辑类型”中进行修改；第二种方法是在出现的“修改|放置饰条”上下文选项卡中修改，可进行“添加/删除墙”（在附加的墙上继续创建放样或从现有放样中删除放样段，见图 3-31）和“修改转角”（将墙饰条或分隔缝的一端转角回墙或应用直线剪切，见图 3-32）操作。

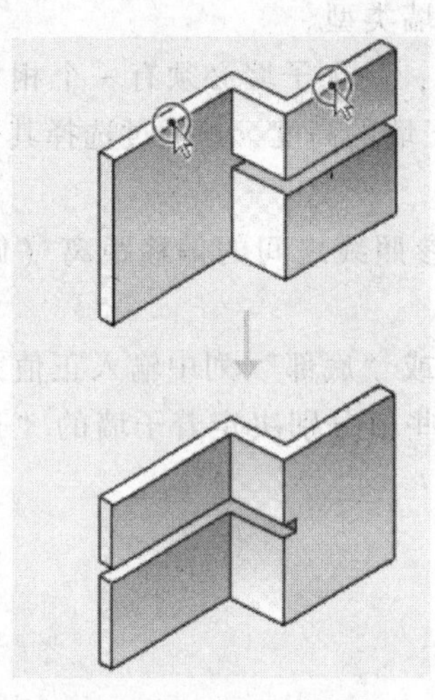

图 3-31　添加/删除墙

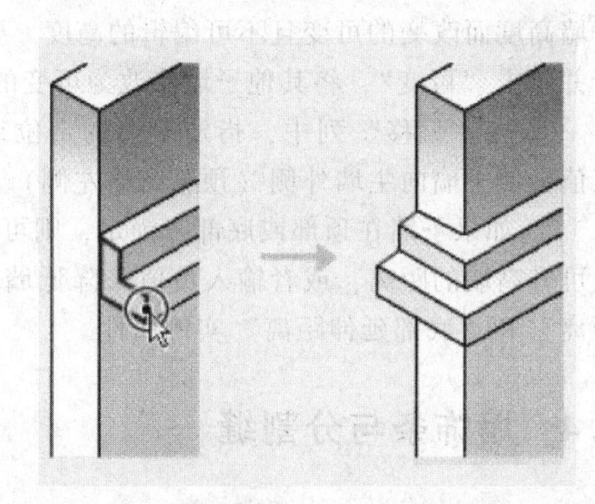

图 3-32　修改转角

3.4.2　分隔缝

“分隔缝”工具可将装饰用水平或垂直剪切添加到立面视图或三维视图中的墙上，如图 3-33 所示。

分隔缝的放置同墙饰条，单击“建筑”选项卡“构建”面板中的“墙”下拉列表，选择“墙：分隔缝”工具，进行设置。修改方式也同墙饰条，选择分隔缝后进行修改。

图 3-33　分隔缝

3.5　幕墙

3.5.1　创建线性幕墙的一般步骤

1）打开楼层平面视图或三维视图。

2）单击“建筑”选项卡“构建”面板中的“墙”下拉列表，选择“墙：建筑”工具。

3）从“属性”面板的类型选择器下拉列表中，选择“幕墙”。

4）绘制幕墙。绘制幕墙的方法同绘制一般墙体，在“修改 | 放置墙”上下文选项卡的“绘制”面板中选择一种方法绘制。在绘图过程中，可根据状态栏的提示，绘制墙体。

3.5.2　添加幕墙网格

选中一面幕墙，单击幕墙“属性”面板中的“编辑类型”按钮，在弹出的“类型属性”对话框中，可以在下拉列表框中选择一种方式添加网格（见图 3-34）。

也可以手动添加网格，手动添加网格的操作步骤如下：

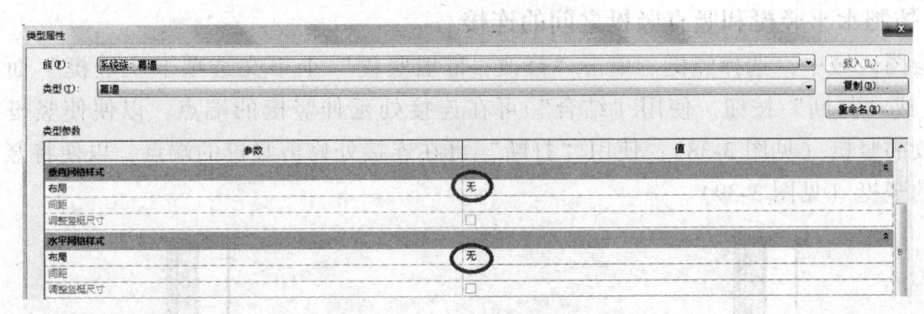

图 3-34　幕墙网格设置

在三维视图或立面视图下，单击“建筑”选项卡“构建”面板中的“幕墙网格”工具。在“修改 | 放置幕墙网格”上下文选项卡“放置”面板中选择放置类型。有 3 种放置类型，即“全部分段”（在出现预览的所有嵌板上放置网格线段）、“一段”（在出现预览的一个嵌板上放置一条网格线段）、“除拾取外的全部”（在除了选择排除的嵌板之外的所有嵌板上，放置网格线段）。将幕墙网格放置在幕墙嵌板上时，在嵌板上将显示网格的预览图像，可以使用以上 3 种网格线段选项之一来控制幕墙网格的位置。

在绘图区域单击选择某网格线，单击出现临时定位尺寸，对网格线的定位进行修改（见图 3-35）；或单击“修改 | 幕墙网格”上下文选项卡“幕墙网格”面板中的“添加/删除线段”按钮，添加或删除网格线（见图 3-36）。

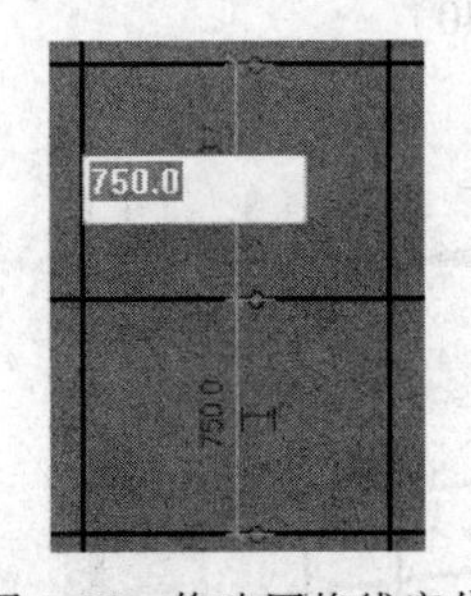

图 3-35　修改网格线定位

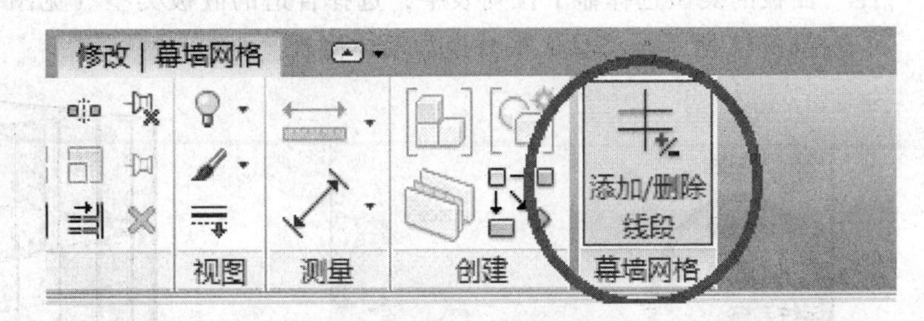

图 3-36　添加/删除网格线

3.5.3　添加幕墙竖梃

创建幕墙网格后，可以在网格线上放置竖梃。

1）单击“建筑”选项卡“构建”面板中的“竖梃”工具。在“属性”面板的类型选择器中，选择所需的竖梃类型，如图 3-37 所示。

2）在“修改 | 放置竖梃”上下文选项卡的“放置”面板上，选择下列工具之一。

① 网格线：单击绘图区域中的网格线时，此工具将跨整个网格线放置竖梃。

② 单段网格线：单击绘图区域中的网格线时，此工具将在单击的网格线的各段上放置竖梃。

③ 所有网格线：单击绘图区域中的任何网格线时，此工具将在所有网格线上放置竖梃。

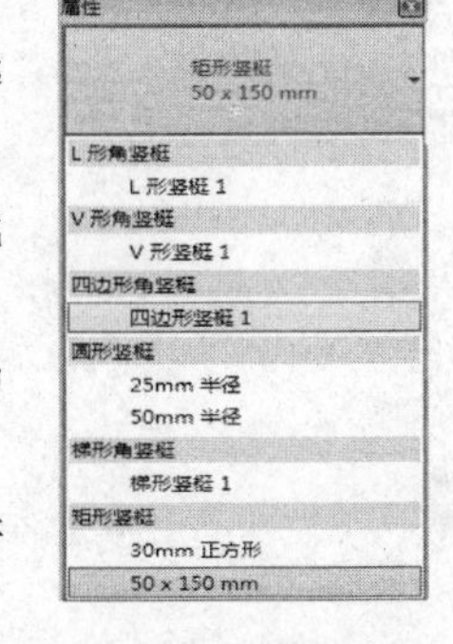

图 3-37　竖梃类型

3）在绘图区域中单击，以便根据需要在网格线上放置竖梃。

3.5.4　控制水平竖梃和竖直竖梃之间的连接

在绘图区域中，选择竖梃。单击“修改 | 幕墙竖梃”上下文选项卡“竖梃”面板中的“结合”或“打断”按钮。使用“结合”可在连接处延伸竖梃的端点，以便使竖梃显示为一个连续的竖梃（见图 3-38）；使用“打断”可在连接处修剪竖梃的端点，以便将竖梃显示为单独的竖梃（见图 3-39）。

图 3-38　对横竖梃进行“结合”

图 3-39　对横竖梃进行“打断”

3.5.5　修改嵌板类型

打开一个可以看到幕墙嵌板的立面图。选择一个嵌板（选择嵌板的方法为：将鼠标指针移动到嵌板边缘处，并按多次<Tab>键，直到该嵌板高亮显示，单击即可选择），从“属性”面板的类型选择器下拉列表中，选择合适的嵌板类型（见图 3-40）。

图 3-41 所示是玻璃嵌板替换为墙体嵌板。

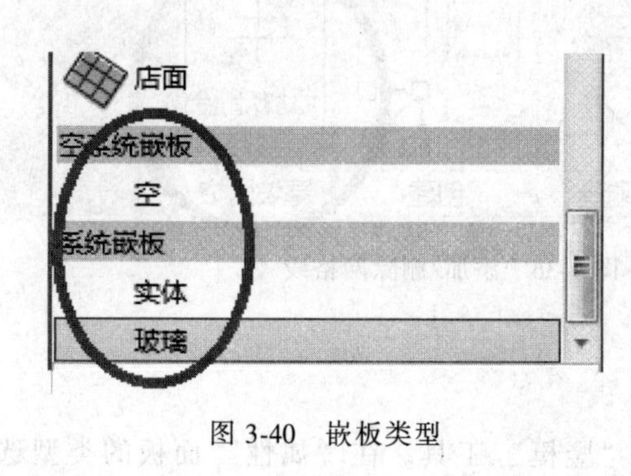

图 3-40　嵌板类型

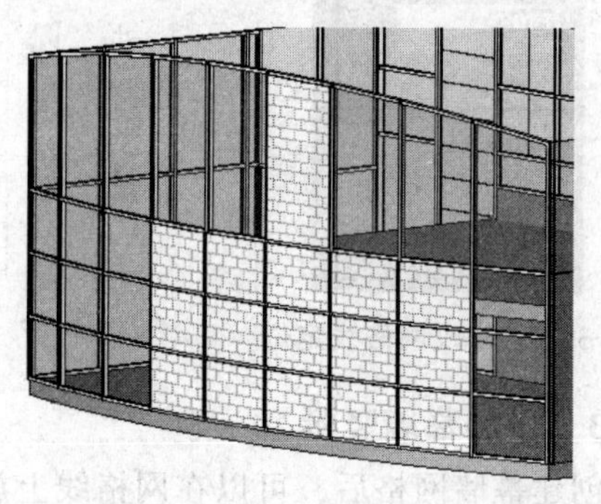

图 3-41　墙体嵌板

第4章　楼　　板

4.1　引例：一层楼板

案例：创建一层楼板（见图4-1）。

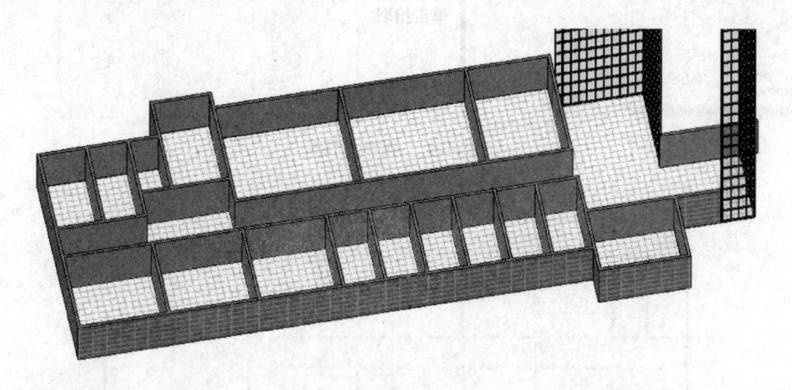

图4-1　一层楼板

操作思路：利用“建筑”选项卡中的“楼板”工具创建楼板。

操作步骤：

1）双击打开随书光盘中的“第3章\3-引例-幕墙完成.rvt”，进入到F1平面视图。

2）单击“建筑”选项卡“构建”面板中的“楼板”下拉按钮，在下拉菜单中选择“楼板：建筑”工具。在“属性”面板的类型选择器中选择墙体类型为“LB-40+140”、底部标高为“F1”、自标高的高度偏移为“0”，鼠标指针停在外墙偏内一侧单击，可拾取墙体边界（见图4-2）；依次单击所有外墙偏内一侧形成楼板边界线（见图4-3）。按<Esc>键，退出创建楼板“边界线”命令，此时尚未退出创建楼板命令。

此时注意，有些楼板边界线没有首尾相连，如E轴与9轴相交处有多余的楼板边界线，修改方法为：单击“修改|创建楼层边界”上下文选项卡“修改”面板中的“修剪/延伸为角”工具，依次单击需要保留的两条边界线，多余的边界线可被修剪掉（见图4-4）。

【注】“修剪”工具的快捷方式：TR。

3）所有边界线修剪完成，单击“修改|创建楼层边界”上下文选项卡“模式”面板上的✔按钮，楼板创建完毕。

完成的项目文件见随书光盘中的“第4章\1-引例-一楼楼板完成.rvt”。

【注】楼板的边界线必须是首尾相连、处于闭合状态的，且不应有多余的边界线。若边界线未闭合，则单击“完成”时会有错误提示。在弹出的错误对话框中单击“显示”，会

看到有错误的地方。在弹出的错误对话框中单击“继续”，则退出对话框，对楼板边界线再进行修改。

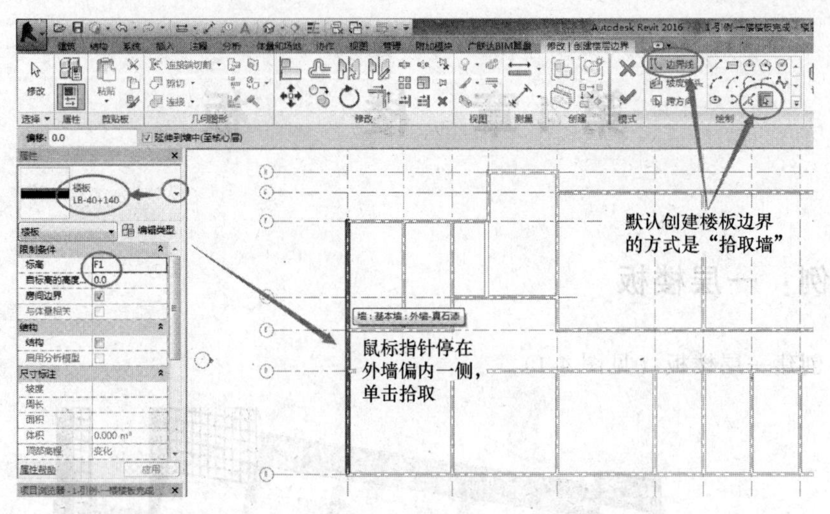

图 4-2　楼板创建

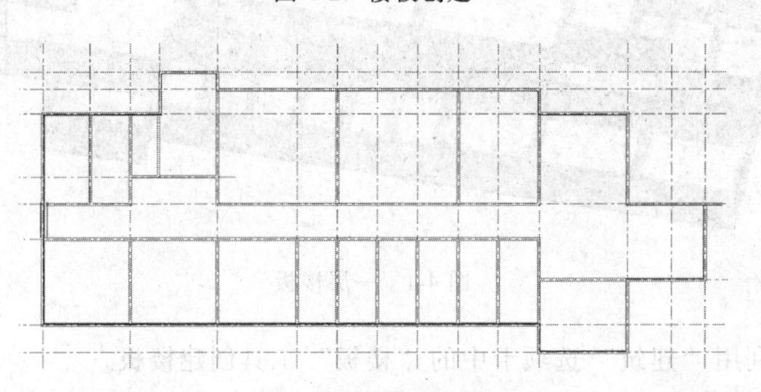

图 4-3　楼板边界线

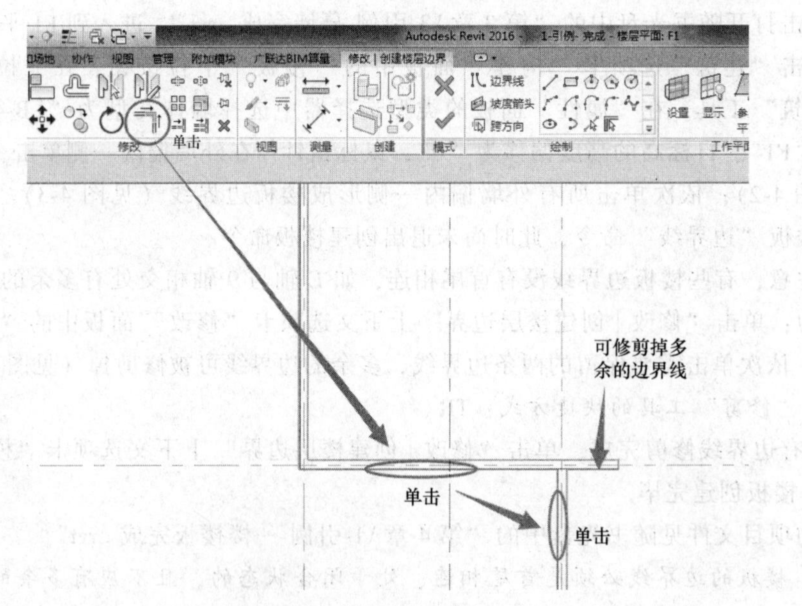

图 4-4　修剪边界线

4.2 平楼板

4.2.1 创建平楼板

1）在平面视图中，单击“建筑”选项卡“构建”面板中的“楼板”下拉按钮，在下拉菜单中选择“楼板：建筑”工具。

2）在“属性”面板的“类型选择器”中选择楼板的类型。

使用以下方法之一绘制楼板边界：

① 拾取墙。默认情况下，“拾取墙”处于活动状态（见图4-5），在绘图区域中选择要用作楼板边界的墙。

② 绘制边界。选取“绘制”面板中的“直线”“矩形”“多边形”“圆形”“弧形”等方式，根据状态栏提示绘制边界。

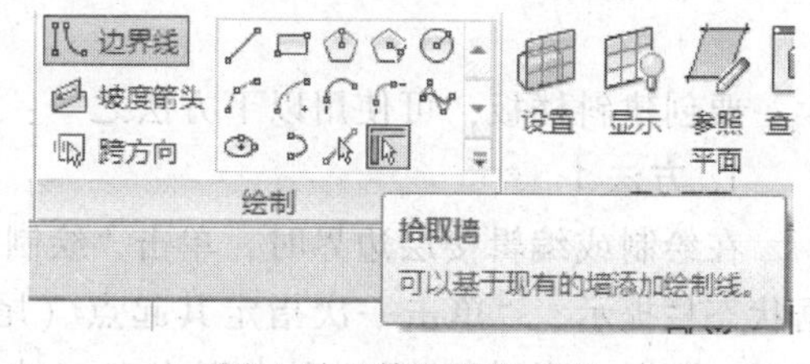

图4-5 “拾取墙”工具

3）在选项栏上，输入楼板边缘的偏移值（见图4-6）。在使用“拾取墙”工具时，可勾选“延伸到墙中（至核心层）”复选框，输入楼板边缘到墙核心层之间的偏移值。

4）将楼层边界绘制成闭合轮廓后，单击工具栏中的“完成编辑模式”命令，如图4-7所示。

偏移: 50.0 ☑延伸到墙中(至核心层)

图4-6 楼板边缘偏移值

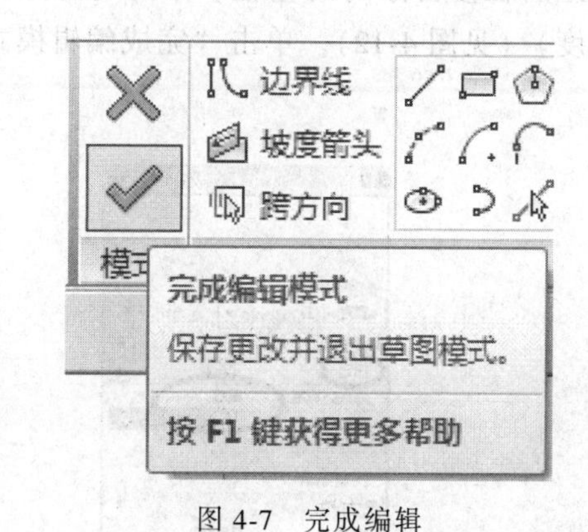

图4-7 完成编辑

4.2.2 修改楼板

1）选择楼板，在“属性”面板上修改楼板的类型、标高等值。

2）编辑楼板草图。在平面视图中，选择楼板，然后单击“修改 | 楼板”选项卡“模式”面板中的“编辑边界”命令。

可用“修改”面板中的“偏移”“移动”“删除”等命令对楼板边界进行编辑（见图4-8），或用“绘制”面板中的“直线”“矩形”“弧形”等命令绘制楼板边界（见图4-9）。

3）修改完毕，单击“模式”面板中的“完成编辑模式”命令。

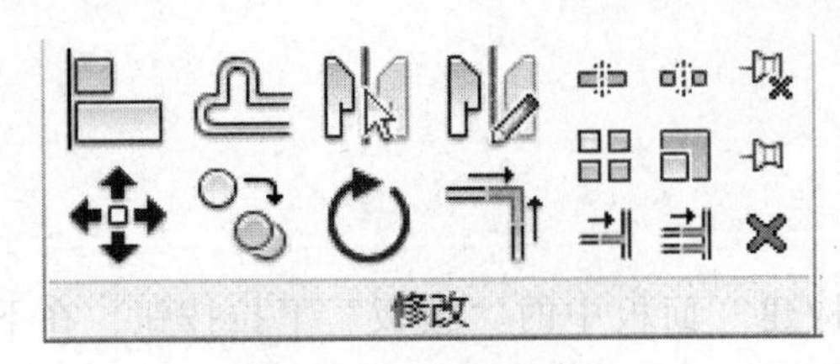

图 4-8　编辑工具

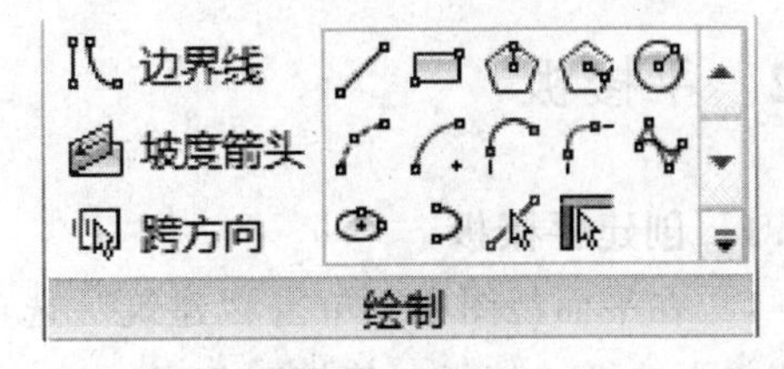

图 4-9　绘制工具

4.3　斜楼板

要创建斜楼板，可使用以下方法之一：

1. 方法 1

在绘制或编辑楼层边界时，单击“绘制”面板中的“绘制箭头”命令（见图 4-10），根据状态栏提示，“单击一次指定其起点（尾）”→“再次单击指定其终点（头）”。箭头“属性”面板的“指定”下拉列表框中有“坡度”和“尾高”两个选项。

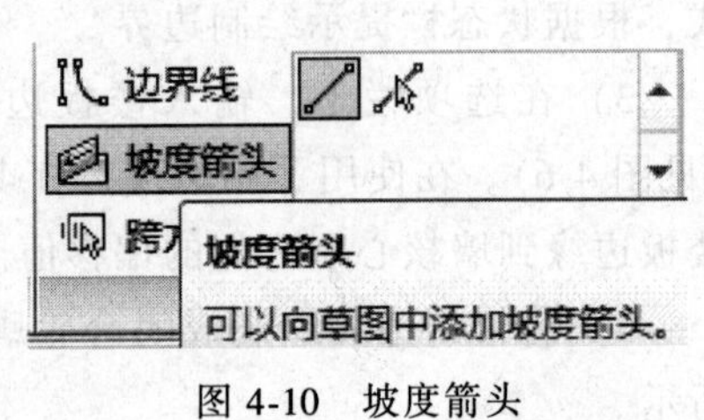

图 4-10　坡度箭头

若选择“坡度”选项（见图 4-11）：“最低处标高”①（楼板坡度起点所处的楼层，一般为“默认”，即楼板所在楼层）、“尾高度偏移”②（楼板坡度起点标高距所在楼层标高的差值）和“坡度”③（楼板倾斜坡度）（见图 4-12）。单击“完成编辑模式”命令。

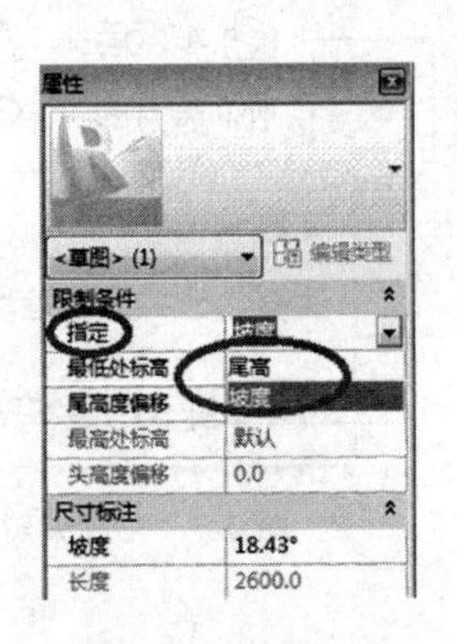

图 4-11　选择“坡度”选项

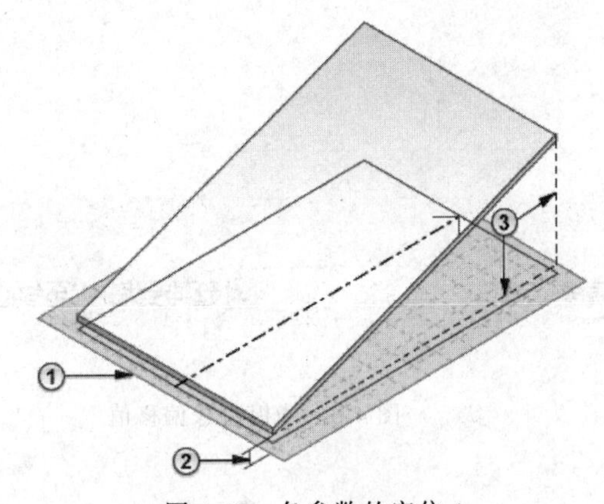

图 4-12　各参数的定位 1

【注意】坡度箭头的起点（尾部）必须位于一条定义边界的绘制线上。

若选择“尾高”选项：“最低处标高”①、“尾高度偏移”②、“最高处标高”③（楼板坡度终点所处的楼层）和“头高度偏移”④（楼板坡度终点标高距所在楼层标高的差值）（见图 4-13）。单击“完成编辑模式”命令。

2. 方法 2

指定平行楼板绘制线的“相对基准的偏移”属性值。

在草图模式中，选择一条边界线，在“属性”面板上可以选择“定义固定高度”，或指定单条楼板绘制线的“定义坡度”和“坡度”属性值。

若选择“定义固定高度”，则输入“标高”①和“相对基准的偏移”②的值。选择平行边界线，用相同的方法指定“标高”③和“相对基准的偏移”④的属性，如图4-14所示。单击“完成编辑模式”命令。

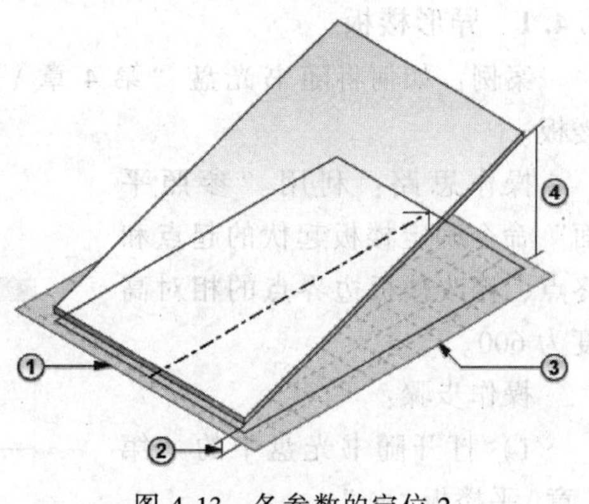

图4-13　各参数的定位2

若指定单条楼板绘制线的“定义坡度”和“坡度”属性值。选择一条边界线，在“属性”面板上选择“定义固定高度”、选择“定义坡度”选项、输入“坡度”值③。（以下为可选）输入“标高”①和“相对基准的偏移”②的值，如图4-15所示。单击“完成编辑模式”命令。

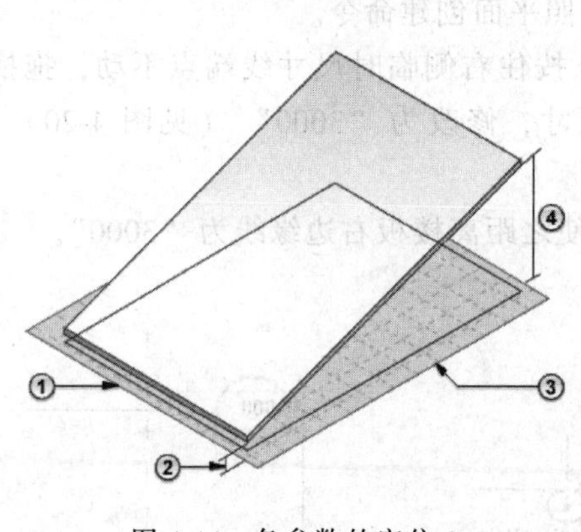

图4-14　各参数的定位3

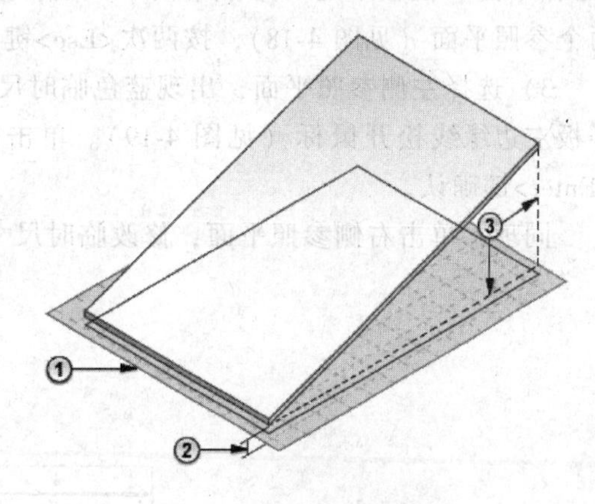

图4-15　各参数的定位4

4.4　异形楼板与平楼板汇水设计

有一些特殊的楼板设计（如错层连廊楼板需要在一块楼板中实现平楼板和斜楼板的组合，在一块平楼板的卫生间位置实现汇水设计等），可以通过“修改|楼板”上下文选项卡“形状编辑”面板中的“添加点”“添加分割线”“拾取支座”“修改子图元”命令来快速实现。“形状编辑”面板如图4-16所示，各命令功能如下。

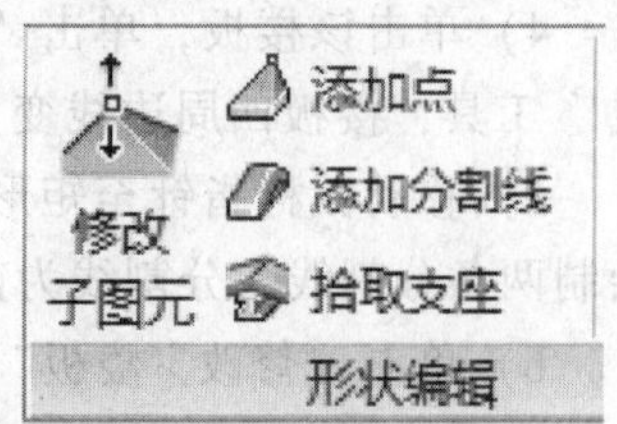

图4-16　“形状编辑”面板

1）添加点：给平楼板添加高度可偏移的高程点。

2）添加分割线：给平楼板添加高度可偏移的分割线。

3）拾取支座：拾取梁，在梁中线位置给平楼板添加分割线，且自动将分割线向梁方向抬高或降低一个楼板厚度。

4）修改子图元：单击该命令，可以选择前面添加的点和分割线，然后编辑其偏移高度。

5）重设形状：单击该命令，自动删除点和分割线，恢复平楼板原状。

4.4.1　异形楼板

案例：如何将随书光盘“第 4 章\平楼板 . rvt”项目中的楼板修改为图 4-17 所示的楼板。

操作思路：利用“参照平面”命令确定楼板起伏的起点和终点，修改楼板边界点的相对高度为 600。

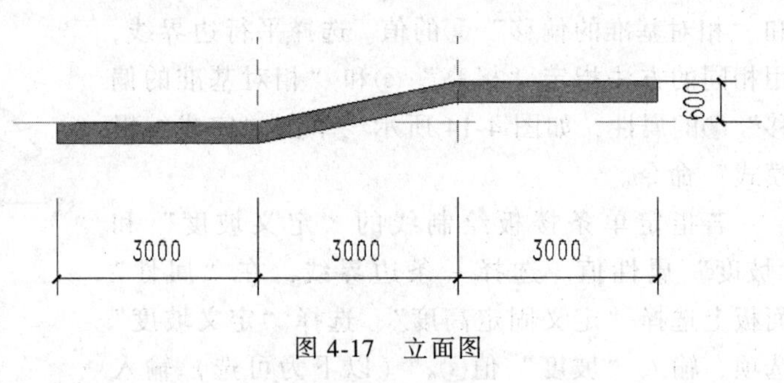

图 4-17　立面图

操作步骤：

1）打开随书光盘中的“第 4 章\平楼板 . rvt”。

2）单击“建筑”选项卡“工作平面”面板中的“参照平面”工具，按照状态栏中的提示，在楼板中间大致位置创建两个参照平面（见图 4-18），按两次<Esc>键退出参照平面创建命令。

3）选择左侧参照平面，出现蓝色临时尺寸线，按住右侧临时尺寸线端点不动，拖拽至楼板左边缘线松开鼠标（见图 4-19）。单击临时尺寸，修改为“3000”（见图 4-20），按<Enter>键确认。

同理，单击右侧参照平面，修改临时尺寸线，使之距离楼板右边缘线为“3000”。

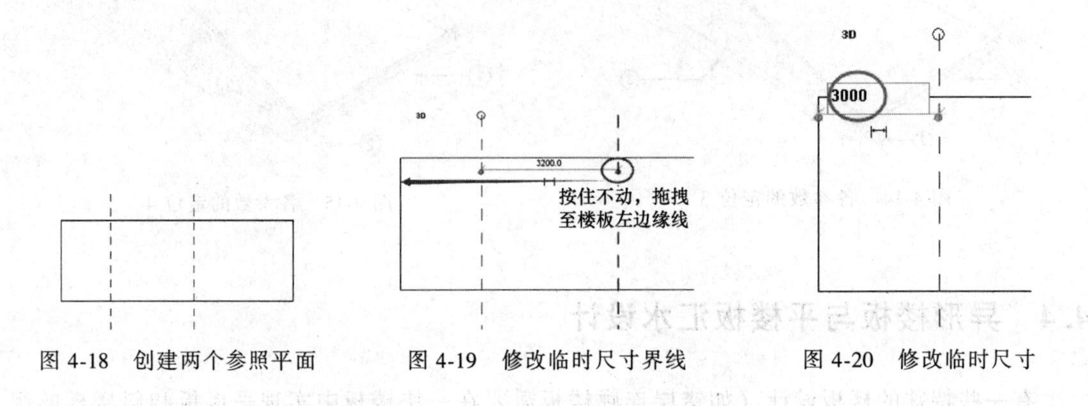

图 4-18　创建两个参照平面　　图 4-19　修改临时尺寸界线　　图 4-20　修改临时尺寸

4）单击该楼板，单击“修改 | 楼板”上下文选项卡“形状编辑”面板中的“添加分割线”工具，楼板四周边线变为绿色虚线，角点处有绿色高程点，如图 4-21 所示。

5）移动鼠标指针至矩形内部，按照参照平面的位置绘制两条分割线，分割线为蓝色虚线显示（见图 4-22）。

6）单击“修改 | 楼板”上下文选项卡“形状编辑”面板中的“修改子图元”工具，自左上到右下框选图 4-23中的右侧小矩形，在选项栏“立面”参数栏中输入“600”后按<Enter>键（这一步操作使框选的 4 个角点抬高 600mm）。按<Esc>键结束命令。

图 4-21　单击“添加分割线”后的楼板

完成的项目文件见随书光盘中的“第 4 章\异形楼板-完成 . rvt”。

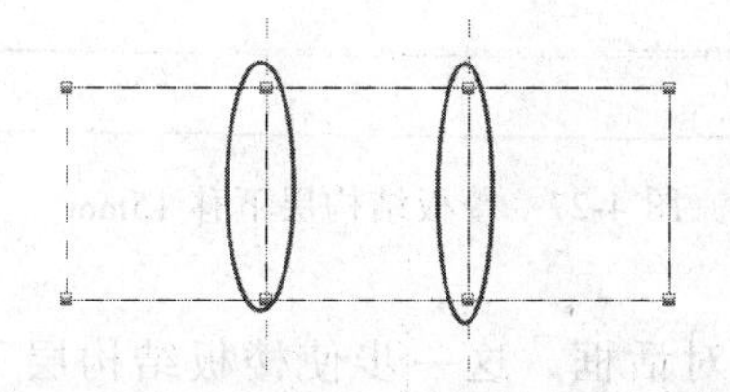

图 4-22 绘制分割线

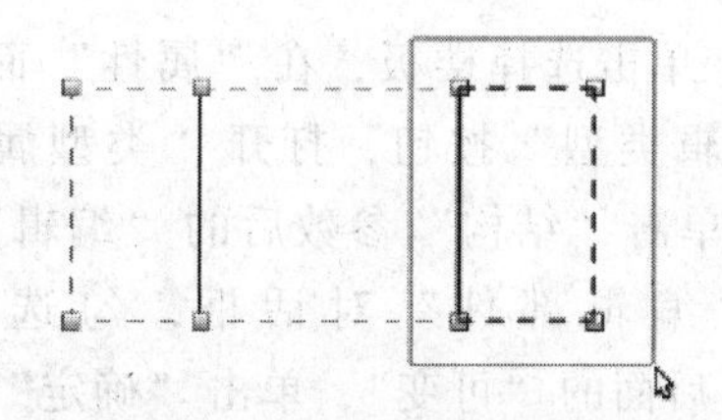

图 4-23 框选右侧小矩形

4.4.2 平楼板汇水设计

卫生间平楼板汇水设计方法同上，不同之处在于要在卫生间边界和地漏边界上分别添加几条分割线，并设置其相对高度，同时要设置楼板构造层，保证楼板结构层不变，面层厚度随相对高度变化，步骤如下：

1）先绘制一个厚度为200mm厚的卫生间楼板，选择这个楼板，单击“修改 | 楼板”上下文选项卡“形状编辑”面板中的“添加分割线”工具，楼板四周边线变为绿色虚线，角点处有绿色高程点，如图 4-24a 所示。

2）输入分割点的起点和终点，在卫生间楼板内绘制 4 条短分割线（即地漏边界线），如图 4-24b 所示，分割线以蓝色显示。

3）单击“修改子图元”工具，框选 4 条短分割线，在选项栏“立面”参数栏中输入“-15”后按<Enter>键，将地漏边界线降低 15mm。“回”字形分割线角角相连，出现 4 条灰色的连接线，如图 4-24c 所示。按<Esc>键结束命令，卫生间楼板如图 4-24d 所示。

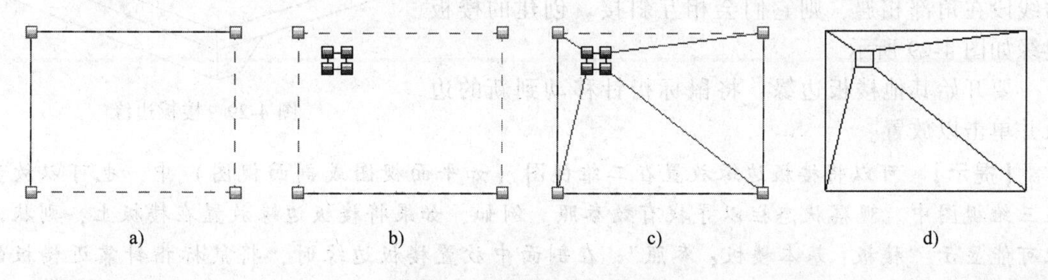

图 4-24 平楼板汇水设计

4）单击“视图”选项卡“创建”面板中的“剖面”工具（见图 4-25），按图 4-26 所示设置剖面线。展开“项目浏览器”面板中的“剖面”，双击打开刚生成的剖面。从剖面图中发现楼板的结构层和面层都向下偏移了 15mm（见图 4-27）。

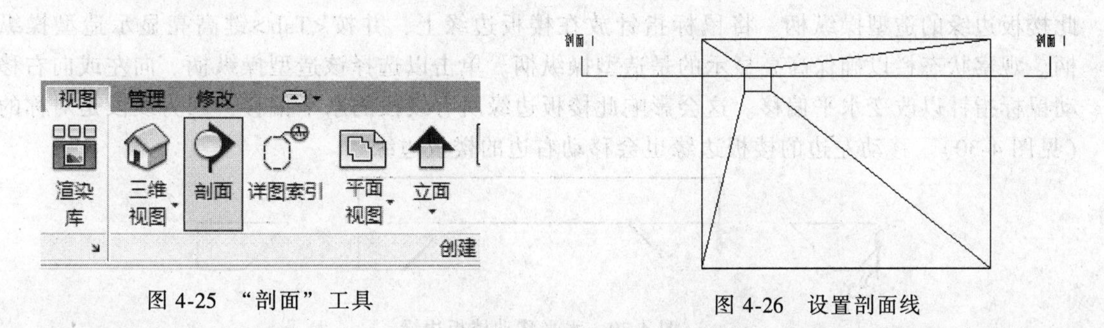

图 4-25 “剖面”工具

图 4-26 设置剖面线

5）单击选择楼板，在“属性”面板中单击“编辑类型”按钮，打开“类型属性”对话框。单击“结构”参数后的“编辑”按钮，打开“编辑部件”对话框，勾选“结构[1]”后面的“可变”，单击“确定”按钮关闭所有对话框。这一步使楼板结构层下表面保持水平，仅上表面地漏处降低了 15mm，如图 4-28 所示。

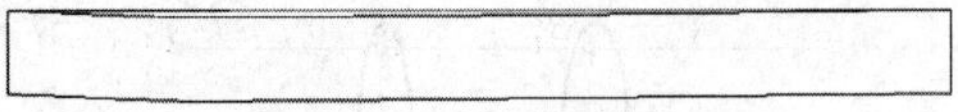

图 4-27　楼板结构层下移 15mm

完成的项目文件见随书光盘中的“第 4 章\平楼板汇水设计-完成 . rvt”。

图 4-28　楼板结构层下表面保持水平

4.5　楼板边缘

4.5.1　创建楼板边缘

单击“建筑”选项卡“构建”面板中的“楼板”下拉按钮，在下拉菜单中选择“楼板：楼板边缘”工具。高亮显示楼板水平边缘，单击以放置楼板边缘。也可以单击模型线。单击边缘时，Revit 会将其作为一个连续的楼板边缘。如果楼板边缘的线段在角部相遇，则它们会相互斜接。创建的楼板边缘如图 4-29 所示。

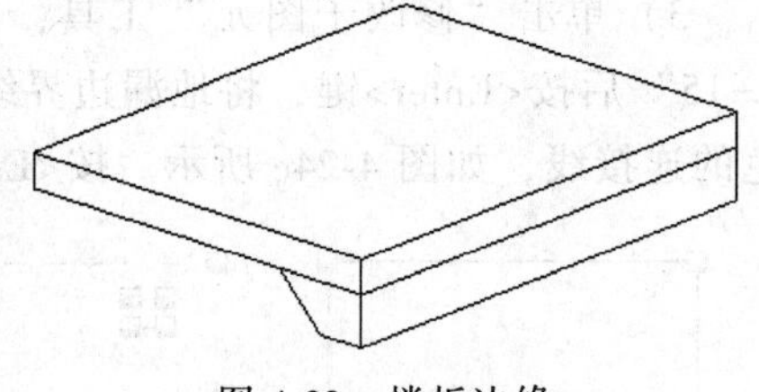

图 4-29　楼板边缘

要开始其他楼板边缘，将鼠标指针移动到新的边缘并单击以放置。

【提示】 可以将楼板边缘放置在二维视图（如平面视图或剖面视图）中，也可以放置在三维视图中。观察状态栏以寻找有效参照。例如，如果将楼板边缘放置在楼板上，则状态栏可能显示“楼板：基本楼板：参照”。在剖面中放置楼板边缘时，将鼠标指针靠近楼板的角部以高亮显示其参照。

4.5.2　修改楼板边缘

可以通过修改楼板边缘的属性或以图形方式移动楼板边缘来改变其水平或垂直偏移。

1. 水平移动

要移动单段楼板边缘，则选择此楼板边缘并水平拖动它。要移动多段楼板边缘，则选择此楼板边缘的造型操纵柄。将鼠标指针放在楼板边缘上，并按<Tab>键高亮显示造型操纵柄。观察状态栏以确保高亮显示的是造型操纵柄。单击以选择该造型操纵柄。向左或向右移动鼠标指针以改变水平偏移。这会影响此楼板边缘所有线段的水平偏移，因为线段是对称的（见图 4-30）。移动左边的楼板边缘也会移动右边的楼板边缘。

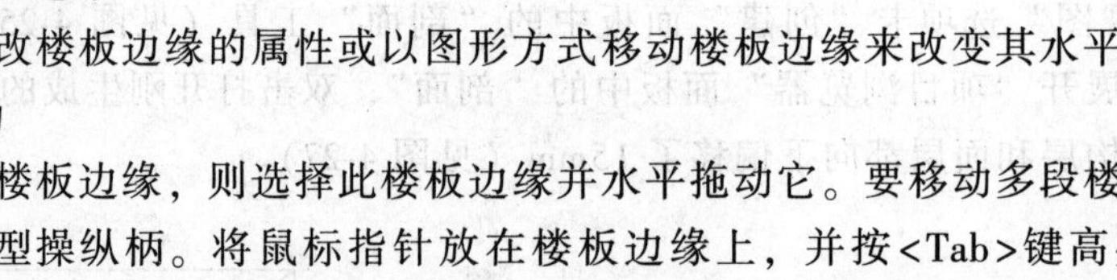

图 4-30　水平移动楼板边缘

2. 垂直移动

选择楼板边缘并上下拖拽它。如果楼板边缘是多段的，那么所有段都会上、下移动相同的距离，如图 4-31 所示。

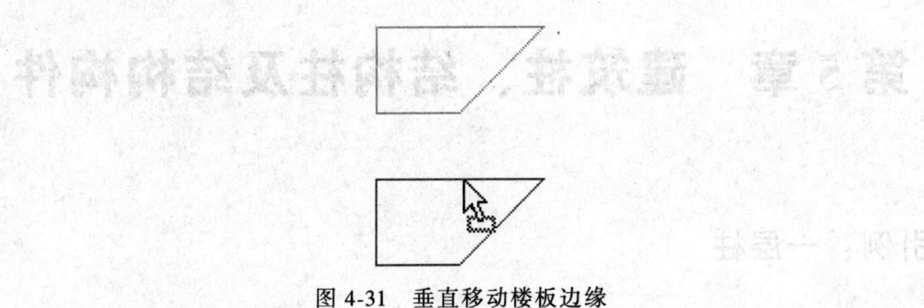

图 4-31　垂直移动楼板边缘

第5章　建筑柱、结构柱及结构构件

5.1　引例：一层柱

案例：创建教学楼A楼一层柱（见图5-1）。

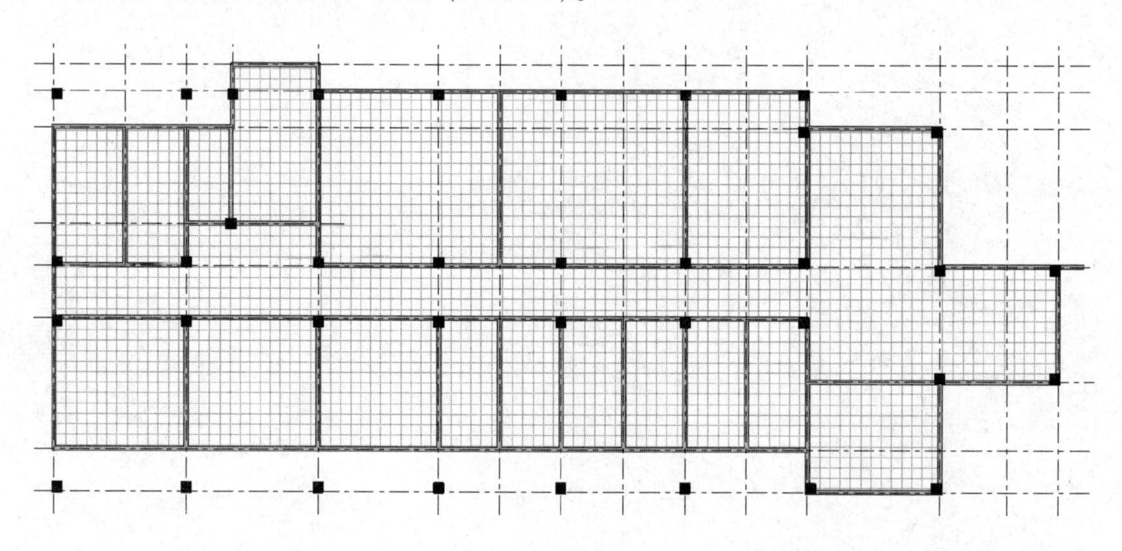

图5-1　创建一层柱

操作思路：利用“柱”工具创建柱子，利用“对齐”工具使柱子不突出于外墙、内部柱子不突出于走廊。

操作步骤：

1）打开随书光盘中的“第4章\1-引例-一楼楼板完成.rvt”，双击“项目浏览器”面板“楼层平面”中的“F1”，进入到F1楼层平面视图。

2）单击“建筑”选项卡“构建”面板中的“柱”下拉按钮，在下拉菜单中选择“结构柱”工具。在“属性”面板的类型选择器中选择“A教学楼-矩形柱-600×600”，在选项栏中选择“高度”和“F2”（见图5-2），按照图5-3中的柱位置单击轴网交点放置柱。

【注】“结构柱”工具的快捷方式：CL。

3）柱子边缘对齐墙体外侧。观察1轴、G轴交点柱子的边缘线没有与1轴外墙的外面层对齐，也没有与G轴墙体的外面层对齐。单击“修改”选项卡“修改”面板中的“对齐”工具，勾选选项栏中的“多重对齐”复选框，将鼠标指针移到1轴墙体外面层，按多次<Tab>键直至墙体外边缘线发亮时，单击拾取外边缘线；将鼠标指针移到1轴、G轴交点

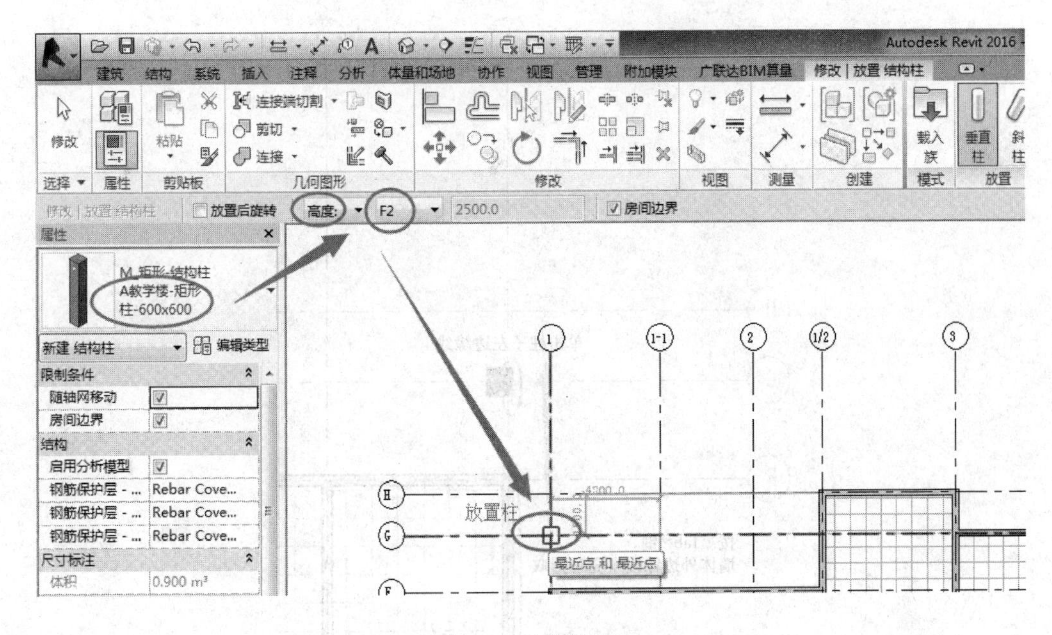

图 5-2　创建柱子

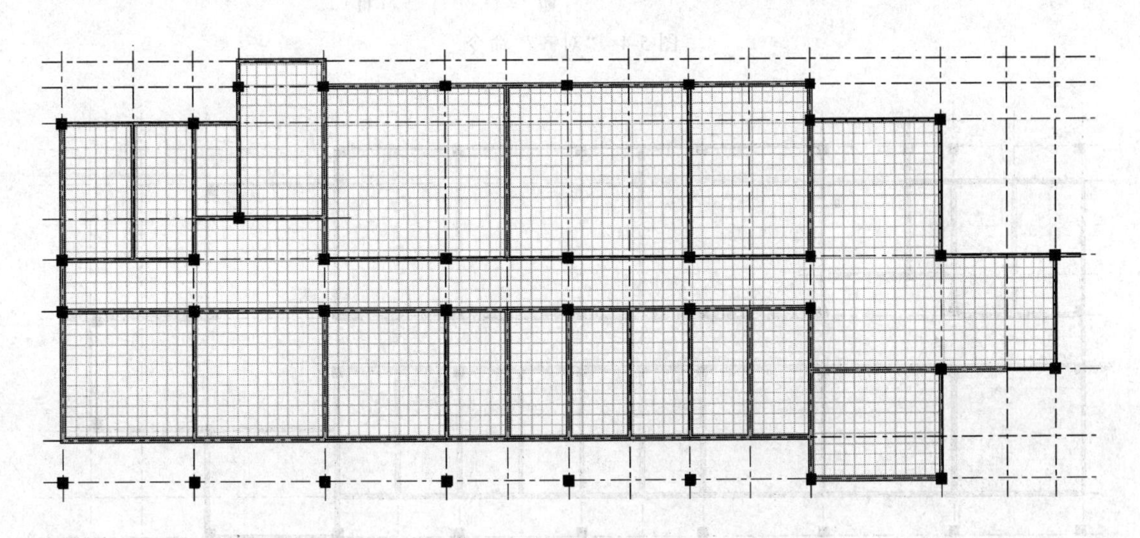

图 5-3　轴网交点放置柱

柱子的左边缘线，单击柱子左边缘线（见图 5-4）。此时，该柱子的左边缘线会与外墙的外面层对齐。再依次单击 1 轴、E 轴交点柱子的左边缘线，以及 1 轴、D 轴交点柱子的左边缘线和 1 轴、A 轴柱子的左边缘线，此时这两根柱子的左边缘线会与外墙的外面层对齐。按 <Esc>键退出“对齐”命令。

【注】“对齐”工具的快捷方式：AL。

4）同理，利用“对齐”命令，使所有外墙柱子不突出于外墙、室内柱子不突出于走廊（见图 5-5）。

完成的项目文件见随书光盘中的“第 5 章\1-引例-一楼柱完成 . rvt”。

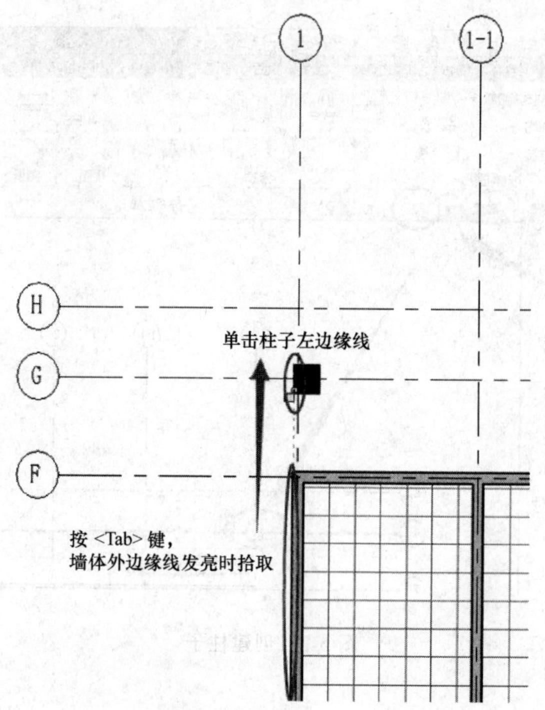

图 5-4 “对齐” 命令

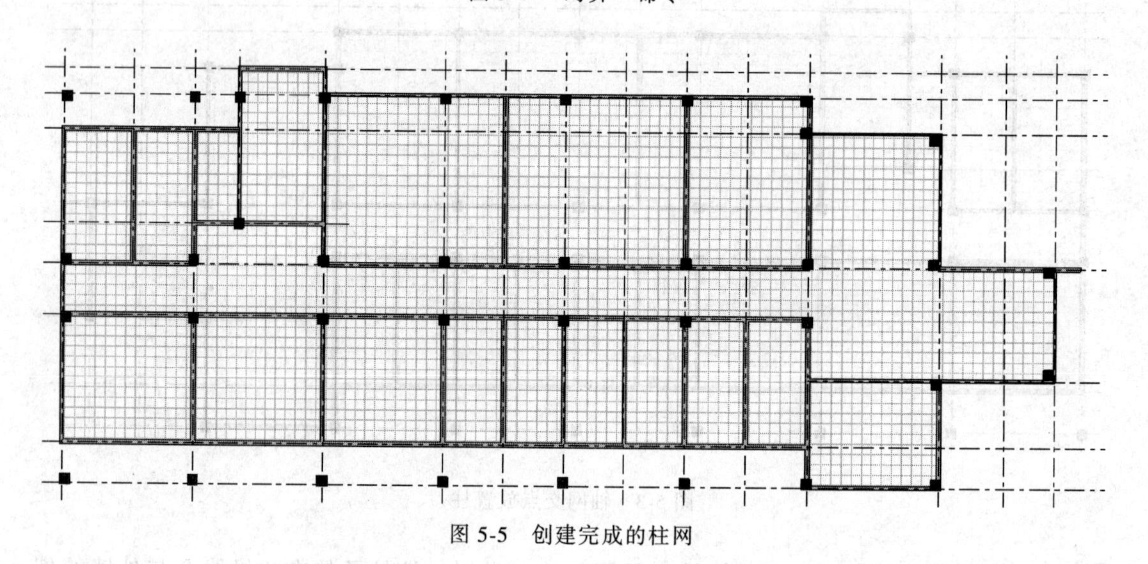

图 5-5 创建完成的柱网

5.2 柱

5.2.1 创建建筑、结构柱

可以在平面视图和三维视图中添加柱。柱的高度由“底部标高”和“顶部标高”属性以及偏移定义。

单击“建筑”选项卡“构建”面板中的“柱”下拉按钮，在下拉菜单中选择“柱：建筑”工具。在选项栏上设置以下内容。

1）放置后旋转：选择此选项可以在放置柱后立即将其旋转。

2）标高：（仅限三维视图）为柱的底部选择标高。在平面视图中，该视图的标高即为柱的底部标高。

3）高度：此设置从柱的底部向上绘制。要从柱的底部向下绘制，应选择“深度”。

4）标高/未连接：选择柱的顶部标高；或者选择“未连接”，然后指定柱的高度。

5）房间边界：选择此选项可以在放置柱之前将其指定为房间边界。

设置完成后，在绘图区域中单击以放置柱。

通常情况下，通过选择轴线或墙放置柱，使柱对齐轴线或墙。如果在随意放置柱之后要将它们对齐，可单击“修改”选项卡“修改”面板中的“对齐”工具（见图5-6），然后根据状态栏提示，选择要对齐的柱。在柱的中间是两个可选择用于对齐的垂直参照平面。

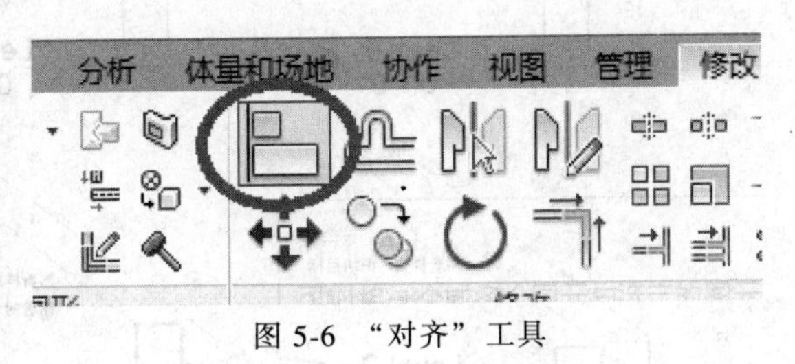

图5-6 “对齐”工具

5.2.2 柱子编辑

与其他构件相同，选择柱子，可在“属性”面板中对其类型、底部或顶部位置进行修改。同样，可以通过选择柱对其拖拽，以移动柱。

柱不会自动附着到其顶部的屋顶、楼板和顶棚上，需要进行修改。

1. 附着柱

选择一根柱（或多根柱）时，可以将其附着到屋顶、楼板、顶棚、参照平面、结构框架构件，以及其他参照标高。具体步骤如下：

在绘图区域中，选择一个或多个柱。单击“修改|柱”上下文选项卡“修改柱”面板中的“附着顶部/底部”工具，其选项栏如图5-7所示。

修改 | 柱 附着柱: ◉顶 ○底 附着样式: 剪切柱 附着对正: 最小相交 从附着物偏移: 0.0

图5-7 “附着”工具

1）选择“顶”或“底”作为“附着柱”值，以指定要附着柱的哪一部分。

2）选择“剪切柱”“剪切目标”或“不剪切”作为“附着样式”值。

3）“目标”指的是柱要附着上的构件，如屋顶、楼板、顶棚等。“目标”可以被柱剪切，柱可以被目标剪切，或者两者都不可以被剪切。

4）选择“最小相交”“相交柱中线”或“最大相交”作为“附着对正”值。

5）指定“从附着物偏移”。“从附着物偏移”用于设置要从目标偏移的一个值。

不同情况下的剪切示意图如图5-8所示。

在绘图区域中，根据状态栏提示，选择要将柱附着到的目标（如屋顶或楼板）。

2. 分离柱

在绘图区域中，选择一个或多个柱。单击“修改|柱”上下文选项卡“修改柱”面板中的“分离顶部/底部”工具。单击要从中分离柱的目标。

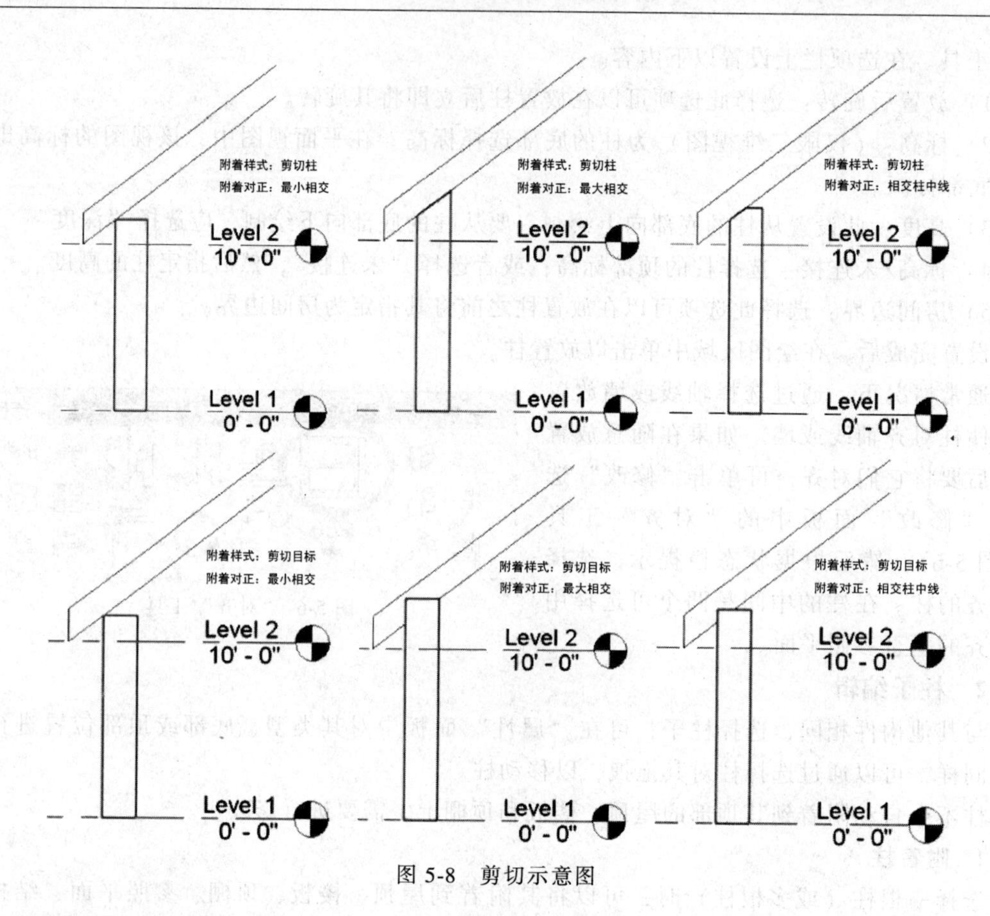

图 5-8 剪切示意图

如果将柱的顶部和底部均与目标分离，则单击选项栏上的“全部分离”。

5.2.3 结构柱

1. 结构柱的放置

进入“标高 2”平面视图，在“项目浏览器”中选择“结构柱”，在“属性”面板中选择结构柱类型，在选项栏中选择“深度”或“高度”，最后绘制结构柱（见图 5-9）。

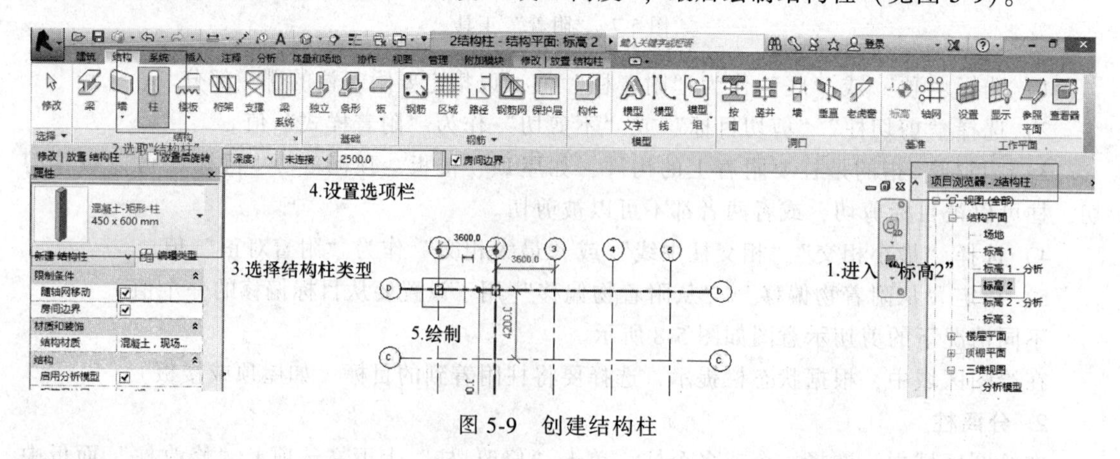

图 5-9 创建结构柱

创建结构柱的方法有两种，一种是直接点取轴线交点，另一种是单击“在轴网处”按钮（见图 5-10）。

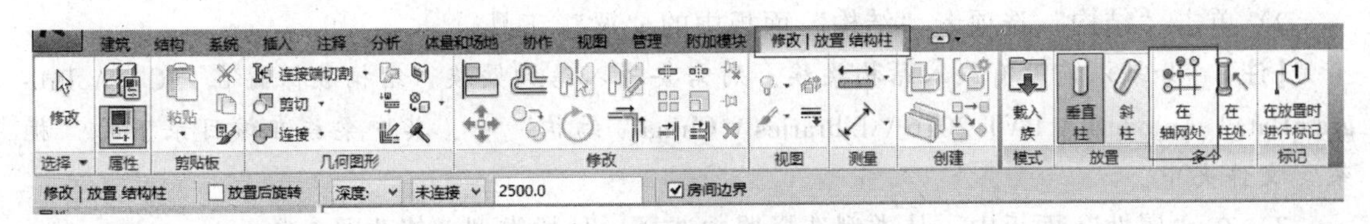

图 5-10 创建结构柱的方法

2. 修改结构柱定位参数（见图 5-11）

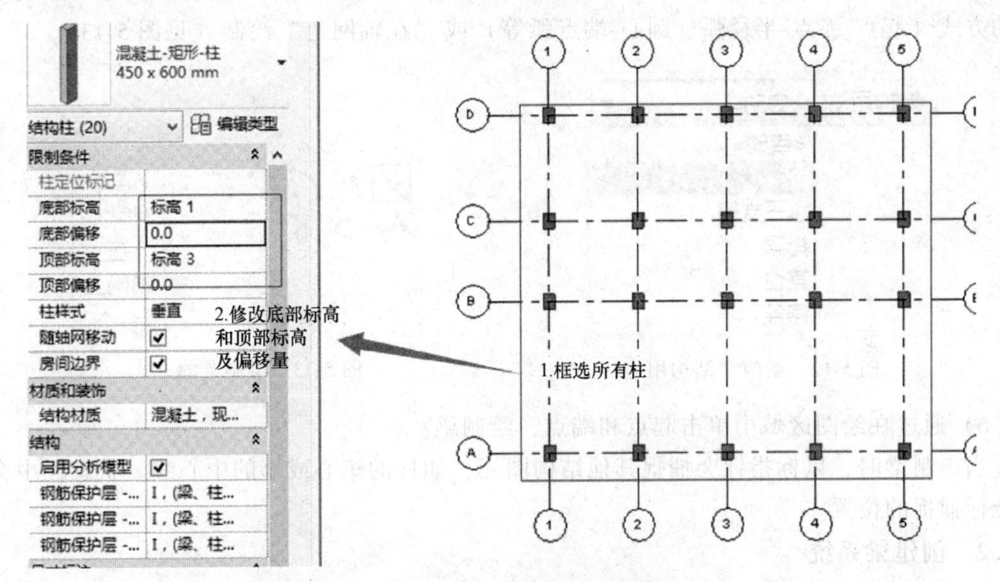

图 5-11 修改结构柱定位参数

5.2.4 建筑柱和结构柱的区别

1）行为：结构柱能够连接结构图元，如梁、独立支撑、基础；建筑柱则不能。

2）属性：结构柱有许多由它自己的配置和行业标准定义的其他属性；建筑柱在类型属性中有粗略比例填充样式，同墙体。

3）类型：结构柱可以有垂直柱和斜柱；建筑柱则仅有垂直柱。

4）放置：结构柱有手动放置、在轴网处和在建筑柱处 3 种方式；建筑柱仅有手动放置。

5）建筑柱将继承连接到的其他图元的材质，如墙的复合层包络建筑柱；这并不适用于结构柱。

6）两种柱属于两个类别，在明细表中是分开统计的。

5.3 梁

可以将梁附着到项目中的任何结构图元（包括结构墙）上。

【注】“结构梁”工具的快捷方式：BM。

5.3.1 创建单根梁

1）进入到某一个结构平面视图。

2）单击“结构”选项卡“结构”面板中的“梁”工具。

【注】 如果以前没有载入结构梁族，则需要载入结构梁族。结构族保存在“C：\ ProgramData \ Autodesk \ RVT 2016 \ Libraries \ China \ 结构”中，其中梁族在该目录下的“框架”文件夹中。

3）在“属性”面板中，从类型选择器中选择一种梁类型，修改梁参数。

4）在“选项栏”上，从“结构用途”下拉列表框中选择一个值（见图 5-12）。

5）在“修改|放置结构柱”上下文选项卡的“绘制”“多个”面板中，可以修改绘制梁的方式（起点-终点-半径弧、圆心-端点弧等）或“在轴网上”绘制（见图 5-13）。

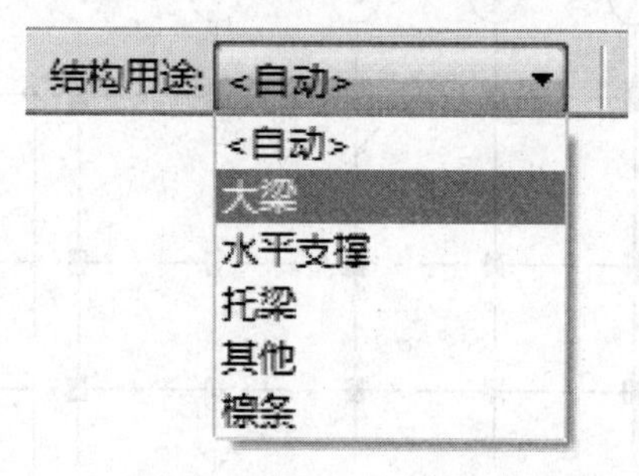

图 5-12 梁的“结构用途”

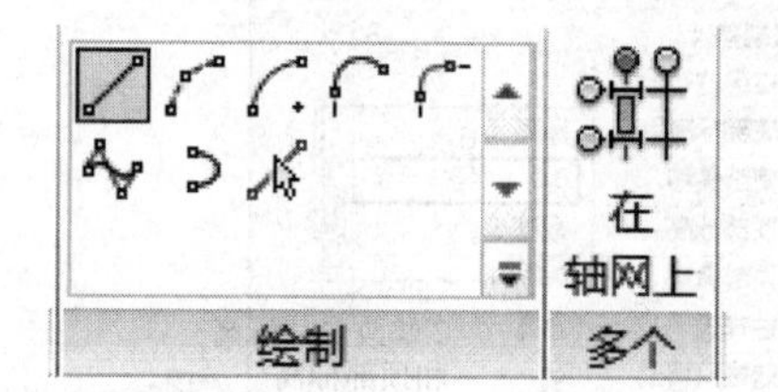

图 5-13 绘制梁的方式

6）通过在绘图区域中单击起点和端点，绘制梁。

当绘制梁时，鼠标指针会捕捉其他结构图元，如柱的矩心或墙的中心线。状态栏中会显示光标捕捉的位置。

5.3.2 创建梁系统

可以通过拾取结构支撑图元（如梁和结构墙），或绘制边框，来创建结构梁系统。在指定了梁系统的边界后，可指定梁方向和梁系统属性，如间距、对正和梁类型。

1）单击“结构”选项卡“结构”面板中的“梁系统”工具。

2）定义梁系统的“边界线”。

3）指定“梁方向”（见图 5-14）。“梁方向”为梁的跨度方向，梁系统内的全部梁都将平行于所选的边界线。

4）指定梁系统属性，如“布局规则”和“固定间距”等。

5）单击“完成编辑模式”命令。

图 5-14 梁系统的“边界线”和“梁方向”

5.4 支撑

1）单击“结构”选项卡“结构”面板中的“支撑”工具。

2）从“属性”面板上的类型选择器中选择适当的支撑，并确定属性参数。

3）在绘图区域中，高亮显示要开始创建支撑的捕捉点（如在结构柱上）。单击以放置起点。

4）在斜线方向移动鼠标指针来绘制支撑，并将光标放置在接近另一个结构图元的位置上来捕捉它。单击以放置端点。

支撑是连接梁和柱的斜构件。可以在平面视图、框架立面视图或三维视图（需勾选选项栏中的“三维捕捉”复选框）中添加支撑。支撑会将其自身附着到梁和柱。当附着到梁时，可以指定附着的类型：距离或比率（见图 5-15 和图 5-16）。如果该端点附着到柱或墙上，可以为该点的高度设置标高和偏移（见图 5-17）。

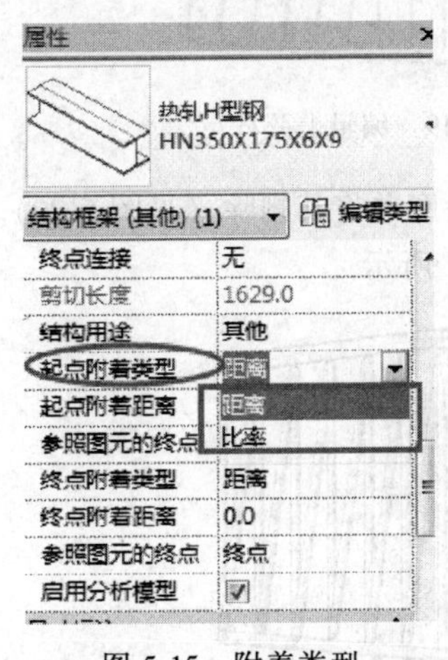

图 5-15　附着类型

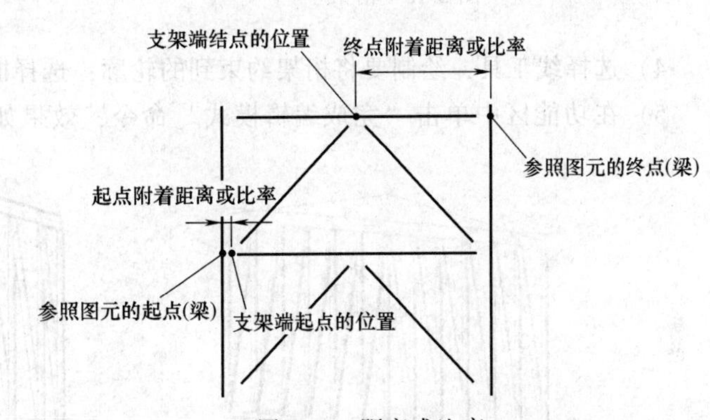

图 5-16　距离或比率

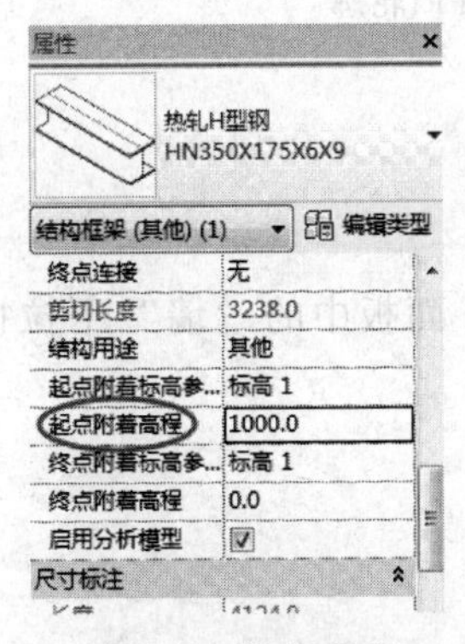

图 5-17　附着高程

5.5　桁架

5.5.1　创建桁架

1）单击“结构”选项卡“结构”面板中的“桁架”工具。

2）从“属性”面板上的类型选择器中选择桁架类型，并确定属性参数。

3）单击起点、终点进行放置。

5.5.2　编辑桁架轮廓

1）选择要编辑的桁架（见图 5-18）。

2）单击上下文选项卡“模式”面板中的“编辑轮廓”按钮。

3）单击“上弦杆”或“下弦杆”（见图 5-19）。

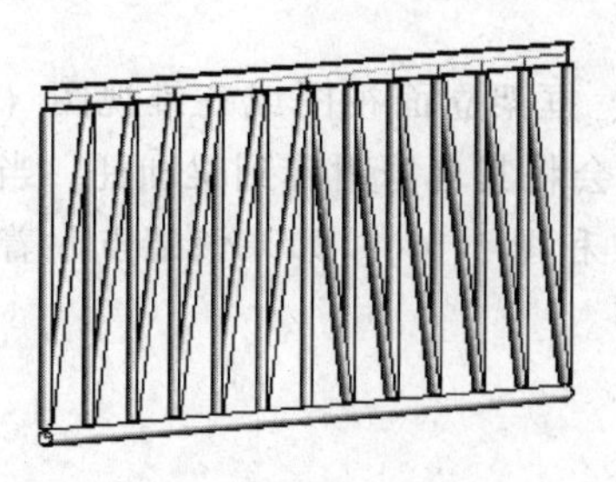
图 5-18　桁架

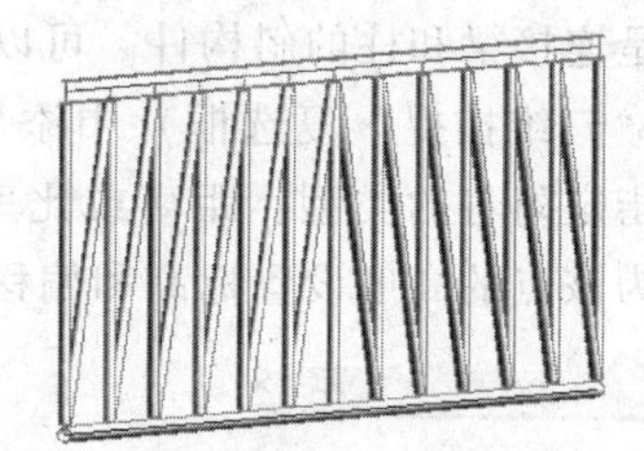
图 5-19　编辑上弦杆

4）选择线工具，绘制要将桁架约束到的轮廓；选择旧平面轮廓并将其删除（见图 5-20）。

5）在功能区中单击“完成编辑模式”命令，效果如图 5-21 所示。

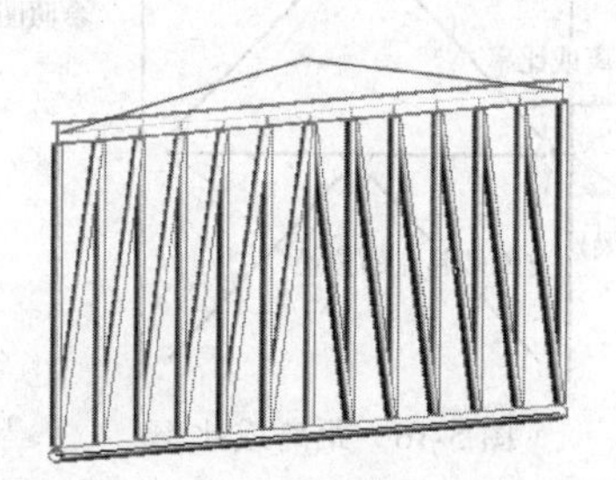
图 5-20　绘制新轮廓并删除旧轮廓

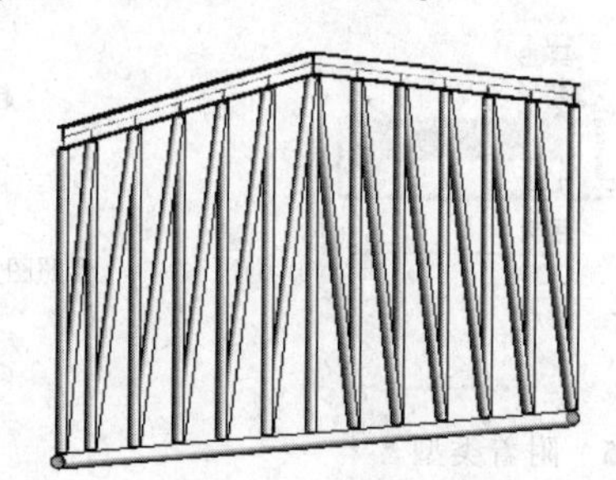
图 5-21　完成编辑

5.6　结构墙

单击“结构”选项卡“结构”面板中的“墙”下拉按钮，在下拉菜单中选择“墙：结构”工具。其余创建方法同建筑墙。

5.7　结构楼板

1）单击“结构”选项卡“结构”面板中的“楼板”下拉按钮，在下拉菜单中选择“楼板：结构”工具。除结构板有“拾取支座”工具外，其余创建方法同建筑墙。

2）单击上下文选项卡“绘制”面板中的“边界线”按钮，然后单击“拾取支座”。

3）选择将支撑结构楼板的梁。

4）单击“完成编辑模式”命令。

【注】 跨方向：放置结构楼板时，会在平面视图中沿该结构楼板放置一个跨方向构件。跨方向构件用于修改平面中钢面板的方向，可以为压型板和单向结构楼板创建新跨方向类型。

5.8　条形基础

5.8.1　创建条形基础

条形基础是结构基础类别的成员，并以墙为主体。可在平面视图或三维视图中沿着结构墙放置这些基础。条形基础被约束到所支撑的墙，并随之移动。

1）打开一个包含结构墙的视图。

2）单击“结构”选项卡“基础”面板中的“条形”工具。

3）从类型选择器中选择一种墙基础类型。注意其中提供了挡土墙和承重墙基础类型。

4）单击结构墙进行放置（见图5-22）。

5.8.2　修改条形基础

可以使用端点控制柄编辑条形基础的长度。这些控制点显示为一些填充小圆，用于指示所选条形基础的端点附着在哪个位置。端点控制柄可捕捉到其他可见参照。

1）选择条形基础以显示其拖拽点（见图5-23）。

2）单击拖拽点进行拖拽。

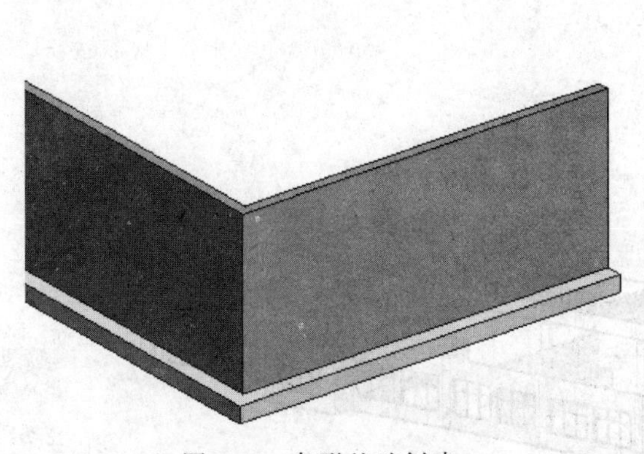

图5-22　条形基础创建

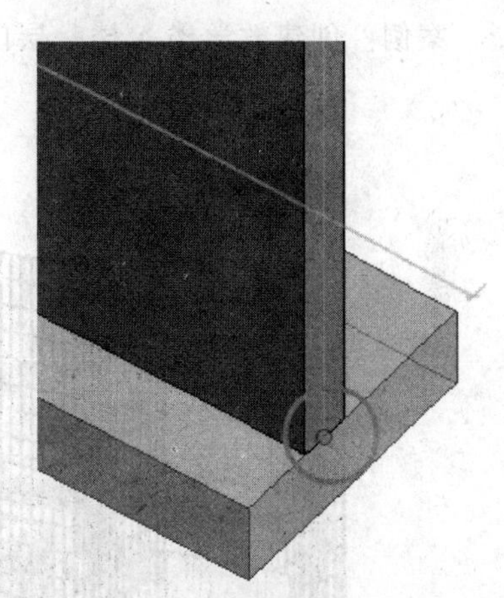

图5-23　条形基础拖拽点

5.9　独立基础

1）单击“结构”选项卡“基础”面板中的“独立”工具。

2）从“属性”面板上的类型选择器中选择一种独立基础类型。

3）将独立基础放置在平面视图或三维视图中。

独立基础是作为结构基础类别一部分的独立族。可以从族库载入几种类型的独立基础，包括单桩基础、多根桩的桩基承台（见图5-24）、桩帽等。

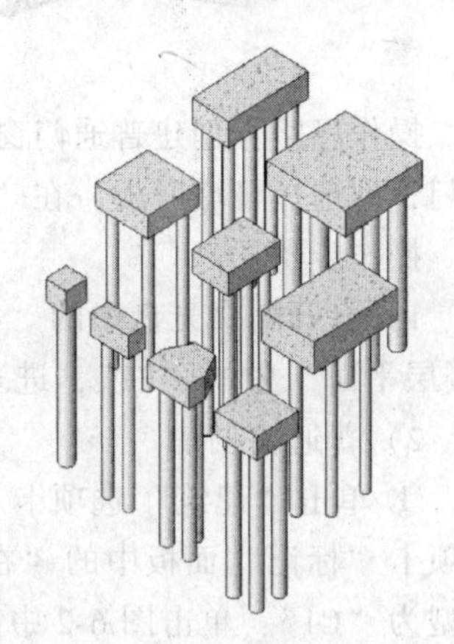

图5-24　桩基承台

5.10　基础底板

基础底板的创建和编辑方法同楼板与结构楼板，即先绘制封闭楼板边界轮廓线，然后设置楼板属性参数，最后单击“完成编辑模式”命令创建基础底板。

第 6 章　门窗和洞口

6.1　引例：一楼门窗

案例：创建教学楼 A 楼一层门窗（见图 6-1）。

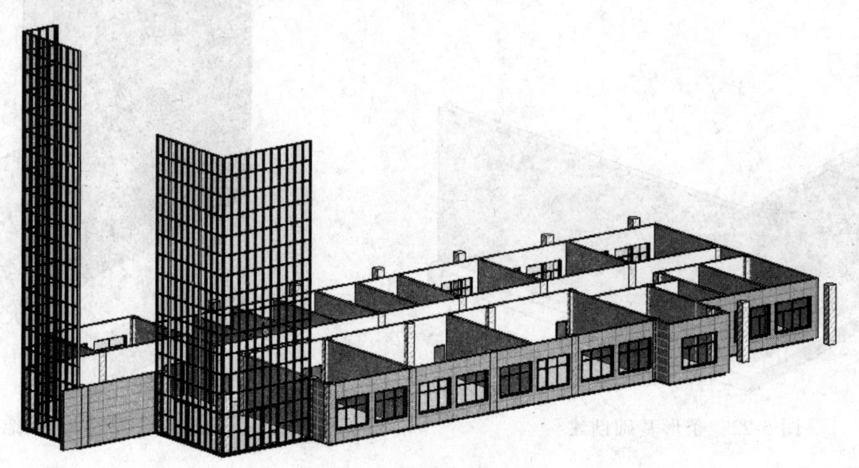

图 6-1　创建一层门窗

操作思路：创建普通门窗，即执行“建筑”选项卡中的“门”和“窗”命令。创建幕墙门，即选择幕墙嵌板，在“类型选择器”中修改嵌板属性为“门嵌板”。

操作步骤：

1）打开随书光盘中的“第 5 章 \ 1-引例-一楼柱完成 . rvt”，双击“项目浏览器”面板“楼层平面”中的“F1”，进入 F1 楼层平面视图。

2）普通窗创建。

① 单击“建筑”选项卡“构建”面板中的“窗”工具，确保“修改|放置窗”上下文选项卡“标记”面板中的“在放置时进行标记”处于被选中状态，“类型选择器”中窗的类型为“C1”，单击图 6-2 中的墙放置 C1 窗。按两次<Esc>键，退出创建窗命令。

【注】 窗”工具的快捷方式：WN。

② 选择上一步中创建的窗，会出现“翻转实例面”箭头和蓝色临时尺寸线，单击“翻转实例面”箭头，使箭头位于窗户外部；单击蓝色临时尺寸线左侧的尺寸数字，更改为“600”（见图 6-3），按<Enter>键完成 C1 位置的修改。

【注】 单击临时尺寸线的蓝色定位点，可拖拽至其他位置，以便于临时尺寸的修改（按<Tab>键可实现选择的切换）（见图 6-4）。在“属性”面板中可修改窗的“底高度”和“类型标记”等。

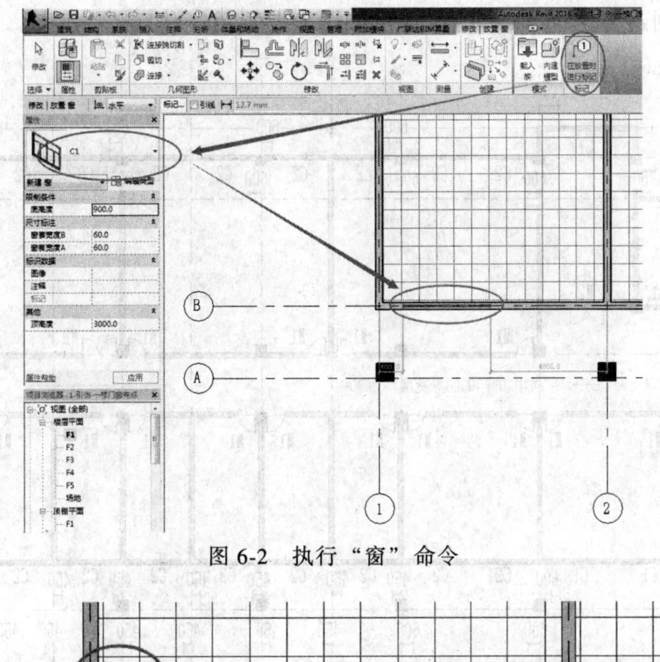

图 6-2　执行“窗”命令

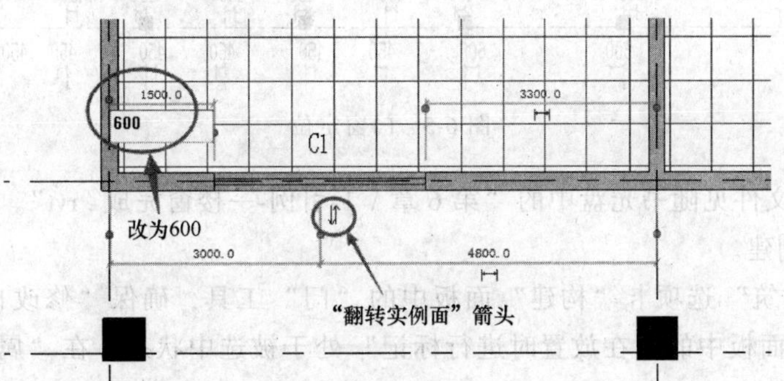

图 6-3　窗位置修改

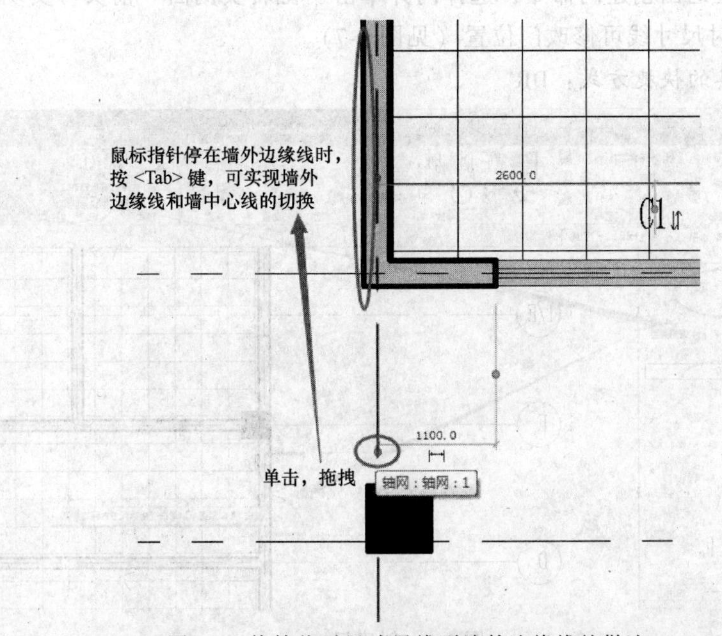

图 6-4　拖拽临时尺寸界线到墙外边缘线的做法

③ 其他窗的创建方法同 C1，门窗定位如图 6-5 所示。

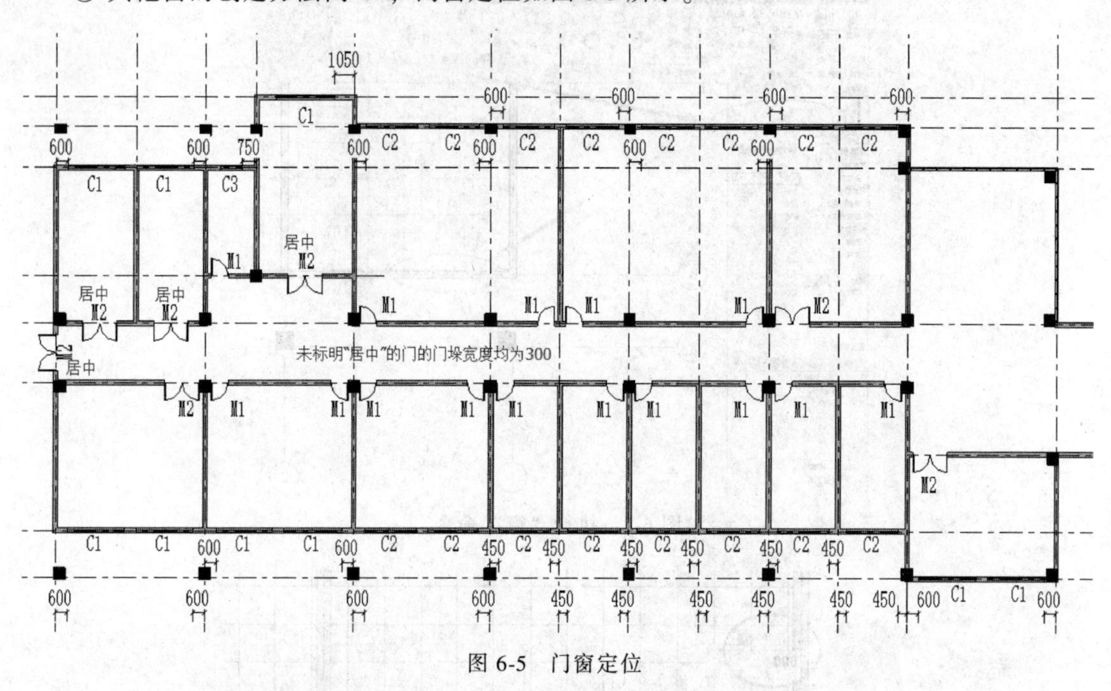

图 6-5　门窗定位

完成的项目文件见随书光盘中的“第 6 章\ 1-引例-一楼窗完成 . rvt”。

3）普通门创建。

① 单击“建筑”选项卡“构建”面板中的“门”工具，确保“修改|放置门”上下文选项卡“标记”面板中的“在放置时进行标记”处于被选中状态，在“属性”面板的“类型选择器”中选择“双面嵌板木门 1 M2”，单击 1 轴、E 轴、D 轴墙体进行门放置（见图 6-6）。按<Esc>键退出创建门命令，选择门并单击“翻转实例面”箭头可实现内外或上下翻转，单击蓝色临时尺寸线可修改门位置（见图 6-7）。

【注】　门”工具的快捷方式：DR。

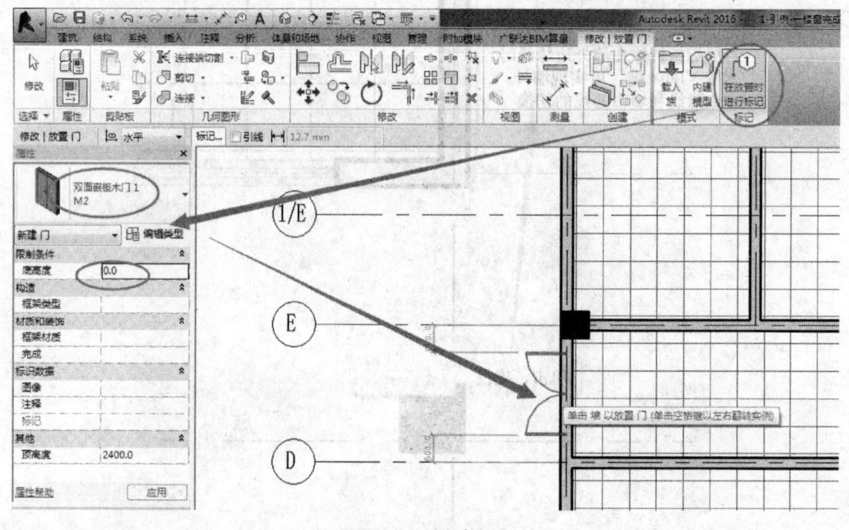

图 6-6　创建门

② 同理，创建其他门。门窗定位如图 6-5 所示。

完成的项目文件见随书光盘中的“第 6 章 \ 2-引例-一楼门完成 . rvt”。

4）幕墙门创建。

① 双击“项目浏览器”面板“视图”中的“北立面”，进入北立面视图。将视觉样式改为“着色”（见图 6-8）。

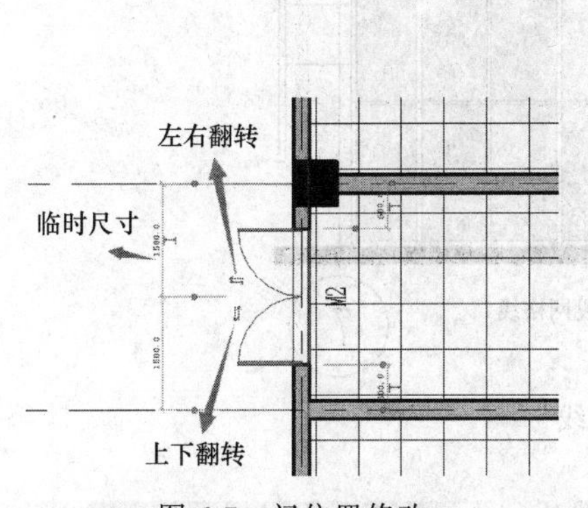

图 6-7　门位置修改

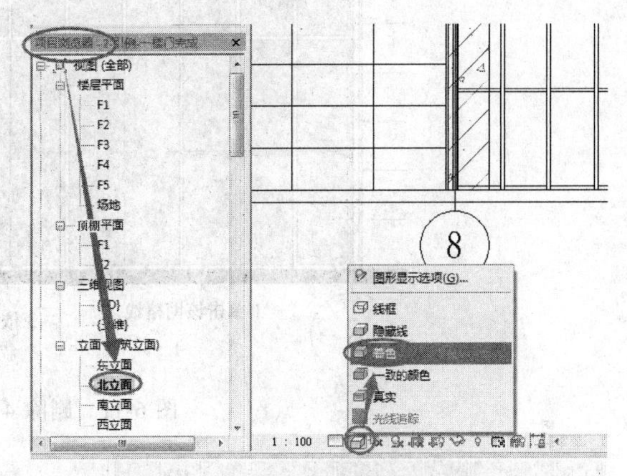

图 6-8　改为“着色”模式

② 单击图 6-9 中的幕墙竖梃，单击出现的“禁止或允许改变图元位置”，单击“修改 | 幕墙竖梃”上下文选项卡“修改”面板中的删除按钮“✖”（或从键盘输入“DE”进行删除）。同理，删除其余 7 根竖梃（见图 6-10）。

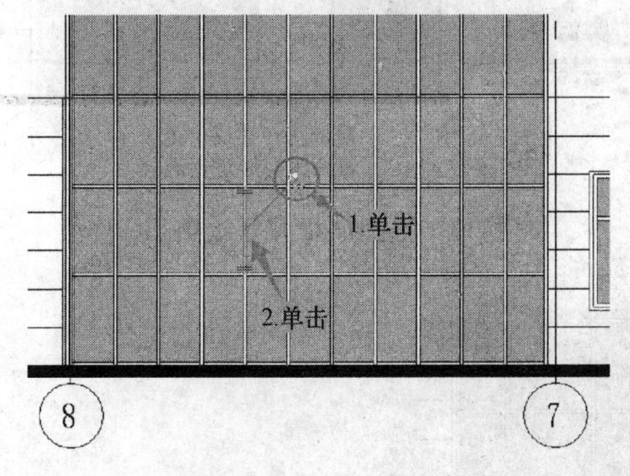

图 6-9　改变图元状态

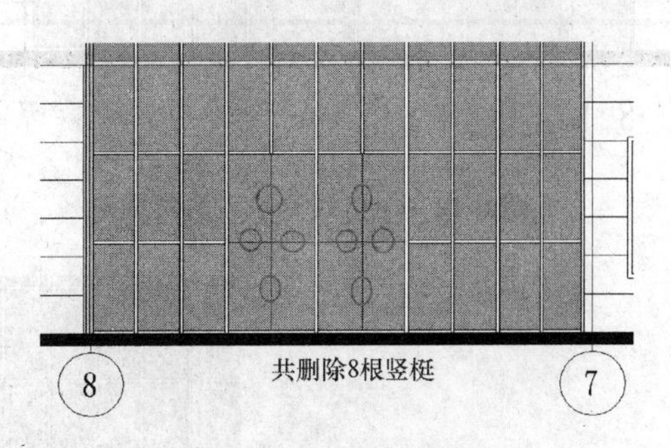

图 6-10　需删除的竖梃

③ 单击网格线，在“修改 | 幕墙网格”上下文选项卡“幕墙网格”面板中单击“添加/删除线段”按钮，依次单击该网格线上的 4 段网格线（见图 6-11），可删除该 4 段网格线。同理，删除两条竖向网格线，删除后的模型如图 6-12 所示。

④ 鼠标指针停在嵌板边缘处，按多次<Tab>键直至状态栏显示“幕墙嵌板：系统嵌板：玻璃：R0”，单击以选择该嵌板；更改其类型为“100 系列有横档”（见图 6-13）。同理，修改右侧嵌板也为“100 系列有横档”。

⑤ 按照以上方法，在东立面修改 E 轴、F 轴间的幕墙嵌板，更改后的幕墙嵌板如图6-14 所示。

完成的项目文件见随书光盘中的“第 6 章 \ 3-引例-一楼幕墙门完成 . rvt”。

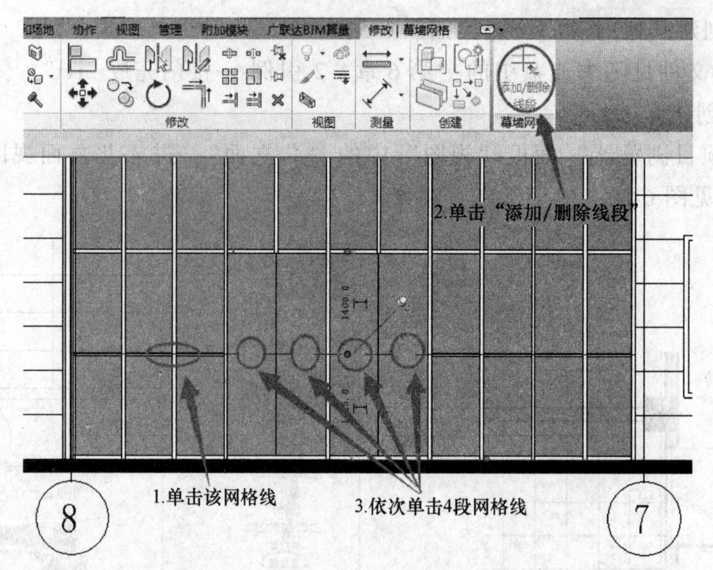

图 6-11　删除 4 段网格线

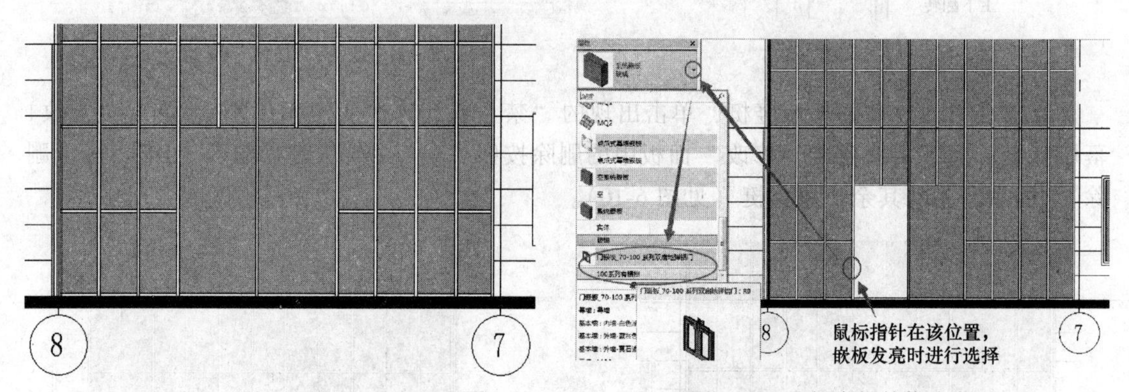

图 6-12　网格线删除后的模型　　　　图 6-13　选择嵌板并修改类型

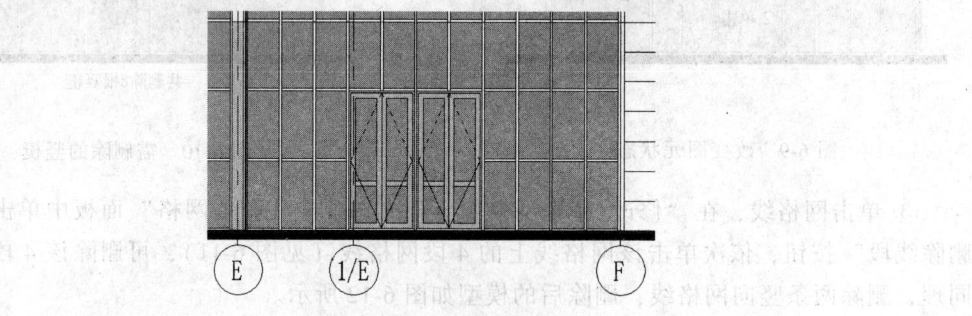

图 6-14　幕墙嵌板修改完成

6.2　门窗创建

6.2.1　载入并放置门窗

1）载入门窗：单击"插入"选项卡"从库中载入"面板中的"载入族"按钮（见图

6-15)，弹出“载入族”对话框，选择“建筑”文件夹→“门”或“窗”文件夹→选择某一类型的窗载入到项目中（见图6-16）。

图6-15　载入族

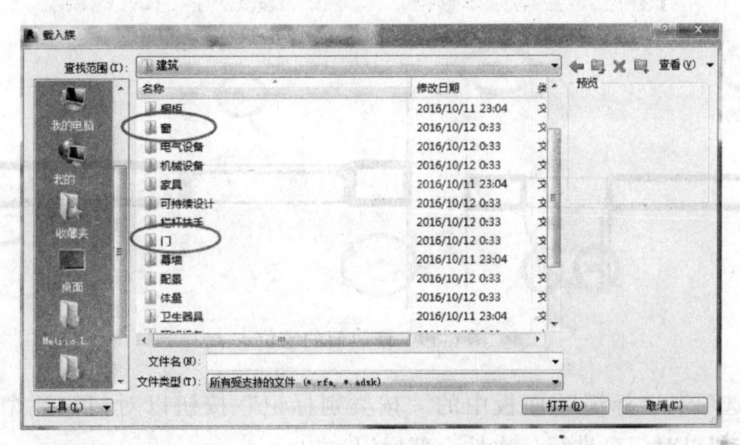

图6-16　“门”或“窗”文件夹

【注】　系统默认族文件所在的位置为C：\ ProgramData \ Autodesk \ RVT 2016 \ Libraries \ China。

2）放置门窗：打开一个平面、剖面视图、立面视图或三维视图，单击“建筑”选项卡“构建”面板中的“门”或“窗”工具。从“属性”面板的“类型选择器”中选择门窗类型。将鼠标指针移到墙上以显示门窗的预览图像，单击以放置门窗。

6.2.2　门窗编辑

1. 修改门窗

1）通过“属性”面板修改门窗。选择门窗，在“类型选择器”中修改门窗类型；在“实例属性”中修改“限制条件”和“顶高度”等值（见图6-17）；在“类型属性”中修改“构造”“材质和装饰”“尺寸标注”等值（见图6-18）。

2）在绘图区域内修改。选择门窗，通过单击左右箭头和上下箭头以修改门的方向，通过单击临时尺寸标注并输入新值，以修改门的定位，如图6-19所示。

3）将门窗移到另一面墙内。选择门窗，单击“修改|门”上下文选项卡“主体”面板中的“拾取新主体”按钮，根据状态栏提示，将鼠标指针移到另一面墙上，单击以放置门。

4）门窗标记。在放置门窗时，单击“修改|放置门”上下文选项卡“标记”面板中的“在放置时进行标记”按钮，可以指定在放置门窗时自动标记门窗。也可以在放置门窗后，

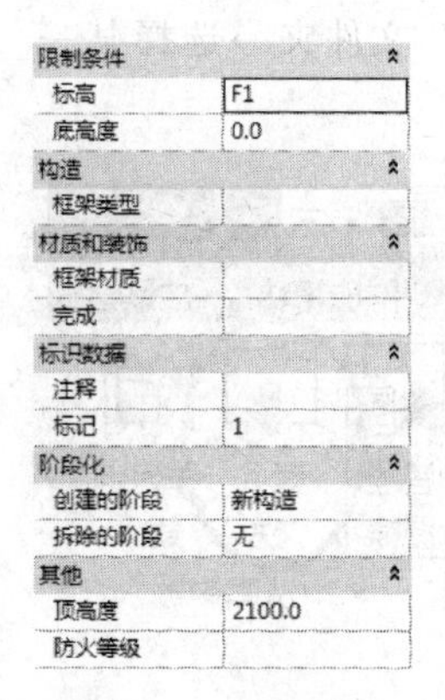

图 6-17　实例属性

图 6-18　类型属性

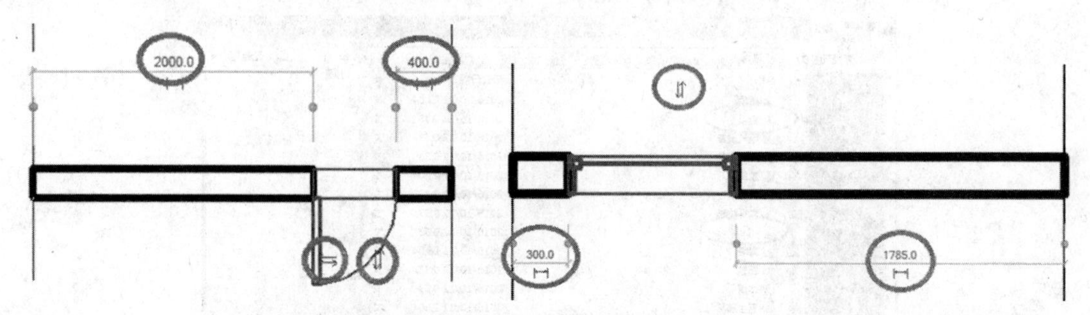

图 6-19　修改门的定位

单击“注释”选项卡“标记”面板中的“按类别标记”按钮以对门窗逐个标记，或单击“全部标记”按钮以对门窗进行一次性全部标记。

2. 复制创建门窗类型

以复制创建一个 1600mm×2400mm 的双扇推拉门为例：选中一个类型为“1600×2100mm”的双扇框拉门，在“属性”面板中单击“编辑类型”按钮，复制一个类型，命名为“1600×2400mm”，单击“确定”按钮（见图 6-20）。然后将“高度”和“粗略高度”均

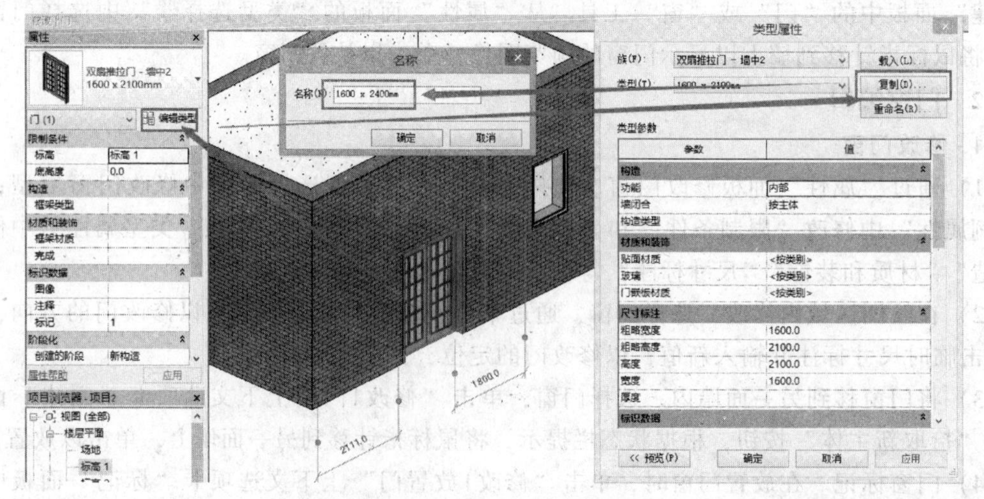

图 6-20　复制门并修改名称

改为“2400.0”（见图 6-21）。单击“确定”按钮即可完成 1600mm×2400mm 的双扇推拉门类型的创建。

6.2.3　嵌套幕墙门窗

在 Revit 中，幕墙由“幕墙网格”“幕墙竖梃”和“幕墙嵌板”3 部分组成，如图 6-22 所示。幕墙网格是创建幕墙时最先设置的构建，在幕墙网格上可生成幕墙竖梃。幕墙竖梃即幕墙龙骨，沿幕墙网格生成，若删除幕墙网格则依赖于该网格的幕墙竖梃也将同时被删除。幕墙嵌板是构成幕墙的基本单元，如玻璃幕墙的嵌板即为玻璃，幕墙嵌板可以替换为任意形式的基本墙或叠层墙类型，可以替换为自定义的幕墙嵌板族。

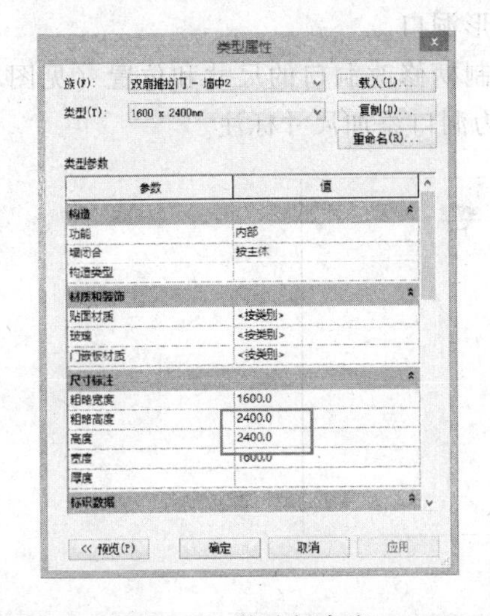

图 6-21　修改门高度

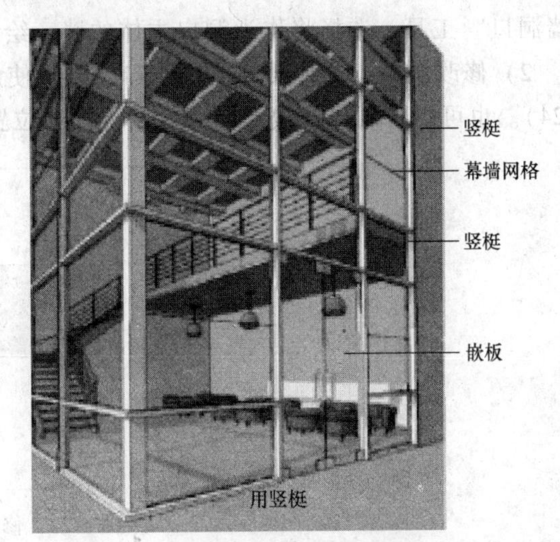

图 6-22　幕墙组成

可以将幕墙嵌板的类型选为门窗嵌板类型，以将门窗添加到幕墙。具体步骤如下：

1）打开幕墙的平面视图、立面视图或三维视图，将鼠标指针移到幕墙嵌板的边缘上，按<Tab>键直到嵌板高亮显示，单击以将其选中。

2）在“属性”面板的类型选择器中，选择“门嵌板”或“窗嵌板”以替换该嵌板。若类型选择器中无门窗嵌板，则单击“属性”面板中的“编辑类型”按钮，在打开的“类型属性”对话框中单击“载入”按钮（见图 6-23），选择门窗嵌板类型后单击“确定”按钮。

图 6-23　载入门窗嵌板类型

【注】　系统默认的幕墙门窗嵌板位置为 C：\ProgramData\Autodesk\RVT 2016\Libraries\China\建筑\幕墙\门窗嵌板。

3）若要删除门嵌板，可将其选中，然后在“类型选择器”中将其重新更改为“玻璃”。

6.3　洞口

6.3.1　面洞口

使用“按面”洞口命令可以垂直于楼板、顶棚、屋顶、梁、柱子、支架等构件的斜面、水平面或垂直面剪切洞口。

6.3.2　墙洞口

1）创建洞口：打开墙的立面视图或剖面视图，单击“建筑”选项卡“洞口”面板中的“墙洞口”工具。选择将作为洞口主体的墙，绘制一个矩形洞口。

2）修改洞口：选择要修改的洞口，可以使用拖拽控制柄修改洞口的尺寸和位置（见图6-24）。也可以将洞口拖拽到同一面墙上的新位置，然后为洞口添加尺寸标注。

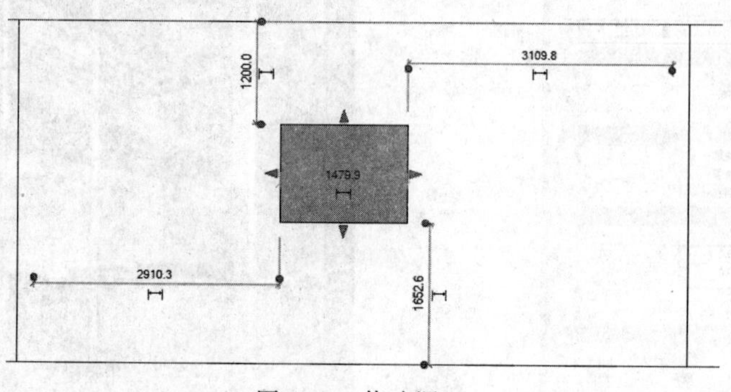

图 6-24　修改洞口

6.3.3　垂直洞口

可以设置一个贯穿屋顶、楼梯或顶棚的垂直洞口。该垂直洞口垂直于标高，它不反射选定对象的角度。

单击“建筑”选项卡“洞口”面板中的“垂直洞口”命令，根据状态栏提示，绘制垂直洞口（见图 6-25）。

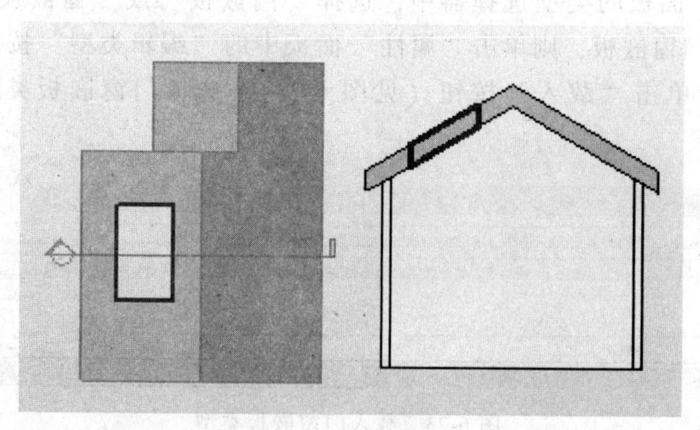

图 6-25　垂直洞口

6.3.4　竖井洞口

通过“竖井洞口”命令可以创建一个竖直的洞口，该洞口对屋顶、楼板和顶棚进行剪切（见图6-26）。

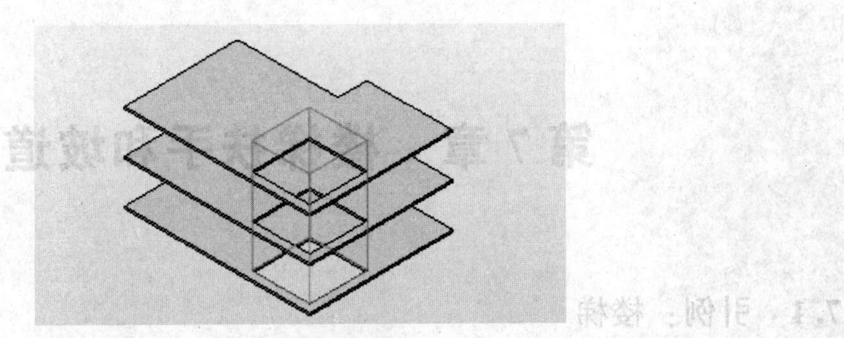

图6-26　竖井洞口

单击“建筑”选项卡“洞口”面板中的“竖井洞口”命令，根据状态栏提示绘制洞口轮廓，并在“属性”面板中对洞口的“底部偏移”“无连接高度”“底部限制条件”“顶部约束”参数进行赋值。绘制完毕，单击“完成编辑模式”命令，即完成竖井洞口的绘制。

第 7 章　楼梯扶手和坡道

7.1　引例：楼梯

7.1.1　一楼楼梯

案例：创建教学楼 A 楼一楼楼梯（见图 7-1）。

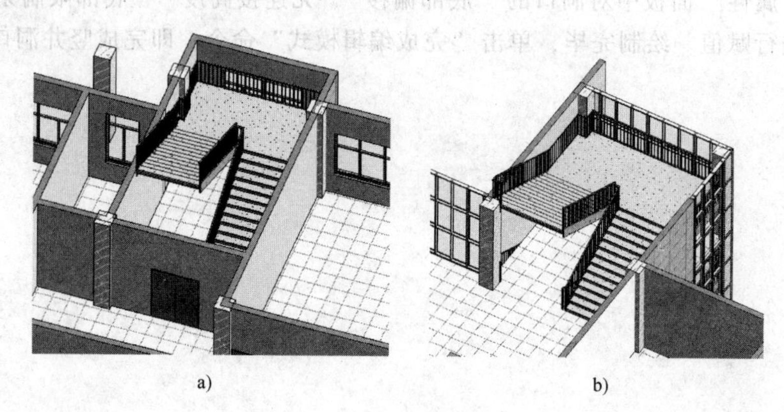

a)　　b)

图 7-1　一楼楼梯
a）1\2 轴、3 轴间楼梯　b）C 轴、E 轴间楼梯

操作思路：首先绘制“参照平面”确定每一跑楼梯的起始点，再利用“楼梯（按草图）”工具创建楼梯。在“属性”面板中修改楼梯的“底部标高”“顶部标高”“宽度”“踢面数”“踏板深度”等值。

操作步骤：

1）打开随书光盘中的“第 6 章\3-引例-一楼幕墙门完成 . rvt”，进入 F1 平面视图。

2）创建 1\2 轴、3 轴间的楼梯。

① 确定楼梯梯跑的起点和终点。单击“建筑”选项卡“工作平面”面板中的“参照平面”工具，在楼梯间绘制 4 个参照平面，选择参照平面，按照图 7-2 所示更改其临时尺寸。其中，参照平面 2、参照平面 4 的交点是第一跑楼梯的起始点，参照平面 1、参照平面 3 的交点是第二跑楼梯的起始点。

② 创建楼梯。单击“建筑”选项卡“楼梯坡道”面板中的“楼梯”下拉按钮，在下拉菜单中选择“楼梯（按草图）”工具，修改“属性”面板中的类型为“整体式楼梯-带踏板踢面”、“宽度”为“2300. 0”（见图 7-3）。单击参照平面 2、参照平面 4 的交点，向上移动鼠标指针，当显示“创建了 14 个踢面，剩余 14 个”时单击鼠标左键，创建第一跑楼梯（见图 7-4a）；单击参照平面 1、参照平面 3 交点，向下移动鼠标指针，当显示“创建了 28

个踢面，剩余 0 个”时单击鼠标左键，创建第二跑楼梯（见图7-4b）。

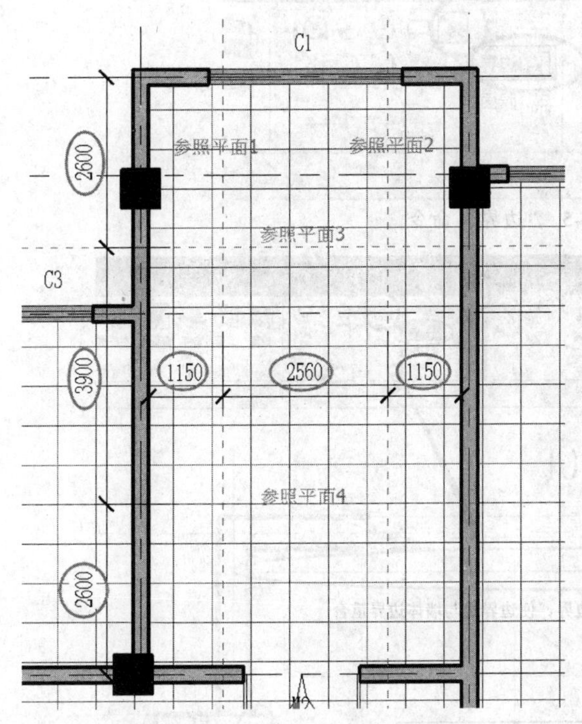

图 7-2　4 个参照平面的位置

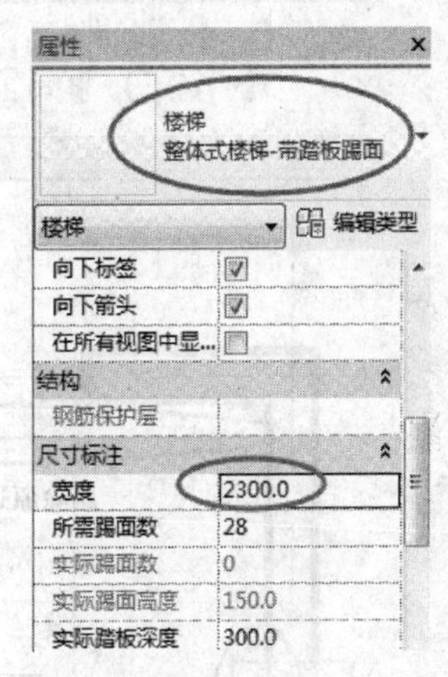

图 7-3　修改楼梯实例属性

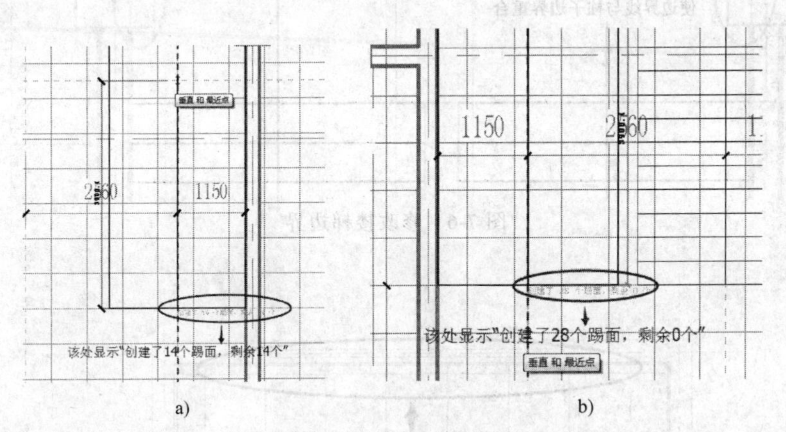

图 7-4　楼梯草图创建

a）第一跑楼梯草图　b）第二跑楼梯草图

选择上方、左方、右方的绿色边界线，删除该边界线。单击“修改|创建楼梯草图”上下文选项卡“绘制”面板中的“边界”命令（见图 7-5），重新绘制边界线，使边界线与墙体边界和柱子边界重合（见图 7-6），修改完成的楼梯边界线如图 7-7 所示。

单击“修改|创建楼梯草图”上下文选项卡“模式”面板中的“完成编辑模式”命令，楼梯创建完成。

【注】 在“创建楼梯草图”中，绿色线为楼梯的边界线，黑色线为踢面线。

3）创建 8 轴、9 轴间的楼梯。

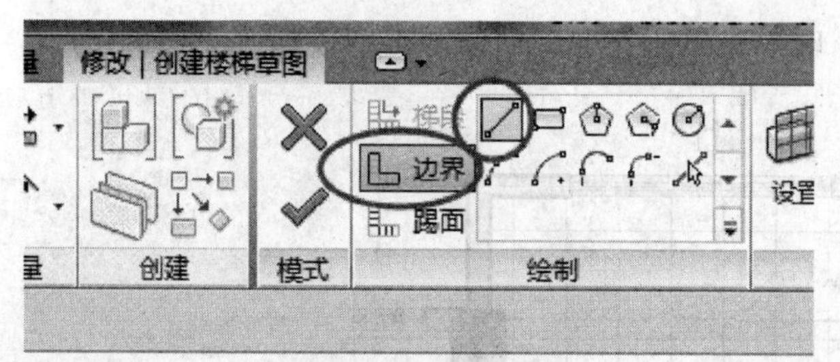

图 7-5 “边界”命令

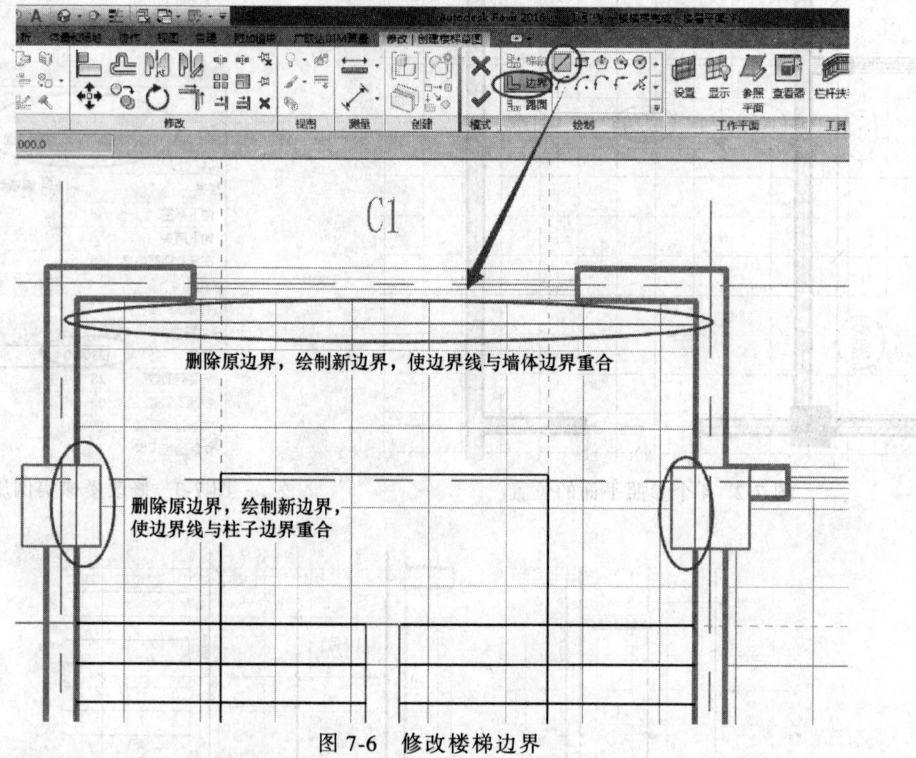

图 7-6 修改楼梯边界

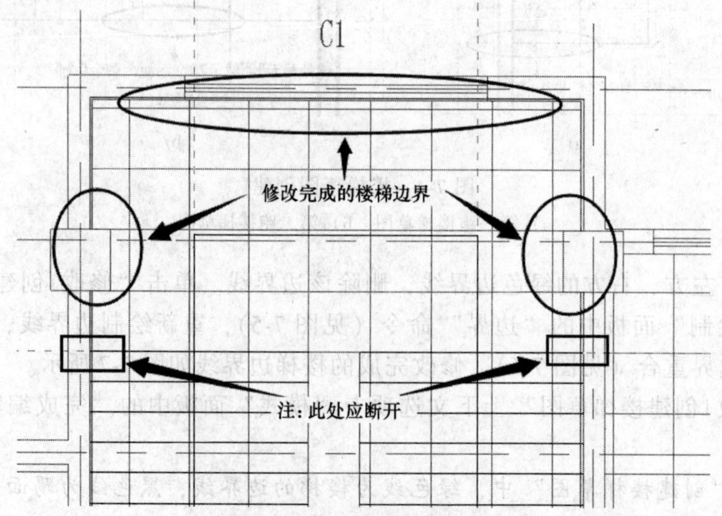

图 7-7 修改后的楼梯边界

① 确定楼梯梯跑的起点和终点。如前所述，绘制 4 个参照平面，参照平面的位置如图 7-8 所示。其中，参照平面 2、参照平面 3 的交点是第一跑楼梯的起始点，参照平面 4、参照平面 1 的交点是第二跑楼梯的起始点。

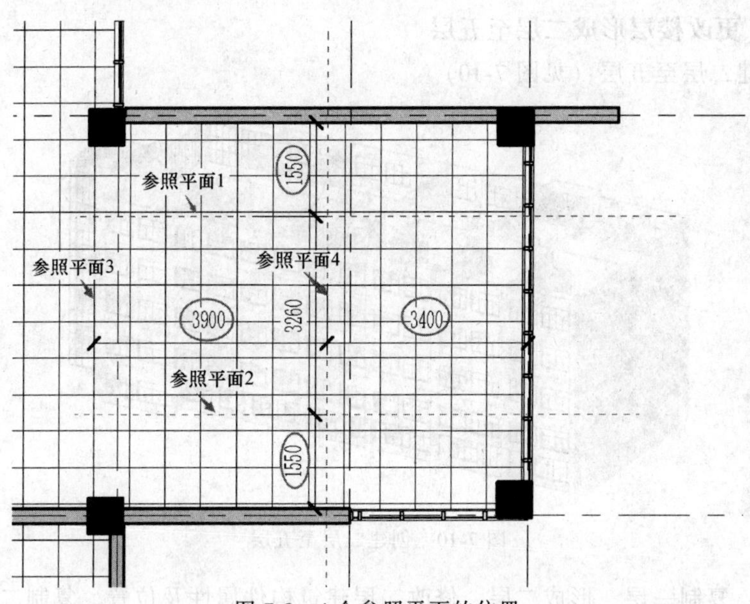

图 7-8　4 个参照平面的位置

② 创建楼梯。单击“建筑”选项卡“楼梯坡道”面板中的“楼梯”下拉按钮，在下拉菜单中选择“楼梯（按草图）”工具，修改“属性”面板中的“宽度”为“3100”。单击参照平面 2、参照平面 3 的交点，向右移动鼠标指针，当显示“创建了 14 个踢面，剩余 14 个”时单击鼠标左键，创建第一跑楼梯；单击参照平面 4、参照平面 1 交点，向左移动鼠标指针，当显示“创建了 28 个踢面，剩余 0 个”时单击鼠标左键，创建第二跑楼梯。

如上所述，修改楼梯边界线和踢面线，使边界线、踢面线与墙体边界和柱子边界重合（见图 7-9）。

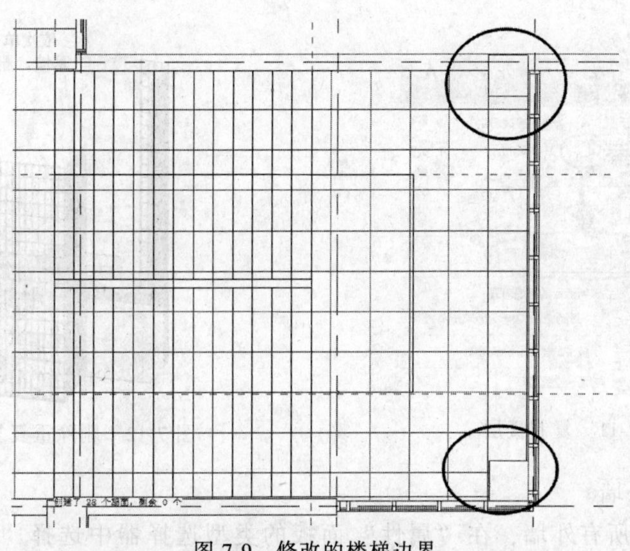

图 7-9　修改的楼梯边界

单击“修改|创建楼梯草图”上下文选项卡“模式”面板中的“完成编辑模式”命令，楼梯创建完成。

完成的项目文件见随书光盘中的“第 8 章\1-引例-一楼楼梯完成 . rvt”。

7.1.2　复制、更改楼层形成二层至五层

案例：创建二层至五层（见图 7-10）。

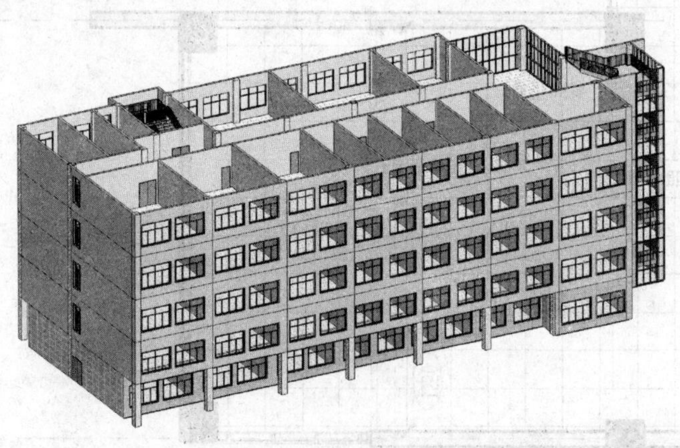

图 7-10　创建二层至五层

操作思路：复制一层，形成二层。修改二层建筑构件属性及位置。复制二层形成三层至五层。

操作步骤：

1）复制一层形成二层。

① 打开随书光盘中的“第 8 章\1-引例-一楼楼梯完成 . rvt”，进入三维视图。

② 框选一层所有构件，单击上下文选项卡“剪贴板”面板中的“复制”按钮，单击“粘贴”下拉按钮，在下拉菜单中选择“与选定的标高对齐”工具（见图 7-11），在弹出的“选择标高”面板中单击“F2”，再单击“确定”按钮。

③ 此时，幕墙重复复制。依次单击重复复制的幕墙进行删除（见图 7-12）。

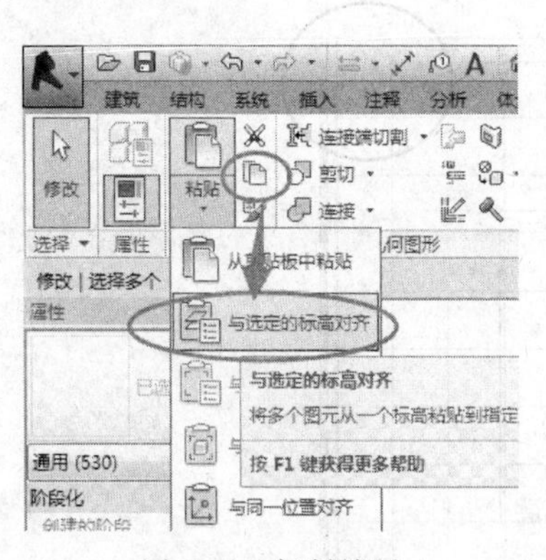

图 7-11　复制楼层

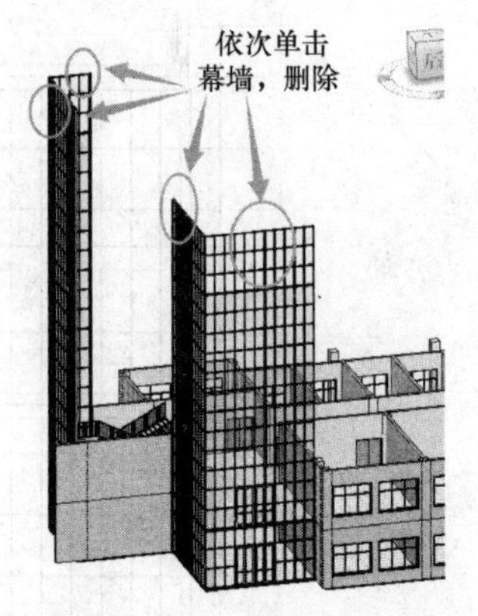

图 7-12　删除重复复制的幕墙

2）更改二楼外墙。

① 选择二楼的所有外墙，在“属性”面板的类型选择器中选择“外墙-蓝灰色涂料”

（见图7-13）。

用这种方法将二楼外楼属性更改为“外墙-蓝灰色涂料”。

② 双击“项目浏览器”面板“视图”中的“F2”，进入F2视图。选择1轴上的门，从键盘输入“DE”进行删除。在原先门的位置重新创建窗“C3”（见图7-14）。

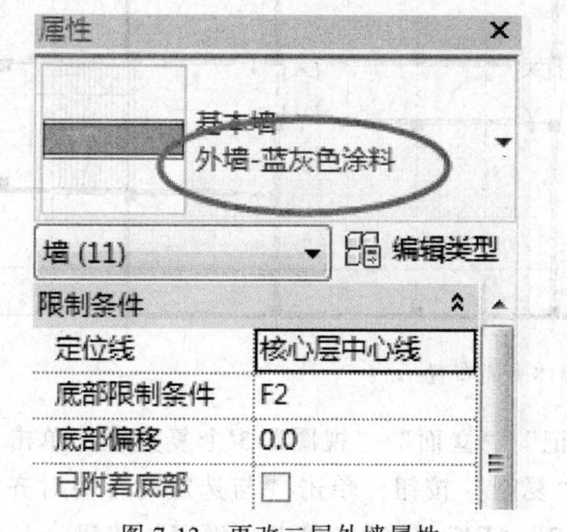

图7-13 更改二层外墙属性

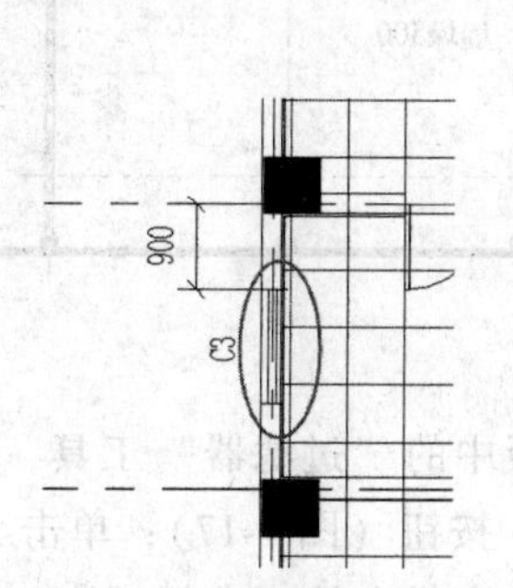

图7-14 创建C3

③ 单击“对齐”命令，先单击G轴，再单击F轴墙的中心线（见图7-15a），此时F轴墙对齐到G轴。按<Esc>键退出。再单击“对齐”命令，先单击A轴，再单击B轴墙的中心线（见图7-15b）（若出现错误提示，则单击“取消连接图元”“删除图元”“删除实例”），此时B轴墙对齐到A轴。

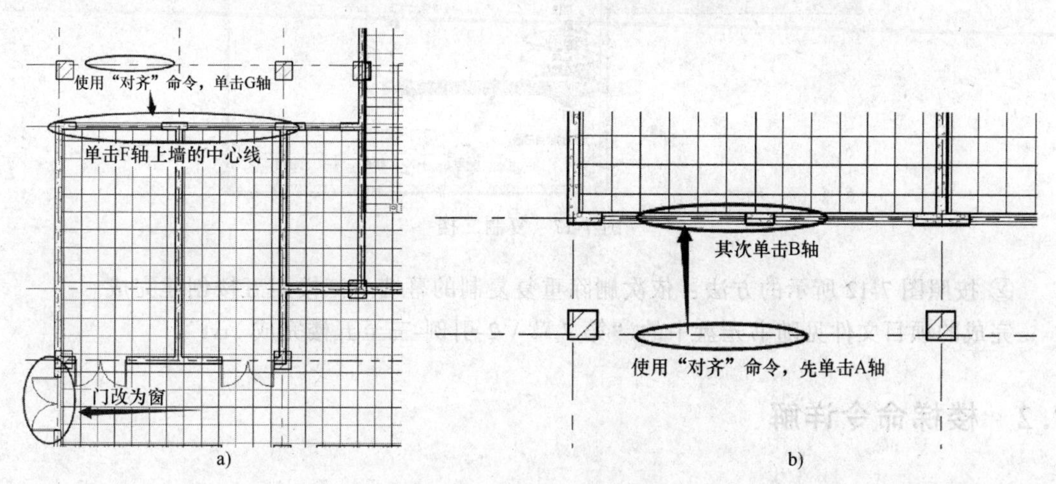

图7-15 修改二层墙体

a）对齐G轴 b）对齐A轴

3）更改二楼内墙。删除二楼部分内墙，重新创建二楼内墙和门（见图7-16）（内墙类型为“内墙-白色涂料”，底标高为F2、顶标高为F3）。

完成的项目文件见随书光盘中的“第7章\1-引例-二楼完成.rvt”。

4）复制二楼形成三至五楼。

① 进入F2平面视图，选择所有图元，单击“修改|选择多个”上下文选项卡“选择”

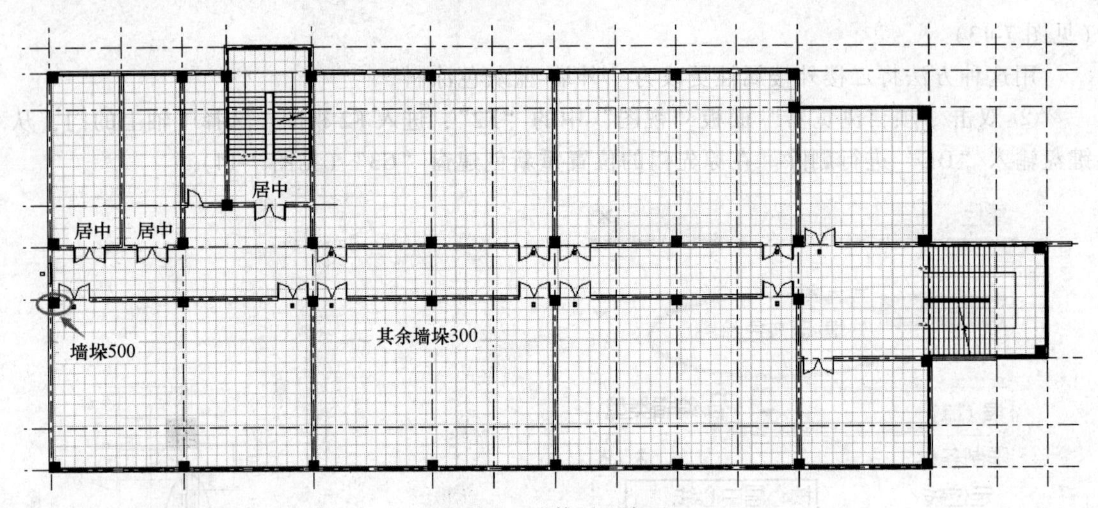

图 7-16　墙体平面布置

面板中的“过滤器”工具，取消勾选“窗标记”“立面”“视图”3 个复选框，单击“确定”按钮（图 7-17）；单击“剪贴板”中的“复制”按钮，单击“与选定的标高对齐”按钮，在弹出的“选择标高”对话框中选择“F3”“F4”“F5”，单击“确定”按钮。

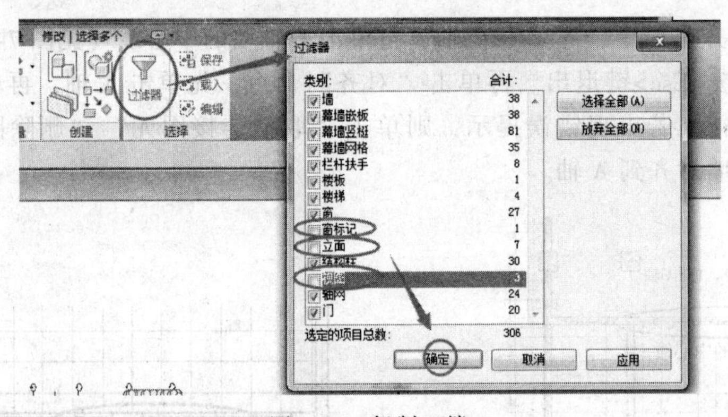

图 7-17　复制二楼

② 按照图 7-12 所示的方法，依次删除重复复制的幕墙。三楼至五楼创建完成。

完成的项目文件见随书光盘中的“第 7 章 \ 2-引例-三至五楼完成 . rvt”。

7. 2　楼梯命令详解

7. 2. 1　楼梯（按构件）

通过装配梯段、平台和支撑构件来创建楼梯。一个基于构件的楼梯包含梯段、平台、支撑和栏杆扶手。

1）梯段：直梯、螺旋梯段、U 形梯段、L 形梯段、自定义绘制的梯段。

2）平台：在梯段之间自动创建，通过拾取两个梯段，或通过创建自定义绘制的平台。

3）支撑（侧边和中心）：随梯段自动创建，或通过拾取梯段或平台边缘创建。

4）栏杆扶手：在创建期间自动生成，或稍后放置。

1. 创建楼梯梯段

可以使用单个梯段、平台和支撑构件组合楼梯。使用梯段构件工具可创建通用梯段，直梯、全踏步螺旋梯段、圆心-端点螺旋梯段、L 形斜踏步梯段、U 形斜踏步梯段分别如图7-18所示。

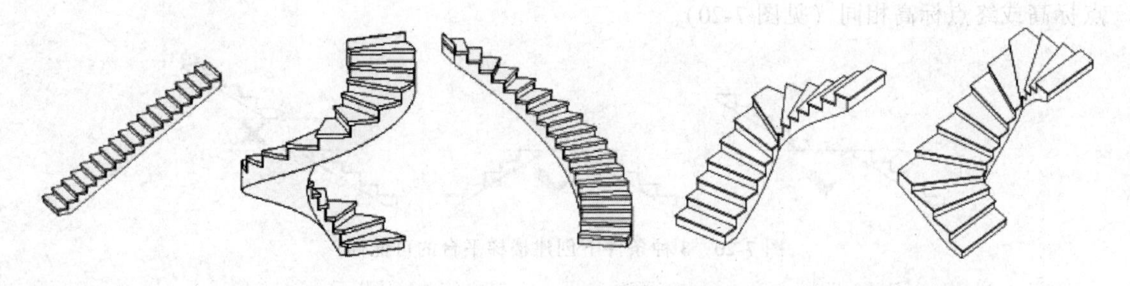

图 7-18　各种楼梯梯段

1）单击“建筑”选项卡“楼梯坡道”面板中的“楼梯”下拉按钮，在下拉菜单中选择“楼梯（按构件）”工具。

2）在“构件”面板上，确认“梯段”处于选中状态。

3）在“绘制”面板中，选择一种绘制工具，默认绘制工具是“直梯”工具，还有全踏步螺旋、圆心-端点螺旋、L 形转角、U 形转角等工具。

4）在选项栏上有以下几个参数。

①“定位线”参数，有 3 个选项：左、中心、右。若选择“左”，则梯段的绘制路径为梯段左边线（见图 7-19①号位置）；若选择“右”，则梯段的绘制路径为梯段右边线（见图7-19②号位置）；若选择“中”，则梯段的绘制路径为梯段中线（见图 7-19③号位置）。

② 对于“偏移”，为创建路径指定一个可选偏移值。例如，如果“偏移”值输入“100”，并且“定位线”为“中心”，则创建路径为向上楼梯中心线的右侧 100mm。负偏移在中心线的左侧。

图 7-19　定位线

③ 默认情况下选中“自动平台”。如果创建到达下一楼层的两个单独梯段，Revit 会在这两个梯段之间自动创建平台。如果不需要自动创建平台，应清除此选项。

5）在“属性”面板中，根据设计要求修改相应参数。

6）在“工具”面板中，单击“栏杆扶手”工具。在打开的“栏杆扶手”对话框中，选择栏杆扶手类型，如果不想自动创建栏杆扶手，则选择“无”，在以后根据需要添加栏杆扶手（参见后续章节）。选择栏杆扶手所在的位置，有“踏板”和“梯边梁”两个选项，默认值是“踏板”。单击“确定”按钮。

【注】　*在完成楼梯编辑部件模式之前，看不到栏杆扶手。*

7）根据所选的梯段类型（直梯、全踏步螺旋梯、圆心-端点螺旋梯等），按照状态栏提示，可创建各种类型的梯段。

8）在“模式”面板上，单击“完成编辑模式”命令。

2. 创建楼梯平台

在楼梯部件的两个梯段之间创建平台。可以在梯段创建期间选择“自动平台”选项以自动创建连接梯段的平台。如果不选择此选项，则可以在稍后连接两个相关梯段，条件是：两个梯段在同一楼梯部件编辑任务中创建；一个梯段的起点标高或终点标高与另一梯段的起点标高或终点标高相同（见图 7-20）。

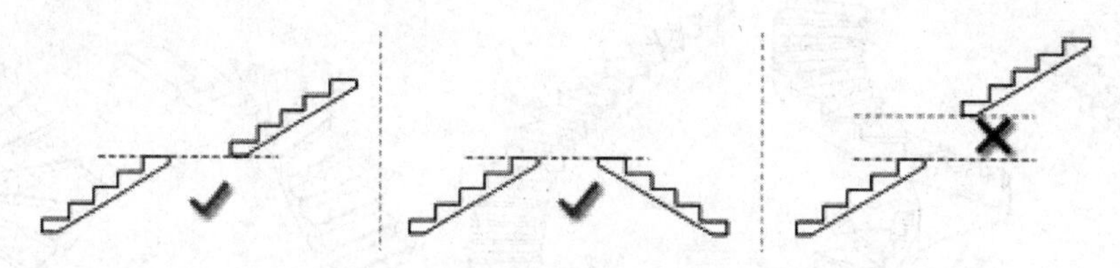

图 7-20　3 种条件下创建楼梯平台的可能性

1）确认此时在楼梯部件编辑模式下。如果需要，选择楼梯，然后在“编辑”面板上单击“编辑楼梯”按钮。

2）在“构件”面板上单击“平台”按钮。

3）在“绘制”库中，单击“拾取两个梯段”。

4）选择第一个梯段。

5）选择第二个梯段，将自动创建平台以连接这两个梯段。

6）在“模式”面板上，单击“完成编辑模式”命令。

3. 创建支撑构件

通过拾取梯段或平台边缘创建侧支撑。使用“支撑”工具可以将侧支撑添加到基于构件的楼梯。可以选择各个梯段或平台边缘，或使用<Tab>键以高亮显示连续的楼梯边界。

1）打开平面视图或三维视图。

2）要为现有梯段或平台创建支撑构件，应选择楼梯，并在“编辑”面板上单击“编辑楼梯”按钮。

3）楼梯部件编辑模式将处于活动状态。

4）单击“修改|创建楼梯”上下文选项卡“构件”面板中的“支座”工具。

5）在绘制库中，单击“拾取边缘”。

6）将鼠标指针移动到要添加支撑的梯段或平台边缘上，并单击以选择边缘。

【注】　支撑不能重复添加。若已经在楼梯的类型属性中定义了相应的“右侧支撑”“左侧支撑”和“支撑类型”属性，则只能先删除该支撑，再通过“拾取边缘”添加支撑。

7）（可选）选择其他边缘以创建另一个侧支撑。

连续支撑将通过斜接连接自动连接在一起。

【注】　要选择楼梯的整个外部或内部边界，可将鼠标指针移到边缘上，按<Tab>键，直到整个边界被高亮显示，然后单击以将其选中。在这种情况下，将通过斜接连接创建平滑支撑。

8）单击“完成编辑模式”命令。

7.2.2　楼梯（按草图）

可通过定义楼梯梯段或绘制踢面线和边界线，在平面视图中创建楼梯。

1. 通过绘制梯段创建楼梯

1）绘制单跑楼梯。

① 打开平面视图或三维视图。

② 单击“建筑”选项卡“楼梯坡道”面板中的“楼梯”下拉按钮，在下拉菜单中选择“楼梯（按草图）”工具。

默认情况下，“修改|创建楼梯草图”选项卡“绘制”面板中的“梯段”命令处于选中状态，“线”工具也处于选中状态。如果需要，可在“绘制”面板上选择其他工具。

③ 根据状态栏提示，单击以开始绘制梯段（见图 7-21）。

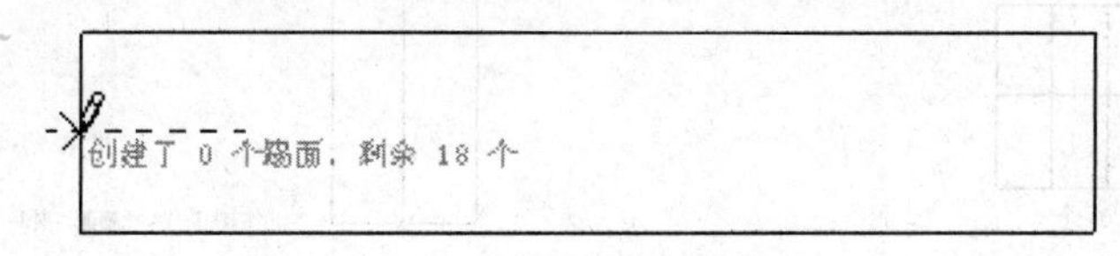

图 7-21　开始绘制梯段

④ 单击以结束绘制梯段（见图 7-22）。

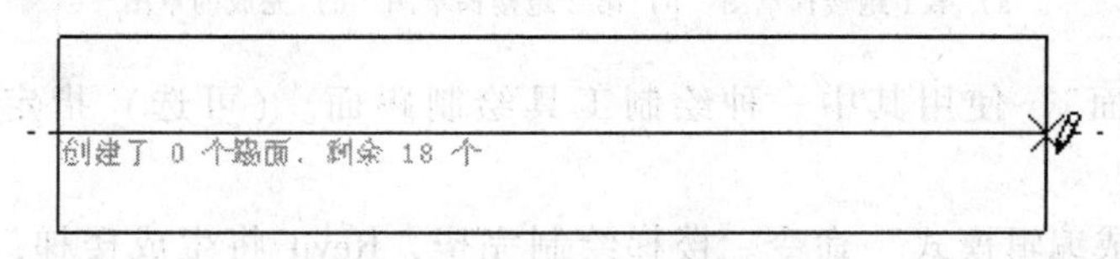

图 7-22　结束绘制梯段

⑤（可选）指定楼梯的栏杆扶手类型。

⑥ 单击“完成编辑模式”命令。

2）创建带平台的多跑楼梯。

① 单击“建筑”选项卡“楼梯坡道”面板中的“楼梯”下拉按钮，在下拉菜单中选择“楼梯（按草图）”工具。

② 单击“修改|创建楼梯草图”选项卡“绘制”面板中的“梯段”命令。

默认情况下，“线”工具处于选中状态。如果需要，可在“绘制”面板上选择其他工具。

③ 单击以开始绘制梯段。

④ 在达到所需的踢面数后，单击以定位平台。

⑤ 沿延伸线拖拽鼠标指针，然后单击以开始绘制剩下的踢面。

⑥ 单击以完成剩下的踢面。

⑦ 单击“完成编辑模式”命令。

绘制样例如图 7-23 所示。

2. 通过绘制边界和踢面线创建楼梯

可以通过绘制边界和踢面来定义楼梯，而不是让 Revit 自动计算楼梯梯段。绘制边界线和踢面线的步骤如下：

1）打开平面视图或三维视图。

2）单击“建筑”选项卡“楼梯坡道”面板中的“楼梯”下拉按钮，在下拉菜单中选择“楼梯（按草图）”工具。

3）单击“修改|创建楼梯草图”选项卡“绘制”面板中的“边界”工具。使用其中一种绘制工具绘制边界。

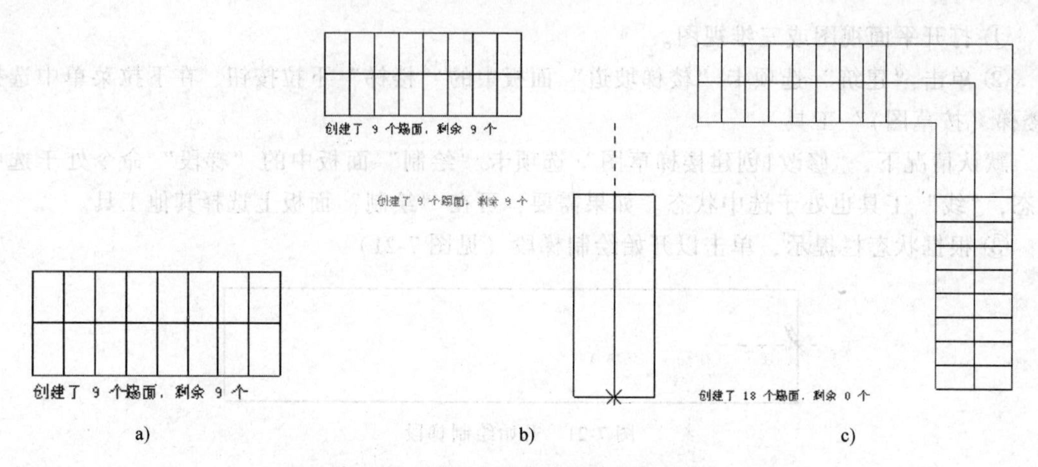

图 7-23　带平台的多跑楼梯绘制过程

a）第 1 跑楼梯草图　b）第 2 跑楼梯草图　c）完成的草图

4）单击“踢面”。使用其中一种绘制工具绘制踢面。（可选）指定楼梯的栏杆扶手类型。

5）单击“完成编辑模式”命令。楼梯绘制完毕，Revit 将生成楼梯，并自动应用栏杆扶手。

绘制样例如图 7-24 所示。

3. 创建螺旋楼梯

1）打开平面视图或三维视图。

2）单击“建筑”选项卡“楼梯坡道”面板中的“楼梯”下拉按钮，在下拉菜单中选择“楼梯（按草图）”工具。

3）单击“修改|创建楼梯草图”选项卡“绘制”面板中的“圆心-端点弧”命令。

4）在绘图区域中，单击以选择螺旋楼梯的中心点。

5）单击起点。

6）单击终点以完成螺旋楼梯。

7）单击“完成编辑模式”命令。

绘制样例如图 7-25 所示。

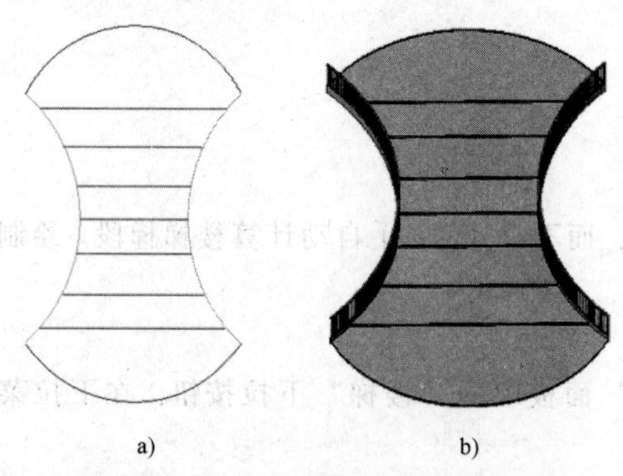

图 7-24　使用边界和踢面工具绘制楼梯

a）使用边界和踢面工具绘制的楼梯草图　b）绘制完的楼梯三维视图

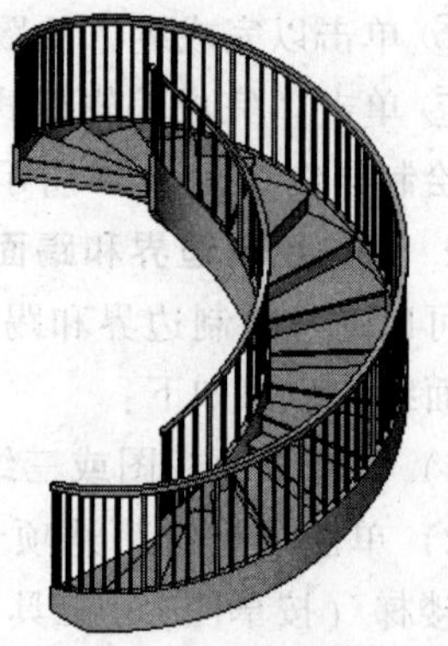

图 7-25　螺旋楼梯

4. 创建弧形楼梯平台

如果绘制了具有相同中心和半径值的弧形梯段，则可以创建弧形楼梯平台。绘制样例如图 7-26 所示。

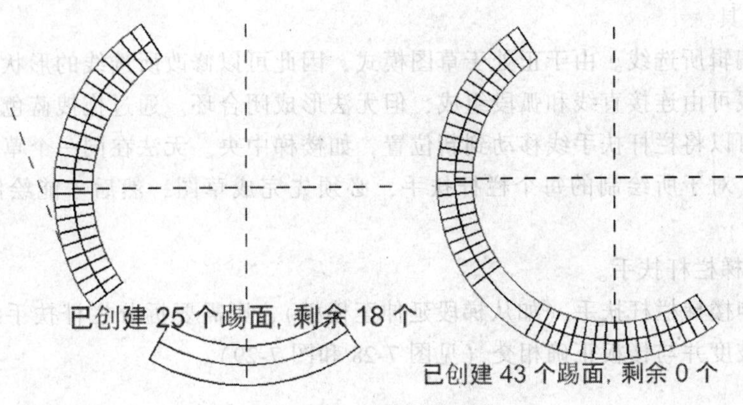

图 7-26　创建弧形楼梯

7.2.3　编辑楼梯

1. 边界以及踢面线和梯段线

可以修改楼梯的边界、踢面线和梯段线，从而将楼梯修改为所需的形状。例如，可选择梯段线并拖拽此梯段线，以添加或删除踢面。

1）修改一段楼梯。

① 选择楼梯。

② 单击“修改|楼梯”上下文选项卡“模式”面板中的“编辑草图”工具。

③ 在“修改|楼梯>编辑草图”上下文选项卡的“绘制”面板中选择适当的绘制工具进行修改。

2）修改使用边界线和踢面线绘制的楼梯。选择楼梯，然后使用绘制工具更改迹线。修改楼梯的实例和类型参数以更改其属性。

3）修改带有平台的楼梯栏杆扶手。

如果通过绘制边界线和踢面线创建的楼梯包含平台，则在边界线与平台的交汇处拆分边界线，以便栏杆扶手能准确地沿着平台和楼梯坡度。

选择楼梯，然后单击“修改|创建楼梯草图”上下文选项卡“修改”面板中的“拆分”工具。

在与平台交汇处拆分边界线（见图 7-27）。

2. 修改楼梯栏杆扶手

1）修改栏杆扶手。

① 选择栏杆扶手。如果处于平面视图中，则使用<Tab>键可能有助于选择栏杆扶手。

【提示】 在三维视图中修改栏杆扶手，可以使选择更容易，且能更好地查看所做的修改。

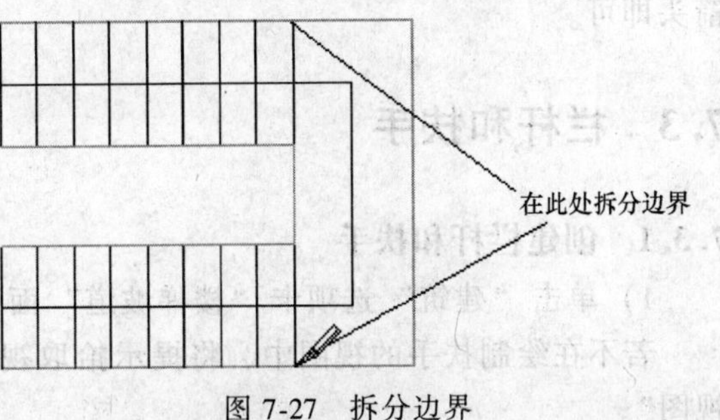

图 7-27　拆分边界

② 在“属性”面板上根据需要修改栏杆扶手的实例属性，或者单击“编辑类型”按钮以修改类型属性。

要修改栏杆扶手的绘制线，可单击“修改|栏杆扶手”上下文选项卡“模式”面板中的“编辑路径”工具。

按照需要编辑所选线。由于正处于草图模式，因此可以修改所选线的形状以符合设计要求。栏杆扶手线可由连接直线和弧段组成，但无法形成闭合环。通过拖拽蓝色控制柄可以调整线的尺寸。可以将栏杆扶手线移动到新位置，如楼梯中央。无法在同一个草图任务中绘制多个栏杆扶手。对于所绘制的每个栏杆扶手，必须先完成草图，然后才能绘制另一个栏杆扶手。

2）延伸楼梯栏杆扶手。

如果要延伸楼梯栏杆扶手（如从梯段延伸至楼板），则需要拆分栏杆扶手线，从而使栏杆扶手改变其坡度并与楼板正确相交（见图 7-28 和图 7-29）。

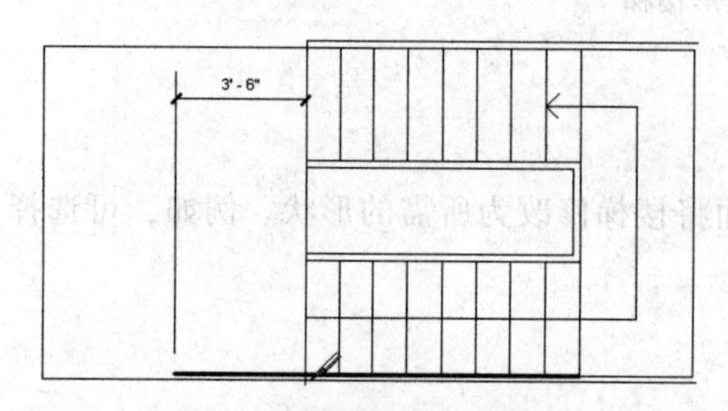

图 7-28　拆分栏杆扶手线边界

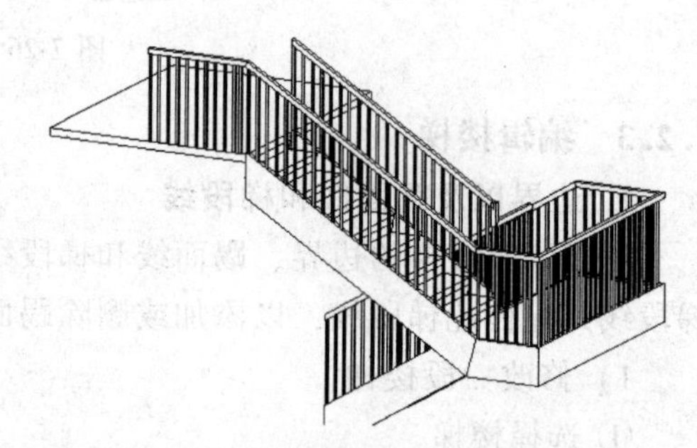
图 7-29　延伸栏杆扶手的完成效果图

3. 移动楼梯标签

使用以下 3 种方法中的任何一种，可以拖拽在含有一段楼梯的平面视图中显示的“向上”或“向下”标签。

方法 1：将鼠标指针放在楼梯文字标签上，此时标签旁边会显示拖拽控制柄，拖拽此控制柄以移动标签。

方法 2：选择楼梯梯段，此时会显示蓝色的拖拽控制柄，拖拽此控制柄以移动标签。

方法 3：高亮显示整个楼梯梯段，并按<Tab>键选择造型操纵柄。按<Tab>键时观察状态栏，直至状态栏指示造型操纵柄已高亮显示为止。拖拽标签到一个新位置。

4. 修改楼梯方向

可以在完成楼梯草图后，修改楼梯的方向。在项目视图中选择楼梯，单击蓝色翻转控制箭头即可。

7.3　栏杆和扶手

7.3.1　创建栏杆和扶手

1）单击“建筑”选项卡“楼梯坡道”面板中的“栏杆扶手”命令。

若不在绘制扶手的视图中，将提示拾取视图，从列表中选择一个视图，并单击“打开视图”。

2）要设置扶手的主体，可单击“修改｜创建扶手路径”上下文选项卡“工具”面板中的“拾取新主体”命令，并将鼠标指针放在主体（如楼板或楼梯）附近，在主体上单击以选择它。

3）单击“绘制”面板中的工具绘制扶手。

如果正在将扶手添加到一段楼梯上，则必须沿着楼梯的内线绘制扶手，以使扶手可以正确承载和倾斜。

4）在“属性”面板上根据需要对实例属性进行修改，或者单击“编辑类型”按钮以访问并修改类型属性。

5）单击“完成编辑模式”命令。

7.3.2 编辑扶手

1. 修改扶手结构

1）在“属性”面板中单击“编辑类型”按钮。

2）在“类型属性”对话框中，单击与“扶手结构”对应的“编辑”按钮。在“编辑扶手”对话框中，能为每个扶手指定的属性有高度、偏移、轮廓和材质。

3）要另外创建扶手，可单击“插入”按钮，输入新扶手的名称、高度、偏移、轮廓和材质属性。

4）单击“向上”或“向下”按钮以调整扶手位置。

5）完成后，单击“确定”按钮。

2. 修改扶手连接

1）打开扶手所在的平面视图或三维视图。

2）选择扶手，然后单击“修改｜扶手”上下文选项卡“模式”面板中的“编辑路径”命令。

3）单击“修改｜扶手>编辑路径”上下文选项卡“工具”面板中的“编辑连接”命令。

4）沿扶手的路径移动鼠标指针。当鼠标指针沿路径移动到连接上时，此连接的周围将出现一个框。

5）单击以选择此连接。选择此连接后，此连接上会显示“X”。

6）在选项栏上为“扶栏连接”选择一个连接方法，具体有“延伸扶手使其相交”“插入垂直/水平线段”“无连接件”等选项（见图 7-30）。

7）单击“完成编辑模式”命令。

3. 修改扶手高度和坡度

1）选择扶手，然后单击“修改｜扶手”上下文选项卡“模式”面板中的“编辑路径”命令。

2）选择扶手绘制线。

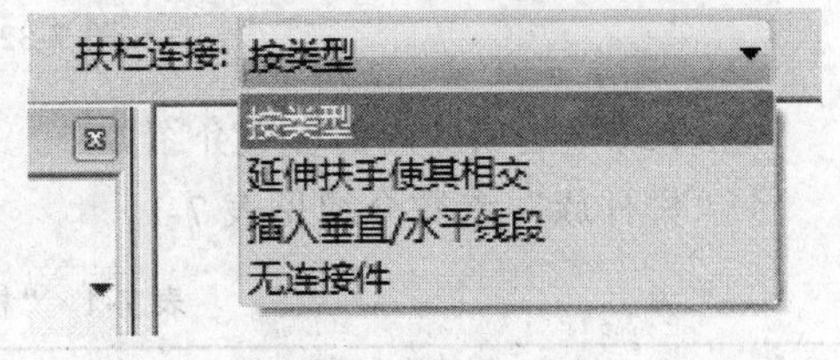

图 7-30 扶栏连接类型

在选项栏上设置“高度校正”的默认值为“按类型”，这表示高度调整受扶手类型控制；也可选择“自定义”作为“高度校正”，在旁边的文本框中输入值。

3）在选项栏的“坡度”选择中，有“按主体”“水平”“带坡度”3 种选项。

① 按主体：扶手段的坡度与其主体（例如楼梯或坡道）相同，如图 7-31a 所示。

② 水平：扶手段始终呈水平状。对于图 7-31b 所示中类似的扶手，需要进行高度校正或编辑扶手连接，从而在楼梯拐弯处连接扶手。

③ 带坡度：扶手段呈倾斜状，以便与相邻扶手段实现不间断的连接，如图 7-31c 所示。

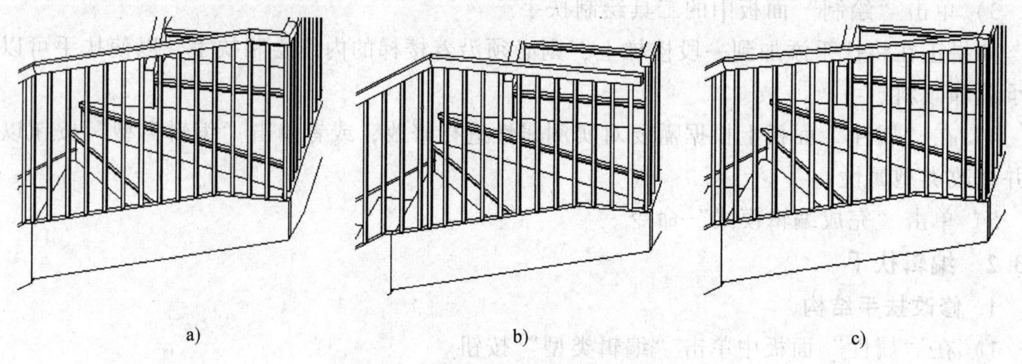

图 7-31　不同坡度下选择的楼梯

7.3.3　编辑栏杆

1）在平面视图中，选择一个扶手。

2）在"属性"面板上单击"编辑类型"按钮。

3）在"类型属性"对话框中，单击"栏杆位置"对应的"编辑"按钮。

注意，对类型属性所做的修改会影响项目中同一类型的所有扶手。可以单击"复制"按钮以创建新的扶手类型。

4）在弹出的"编辑栏杆位置"对话框中，上部为"主样式"选项区（见图 7-32）。

主样式(M)

	名称	栏杆族	底部	底部偏移	顶部	顶部偏移	相对前一栏杆的距离	偏移
1	填充图	N/A	N/A	N/A	N/A	N/A	N/A	N/A
2	常规栏	栏杆 - 圆形 : 2	主体	0.0		0.0	1000.0	0.0
3	填充图	N/A	N/A	N/A	N/A	N/A	0.0	N/A

删除(D)　复制(L)　向上(U)　向下(O)

截断样式位置(B)：每段扶手末端　角度(N)：0.000°　样式长度：1000.0

对齐(J)：起点　超出长度填充(E)：无　间距(I)：0.0

图 7-32　栏杆主样式

"主样式"选项区内的参数介绍如下。

①"栏杆族"参数介绍见表 7-1。

表 7-1　"栏杆族"参数介绍

执行的选项	解释
选择"无"选项	显示扶手和支柱，但不显示栏杆
在列表中选择一种栏杆	使用图纸中的现有栏杆族

②"底部"：指定栏杆底端的位置，如扶手顶端、扶手底端或主体顶端。主体可以是楼层、楼板、楼梯或坡道。

③“底部偏移”：栏杆的底端与“底部”之间的垂直距离负值或正值。

④“顶部”（参见“底部”参数）：指定栏杆顶端的位置（常为“顶部栏杆图元”）。

⑤“顶部偏移”：栏杆的顶端与“顶部”之间的垂直距离负值或正值。

⑥“相对前一栏杆的距离”：样式起点到第一个栏杆的距离，或（对于后续栏杆）相对于样式中前一栏杆的距离。

⑦“偏移”：栏杆相对于扶手绘制路径内侧或外侧的距离。

⑧“截断样式位置”：扶手段上的栏杆样式中断点见表 7-2。

表 7-2　“截断样式位置”参数介绍

执行的选项	解　释
选择“每段扶手末端”选项	栏杆沿各扶手段长度展开
选择“角度大于”选项，然后输入一个“角度”值	如果扶手转角（转角是在平面视图中进行测量的）等于或大于此值，则会截断样式并添加支柱。一般情况下，此值保持为 0。在扶手转角处截断，并放置支柱
选择“从不”选项	栏杆分布于整个扶手长度。无论扶手有任何分离或转角，始终保持不发生截断

⑨“对齐”：选择“起点”选项表示该样式始自扶手段的始端。如果样式长度不是恰为扶手长度的倍数，则最后一个样式实例和扶手段末端之间会出现多余间隙。

选择“终点”选项表示该样式始自扶手段的末端。如果样式长度不是恰为扶手长度的倍数，则最后一个样式实例和扶手段始端之间会出现多余间隙。

选择“中心”选项表示第一个栏杆样式位于扶手段中心，所有多余间隙均匀分布于扶手段的始端和末端。

【提示】 如果选择了“起点”“终点”或“中心”选项，则要在“超出长度填充”下拉列表框中选择栏杆类型。

选择“展开样式以匹配”选项表示沿扶手段长度方向均匀扩展样式。不会出现多余间隙，且样式的实际位置值不同于“样式长度”中指示的值。

5）勾选“楼梯上每个踏板都使用栏杆”复选框（见图 7-33），指定每个踏板的栏杆数，指定楼梯的栏杆族。

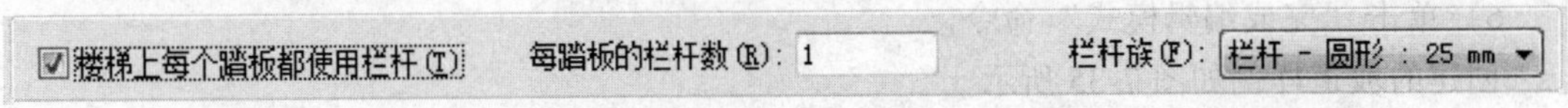

☑楼梯上每个踏板都使用栏杆(T)　每踏板的栏杆数(R): 1　栏杆族(F): 栏杆 - 圆形 : 25 mm

图 7-33　栏杆数

6）在“支柱”选项区中，对栏杆“支柱”进行修改（见图 7-34）。

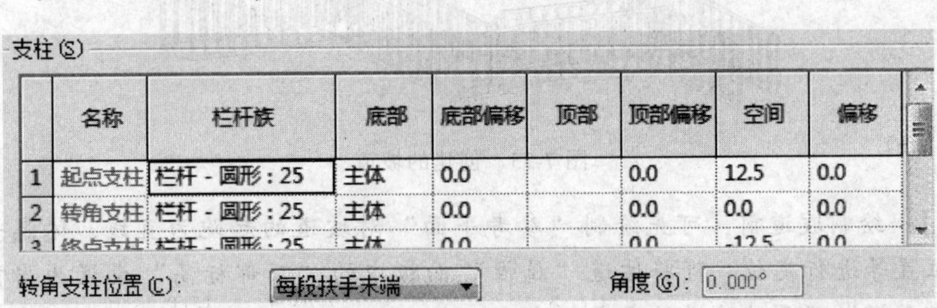

支柱(S)

	名称	栏杆族	底部	底部偏移	顶部	顶部偏移	空间	偏移
1	起点支柱	栏杆 - 圆形 : 25	主体	0.0		0.0	12.5	0.0
2	转角支柱	栏杆 - 圆形 : 25	主体	0.0		0.0	0.0	0.0
3	终点支柱	栏杆 - 圆形 : 25	主体	0.0		0.0	-12.5	0.0

转角支柱位置(C): 每段扶手末端　角度(G): 0.000°

图 7-34　支柱参数

“支柱”选项区内的参数介绍如下。

①“名称”：栏杆内特定主体的名称。

②“栏杆族”：指定起点支柱族、转角支柱族和终点支柱族。如果不希望在扶手起点、转角或终点处出现支柱，则选择“无”选项。

③“底部”：指定支柱底端的位置，如扶手顶端、扶手底端或主体顶端。主体可以是楼层、楼板、楼梯或坡道。

④“底部偏移”：支柱底端与基面之间的垂直距离负值或正值。

⑤“顶部”：指定支柱顶端的位置（常为扶手）。各值与基面各值相同。

⑥“顶部偏移”：支柱顶端与顶之间的垂直距离负值或正值。

⑦“空间”：需要相对于指定位置向左或向右移动支柱的距离。例如，对于起始支柱，可能需要将其向左移动 0.1m，以使其与扶手对齐。在这种情况下，可以将间距设置为 0.1m。

⑧“偏移”：栏杆相对于扶手路径内侧或外侧的距离。

⑨“转角支柱位置”（参见“截断样式位置”参数）：指定扶手段上转角支柱的位置。

⑩“角度”：此值指定添加支柱的角度。如果“转角支柱位置”参数设置为“角度大于”，则使用此属性。

7）修改完上述内容后，单击“确定”按钮。

7.4 坡道

7.4.1 直坡道

1）打开平面视图或三维视图。

2）单击“建筑”选项卡“楼梯坡道”面板中的“坡道”工具，进入草图绘制模式。

3）在“属性”面板中修改坡道属性。

4）单击“修改|创建坡道草图”上下文选项卡“绘制”面板中的“梯段”工具，默认值是通过“直线”命令绘制“梯段”。

5）将鼠标指针放置在绘图区域中，并拖拽指针绘制坡道梯段。

6）单击“完成编辑模式”命令。

创建的坡道样例如图 7-35 所示。

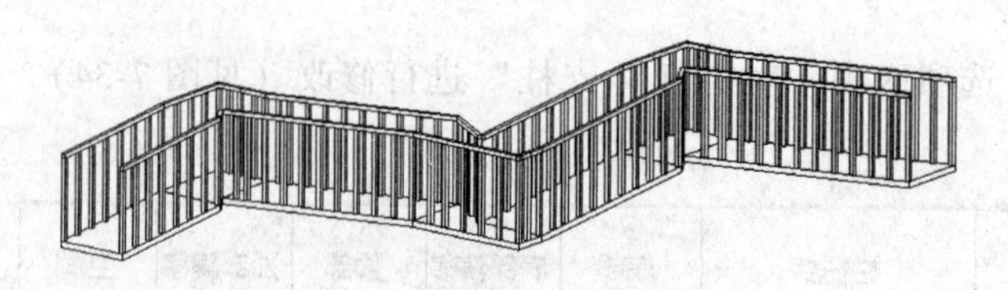

图 7-35　创建的坡道

【提示】　绘制坡道前，可先绘制“参考平面”对坡道的起跑为直线、休息平台位置、坡道宽度位置等进行定位。可将坡道“属性”面板中的“顶部标高”设置为当前的标高，并将“顶部偏移”设置为坡道的高度。

7.4.2　螺旋坡道与自定义坡道

1）单击“建筑”选项卡“楼梯坡道”面板中“坡道”工具，进入草图绘制模式。

2）在“属性”面板中修改坡道属性。

3）单击“修改|创建坡道草图”上下文选项卡“绘制”面板中的“梯段”命令，单击“圆心-端点弧”工具（见图7-36），绘制“梯段”。

4）在绘图区域，根据状态栏提示绘制弧形坡道。

5）单击“完成编辑模式”命令。

7.4.3　编辑坡道

1. 编辑坡道

在平面视图或三维视图中选择坡道，单击“修改|坡道”上下文选项卡“模式”面板中的“编辑草图”命令，对坡道进行编辑。

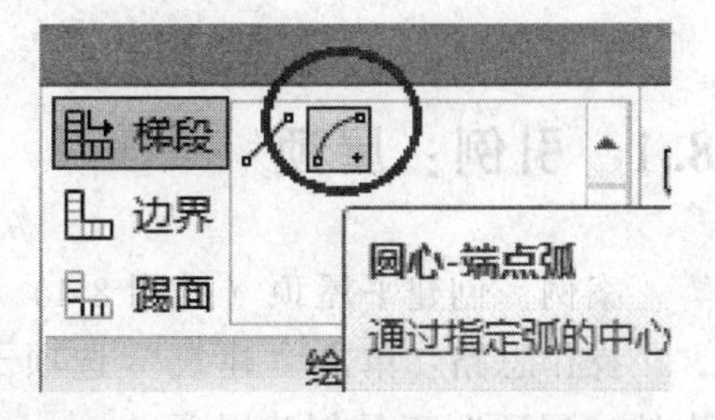

图7-36　“圆心-端点弧”绘制工具

2. 修改坡道类型

1）在草图模式中修改坡道类型：在“属性”面板上单击“编辑类型”按钮，在弹出的“类型属性”对话框中，选择不同的坡道类型作为“类型”。

2）在项目视图中修改坡道类型：在平面视图或三维视图中选择坡道，在“属性”面板的类型选择器中选择所需的坡道类型。

3. 修改坡道属性

1）在“属性”面板上修改相应参数的值，以修改坡道的“实例属性”。

2）在“属性”面板上单击“编辑类型”按钮，在“类型属性”对话框中修改坡道的“类型属性”。

4. 扶手类型

在草图模式中，单击“工具”面板中的“栏杆扶手”命令。在打开的“扶手类型”对话框中，选择项目中现有的扶手类型之一，或者选择“默认”选项来添加默认扶手类型，或者选择“无”选项来指定不添加任何扶手。如果选择“默认”选项，则Revit将使用在激活“扶手”工具，然后选择“扶手属性”时显示的扶手类型。通过在“类型属性”对话框中选择新的类型，可以修改默认的扶手。

第 8 章　屋　顶

8.1　引例：屋顶

案例：创建平屋顶（见图 8-1）。

操作思路：单击“建筑”选项卡中的“屋顶”工具创建屋顶。

操作步骤：

1）打开随书光盘中的“第 7 章\2-引例-三至五楼完成 .rvt”，进入 F6 楼层平面视图。

图 8-1　平屋顶

2）单击“建筑”选项卡“构建”面板中的“迹线屋顶”工具（见图 8-2）。在“属性”面板的“类型选择器”中选择“上人屋顶-331mm”，设置“自标高的底部偏移”为“-331”（见图 8-3）。按照创建楼板边界线的方式拾取外墙内边缘线创建屋顶边界线，修剪边界线使首尾闭合，选择所有边界线后取消勾选“定义屋顶坡度”复选框（见图 8-4），单击“完成编辑模式”命令，屋顶即创建完毕。

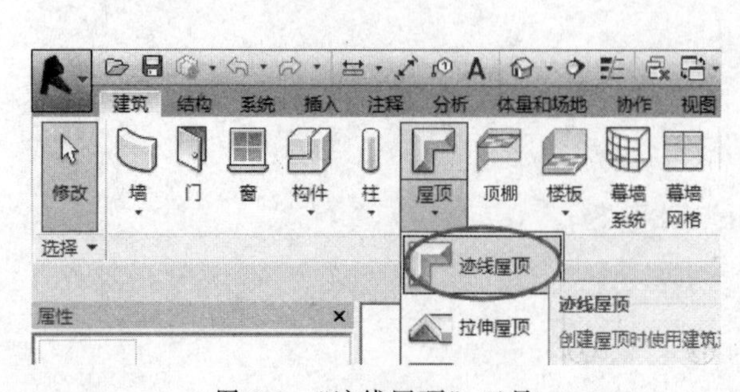

图 8-2　“迹线屋顶”工具

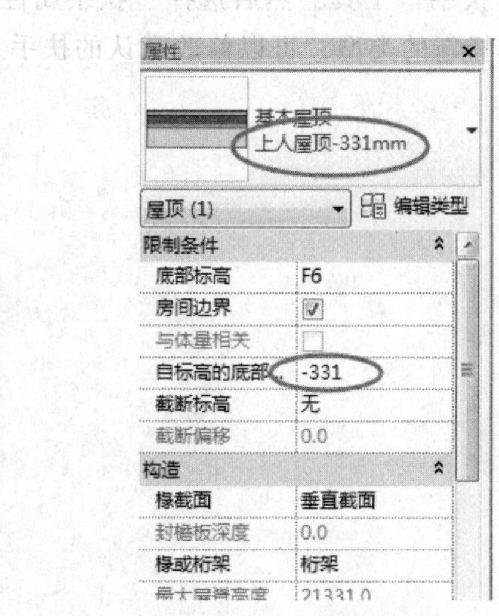

图 8-3　设置屋顶属性

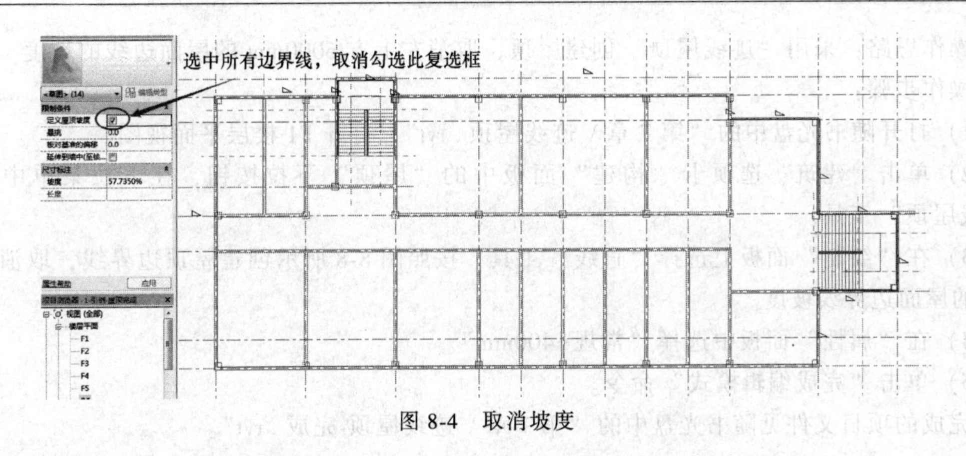

图 8-4　取消坡度

完成的项目文件见随书光盘中的“第 7 章 \ 3-引例-屋顶完成 . rvt”。

8.2　迹线屋顶

1）打开楼层平面视图或顶棚投影平面视图。

2）单击“建筑”选项卡“构建”面板中的“屋顶”下拉按钮，在下拉菜单中选择“迹线屋顶”工具。

如果在最低楼层标高上单击“迹线屋顶”，则会出现一个对话框，提示将屋顶移动到更高的标高上。如果选择不将屋顶移动到其他标高上，Revit 会随后提示屋顶是否过低。

3）在“绘制”面板上选择某一绘制或拾取工具。默认选项是“绘制”面板中的“边界线”→“拾取墙”工具，在状态栏中也可看到“拾取墙以创建线”提示。

可以在“属性”面板中编辑屋顶属性。

【提示】 使用“拾取墙”命令可在绘制屋顶之前指定悬挑。在选项栏上，如果希望从墙核心处测量悬挑，则勾选“延伸到墙中（至核心层）复选框”，然后为“悬挑”指定一个值。

4）在绘图区域为屋顶绘制或拾取一个闭合环。

要修改某一线的坡度定义，选择该线，在“属性”面板上单击“坡度”数值，可以修改坡度值。有坡度的屋顶线旁边会出现符号“⊿”（见图 8-5）。

5）单击“完成编辑模式”命令，然后打开三维视图（见图 8-6）。

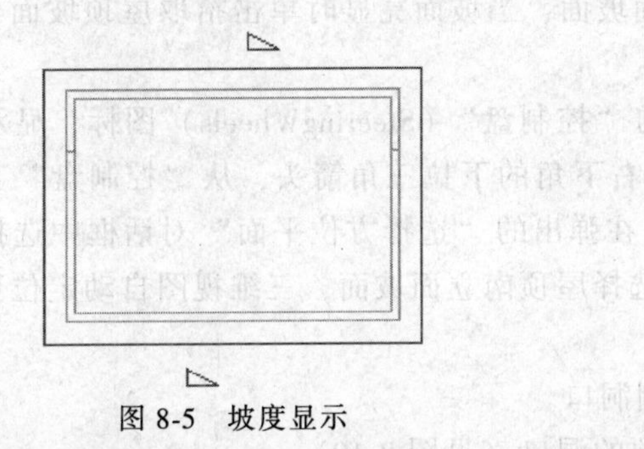

图 8-5　坡度显示

图 8-6　有悬挑的双坡屋顶

案例：创建如图 8-7 所示的屋顶。

操作思路：采用“迹线屋顶”创建屋顶，取消左上方6000mm的屋面边线的坡度。

操作步骤：

1）打开随书光盘中的“第7章\迹线屋顶.rvt”，打开F1楼层平面视图。

2）单击“建筑”选项卡“构建”面板中的“屋顶”下拉按钮，在下拉菜单中选择“迹线屋顶”工具。

3）在“绘制”面板上选择“直线”工具，按照图8-8所示创建屋顶边界线，取消位于C轴的屋面边界线坡度。

4）在“属性”面板中选择“常规-400mm”。

5）单击“完成编辑模式”命令。

完成的项目文件见随书光盘中的“第7章\迹线屋顶-完成.rvt”。

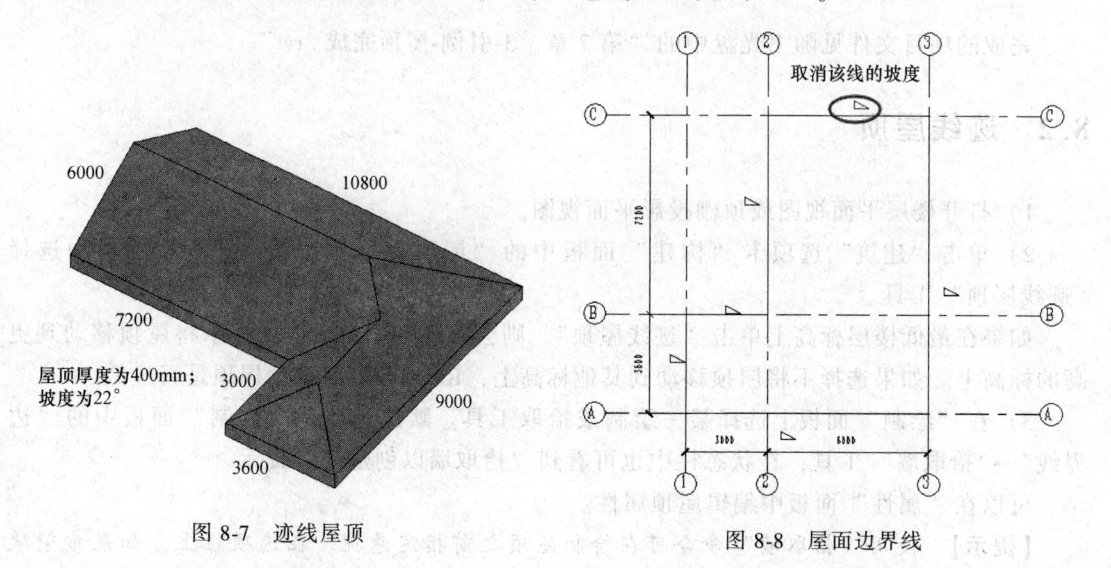

图8-7　迹线屋顶　　　　图8-8　屋面边界线

案例：在迹线屋顶上开洞。

操作思路：使用“面洞口”工具在倾斜的屋顶上开洞。

操作步骤：

1）打开随书光盘中的“第7章\迹线屋顶-完成.rvt”，进入三维视图。

2）旋转缩放三维视图到屋顶南立面坡面，单击“建筑”选项卡“洞口”面板中的“按面”工具。移动鼠标指针到屋顶南立面坡面，当坡面亮显时单击拾取屋顶坡面，此时上下文选项卡为“修改丨创建洞口边界”。

3）定向到斜面。单击绘图区域右侧的“控制盘”（SteeringWheels）图标，显示“全导航控制盘”工具，单击“全导航控制盘”右下角的下拉三角箭头，从“控制盘”菜单中选择“定向到一个平面”命令（见图8-9），在弹出的“选择方位平面”对话框中选择“拾取一个平面”，单击“确定”按钮后，单击选择屋顶南立面坡面，三维视图自动定位到该坡面的正交视图。

4）绘制洞口边界。选择绘制工具绘制洞口。

5）单击“√”按钮创建垂直于坡屋顶的洞口（见图8-10）。

完成的项目文件见随书光盘中的“第7章\迹线屋顶-面开洞完成.rvt”。

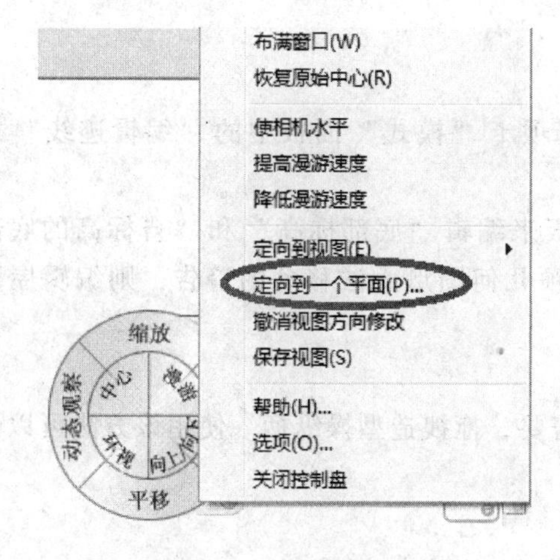

图 8-9　定向到斜面

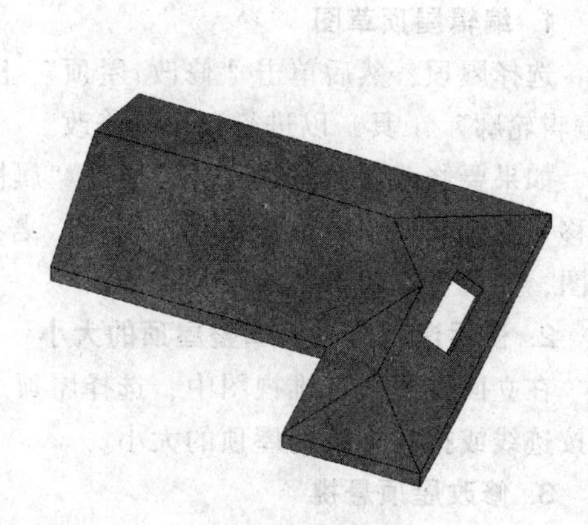

图 8-10　坡屋顶洞口

8.3　拉伸屋顶

8.3.1　创建拉伸屋顶

1）打开立面视图、三维视图或剖面视图。

2）单击“建筑”选项卡“构建”面板中的“屋顶”下拉按钮，在下拉菜单中选择“拉伸屋顶”工具。

3）拾取一个参照平面。

4）在“屋顶参照标高和偏移”对话框中，为“标高”选择一个值。默认情况下，将选择项目中最高的标高。要相对于参照标高提升或降低屋顶，可在“偏移”中指定一个值（单位为 mm）。

5）用“绘制”面板中的一种绘制工具，绘制开放环形式的屋顶轮廓（见图 8-11）。

6）单击“完成编辑模式”命令，然后打开三维视图。根据需要将墙附着到屋顶，效果如图 8-12 所示。

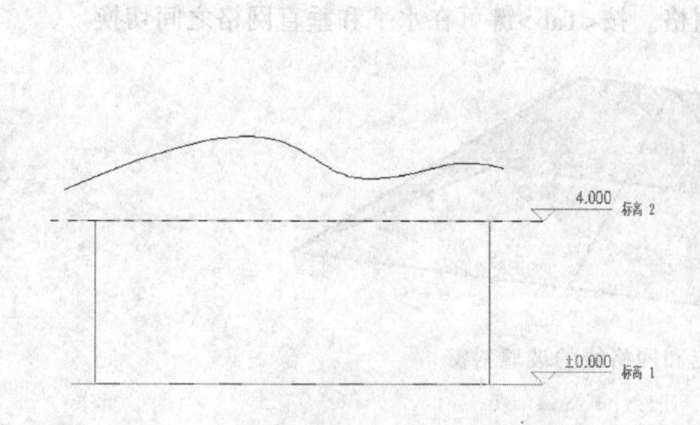

图 8-11　使用样条曲线工具绘制屋顶轮廓

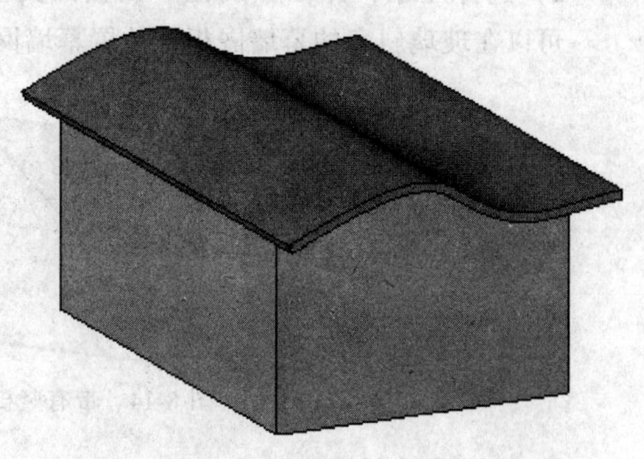

图 8-12　完成的拉伸屋顶

8.3.2 屋顶的修改

1. 编辑屋顶草图

选择屋顶，然后单击“修改|屋顶”上下文选项卡“模式”面板中的“编辑迹线”或“编辑轮廓”工具，以进行必要的修改。

如果要修改屋顶的位置，可通过“属性”面板来编辑“底部标高”和“自标高的底部偏移”属性，以修改参照平面的位置。若提示屋顶几何图形无法移动的警告，则编辑屋顶草图，并检查有关草图的限制条件。

2. 使用造型操纵柄调整屋顶的大小

在立面视图或三维视图中，选择屋顶。根据需要，拖拽造型操纵柄。使用该方法可以调整按迹线或按面创建的屋顶的大小。

3. 修改屋顶悬挑

在编辑屋顶的迹线时，可以使用屋顶边界线的属性来修改屋顶悬挑。

在草图模式下，选择屋顶的一条边界线。在“属性”面板上，为“悬挑”输入一个值。单击“完成编辑模式”命令，效果如图 8-13 所示。

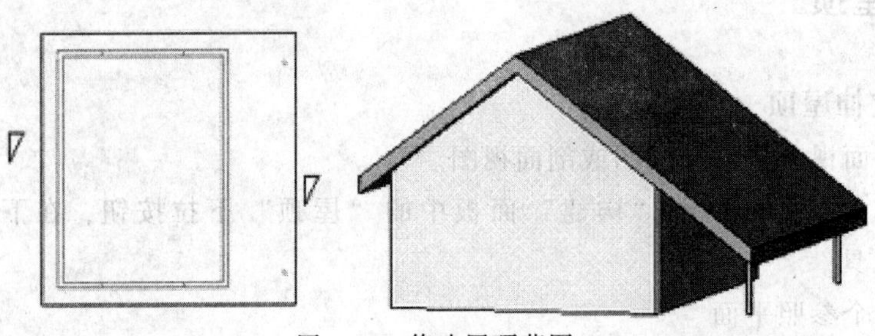

图 8-13 修改屋顶草图

8.4 玻璃斜窗

1. 创建玻璃斜窗

1）创建“迹线屋顶”或“拉伸屋顶”。

2）选择屋顶，并在“属性”面板的类型选择器中选择“玻璃斜窗”（见图 8-14）。

可以在玻璃斜窗的幕墙嵌板上放置幕墙网格。按<Tab>键可在水平和垂直网格之间切换。

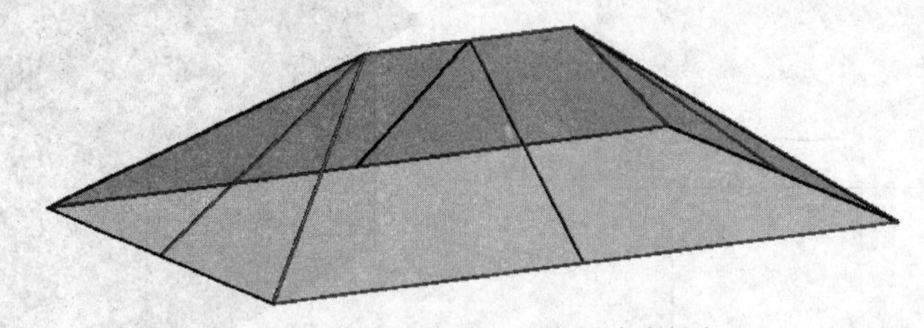

图 8-14 带有竖梃和网格线的玻璃斜窗

2. 编辑玻璃斜窗

玻璃斜窗同时具有屋顶和幕墙的功能，因此也可以用屋顶和幕墙的编辑方法来编辑玻璃斜窗。

玻璃斜窗本质上是迹线屋顶的一种类型，因此选择玻璃斜窗后，功能区显示“修改|屋顶”上下文选项卡，可以用图元属性、类型选择器、编辑迹线、移动复制镜像等命令编辑，并可以将墙等附着到玻璃斜窗下方。

同时，玻璃斜窗可以用幕墙网格、竖梃等命令编辑，并且选择玻璃斜窗后，会出现“配置轴网布局”符号，单击即可显示各项设置参数。

8.5 屋顶封檐带、檐沟与屋檐底板

8.5.1 屋顶封檐带

1）单击“建筑”选项卡“构建”面板中的“屋顶”下拉按钮，在下拉菜单中选择“屋顶：封檐带”工具。

2）高亮显示屋顶、檐底板、其他封檐带或模型线的边缘，然后单击以放置此封檐带（见图 8-15）。单击边缘时，Revit 会将其作为一个连续的封檐带。如果封檐带的线段在角部相遇，则它们会相互斜接。

这个不同的封檐带不会与其他现有的封檐带相互斜接，即便它们在角部相遇。

图 8-15 冠状封檐带

【注】 封檐带轮廓仅在围绕正方形截面屋顶时正确斜接。此图像中的屋顶是通过沿带有正方形双截面椽截面的屋顶的边缘放置封檐带而创建的。

8.5.2 檐沟

1）单击“建筑”选项卡“构建”面板中的“屋顶”下拉按钮，在下拉菜单中选择“屋顶：檐沟”工具。

2）高亮显示屋顶、层檐底板、封檐带或模型线的水平边缘，并单击以放置檐沟。单击边缘时，Revit 会将其视为一条连续的檐沟。

3）单击“修改|放置檐沟”上下文选项卡“放置”面板中的“重新放置檐沟”命令，完成当前檐沟（见图 8-16），并可继续放置不同的檐沟，将鼠标指针移到新边缘并单击放置。

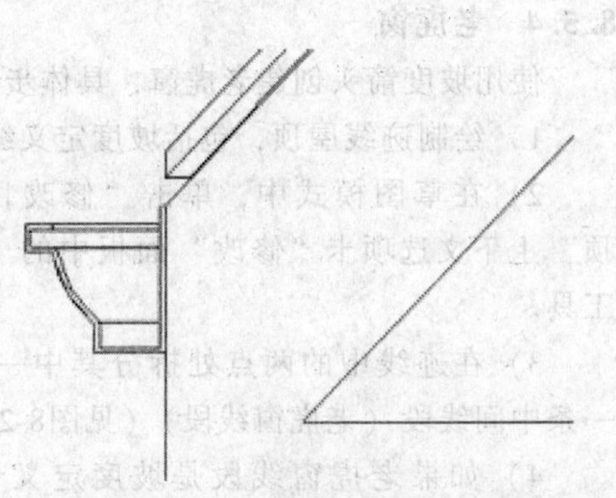

图 8-16 剖面视图中显示的檐沟

8.5.3 屋檐底板

1）在平面视图中，单击“建筑”选项卡“构建”面板中的“屋顶”下拉按钮，在下拉菜单中选

择“屋顶：檐底板”工具。

2）单击“修改|创建屋檐底板边界”上下文选项卡“绘制”面板中的“拾取屋顶边”命令。

3）高亮显示屋顶并单击选择它，如图 8-17 所示。

4）单击“修改|创建屋檐底板边界”上下文选项卡“绘制”面板中的“拾取墙”命令，高亮显示屋顶下的墙的外面，并单击进行选择，如图 8-18 和图 8-19 所示。

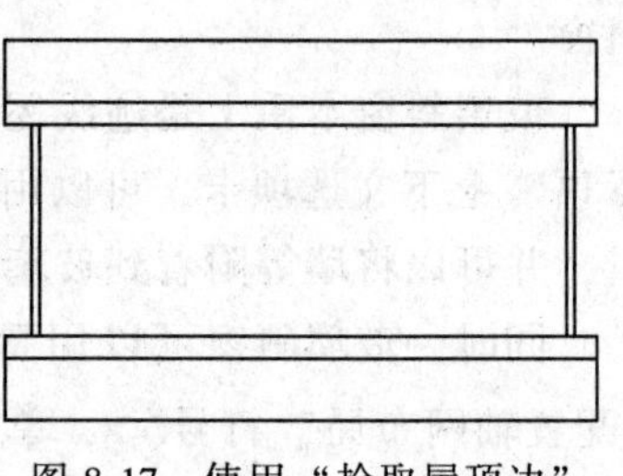

图 8-17　使用“拾取屋顶边”工具选择的屋顶

5）修剪超出的绘制线，形成闭合环，如图 8-20 所示。

图 8-18　用于檐底板线的高亮显示墙

图 8-19　拾取墙后的檐底板绘制线

6）单击“完成编辑模式”命令。

通过“三维视图”观察设置的屋檐底板的位置，可以通过“移动”命令对屋檐底板进行移动以放置至合适位置。通过使用“连接几何图形”命令，将檐底板连接到墙，然后将墙连接到屋顶，如图 8-21 所示。

图 8-20　绘制的檐底板线闭合环

图 8-21　剖面视图中的屋顶、檐底板和墙

可以通过绘制坡度箭头或修改边界线的属性来创建倾斜檐底板。

8.5.4　老虎窗

使用坡度箭头创建老虎窗，具体步骤如下：

1）绘制迹线屋顶，包括坡度定义线。

2）在草图模式中，单击“修改|创建迹线屋顶”上下文选项卡“修改”面板中的“拆分图元”工具。

3）在迹线中的两点处拆分其中一条线，创建一条中间线段（老虎窗线段）（见图8-22）。

4）如果老虎窗线段是坡度定义（⊵），则选择该线，然后清除“属性”面板上的“定义屋顶

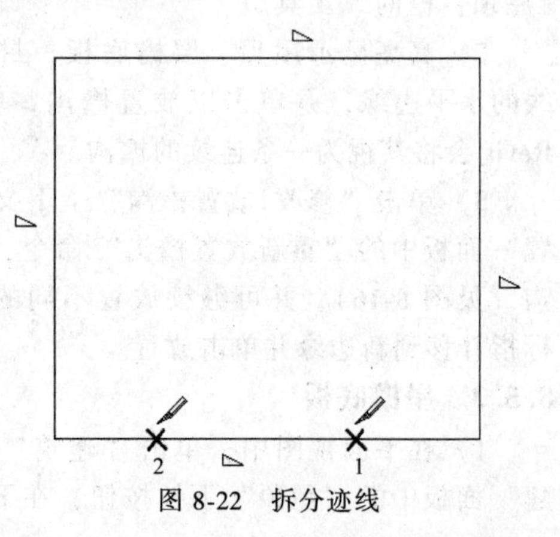

图 8-22　拆分迹线

坡度”。

5）单击“修改|创建迹线屋顶”上下文选项卡“绘制”面板中的“坡度箭头”工具，在“属性”面板中设置“头高度偏移值”，然后从老虎窗线段的一端到中点绘制坡度箭头（见图 8-23）。

6）再次单击“坡度箭头”，设置“头高度偏移值”，并从老虎窗线段的另一端到中点绘制第二个坡度箭头（见图 8-24）。

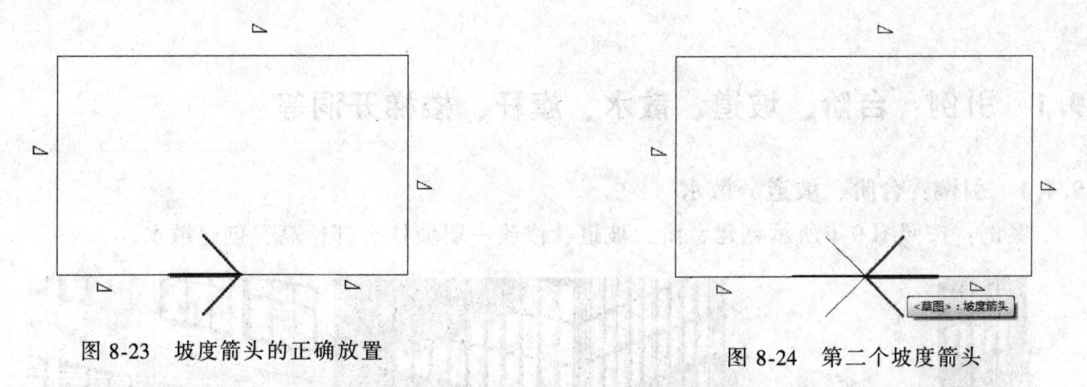

图 8-23　坡度箭头的正确放置

图 8-24　第二个坡度箭头

7）单击“完成编辑模式”命令，然后打开三维视图以查看效果（见图 8-25）。

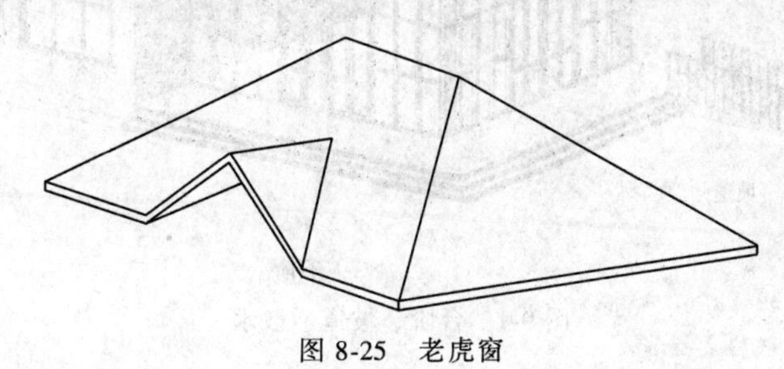

图 8-25　老虎窗

第 9 章　其他常用构件

9.1　引例：台阶、坡道、散水、旗杆、楼梯开洞等

9.1.1　引例：台阶、坡道、散水

案例：按照图 9-1 所示创建台阶、坡道，修改一层墙柱底部标高，创建散水。

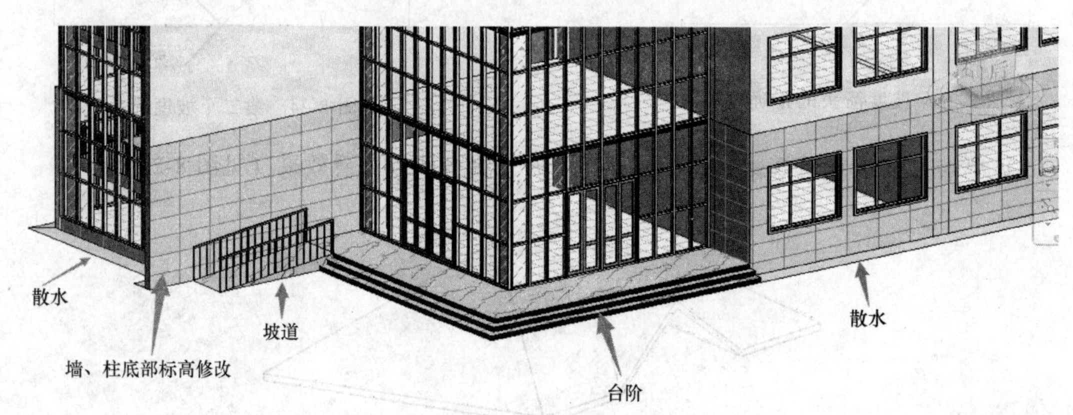

图 9-1　台阶、坡道、散水

操作思路：使用“楼板”命令创建台阶。使用“坡道”命令创建坡道：绘制坡道草图时，第一点为坡道的最低点，第二点为坡道的最高点；在任意位置创建坡道，再使用“移动”命令，将坡道移动到合适的位置。使用“内建模型”中的“放样”命令创建散水，放样包括“放样路径”和“放样轮廓”。

操作步骤：

1）打开随书光盘中的“第 7 章 \3-引例-屋顶完成 . rvt”，进入 F1 平面视图。

2）台阶创建。

① 单击“建筑”选项卡“构建”面板“楼板”下拉按钮，在下拉菜单中选择“楼板：建筑”工具，在“属性”面板的类型选择器中选择“TJ-150”，楼板边界如图 9-2a 所示，单击“完成编辑模式”命令，创建最上层台阶。

② 同理，利用“楼板：建筑”工具，创建第二层台阶。在“属性”面板中设置“自标高的高度偏移”为“-150”，楼板边界如图 9-2b 所示，单击“完成编辑模式”命令，创建第二层台阶。

③ 同理，利用“楼板：建筑”工具，创建最下层台阶。在“属性”面板中设置“自标高的高度偏移”为“-300”，楼板边界如图 9-2c 所示，单击“完成编辑模式”命令，创建最下层台阶。至此，台阶创建完毕。

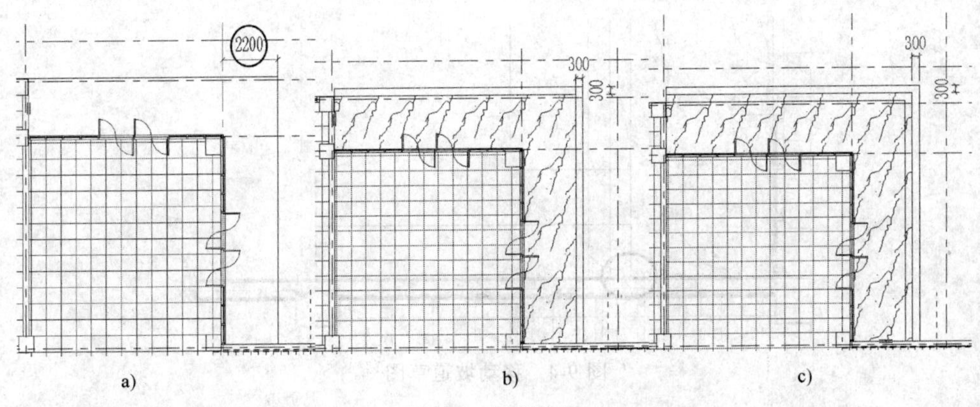

图 9-2　楼板边界

完成的项目文件见随书光盘中的 “第 9 章 \1-引例-台阶完成 . rvt”。

3）创建坡道。

① 进入 F1 平面视图。

② 单击 “建筑” 选项卡 “楼梯坡道” 面板中的 “坡道” 工具，设置底部标高为 “F1”、底部偏移为 “-450. 0”、顶部标高为 “F1”、顶部偏移为 “0. 0”，在台阶右侧空白处单击一点作为台阶起点，向左移动鼠标指针，坡道草图完全显示时单击第二点作为坡道终点（见图 9-3），此时显示 “4500 创建的倾斜坡道，0 剩余”；框选坡道草图，单击上下文选项卡 “修改” 面板中的 “移动” 命令，移动坡道草图使坡道左下角点移动到图 9-4 所示的位置；单击 “完成编辑模式” 命令，退出坡道创建命令。至此，坡道创建完毕。

完成的项目文件见随书光盘中的 “第 9 章 \2-引例-坡道完成 . rvt”。

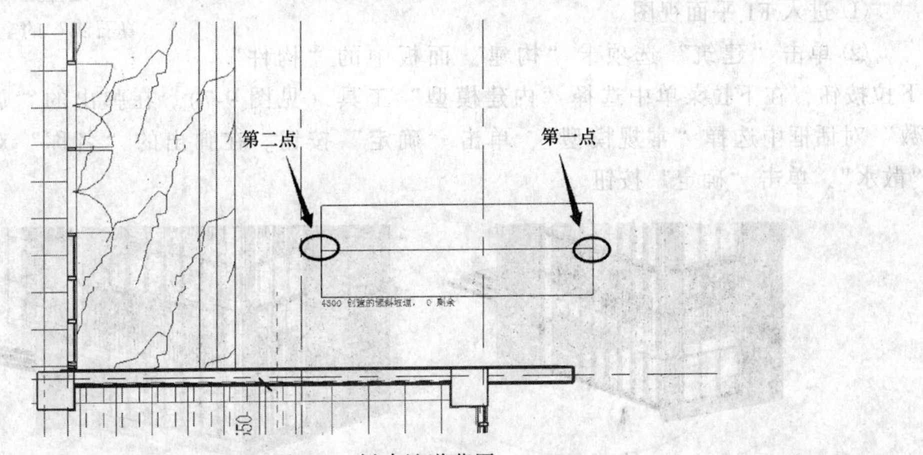

图 9-3　创建坡道草图

4）一层外墙、柱修改。

① 进入 F1 平面视图。

② 一层外墙修改。选中一个类型为 “外墙-真石漆” 的外墙，单击鼠标右键，在弹出的快捷菜单中选择 “选择全部实例” →“在视图中可见” 命令（见图 9-5），更改墙体底部偏移值为 “-450”。

③ 一层外墙补绘。注意位于 9 轴、CE 轴之间的墙体未落地（见图 9-6a），需要补充绘

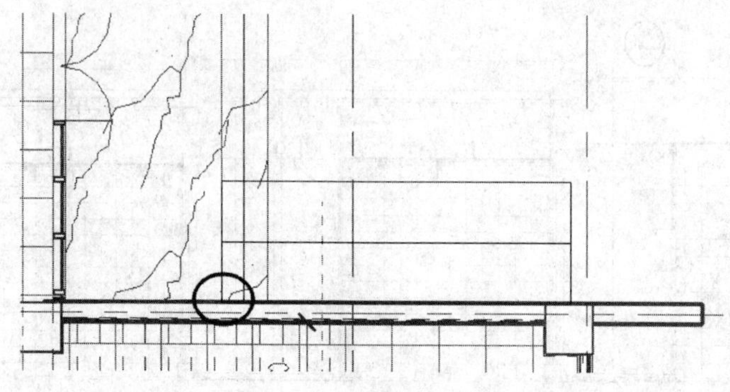

图 9-4 移动坡道草图

制。在 F1 楼层视图中，执行“墙：建筑”命令，类型选择“外墙-真石漆”、底部限制条件设置为“F1”、底部偏移设置为“-450”、顶部约束设置为“直到标高：F1”、顶部偏移设置为“0”，绘制外墙（见图 9-6b）。

④ 一层柱修改。在 F1 平面视图中，选择一根柱，单击鼠标右键，在弹出的快捷菜单中选择“选择全部实例”→“在视图中可见”命令，修改柱的底部偏移值为“-450”。

完成的项目文件见随书光盘中的“第 9 章\3-引例-一楼外墙 & 柱修改完成 . rvt”。

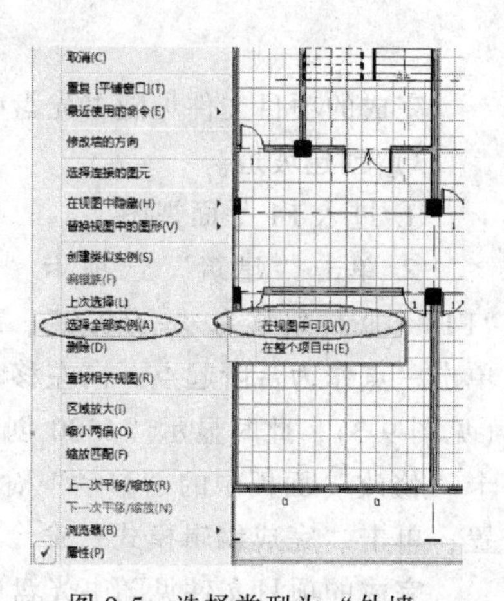

图 9-5 选择类型为“外墙-真石漆”的全部实例

5）创建散水。

① 进入 F1 平面视图。

② 单击“建筑”选项卡“构建”面板中的“构件”下拉按钮，在下拉菜单中选择“内建模型”工具（见图 9-7）。在弹出的“族类别和族参数”对话框中选择“常规模型”，单击“确定”按钮。在弹出的“名称”对话框中填写“散水”，单击“确定”按钮。

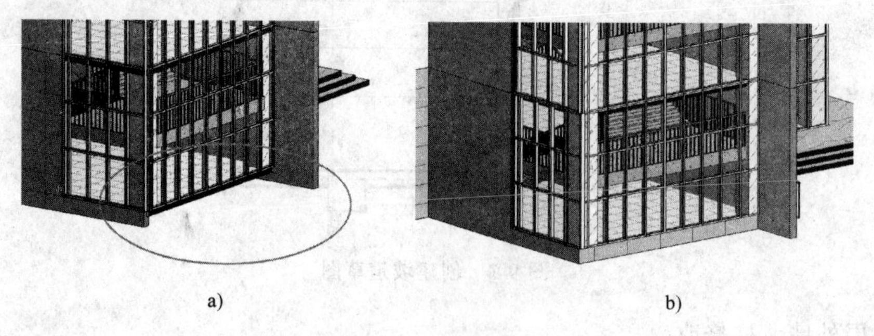

a） b）

图 9-6 外墙补绘

a）缺少外墙 b）外墙补绘完毕

③ 单击“创建”选项卡“形状”面板中的“放样”工具（见图 9-8），单击“修改 | 放样”上下文选项卡“放样”面板中的“绘制路径”工具（见图 9-9），按照图 9-10 所示沿建筑物外围绘制放样路径，绘制完毕后单击“完成编辑模式”命令。此时“放样路径”绘

制完毕，“放样”命令尚未结束。

④ 单击“修改 | 放样”上下文选项卡“放样”面板中的“选择轮廓”按钮，再单击“编辑轮廓”按钮（见图 9-11），在弹出的“转到视图”对话框中单击“立面：东立面”，再单击“打开视图”。在出现的东立面视图中按照图 9-12 所示绘制放样轮廓。绘制完毕后单击“完成编辑模式”命令，此时放样轮廓绘制完毕。

⑤ 再单击“完成编辑模式”命令，此时“放样”命令结束。

⑥ 再单击“完成模型”命令，此时“内建模型”命令结束，散水创建完毕。

完成的散水模型见随书光盘中的“第 9 章 \4-引例-散水完成 . rvt”。

【说明】 散水创建属于“内建族”，关于“内建族”的解释及操作详见 11. 3 节。

图 9-7 “内建模型”工具

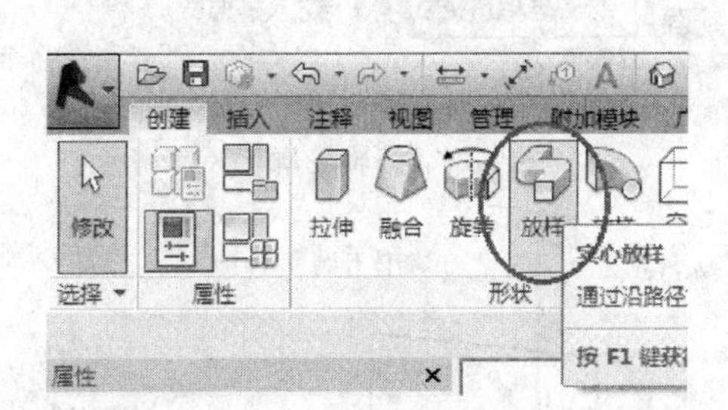

图 9-8 “放样”工具

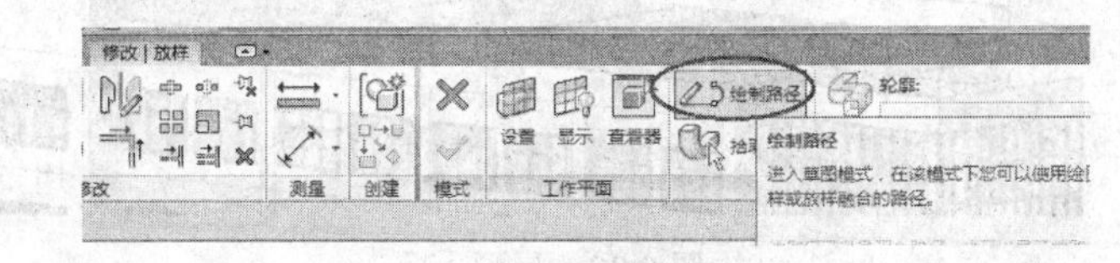

图 9-9 “绘制路径”工具

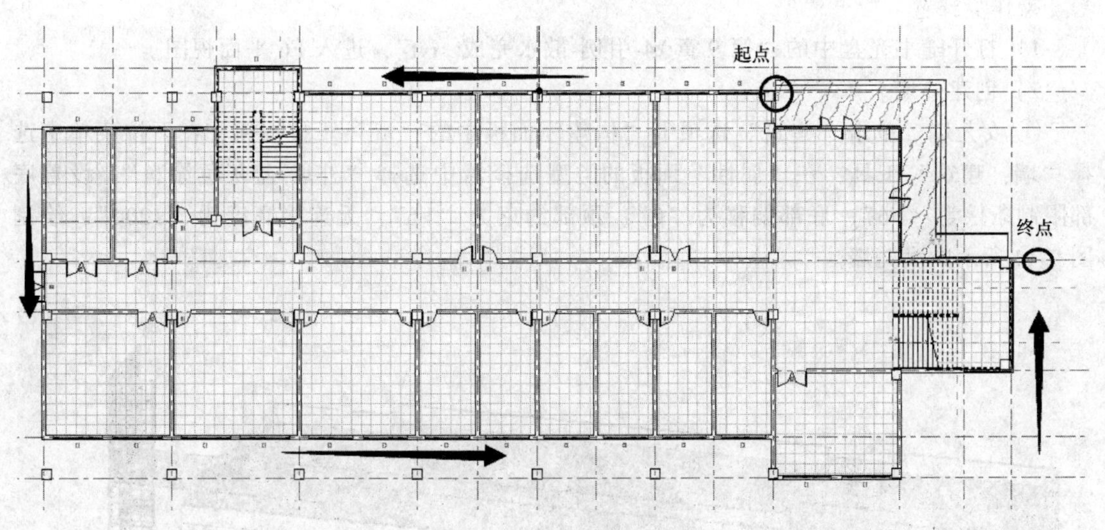

图 9-10 放样路径

9. 1. 2 引例：屋面修改

案例：按照图 9-13 所示进行屋顶修改。

操作思路：选择墙体，单击“编辑轮廓”按钮可以在墙上开洞。单击“建筑”选项卡中的“放置构件”工具可以放置旗帜。

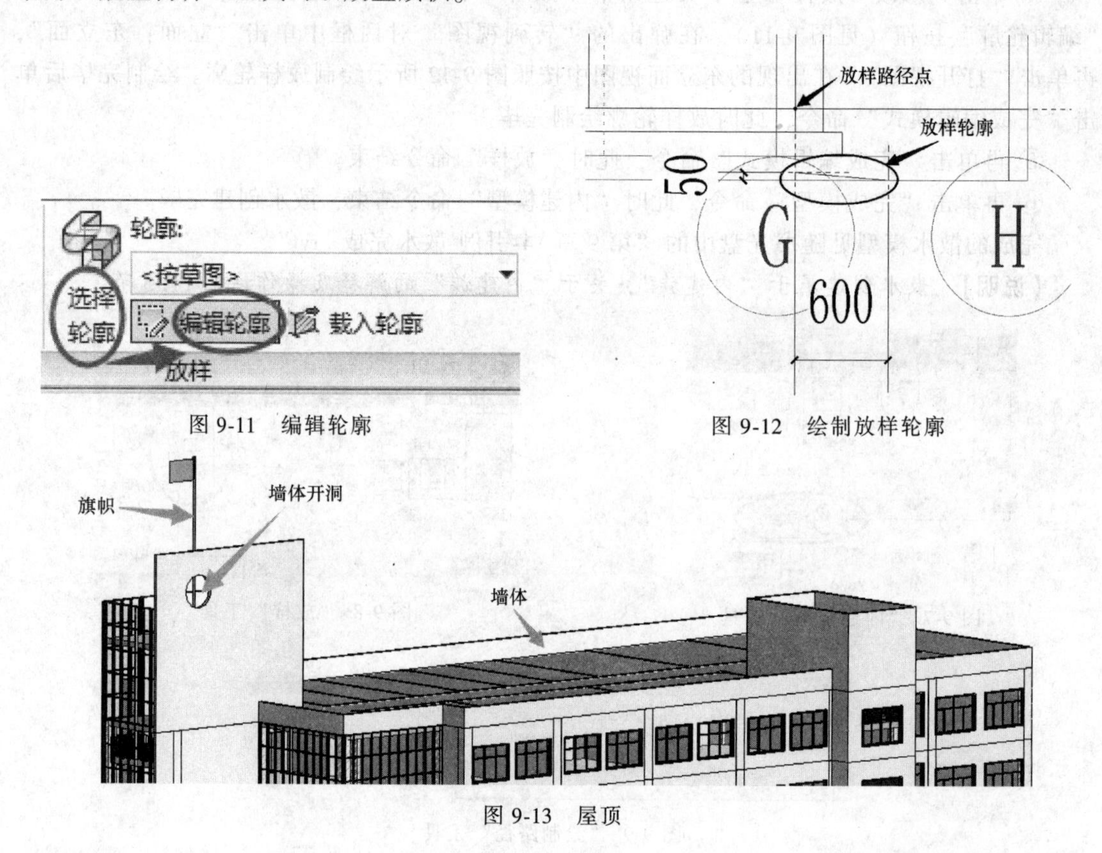

图 9-11　编辑轮廓

图 9-12　绘制放样轮廓

图 9-13　屋顶

操作步骤：

1）打开随书光盘中的“第 9 章\4-引例-散水完成 . rvt”，进入 F6 平面视图。

2）创建外墙。

① 女儿墙。单击“建筑”选项卡“构建”面板中的“墙”下拉按钮，在下拉菜单中选择“墙：建筑”工具，在“属性”面板的类型选择器中选择“外墙-蓝灰色涂料”，设置底部限制条件为“F6”、底部偏移为“0”、顶部约束为“F6”、无连接高度为“1200”，绘制图 9-14 所示的女儿墙。

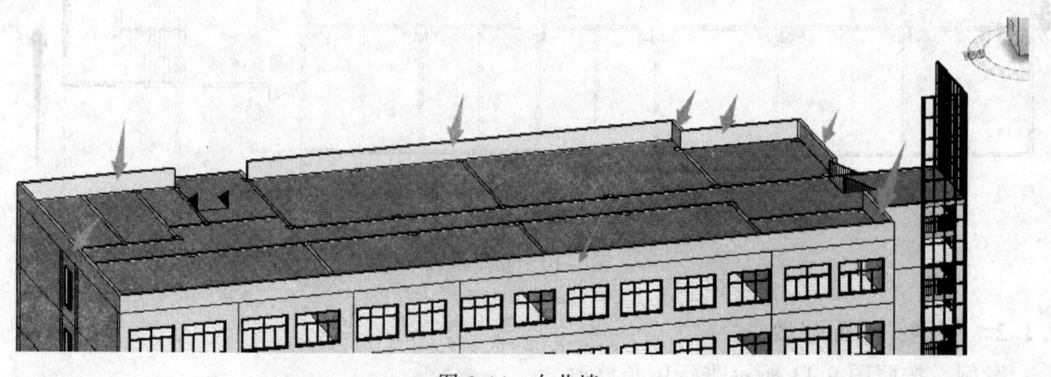

图 9-14　女儿墙

【说明】 顺时针绘制，墙体的“面层面：外部”位于绘制方向的左侧。

② 楼梯间墙。同理，绘制楼梯间墙。墙高度及位置如图 9-15 所示（其中 C、E 轴楼梯间的西墙距 8 轴 3300mm）。

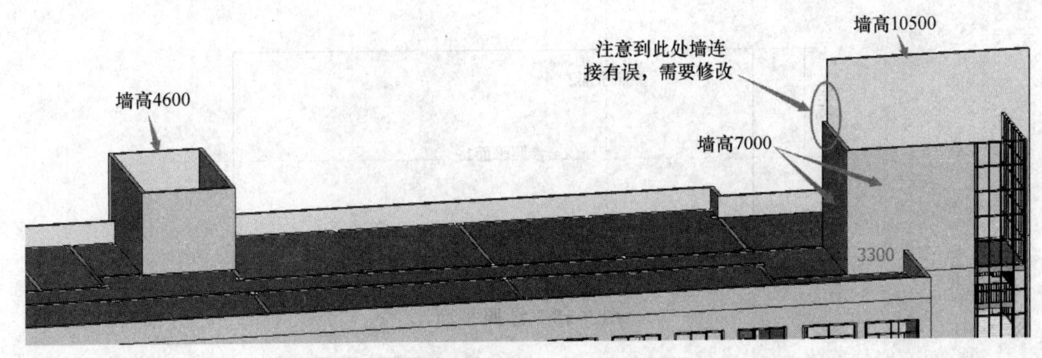

图 9-15 楼梯间墙定位

注意到图 9-15 中 C、E 轴楼梯间北墙和西墙连接有误，修改方法如下：进入 F6 平面视图，选择 C、E 轴楼梯间北墙，单击上下文选项卡“几何图形”面板中的“墙连接”工具（见图 9-16），单击北墙、西墙交点，单击“选项栏”中的“下一个”按钮。按<Esc>键退出（见图 9-17）。

图 9-16 “墙连接”工具

③ C、E 轴楼梯间北墙开洞。进入北立面视图。单击“建筑”选项卡“工作平面”面板中的“参照平面”工具，在 C、E 轴楼梯间北墙处，按照图 9-18 所示绘制两个参照平面。选择该墙，单击上下文选项卡“模式”面板中的“编辑轮廓”按钮；单击“绘制”面板中的“圆形”工具（见图 9-19），单击两个参照平面的交点作为圆心，绘制半径为 1000mm 的圆。最后单击“模式”面板中的“完成编辑模式”命令。

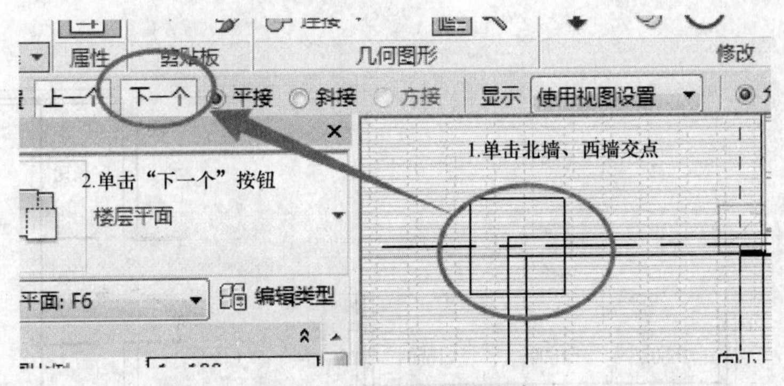

图 9-17 改变墙连接形式

3）创建屋顶。进入 F6 平面视图。按照第 8 章中介绍的方法，单击“建筑”选项卡“构建”面板中的“屋顶”下拉按钮，在下拉菜单中选择“迹线屋顶”工具，在“属性”面板的类型选择器中选择“不上人屋顶-321mm”，在两个楼梯间处，分别创建自 F6 标高的底部偏移为“3000”和“4500”的平屋顶（见图 9-20）。

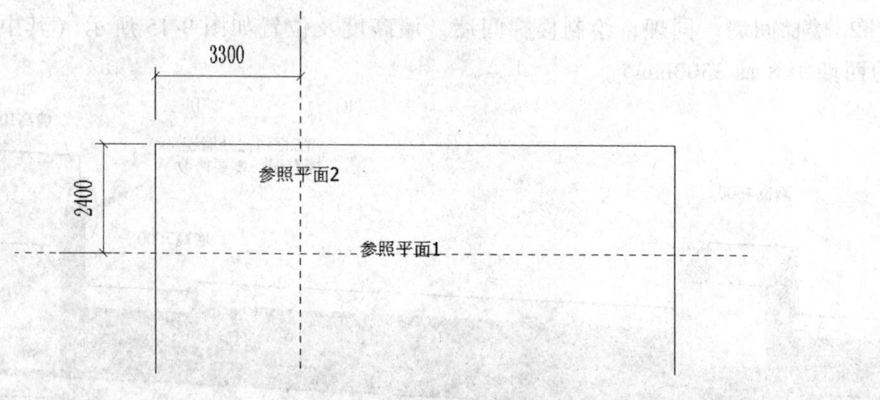

图 9-18　参照平面

4）创建屋顶门。进入 F6 平面视图。单击“建筑”选项卡“构建”面板中的“门”工具，在“属性”面板的类型选择器中选择“M2”，在 1/2 轴、3 轴楼梯间南墙的中间，以及 C 轴、E 轴楼梯间西墙的中间创建屋顶的门（见图 9-21）。

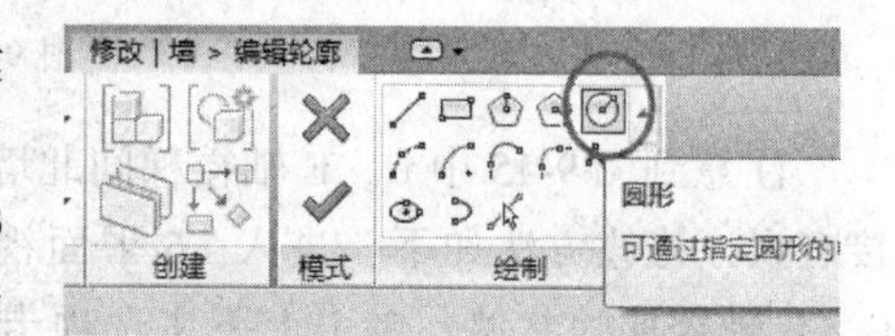

图 9-19 “圆形”工具

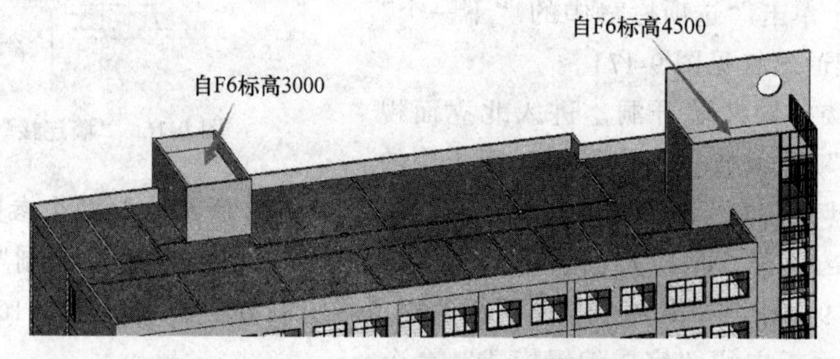

图 9-20　两个楼梯间的屋顶

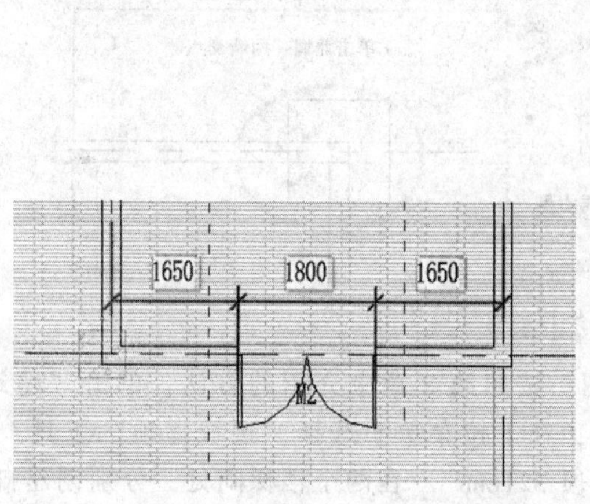

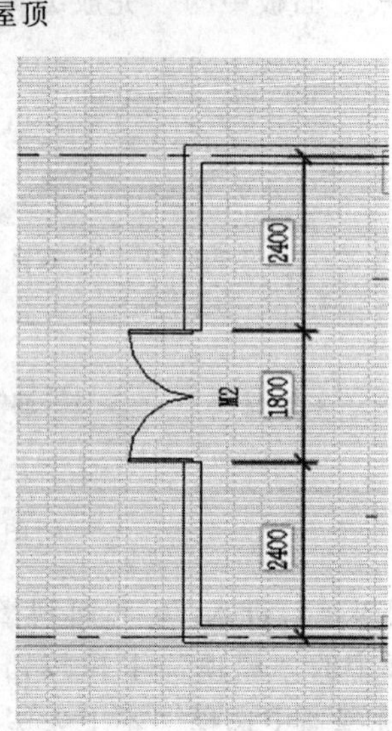

图 9-21　屋顶门

完成的项目文件见随书光盘中的“第 9 章 \5-引例-屋顶修改完成 . rvt”。

5）创建屋顶旗杆。打开随书光盘中的“第 9 章 \5-引例-屋面修改完成 . rvt”，进入 F6 平面视图。在“属性”面板中单击“视图范围”后的“编辑”按钮，在打开的“视图范围”对话框中将“剖切面”偏移量修改为“6800. 0”、将“顶”偏移量修改为“7700. 0”，单击“确定”按钮（见图 9-22）。单击“建筑”选项卡“构建”面板中的“构件”下拉按钮，在下拉菜单中选择“放置构件”工具，在“属性”面板的类型选择器中选择“旗帜”，将实例属性中的“偏移量”改为“4500. 0”，在 C、E 轴楼梯间北墙附近放置旗帜（见图 9-23）。按<Esc>键退出放置构件命令，单击旗帜，按照图 9-24 所示修改旗帜平面位置。至此，旗帜创建完成。

完成的项目文件见随书光盘中的“第 9 章 \6-引例-旗帜完成 . rvt”。

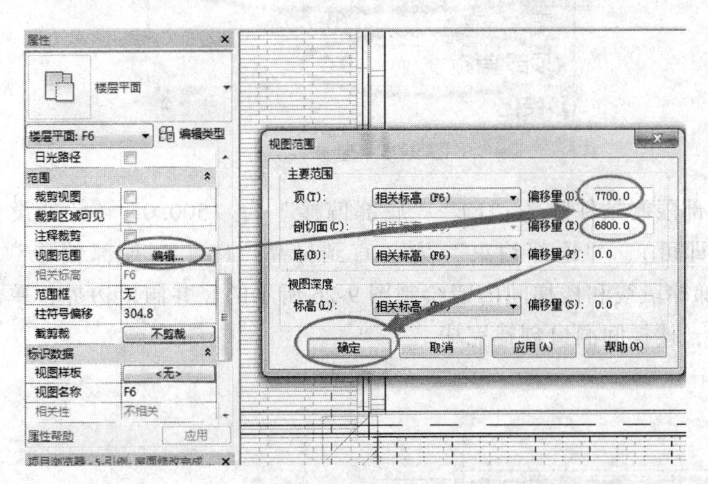

图 9-22　修改视图范围

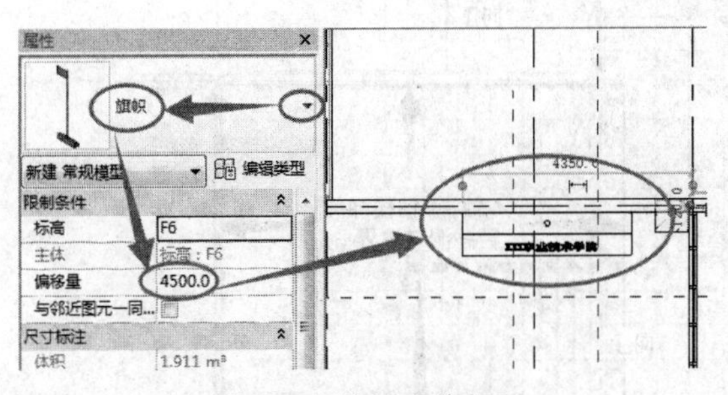

图 9-23　放置“旗帜”

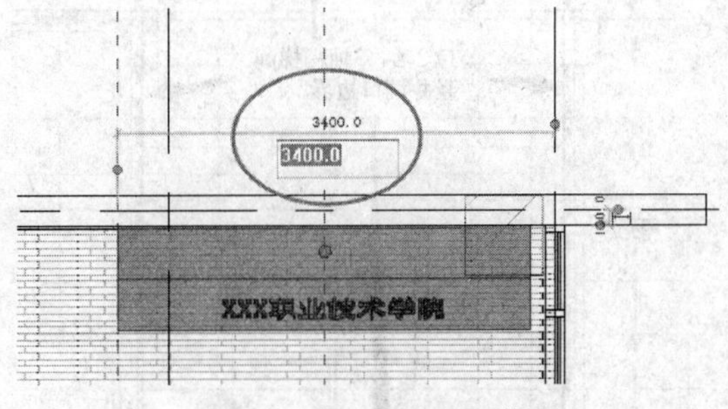

图 9-24　修改旗帜平面位置

9. 1. 3　引例：楼梯间修改

案例：楼梯间开洞。

操作思路：单击“建筑”选项卡中的“竖井”工具，进行楼梯间开洞。顶层楼梯缺少栏杆扶手，单击“建筑”选项卡中的“栏杆扶手”工具，补绘栏杆扶手。

操作步骤：

1）打开随书光盘中的“第 9 章 \ 6-引例-旗帜完成 . rvt”，进入 F1 平面视图。

2）楼梯间开洞。单击“建筑”选项卡“洞口”面板中的“竖井”工具，在“属性”

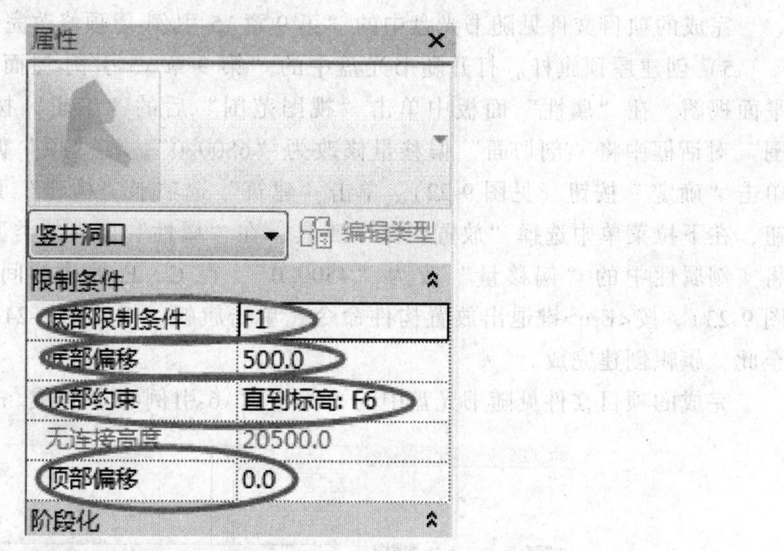

图 9-25　竖井设置

面板中设置“底部限制条件”为“F1”“底部偏移”为“500.0”（此处设置大于 0 并小于楼层净高的数字即可）、“顶部约束”为“直到标高：F6”“顶部偏移”为“0.0”（见图 9-25），沿楼梯梯段线和楼梯间内墙绘制图 9-26 所示的竖井洞口边界，单击“完成编辑模式”命令。至此，楼梯间洞口创建完毕。

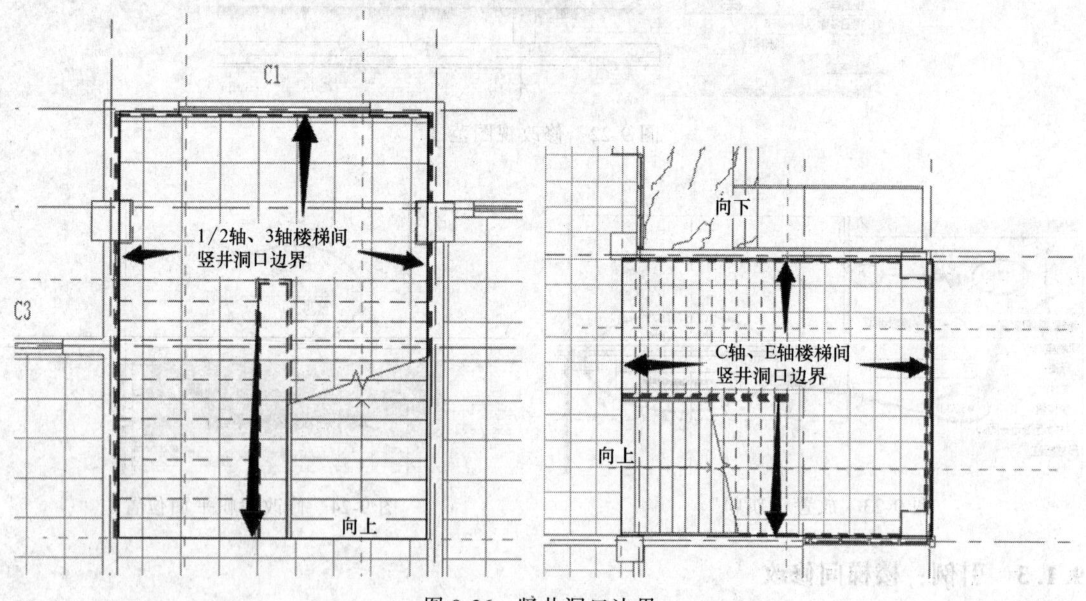

图 9-26　竖井洞口边界

3）创建顶层栏杆。进入 F6 平面视图。单击“建筑”选项卡“楼梯坡道”面板中的“栏杆扶手”下拉按钮，在下拉菜单中选择“绘制路径”工具，按照图 9-27 所示绘制 1/2 轴、3 轴楼梯间栏杆路径，单击“完成编辑模式”命令。同理，按照图 9-28 所示创建顶层 C 轴、E 轴楼梯间栏杆路径。

完成的项目文件见随书光盘中的“第 8 章 \2-引例-楼梯间修改完成 . rvt”。

至此，建筑 A 楼的建筑模型创建完毕。

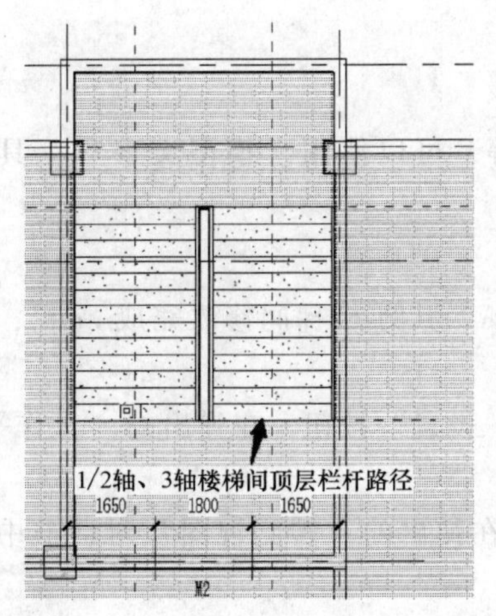

图 9-27　1/2 轴、3 轴楼梯间栏杆路径

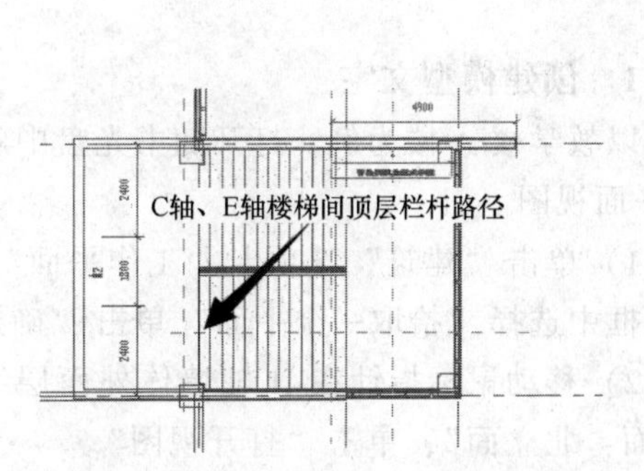

图 9-28　C 轴、E 轴楼梯间栏杆路径

9.2　顶棚

创建顶棚是在其所在标高以上指定距离处进行的。例如，如果在标高 1 上创建顶棚，则可将顶棚放置在标高 1 上方 3m 的位置。可以使用顶棚类型属性指定该偏移量。

1. 创建平顶棚

1）打开顶棚平面视图。

2）单击“建筑”选项卡“构建”面板中的“顶棚”工具。

3）在“属性”面板的类型选择器中选择一种顶棚类型。

4）可使用两种命令放置顶棚——“自动创建顶棚”或“绘制顶棚”。

默认情况下，“自动创建顶棚”工具处于活动状态。在单击构成闭合环的内墙时，该工具会在这些边界内部放置一个顶棚，而忽略房间分隔线。

2. 创建斜顶棚

可使用以下方法之一创建斜顶棚：

1）在绘制或编辑顶棚边界时，绘制坡度箭头。

2）为平行的顶棚绘制线指定“相对基准的偏移”属性值。

3）为单条顶棚绘制线指定“定义坡度”和“坡度”属性值。

3. 修改顶棚（见表 9-1）

表 9-1　修改顶棚

目标	操　作
修改顶棚类型	选择顶棚，然后从类型选择器中选择另一种顶棚类型
修改顶棚边界	选择顶棚，单击“编辑边界”
将顶棚倾斜	详见“创建斜顶棚”
向顶棚应用材质和表面填充图案	选择顶棚，单击“编辑类型”按钮，在“类型属性”对话框中，对“结构”进行编辑
移动顶棚网格	常采用“对齐”命令对顶棚进行移动

9.3　模型文字

可以在一些建筑上创建立体文字标记或指示牌等，可以使用“模型文字”工具快速创建。

9.3.1　创建模型文字

以教学楼 A 楼为例，打开随书光盘中的“第 8 章\2-引例-楼梯间修改完成 . rvt”，进入 F1 平面视图。

1）单击“建筑”选项卡“工作平面”面板中的“设置”按钮，在弹出的“工作平面”对话框中选择“拾取一个平面”单击“确定”按钮。

2）移动鼠标指针在 H 轴墙体外面层线上单击，在弹出的“转到视图”对话框中选择“立面：北立面”，单击“打开视图”。

3）单击“建筑”选项卡“模型”面板中的“模型文字”工具，在弹出的“编辑文字”对话框中输入“×××职业技术学院教学 A 楼”，单击“确定”按钮后跟随鼠标指针出现文字的预览图形，移动鼠标指针到女儿墙上，单击即可放置文字。

4）选择文字，在“属性”面板中，设置“材质”为“金属-不锈钢”，“深度”为 100，效果如图 9-29 所示，完成的项目文件见随书光盘中的“第 9 章\模型文字-完成 . rvt”。

图 9-29　模型文字

9.3.2　编辑模型文字

选择模型文字，可以使用图元“属性”编辑、类型选择器、编辑文字、移动复制等编辑方法编辑模型文字。简要描述如下：

1）“属性”面板。

① 类型选择器：可以从类型选择器中选择其他文字样式，快速替换当前选择的文字。

② 实例属性参数：可以设置文字的内容。有“水平对齐”“材质”“深度”等参数，设置完成后只影响当前选择的模型文字。

③ 类型属性参数：可设置文字的“文字字体”“文字大小”“粗体”“斜体”等参数，完成后将改变与当前选择的文字相同类型的所有模型文字。可单击“复制”命令新建模型文字类型，设置上述参数后只替换选择的文字为新的文字类型。

2）“编辑文字”工具。选择模型文字，在功能区中单击“编辑文字”，可以重新编辑文字内容。

3）工作平面。选择模型文字，单击“编辑工作平面”工具，可以重新拾取文字的放置面；单击“拾取新主体”工具，可以将文字移动到其他主体面上。

4）移动、复制等常规编辑命令。移动、复制、镜像等常规编辑命令可编辑模型文字。

9.4　模型线

对一些需要在所有平立剖视图中显示的线条图案，可以使用“建筑”选项卡“模型”面板中的“模型线”工具来绘制或拾取创建。

“模型线”的创建步骤同“模型文字”，也可先单击“建筑”选项卡“工作平面”面板中的“设置”按钮，设置模型线所在的工作平面后，再进行创建。

可采用直线、矩形、圆、弧、椭圆、椭圆弧、样条曲线等方式创建模型线。

“模型线”的编辑方法也非常简单，选择模型线后，可以用鼠标拖拽端点控制柄或通过修改临时尺寸的方式来改变模型线的长度和位置等，也可以用移动、复制、镜像、阵列等各种编辑命令任意编辑。

9.5　模型组

9.5.1　组的概念

Revit 的“组”非常类似于 AutoCAD 中的“块”功能，在设计中可以将项目或族中的多个图元组成组，然后整体复制、阵列多个组的实例。在后期设计中，当编辑组中的任何一个实例时，其他所有相同的组实例都可以自动更新，提高设计效率。此功能对于布局相同的标准间设备布置、标准户型设计或标准层设计非常有用。

Revit Architecture 中的“组”有以下 3 种类型（见图 9-30）：

1）模型组。由墙、门窗、楼板、模型线等“主体图元”或“构件图元”组成的组。

2）详图组。由文字、填充区域、详图线等“注释图元”组成的组。

3）附着的详图组。由“与特定模型组相关联的注释图元”（如门窗标记等）组成的组。

必须先创建模型组，再选择与模型组中的图元相关的视图专有图元创建附着的详图组，或在创建模型组时同时选择相关的视图专有图元后自动同步创建模型组和附着的详图组。一个模型组可以关联多个附着的详图组。

9.5.2　创建组

单击“建筑”选项卡“模型”面板中的“模型组”下拉按钮，在下拉菜单中选择“创建组”工具，输入“模型组”的“名称”，单击“添加”按钮可创建“模型组”；单击“附着”按钮，输入“附着详图组”的“名称”，单击“添加”按钮可创建“附着详图组”（见图 9-31）。

9.5.3　放置组

1）单击“建筑”选项卡“模型”面板中的“模型组”下拉按钮，在下拉菜单中选择“放置模型组”工具，可放置模型组。

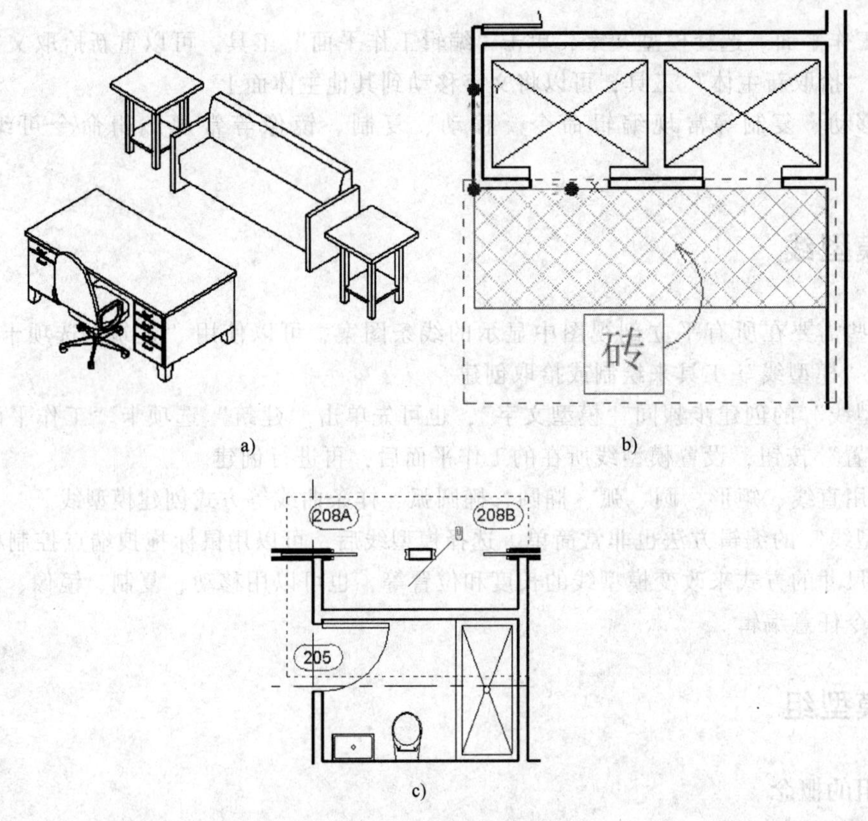

图 9-30 “组”的 3 种类型

a）模型组（桌椅模型图元） b）详图组（文本和填充区域图元） c）附着的详图组（各种附着于主体的注释图元）

2）单击放置完成的模型组，单击上下文选项卡“成组”面板中的“附着的详图组”工具，可放置已经定义好的附着的详图组。

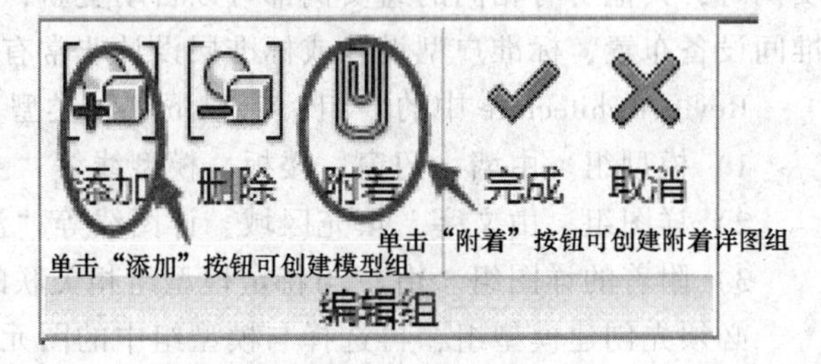

图 9-31 组的创建

9.5.4 编辑组

单击放置完成的模型组，单击上下文选项卡“成组”面板中的“编辑组”工具，可向组中“添加”或“删除”图元。同样，单击放置完成的附着的详图组，单击上下文选项卡“成组”面板中的“编辑组”工具，可向组中“添加”或“删除”附着的门窗标记等。

第10章　场　　地

Revit提供了地形表面、建筑红线、建筑地坪、停车场、场地构件等多种设计工具，可以帮助建筑师完成场地总图布置。同时基于地形曲面阶段属性的应用，Revit还可以自动计算场地平整的挖填土方量，为工程概预算提供基础数据。

场地设计可以在建筑项目文件中直接创建，也可以在新的项目文件中单独创建后，将其链接到建筑项目文件中浏览。从专业分工的角度分析，建议单独创建场地项目文件。

10.1　引例：场地建模

10.1.1　引例：场地

案例：按照图10-1所示创建场地。

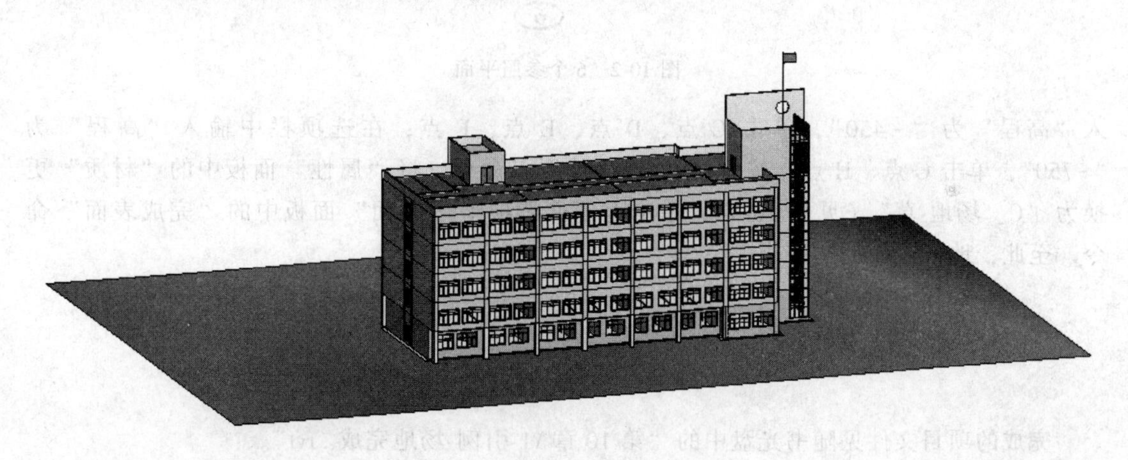

图10-1　场地

操作思路：在“场地”平面视图中，使用“体量和场地”选项卡中的“地形表面”工具创建场地，材质设置为“C_ 场地-草”。

操作步骤：

1）打开随书光盘中的“第8章\2-引例-楼梯间修改完成.rvt”，双击“项目浏览器”面板“楼层平面”下的“场地”工具，打开“场地”楼层平面视图。

2）创建参照平面。单击“建筑”选项卡“工作平面”面板中的“参照平面”工具，创建如图10-2所示的AB、CD、EF、GH、AG、BH 6个参照平面，并分别选择东、南、西、北4个立面标记，将其移动至参照平面外。

3）创建地形表面。单击“体量和场地”选项卡“场地建模”面板中的“地形表面”工具，在选项栏中输入“高程”为“-150”（见图10-3），单击A点、B点；在选项栏中输

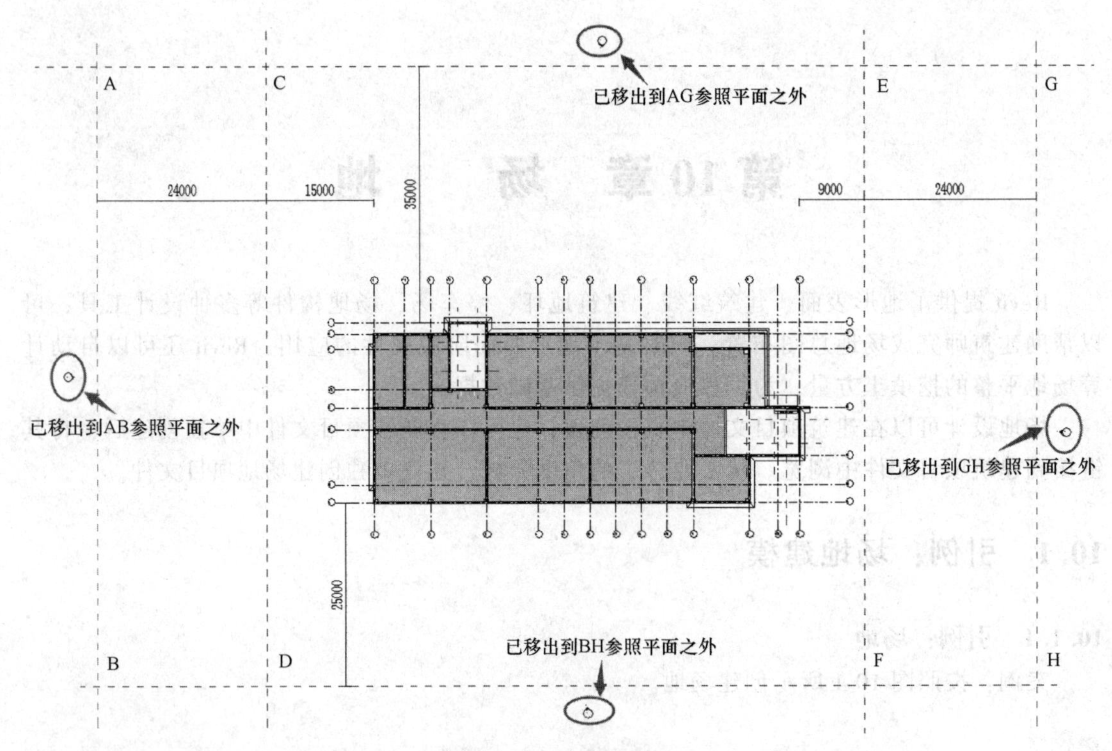

图 10-2　6 个参照平面

入“高程”为“-450”，单击 C 点、D 点、E 点、F 点；在选项栏中输入“高程”为“-750”，单击 G 点、H 点；按<Esc>键退出放置点命令，将“属性”面板中的“材质”更换为“C_ 场地-草”（见图 10-4）；单击上下文选项卡“表面”面板中的“完成表面”命令。至此，地形表面创建完毕。

图 10-3　设置选项栏

完成的项目文件见随书光盘中的“第 10 章\1-引例-场地完成 . rvt”。

10.1.2　引例：建筑地坪

场地的范围与建筑物的范围重合，使用“体量和场地”选项卡中的“建筑地坪”工具创建“建筑地坪”，该建筑地坪会自动将场地扣减。

案例：创建建筑地坪。

操作思路：先删除一楼楼板，再使用“体量和场地”选项卡中的“建筑地坪”工具创建“建筑地坪”。

操作步骤：

1）删除一楼楼板。打开随书光盘中的“第 10 章\1-引例-场地完成 . rvt”，进入 F1 平面视图。按照图 10-5 采用“触选”的方式进行选择，单击上下文选项卡“过滤”面板中的“过滤器”工具，在弹出的“过滤器”对话框中仅勾选“楼板”复选框，单击“确定”按钮退出对话框（见图 10-6），从键盘输入“DE”，删除楼板。

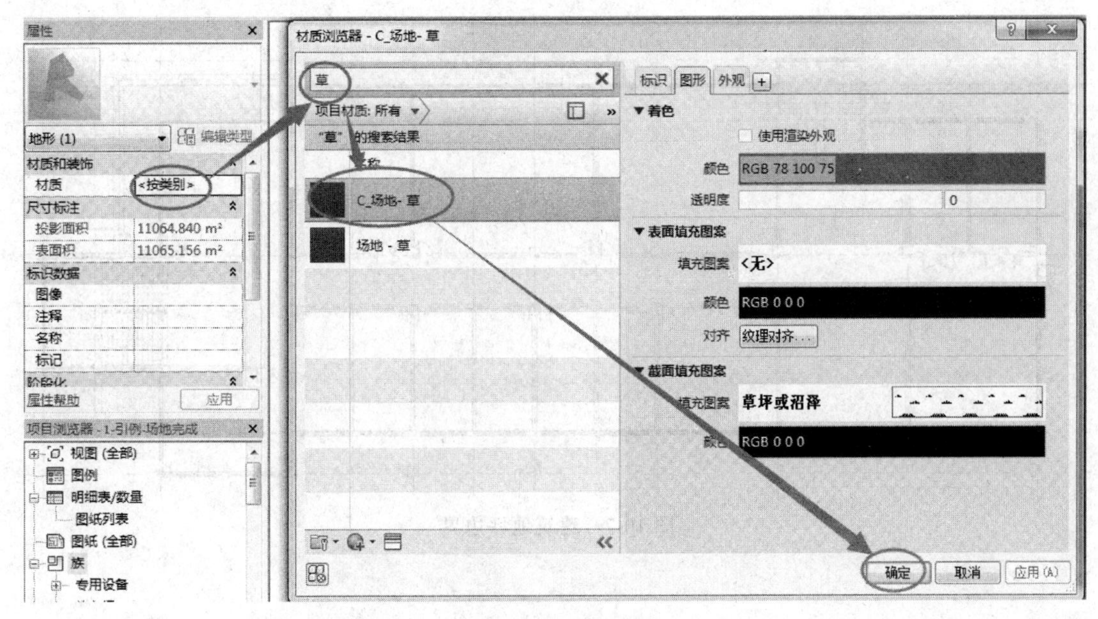

图 10-4 材质更改

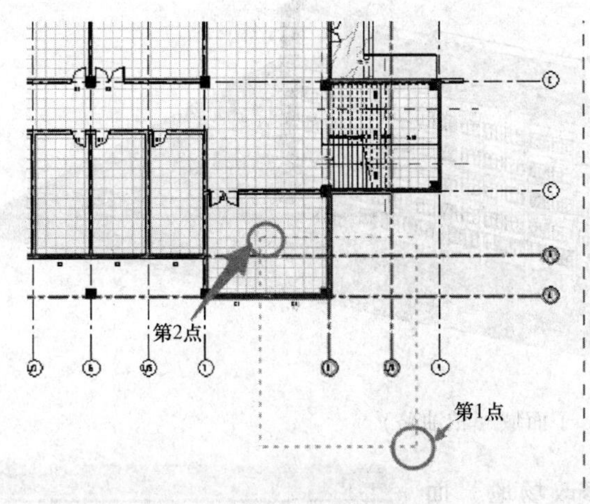

图 10-5 触选方式

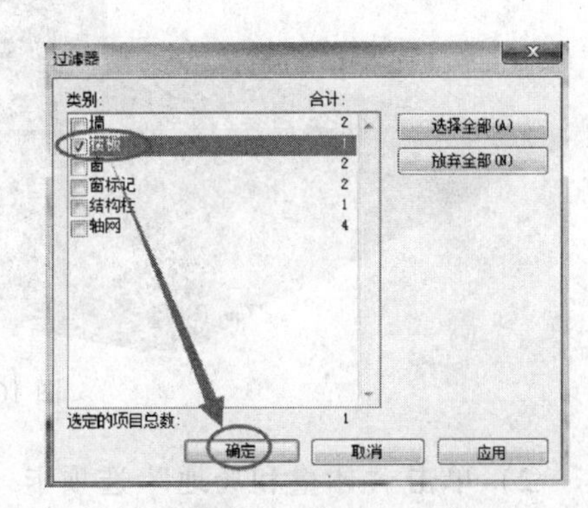

图 10-6 “过滤器”对话框

2）创建地坪。进入 F1 平面视图。单击“体量和场地”选项卡“场地建模”面板中的“建筑地坪”工具，在“属性”面板的类型选择器中选择“建筑地坪 1”，沿建筑物外墙内侧绘制建筑地坪边界，最后单击“完成编辑模式”命令，完成建筑地坪的创建（见图 10-7）。

完成的项目文件见随书光盘中的“第 10 章\2-引例-建筑地坪完成 . rvt”。

10.1.3 引例：子面域

案例：创建图 10-8 所示的柏油路。

操作思路：柏油路属于场地的子面域，单击“体量和场地”选项卡“修改场地”面板中的“子面域”工具进行创建。

操作步骤：

1）打开随书光盘中的“第 10 章\2-引例-建筑地坪完成 . rvt”，进入“场地”平面视图。

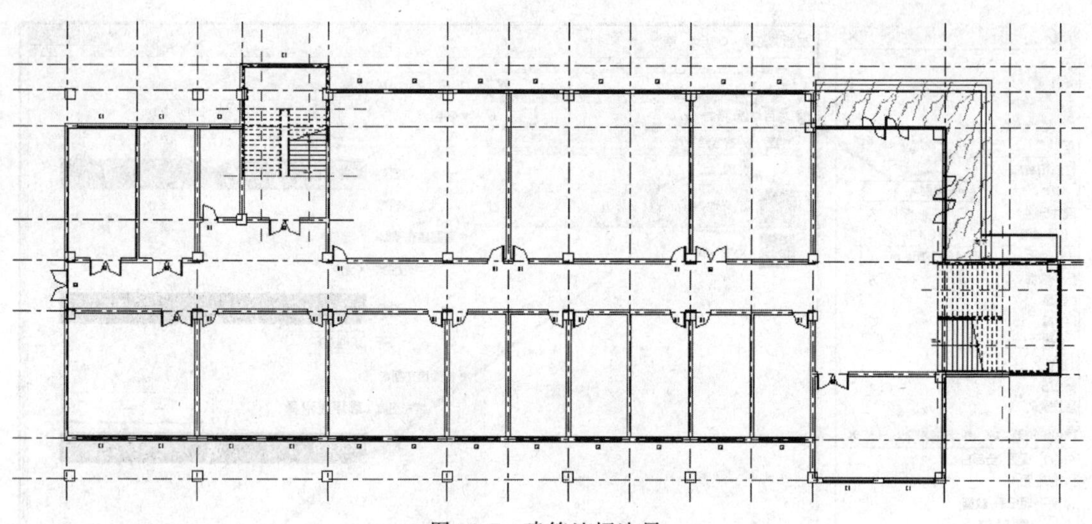

图 10-7　建筑地坪边界

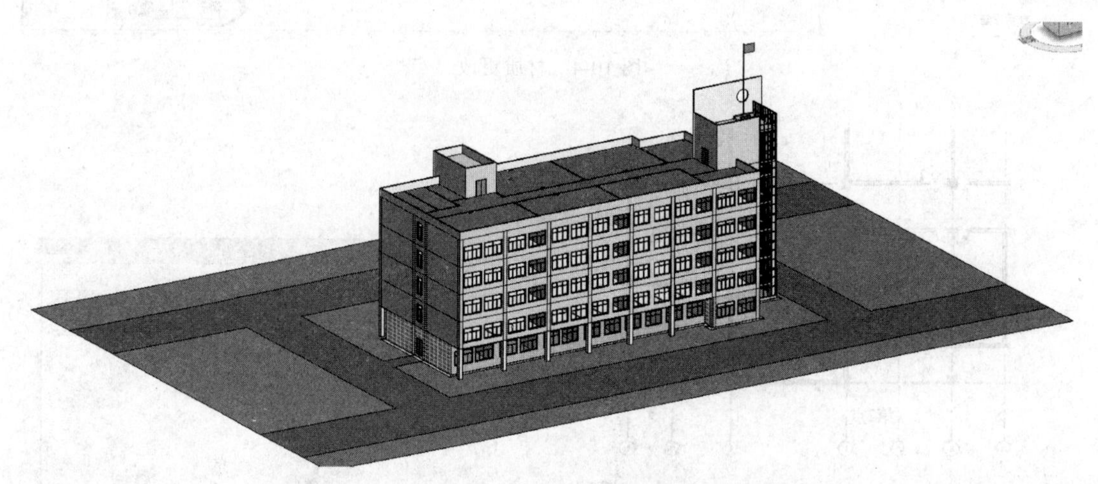

图 10-8　子面域（柏油路）

2）单击“体量和场地”选项卡“修改场地”面板中的“子面域”工具，在“属性”面板中修改材质为“C_ 场地-柏油路”（见图 10-9）。按照图 10-10 中的尺寸创建子面域边界，最后单击“完成编辑模式”命令。柏油路子面域创建完毕。

完成的项目文件见随书光盘中的“第 10 章 \3-引例-子面域完成 . rvt”。

10. 1. 4　引例：场地构件

案例：在场地上放置车、树、人等构件。

操作思路：使用“体量和场地”选项卡中的“场地构件”工具，放置场地构件。若样板文件中没有相应的场地构件，可以通过“载入族”的方式，载入外

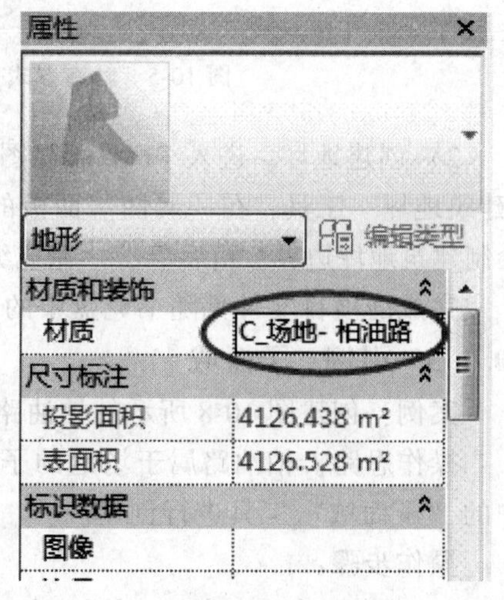

图 10-9　设置材质

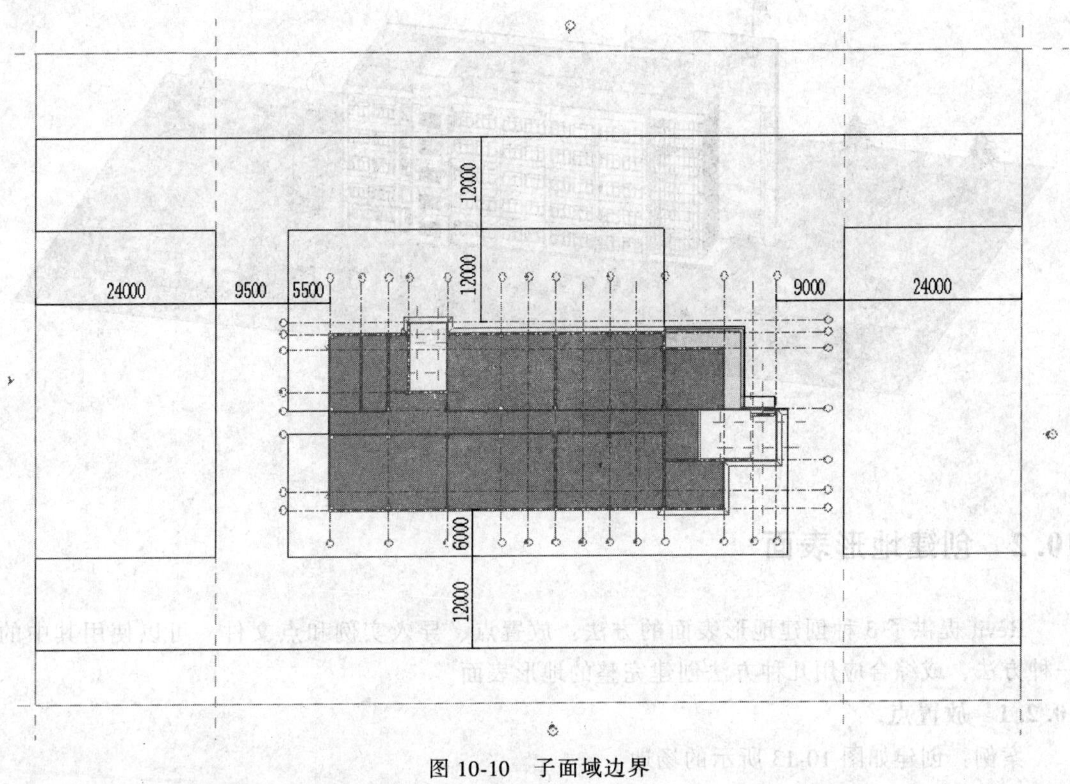

图 10-10 子面域边界

部构件，再进行放置。

操作步骤：

1）打开随书光盘中的“第 10 章\3-引例-子面域完成 . rvt”，进入“场地”视图。

2）单击“体量和场地”选项卡“场地建模”面板中的“场地构件”工具，在“属性”面板的类型选择器中选择“松树”（见图 10-11）。在柏油路两侧适当位置放置松树。单击上下文选项卡“模式”面板中的“载入族”按钮，选择随书光盘中的“第 10 章\场地构件”文件夹中的“RPC 甲虫”“RPC 男性”“RPC 女性”，单击“打开”按钮。在类型选择器中分别进行选择、放置。完成的三维视图如图 10-12 所示。

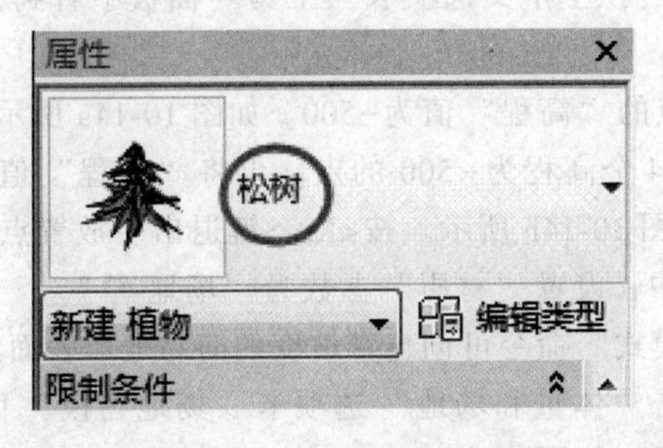

图 10-11 设置类型选择器

完成的项目文件见随书光盘中的“第 10 章\4-引例-场地构件完成 . rvt”。

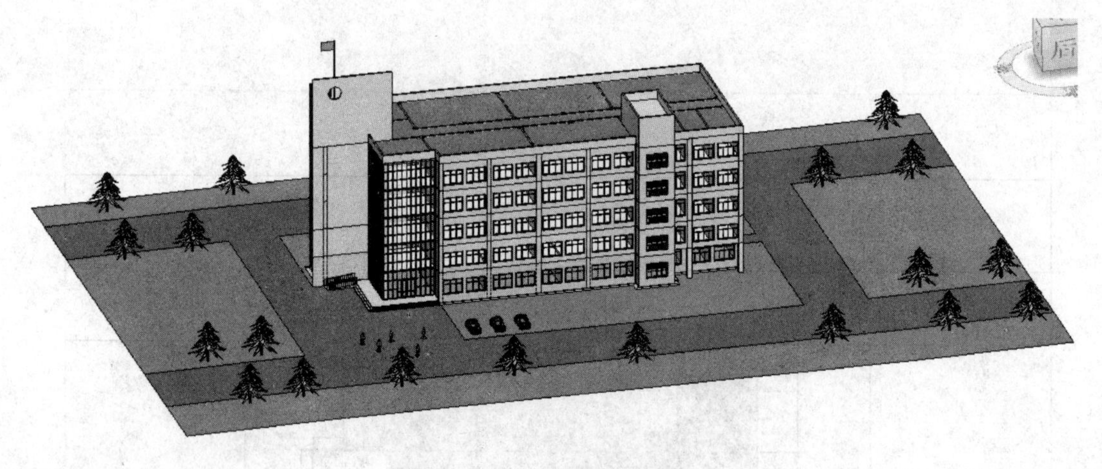

图 10-12　场地构件放置完成

10.2　创建地形表面

Revit 提供了 3 种创建地形表面的方法：放置点、导入实例和点文件。可以使用其中的一种方法，或综合应用几种方法创建完整的地形表面。

10.2.1　放置点

案例：创建如图 10-13 所示的场地。

操作思路：

单击“体量和场地”选项卡→“场地建模”面板中的“地形表面”工具绘制场地点；在“属性”选项板中，设置场地材质。

图 10-13　场地建模

操作步骤：

1）打开随书光盘中的“第 10 章\放置点 . rvt”，进入“场地”平面视图。

2）单击“体量和场地”选项卡“场地建模”面板中的“地形表面”工具，从上下文选项卡“工具”面板中看到，此时默认的命令是“放置点”。

3）在选项栏中设置点的“高程”值为-500。如图 10-14a 所示，分别单击捕捉下侧的 4 个参照平面交点，放置了 4 个高程为-500 的点。再将“高程”值改为-1000，单击捕捉上侧 4 个参照平面交点，如图 10-14b 所示。按<Esc>键退出“放置点”命令。

4）在“属性”面板中，设置“材质”参数为“场地-草”。

5）单击“完成编辑模式”命令可创建带坡度的简易地形表面。

6）设置等高线。单击“体量和场地”选项卡“场地建模”面板右下角的箭头，打开“场地设置”对话框，设置“间隔”为 2500. 0，增量为“500. 0”（见图 10-15），单击“确定”按钮。

7）在三维视图中，将“视图控制栏”中的“视觉样式”改为“着色”，观察创建完成的场地。

完成的项目文件见随书光盘中的“第 10 章 \放置点-完成 . rvt”。

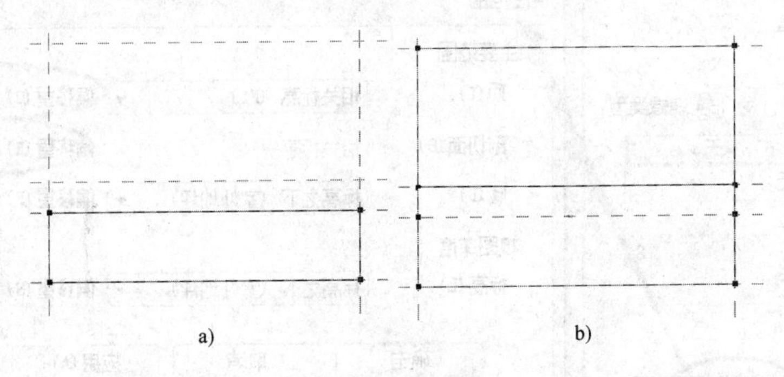

图 10-14　放置点

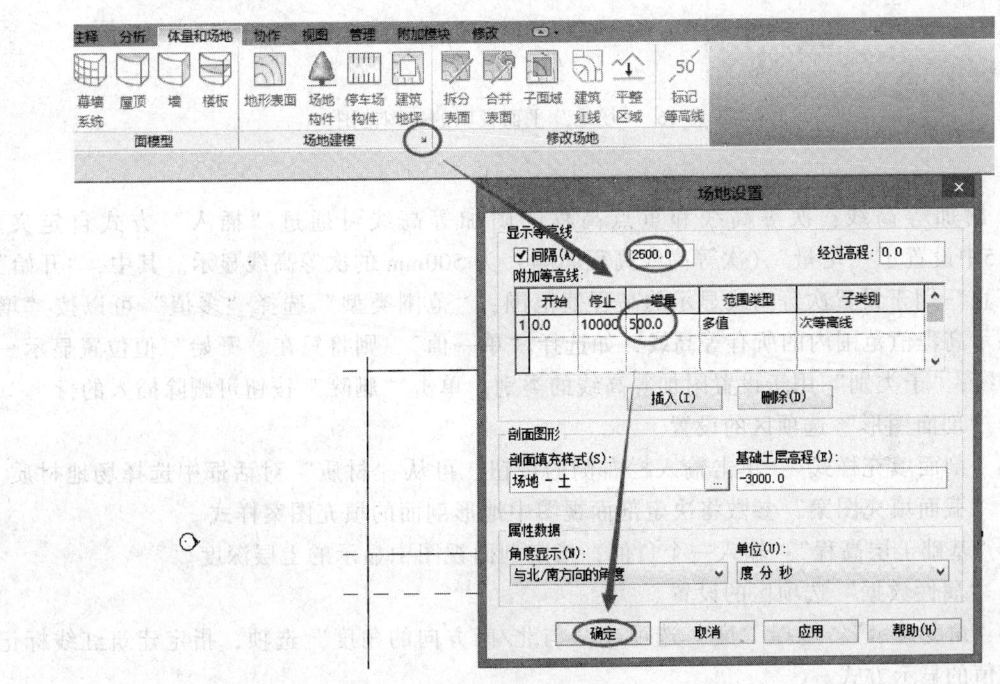

图 10-15　场地设置

“场地”平面视图和其他平面视图的区别：仅视图范围不同，“场地”平面视图会设置很高的视图范围（见图 10-16）。

“场地设置”对话框中各参数的介绍如下。

1）“显示等高线”选项区的设置。

①“间隔”：勾选此复选框，平面图中将显示主等高线，设置主等高线高程间隔值为 2500. 0。

②“经过高程”：默认为 0. 0，设置主等高线的开始高程。例如，图 10-15中，等高线“间隔”为 2500. 0，“经过高程”为 0. 0，则主等高线将会显示在-2500、0、2500 等 2500 整倍数的位置；如果“经过高程”设为 500，则主等高线将会显示在-2000、500、3000 等

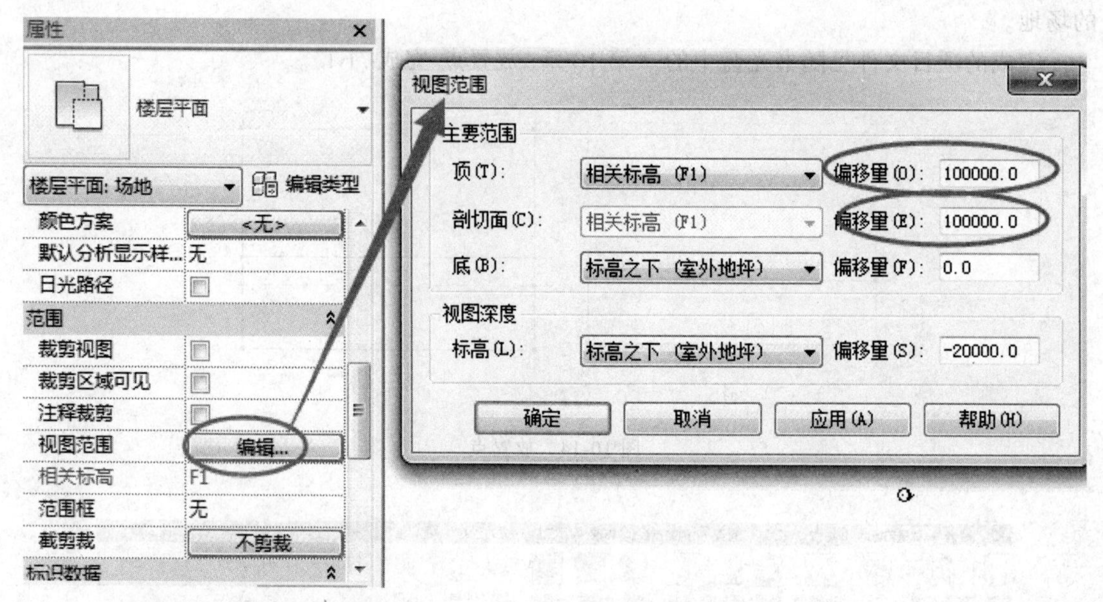

图 10-16 “场地”平面视图的视图范围

位置。

③ 附加等高线：次等高线和重点高程的附加等高线可通过“插入”方式自定义。图 10-15中设置了“增量”(次等高线高程间隔) 为 500mm 的次等高线显示。其中，“开始”和“停止”用于设置次等高线显示的高程值范围；“范围类型”选择“多值”可以按“增量”显示高程值范围内的所有等高线，如选择“单一值”，则将只在“开始”值位置显示一根等高线；“子类别”用于设置附加等高线的类别。单击“删除”按钮可删除插入的行。

2)“剖面图形”选项区的设置。

①“剖面填充样式”：单击输入栏右侧的按钮，可从“材质”对话框中选择场地材质。材质的“截面填充图案”参数将决定剖面视图中地形剖面的填充图案样式。

②“基础土层高程”：输入一个负值，指定剖面视图中显示的土层深度。

3)“属性数据”选项区的设置。

①“角度显示”：选择“度”选项或“与北/南方向的角度”选项，指定建筑红线标记上角度值的显示方式。

②“单位”：选择“度 分 秒”选项或“十进制度数”选项来设置角度值的单位。

10.2.2 导入实例

案例：将 DWG 三维场地文件导入到 Revit 中形成场地。

操作思路：先导入 CAD 文件，再执行“地形表面”命令，选择“通过导入实例”的方式，单击导入的 CAD 文件，进行场地创建。

操作步骤：

1) 打开随书光盘中的“第 10 章 \DWG 生成场地 . rvt”，打开“场地”平面视图。

2) 单击“插入”选项卡“导入”面板中的“导入 CAD”工具，选择随书光盘中的“第10 章 \DWG 场地 . dwg”，“定位”设置为“自动-中心到中心”，单击“打开”按钮，导入 DWG 地形文件 (见图 10-17)。

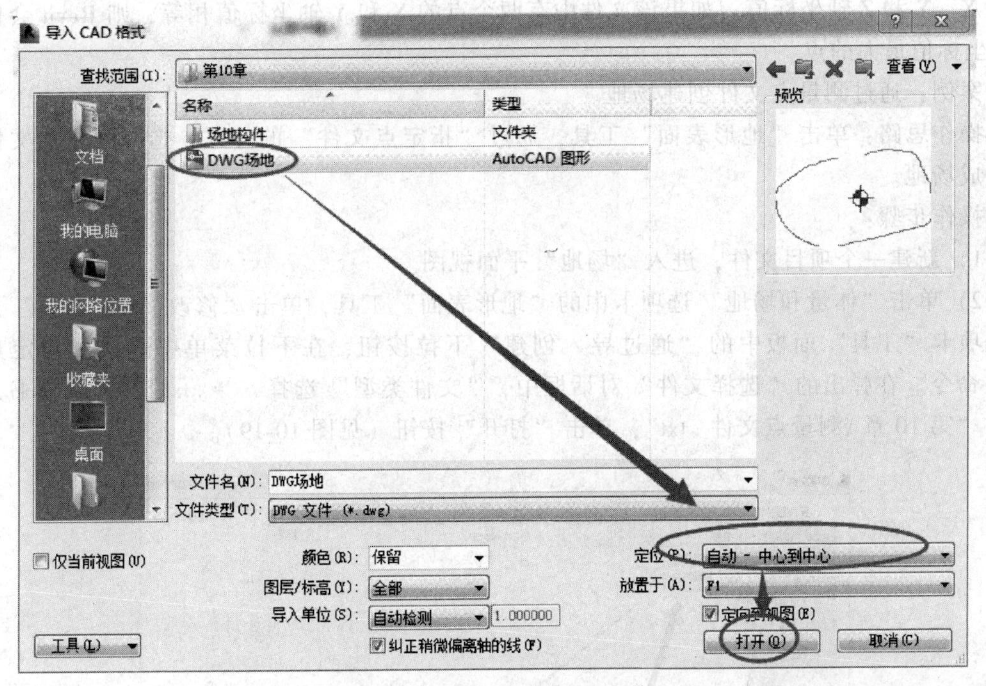

图 10-17　导入 DWG 地形文件

3）单击“体量和场地”选项卡“场地建模”面板中的“地形表面”工具，单击“修改|编辑表面”上下文选项卡“工具”面板中的“通过导入创建”工具，选择“选择导入实例”命令。移动鼠标指针单击拾取导入的 DWG 图形文件，打开“从所选图层添加点”对话框，勾选“C_ CNTR”和“C_ INDX”图层，单击“确定”按钮（见图 10-18）。系统自动沿等高线放置一系列高程点。

4）同样设置表面“属性”参数“材质”为“场地-草”。

5）单击“完成编辑模式”命令即可创建复杂地形表面。选择 DWG 地形文件，从键盘输入“DE”以删除。

完成的项目文件见随书光盘中的“第 10 章\DWG 生成场地-完成 . rvt”。

【说明】　C_ CNTR 和 C_ INDX 是两个等高线图层。DWG、DXF 或 DGN 格式的三维等高线文件均可导入到 Revit 中。

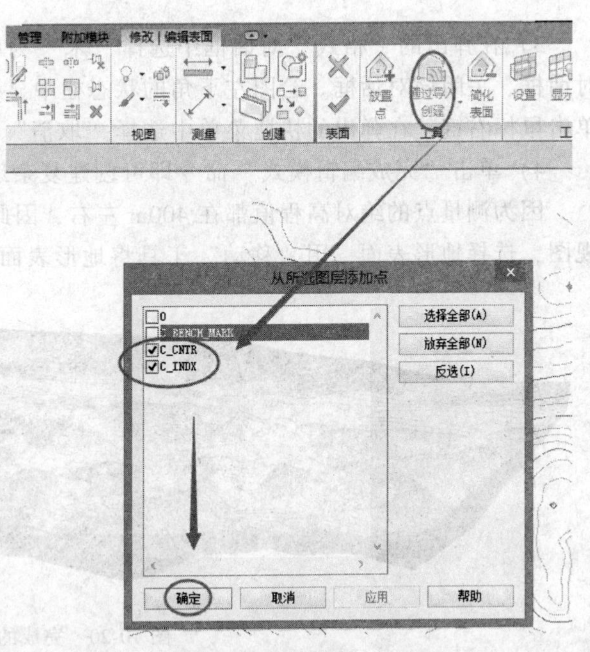

图 10-18　选择导入实例

10.2.3　点文件

除上述两种方法外，Revit 还可以使用原始测量点数据文件快速创建地形表面。点文件必须使用逗号分隔的 CSV 或 TXT 文件格式，文件每行的开头必须是 X、Y 和 Z 轴坐标值。如果该文件中有两个点的 X 和 Y 轴坐标值相等，则 Revit 会使用 Z 轴坐标值最大的点。

案例：通过测量点文件创建场地。

操作思路：单击“地形表面”工具，通过“指定点文件”的方式，选择测量点文件自动生成场地。

操作步骤：

1）新建一个项目文件，进入“场地”平面视图。

2）单击“体量和场地”选项卡中的“地形表面”工具，单击“修改 | 编辑表面”上下文选项卡“工具”面板中的“通过导入创建”下拉按钮，在下拉菜单中选择“指定点文件”命令。在弹出的“选择文件”对话框中，“文件类型”选择“ * . txt”、选取随书光盘中的“第 10 章\测量点文件 . txt”，单击“打开”按钮（见图 10-19）。

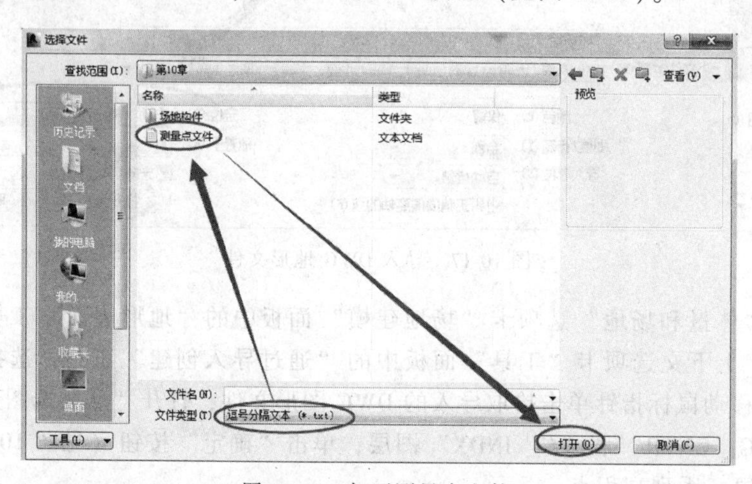

图 10-19 打开测量点文件

3）在弹出的“格式”对话框中选择“米”为单位，单击“确定”按钮，弹出“警告”对话框，关闭该对话框。绘图左下角的状态栏中显示“单击可在此表面添加一个点”，此时单击鼠标右键，在弹出的快捷菜单中选择“取消”命令。

4）单击“完成编辑模式”命令即可创建复杂地形表面。

因为测量点的绝对高程值都在 400m 左右，因此在当前的平面图中看不到。打开南立面视图，选择地形表面，用“移动”工具将地形表面向下移动 380000mm 到 F1 标高位置。图

图 10-20 完成的场地

10-20 所示为完成后的地形局部。

完成的模型见随书光盘中的“第 10 章\测量点文件-完成 . rvt”。

【提示】 此处将地形下移，仅适用于不需要标注等高线高程值和建筑绝对高程坐标的情况。若需要标注这些值，则要将地形曲面保持不动，向上移动标高到合适位置。

10.3 编辑地形表面

无论哪种方法创建的地形表面，其编辑方法都只有以下几种。打开随书光盘中的“第 10 章\场地 . rvt”，进入场地平面视图。选择地形表面，“修改 | 地形” 上下文选项卡如图 10-21 所示。

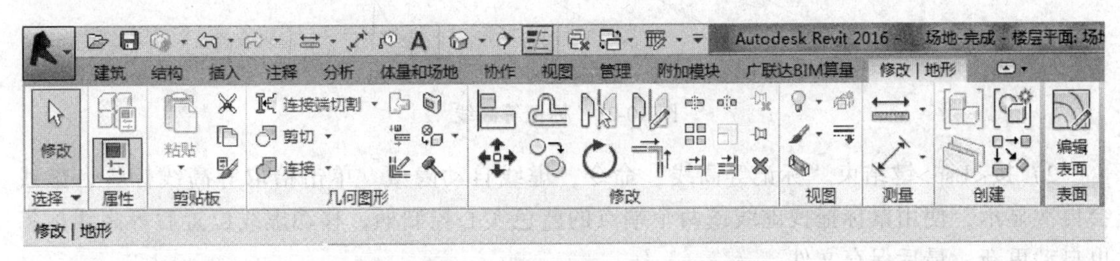

图 10-21 “修改 | 地形” 上下文选项卡

10.3.1 通过“属性” 面板编辑参数

单击选择地形表面，在“属性” 面板中可编辑以下实例属性参数：“材质” 参数、“名称” 等标识数据类和阶段类参数。地形表面的 “投影面积” 和 “表面积” 参数自动提取，不能编辑。地形表面没有类型属性，也不能从类型选择器中选择其他类型。

10.3.2 编辑表面

选择地形表面，单击“修改 | 地形” 上下文选项卡中的“编辑表面” 工具，显示“修改 | 编辑表面” 子选项卡，使用以下工具编辑地形表面，单击“完成编辑模式” 命令即可自动更新地形表面。

1）使用前述放置点、导入实例等工具编辑表面。

2）选择某一个高程点，在选项栏中修改其高程值，或用移动、复制、阵列等命令编辑。

3）对带有大量高程点的复杂地形表面，可单击“修改 | 编辑表面” 子选项卡中的“简化表面” 工具，输入“表面精度” 参数值（值越大，删除的高程点越多），单击“确定” 按钮即可自动精简高程点。

10.3.3 移动、复制、旋转、镜像等常规编辑工具

选择地形表面，使用“修改” 面板中的移动、复制、旋转、镜像、阵列等各种常规编辑命令，以及“剪贴板” 面板中的“复制到剪贴板”“剪贴到剪贴板”“粘贴” 等命令可快速创建其他地形表面或移动表面位置。

10.3.4 等高线标签

1）单击“体量和场地” 选项卡“修改场地” 面板中的“标记等高线” 工具，在“属性” 面板的类型选择器中选择“20mm 仿宋”，移动鼠标指针在场地右下角，单击捕捉两个

点，出现一条虚线，虚线和等高线相交位置自动标记高程值，如图 10-22 所示。

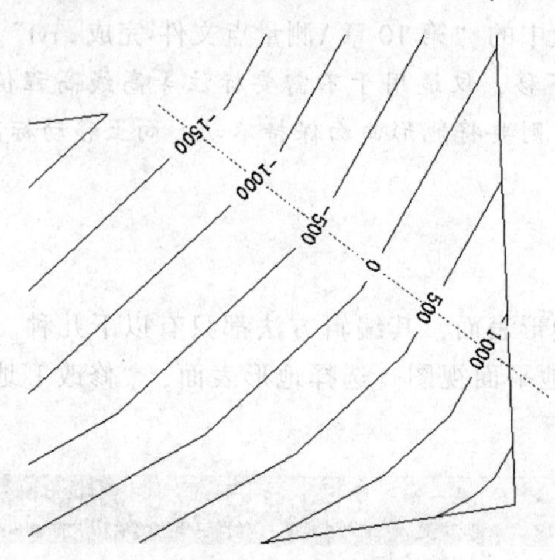

图 10-22　标记等高线

2）按<Esc>键结束“标记等高线”命令，虚线自动隐藏。单击拾取等高线标签，虚线会再次显示，使用鼠标拖拽虚线或两个端点的蓝色实心控制柄，移动虚线位置后等高线标签也自动更新。最后保存文件。

完成的项目文件见随书光盘中的“第 10 章 \ 场地-等高线完成 . rvt”。

10.4　建筑红线

有了地形表面，在做场地规划之前，可以先创建建筑红线，并统计规划建设用地面积。Revit 提供了两种创建建筑红线的方法：绘制和表格。

10.4.1　绘制创建建筑红线

1. 绘制的建筑红线

1）打开随书光盘中的“第 10 章 \ 场地-等高线完成 . rvt”，进入场地平面视图。

2）单击“体量和场地”选项卡“修改场地”面板中的“建筑红线”工具，在弹出的“创建建筑红线”提示框中单击“通过绘制来创建”。

3）绘制草图。选择上下文选项卡“绘制”面板中的“矩形”工具，在地形中间绘制一个 100m×50m 的矩形。

4）在建筑红线“属性”面板中，设置“名称”参数。

5）单击“完成编辑模式”命令，完成后的建筑红线如图 10-23 所示。

2. 编辑绘制的建筑红线

单击选择绘制的建筑红线。

1）“属性”面板：可设置实例属性参数“名称”和“标记”等，规划建设用地“面积”参数值自动计算。建筑红线没有类型属性。

2）上下文选项卡“建筑红线”面板中的“编辑草图”：单击该工具，显示“修改 | 建筑红线>编辑草图”子选项卡，和绘制时一样，可用各种绘制、修剪、延伸等编辑工具重新编辑红线草图。

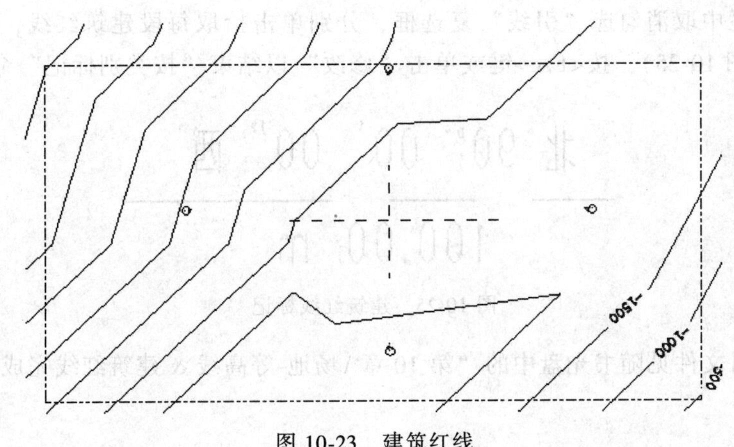

图 10-23 建筑红线

3）上下文选项卡“建筑红线”面板中的“编辑表格”：单击该工具，弹出“限制条件丢失”提示框。单击“是”按钮打开“建筑红线”对话框，如图 10-24 所示。可编辑表格中红线的长度和方向角来编辑建筑红线，完成后单击“确定”按钮，建筑红线自动更新。

【提示】 用“编辑表格”工具将绘制的红线转换为红线表格后，将不能再使用“编辑草图”工具编辑红线，只能采用编辑表格中的红线参数来编辑。

4）移动、复制、旋转、镜像等常规编辑工具：不再详述。

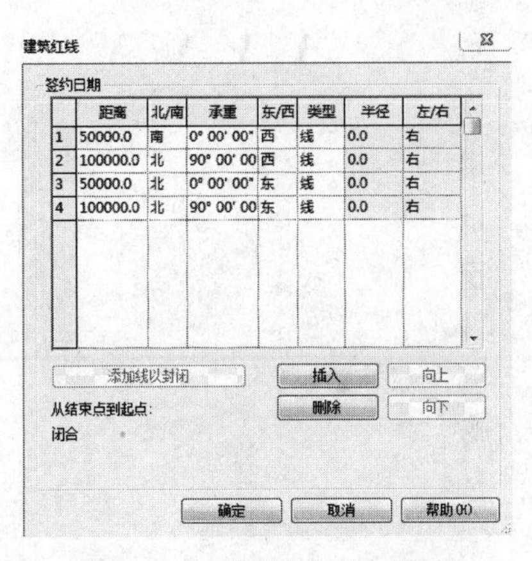

图 10-24 “建筑红线”对话框

10.4.2 表格创建建筑红线

表格创建建筑红线比较简单，本节只简要描述。表格创建建筑红线的编辑方法，除不能用“编辑草图”工具外，其他同绘制建筑红线。

1）在“场地”楼层平面视图中，单击“体量和场地”选项卡中的“建筑红线”工具，在弹出的“创建建筑红线”提示框中单击“通过输入距离和方向角来创建”，打开和图 10-24 类似的“建筑红线”表格，用以下方法设置表格参数：

① 单击“插入”按钮添加红线段，设置各项距离和方向角参数。

② 单击“删除”按钮可删除多余的行，单击“向上”和“向下”按钮可上下移动行的位置。

③ 注意表格左下角的“从结束点到起点”的状态是否为“闭合”。如果没有闭合，可以单击“添加线以封闭”按钮自动创建最后一段红线，生成封闭红线轮廓。

2）完成后单击“确定”按钮，鼠标指针位置出现红线预览图形，在图中单击捕捉一点，放置红线即可。

10.4.3 建筑红线标记与统计

Revit 可以自动标记建筑红线线段的距离和方向角等，并自动统计所有的建筑红线线段和建设用地面积。

在“场地”楼层平面视图中，单击“注释”选项卡“标记”面板中的“按类别标记”

工具，在选项栏中取消勾选“引线”复选框，分别单击拾取每段建筑红线，即可自动创建红线标记（见图 10-25）。按<Esc>键或单击“修改”以结束“按类别标记”命令。

北 90° 00′ 00″ 西

100.00 m

图 10-25　建筑红线标记

完成的项目文件见随书光盘中的“第 10 章\场地-等高线 & 建筑红线完成 . rvt”。

第 11 章　族

族是一个包含通用属性（称作参数）集和相关图形表示的图元组，所有添加到 Revit 项目中的图元都是使用族来创建的。这些图元包括构成建筑模型的结构构件、墙、屋顶、窗、门等，也包括用于记录模型的详图索引、装置、标记和详图构件。

在 Revit Architecture 中，有如下 3 种族：系统族、标准构件族、内建族。

11.1　系统族

11.1.1　系统族的概念

系统族包含基本建筑图元，如墙、屋顶、顶棚、楼板及其他要在施工场地使用的图元，也包括标高、轴网、图纸和视口类型的项目和系统设置。

系统族已在 Revit Architecture 中预定义且保存在样板和项目中，系统族中至少应包含一个系统族类型，除此之外的其他系统族类型都可以删除。

可以在项目和样板之间复制和粘贴或传递系统族类型。

11.1.2　系统族的查看

在项目浏览器中，展开“族”，可以查看所有的族。展开“墙”可以看到“墙”族有 3 个系统族，分别为“叠层墙”“基本墙”和“幕墙”（见图 11-1）。

【注】 *项目浏览器中的“族”包含所有族，含系统族、标准构件族和内建族。*

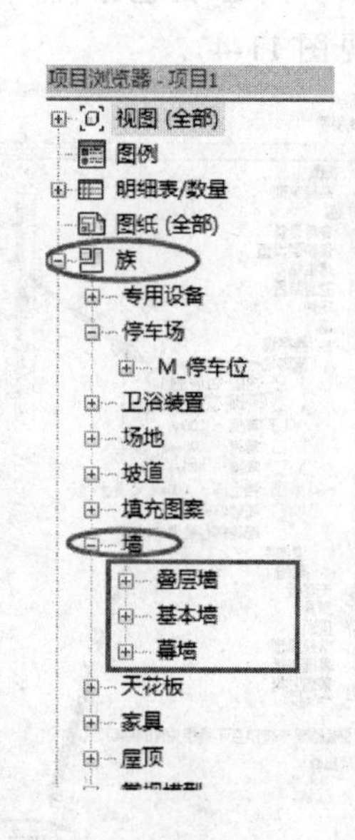

图 11-1　系统族的查看

11.1.3　系统族类型的创建和修改

系统族类型的创建和修改在前面的章节中已经讲解，以“墙”族为例，按照图 3-11～图 3-16，复制新的墙体类型，进行修改和创建。

11.1.4　系统族的删除

不能删除系统族，但可以删除系统族中包含的某一种系统族类型。删除系统族类型有两种方法：

1. 在项目浏览器中删除族类型

展开项目浏览器中的“族”，选择包含要删除的类型的类别和族，单击鼠标右键，在弹出的快捷菜单中选择“删除”命令，或按<Delete>键，删除某一种系统族类型。

【注】 *若要删除的这种族类型在项目中具有实例，则将显示一个“警告”。单击“确定”按钮，则既删除该族类型*

下已经创建的实例，又删除该族类型（见图 11-2）。

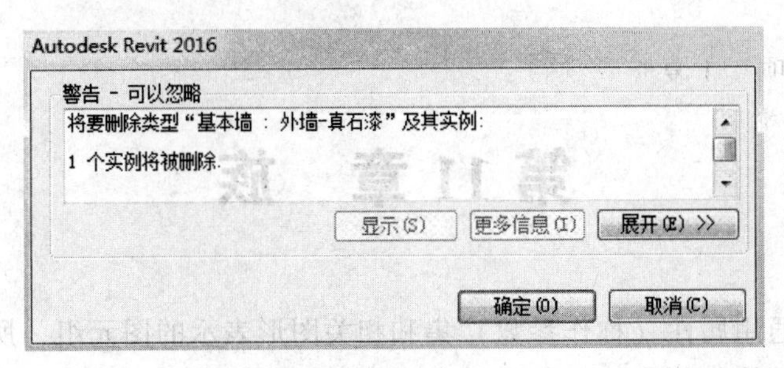

图 11-2　删除警告

2. 使用“清除未使用项”命令

1）单击“管理”选项卡“设置”面板中的“清除未使用项”工具，弹出“清除未使用项”对话框。该对话框中列出了所有可从项目中删除的族和族类型，包括标准构件族和内建族。

2）选择需要清除的类型，单击“放弃全部”按钮，再勾选要清除的族类型，最后单击“确定”按钮（见图 11-3）。

11.1.5　系统族在不同项目之间的传递

1. 复制系统族类型

1）双击“Revit 2016”图标，按照图 1-2 所示，基于“第 1 章\样板文件 . rte”新建一个项目文件，命名为“项目 1”。

2）单击左上角的应用程序按钮，按照图 1-4 所示，基于系统自带的“建筑样板”新建另一个项目文件，命名为“项目 2”。

3）单击“视图”选项卡“窗口”面板中的“平铺”工具。将项目 1 和项目 2 窗口平铺。

4）单击项目 1 视图窗口，进入到项目 1。在项目浏览器的“族”中选择要复制的族类型，如“内墙-白色涂料”族类型，单击“修改”选项卡“剪贴板”面板中的“复制”工具（见图 11-4）。

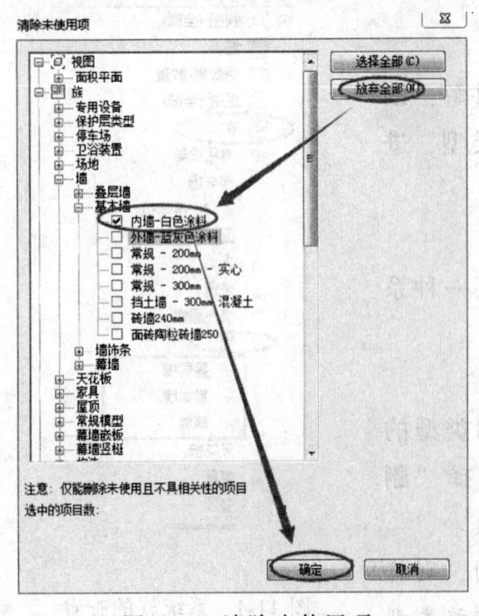

图 11-3　清除未使用项

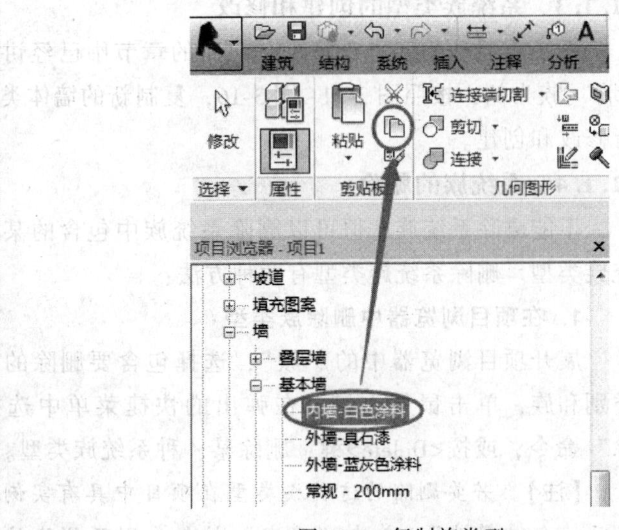

图 11-4　复制族类型

5）单击项目 2 视图窗口，进入到项目 2。单击“修改”选项卡“剪贴板”面板中的“粘贴”下拉按钮，在下拉菜单中选择“从剪贴板中粘贴”命令（见图 11-5）。“内墙-白色涂料”族类型会从项目 1 复制到项目 2。

2. 传递系统族类型

1）同复制系统族类型，基于“第 1 章 \ 样板文件 . rte”新建一个项目文件，基于系统自带的“建筑样板”新建另一个项目文件。

2）把项目 1 中的系统族类型传递到项目 2，方法为：单击项目 2 视图窗口，进入到项目 2。单击“管理”选项卡“设置”面板中的“传递项目标准”工具，在“选择要复制的项目”对话框中勾选要复制的内容，单击“确定”按钮（见图 11-6）。

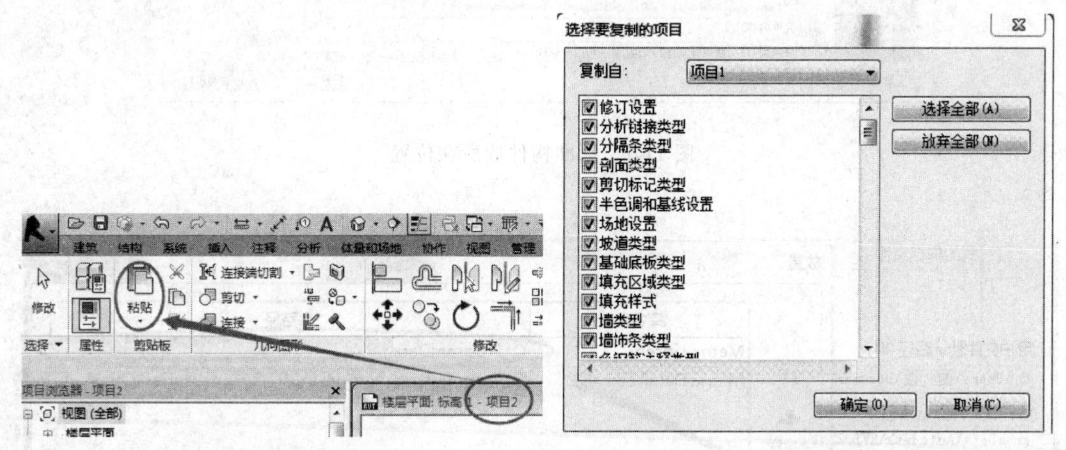

图 11-5　粘贴族类型　　　　图 11-6　项目标准的传递

11.2　标准构件族

11.2.1　标准构件族的概念

标准构件族是用于创建建筑构件和一些注释图元的族。标准构件族包括在建筑内和建筑周围安装的建筑构件（如窗、门、橱柜、装置、家具和植物），也包括一些常规自定义的注释图元（如标题栏）。

标准构件族具有高度可自定义的特征，是在外部“. rfa”文件中创建的，可导入或载入到项目中。

11.2.2　标准构件族的使用

1）单击“插入”选项卡“从库中载入”面板中的“载入族”工具。弹出“载入族”对话框，自动定位到标准构件族所在的文件夹“C：\ProgramData \Autodesk \RVT 2016 \Libraries \China”（见图 11-7）。

【注】 在“选项”对话框的“文件位置”选项卡（见图 1-6）中单击左下角的“放置”按钮，打开“放置”对话框（见图 11-8），可设置“标准构件族”文件夹的默认路径。

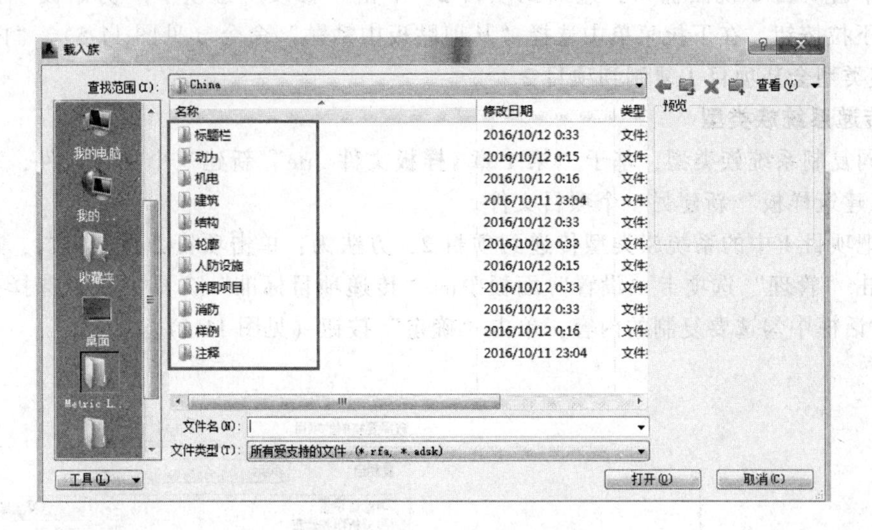

图 11-7　标准构件族所在位置

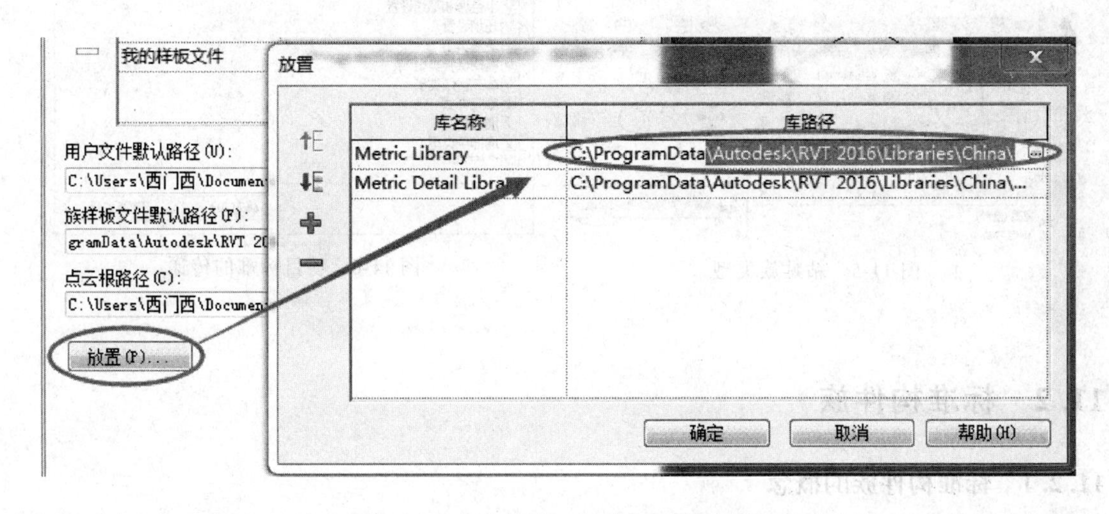

图 11-8　“标准构族”文件夹的默认路径

2）在项目浏览器“族”中的某一族类型上单击鼠标右键，在弹出的快捷菜单中选择“创建实例”命令，如图 11-9 所示，可在项目中创建该实例。

11.2.3　标准构件族的创建

1. 新建族文件

与新建一个项目文件相同，也需要基于某一样板文件才能新建一个族文件。

1）双击“Revit 2016”图标，打开 Revit 2016，进入 Revit 的主界面。

2）单击“族”下方的“新建”按钮，弹出“新族-选择样板文件”对话框（见图 11-10）。选择一个族样板，如“公制常规模型”，单击“打开”按钮。

【注】在“选项”对话框“文件位置”选项卡的“族样板文件默认路径”中，可设置族样板文件的默认路径。

【说明】 Revit Architecture 的样板文件分为以下四大类：①标题栏，用于创建自定义的标题栏族；②概念体量，用于创建概念体量族；③注释，用于创建门窗标记、详图索引标头等注释图元族；④构件，除①、②、③3 类之外的其他族样板文件都用于创建各种模型构件和详图构件族，其中“基于＊＊＊.rft”是基于某一主体的族样板，这些主体可以是墙、楼板、屋顶、顶棚、面、线等；“公制＊＊＊.rft”族样板文件都是没有“主体”的构件族样板文件（“公制窗.rft”和“公制门.rft”属于自带墙主体的常规构件族样板）。

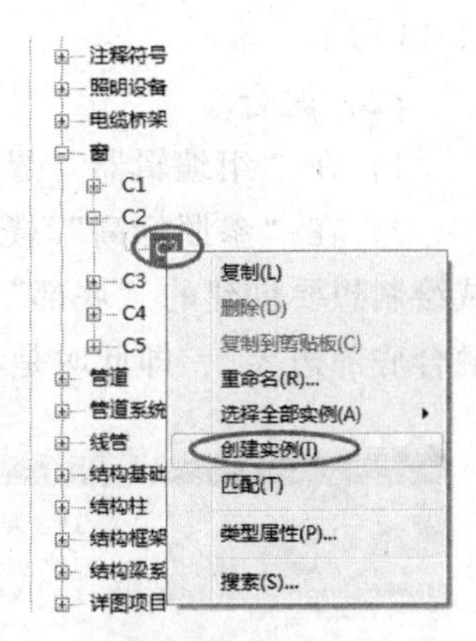

图 11-9　创建实例

2. 族创建的一般方法

在上节的操作中进入到的是“族编辑器”，应用“创建”选项卡“形状”面板可以创建实心模型和空心模型，其中“拉伸”

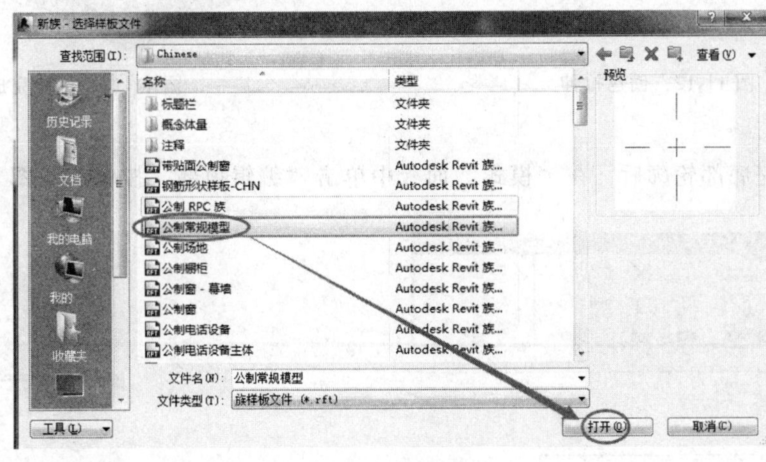

图 11-10　族样板文件

“融合”“旋转”“放样”“放样融合”工具是实心建模工具，“空心拉伸”“空心融合”“空心旋转”“空心放样”“空心放样融合”工具是空心建模工具（见图 11-11）。

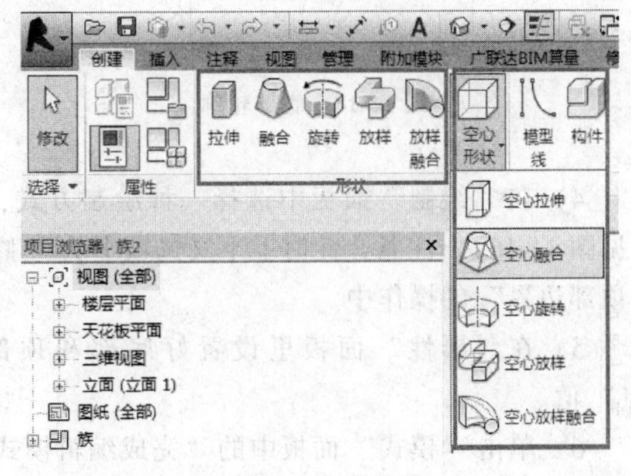

图 11-11　族建模工具

（1）拉伸

1）在“组编辑器”界面中，单击“创建”选项卡“形状”面板中的“拉伸”工具。

2）在“参照标高”楼层平面视图中，在“绘制”面板中选择一种绘制方式，在绘图区域绘制想要创建的拉伸轮廓。

3）在“属性”面板中设置好拉伸的起点和终点，如图 11-12 所示。

4）在“模式”面板中单击“完成编辑模式”命令，完成创建。创建完成的模型如图

11-13 所示。

（2）融合

1）在“组编辑器”界面中，单击“创建”选项卡“形状”面板中的“融合”工具。

2）在“参照标高”楼层平面视图中，在“绘制”面板中选择一种绘制方式，在绘图区域绘制想要创建的“底部”轮廓（见图 11-14）。注意，此时上下文选项卡为“修改｜创建融合底部边界”，即此时是在创建“底部边界”的操作中。

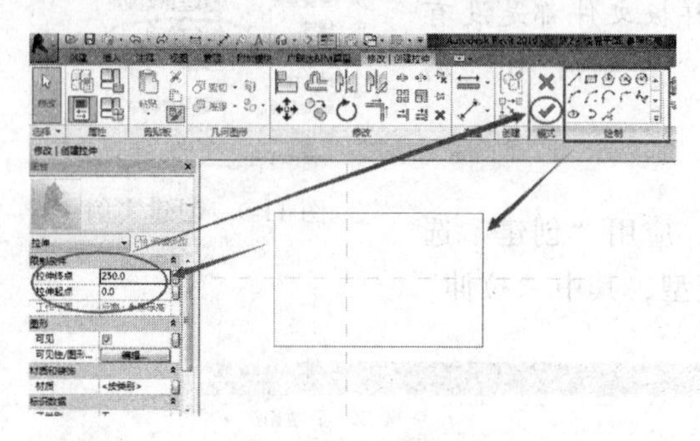

图 11-12　创建拉伸

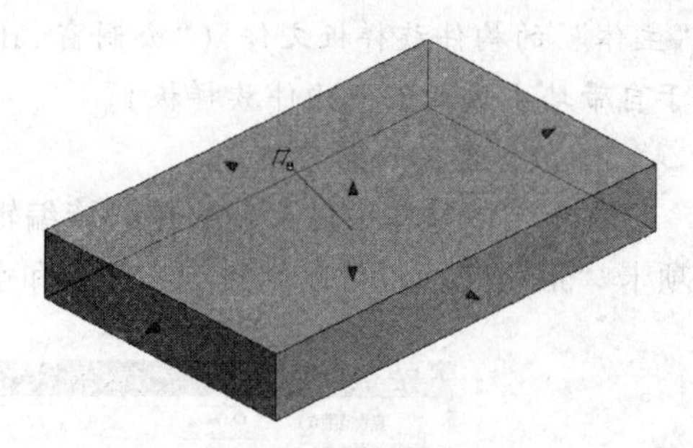

图 11-13　拉伸完成

3）绘制完底部轮廓后，在“模式”面板中单击“编辑顶部”按钮（见图 11-15）。

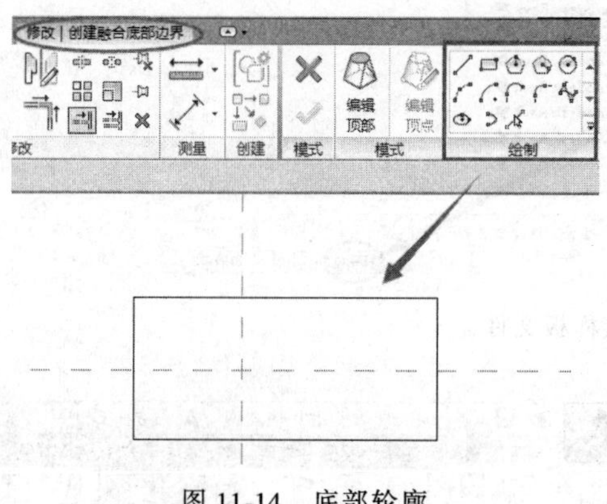

图 11-14　底部轮廓

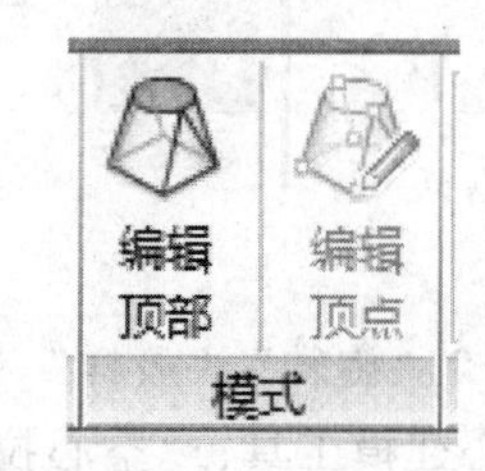

图 11-15　编辑顶部

4）在“绘制”面板中选择一种绘制方式，在绘图区域绘制想要创建的“顶部”轮廓（见图 11-16）。注意，此时上下文选项卡为“修改｜创建融合顶部边界”，即此时是在创建“顶部边界”的操作中。

5）在“属性”面板里设置好底部和顶部的高度，即“第一端点”值和“第二端点”值。

6）单击“模式”面板中的“完成编辑模式”命令，完成融合的创建。创建完成的模型如图 11-17 所示。

（3）旋转

1）在“组编辑器”界面中，单击“创建”选项卡“形状”面板中的“旋转”工具。

2）在“参照标高”楼层平面视图中，在“绘制”面板中默认值是绘制“边界线”命

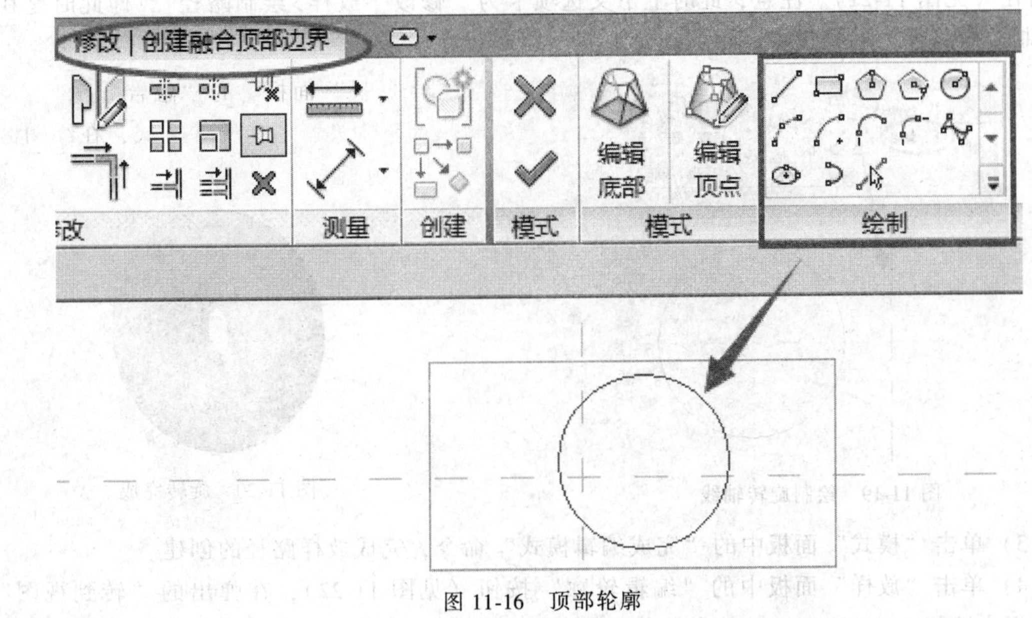

图 11-16　顶部轮廓

令，在“绘制”面板中选择一种绘制方式，在绘图区域绘制旋转轮廓的边界线（见图 11-18）。

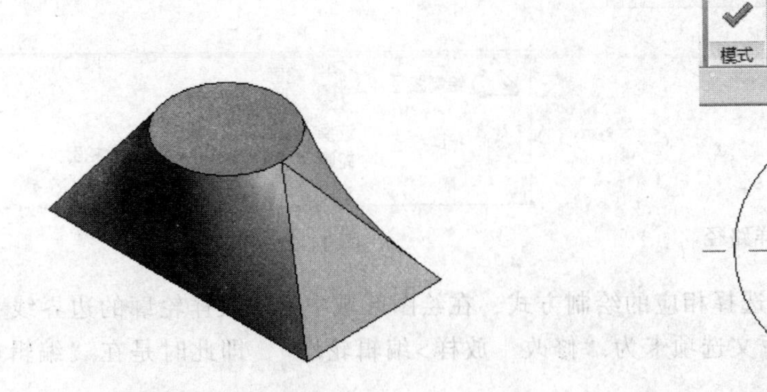

图 11-17　融合完成

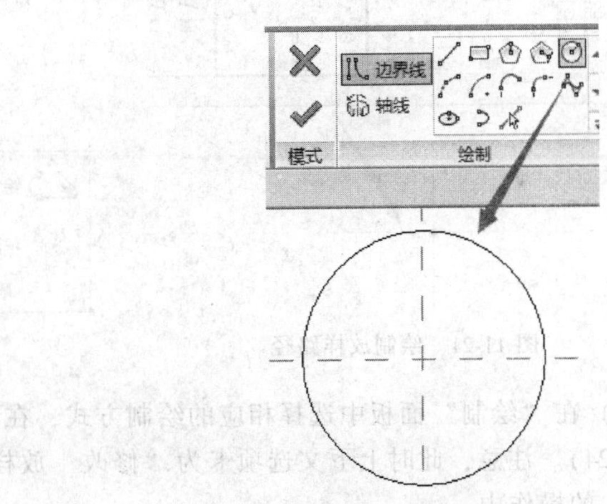

图 11-18　绘制边界线

3）在“绘制”面板中单击“轴线”按钮，在“绘制”面板中选择“直线”绘制方式，在绘图区域绘制旋转轴线。

4）在“属性”面板中设置旋转的起始和结束角度。

5）单击“模式”面板中的“完成编辑模式”命令，完成旋转的创建。创建完成的模型如图 11-20 所示。

（4）放样

1）在“组编辑器”界面中，单击“创建”选项卡“形状”面板中的“放样”工具。

2）在“参照标高”楼层平面视图中，单击“放样”面板中的“绘制路径”或“拾取路径”。若选择“绘制路径”，则在“绘制”面板中选择一种绘制方式，在绘图区域绘制放样路径（见图 11-21）。注意，此时上下文选项卡为“修改｜放样>绘制路径”，即此时是在“绘制放样路径”的操作中。

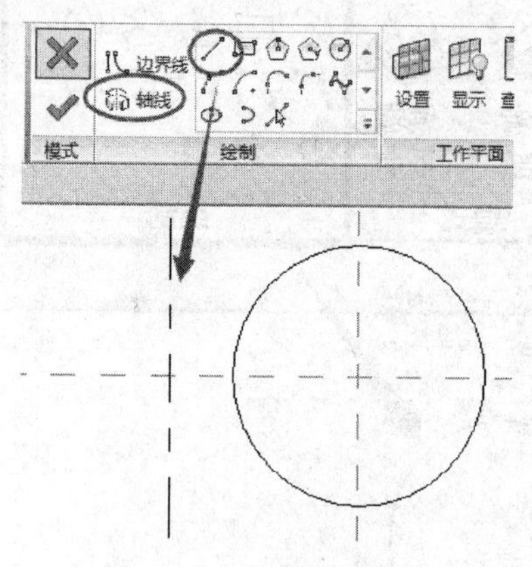

图 11-19　绘制旋转轴线

图 11-20　旋转完成

3）单击“模式”面板中的“完成编辑模式”命令，完成放样路径的创建。

4）单击“放样”面板中的“编辑轮廓”按钮（见图 11-22），在弹出的“转到视图”对话框中选择“立面：左”，单击“打开视图”按钮（见图 11-23）。

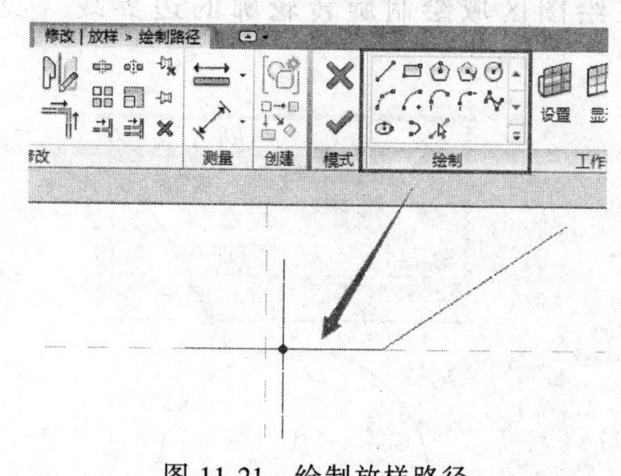

图 11-21　绘制放样路径

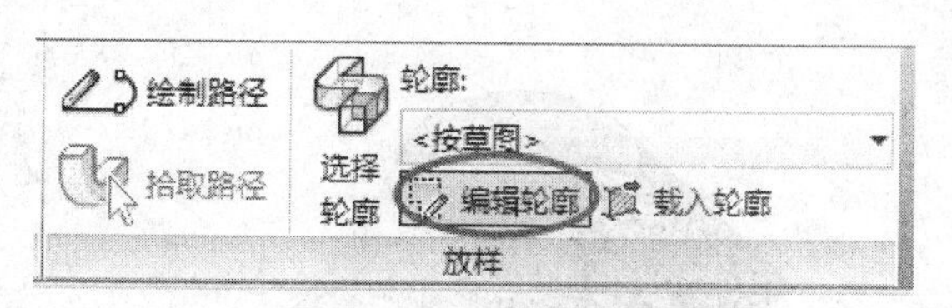

图 11-22　编辑轮廓

5）在“绘制”面板中选择相应的绘制方式，在绘图区域中绘制放样轮廓的边界线（见图 11-24）。注意，此时上下文选项卡为“修改｜放样>编辑轮廓”，即此时是在“编辑放样轮廓”的操作中。

6）单击“模式”面板中的“完成编辑模式”命令，完成放样轮廓的创建。

7）再次单击“模式”面板中的“完成编辑模式”命令，完成放样的创建。创建完成的模型如图 11-25 所示。

（5）放样融合

1）在“组编辑器”界面中，单击“创建”选项卡“形状”面板中的“放样融合”工具。

2）在“参照标高”楼层平面视图中，单击“放样融合”面板中的“绘制路径”工具。若选择“绘制路径”，则在“绘制”面板中选择一种绘制方式，在绘图区域绘制放样路径（见图 11-26）。注意，此时上下文选项卡为“修改｜放样融合>绘制路径”，即此时是在“绘制放样融合路径”的操作中。

3）单击“模式”面板中的“完成编辑模式”命令，完成放样融合路径的创建。

4）单击“放样融合”面板中的“选择轮廓 1”，并单击“编辑轮廓”按钮。在弹出的“转到视图”对话框中单击“三维视图：{三维}”，单击“打开视图”按钮（见图 11-27），进入编辑轮廓 1 的草图模式。

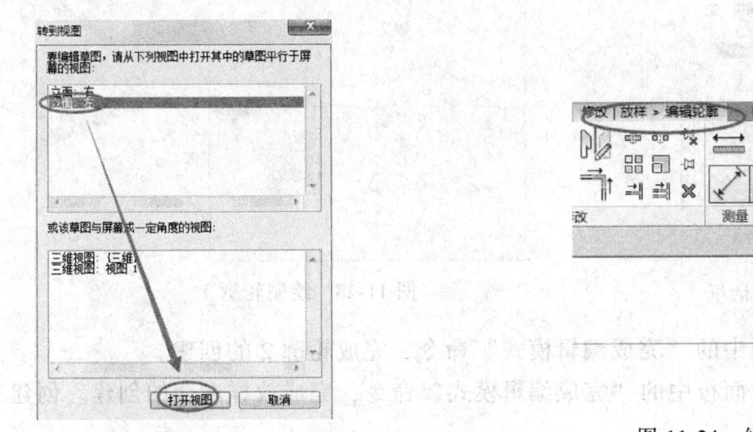

图 11-23　“转到视图”对话框

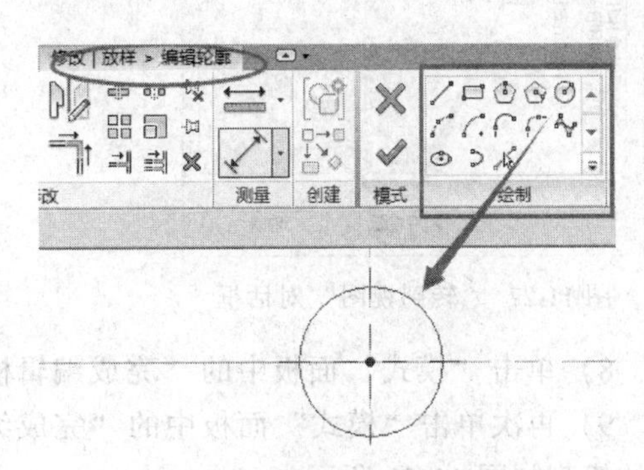

图 11-24　绘制放样轮廓边界线

5）在“绘制”面板中选择相应的一种绘制方式，在绘图区域绘制轮廓 1 的边界线。注意，绘制轮廓时所在的视图可以是三维视图，可以打开“工作平面”中的“查看器”进行轮廓绘制（见图 11-28）。

6）单击“模式”面板中的“完成编辑模式”命令，完成轮廓 1 的创建。

7）单击“放样融合”面板中的“选择轮廓 2”，并单击“编辑轮廓”按钮。同轮廓 1 的绘制方式，绘制轮廓 2（见图 11-29）。

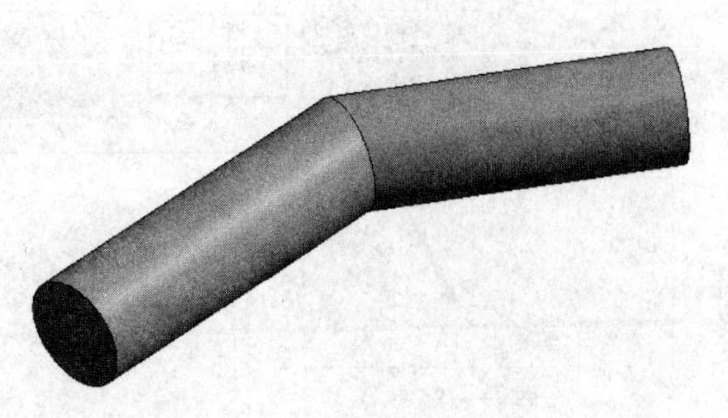

图 11-25　放样模型

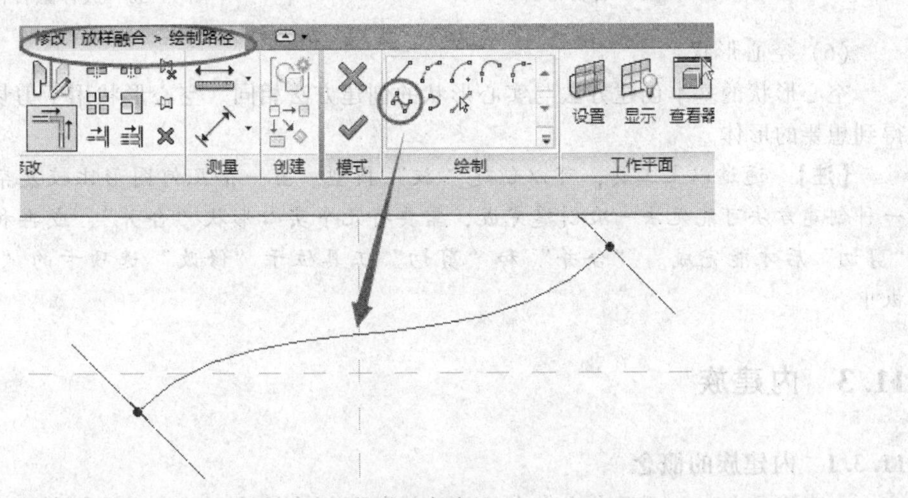

图 11-26　放样融合路径

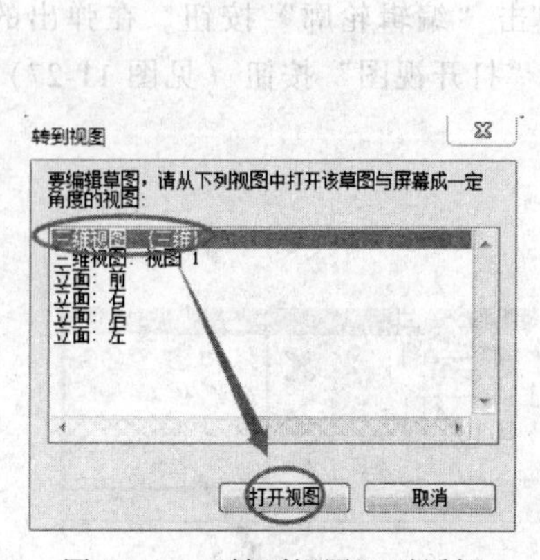

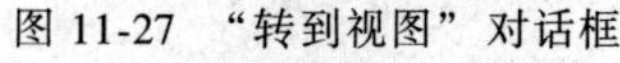
图 11-27 “转到视图”对话框

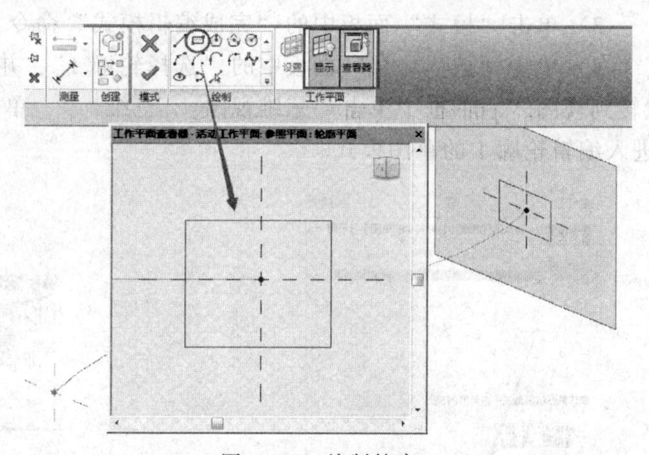

图 11-28 绘制轮廓 1

8）单击“模式”面板中的“完成编辑模式”命令，完成轮廓 2 的创建。

9）再次单击“模式”面板中的“完成编辑模式”命令，完成放样融合的创建。创建完成的模型如图 11-30 所示。

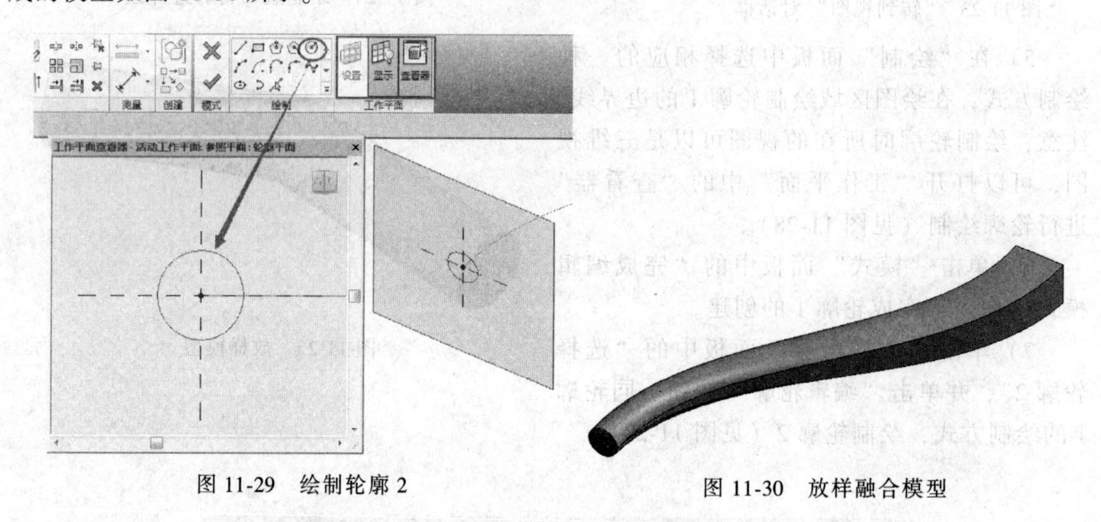

图 11-29 绘制轮廓 2　　图 11-30 放样融合模型

(6) 空心形状

空心形状的基本创建方法与实心形状的创建方法相同。空心形状用于剪切实心形状，以得到想要的形体。

【注】 通过以上工具，可以创建“族”模型。当一个几何图形比较复杂时，用上述某一种创建方法可能无法一次创建完成，需要将几个实心形状“合并”，或再和几个空心形状“剪切”后才能完成。“合并”和“剪切”工具位于“修改”选项卡的“几何图形”面板中。

11.3 内建族

11.3.1 内建族的概念

内建族是在当前项目中为专有的特殊构件所创建的族，不需要重复利用。一些通用性不高的非标准构件，若只在当前项目中使用，在其他项目中很少使用，则可以用内建族。

11.3.2　内建族的创建

内建族的创建方法同标准构件族，不同之处是：内建族是在项目文件中，使用“建筑”选项卡“构件”面板“构件”工具下的“内建模型”工具创建（见图 11-31），创建时不需要选择族样板文件，只要在“族类别和族参数”对话框中选择一个“族类别”即可。

图 11-31　“内建模型”工具

11.3.3　内建族创建实例

对一些没有固定厚度的异形墙，如古城墙，可用“内建模型”命令的“实心拉伸（融合、旋转、放样、放样融合）”和“空心拉伸（融合、旋转、放样、放样融合）”工具创建内建族。

1. 新建墙类别

1）新建一个项目文件，在 F1 平面视图中，单击“建筑”选项卡“构建”面板中“构件”工具下的“内建模型”工具。

2）在弹出的“族类别与族参数”对话框中，选择族类别“墙”，然后单击“确定”按钮。在弹出的“名称”对话框中输入“古城墙”为墙体名称，单击“确定”按钮打开族编辑器。

2. 绘制定位线

单击“创建”选项卡“基准”面板中的“参照平面”工具，在绘图区域中间绘制一条水平和垂直的参照平面（见图 11-32）。

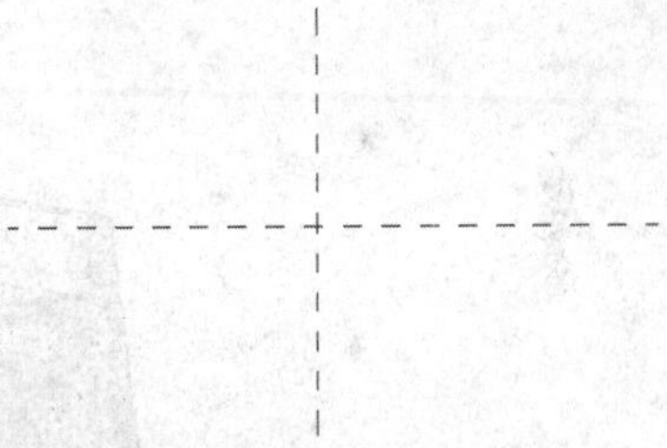

图 11-32　参照平面

3. “拉伸”工具创建墙体

1）单击“创建”选项卡“形状”面板中的“拉伸”工具，进入“修改 | 创建拉伸”上下文选项卡。

2）设置工作平面。单击“工作平面”面板中的“设置”命令。在“工作平面”对话框中勾选“拾取一个平面”复选框，单击“确定”按钮。移动鼠标指针单击拾取图 11-32 中垂直的参照平面。在“转到视图”对话框中选择“立面：东立面”，单击“打开视图”按钮进入东立面视图。

【说明】 城墙的拉伸轮廓需要到立面视图中绘制，所以需要先选择一个立面作为绘制轮廓线的工作平面。

3）绘制轮廓。在“绘制”面板中选择“线”工具，以参照平面为中心，按图 11-33 所示尺寸绘制封闭的城墙轮廓线。

4）拉伸属性设置。在左侧的“属性”面板中，设置“拉伸终点”值为 10000mm、“拉伸起点”值为-10000mm（即：城墙总长 20m，从中心向两边各拉伸 10m）。设置“材质”的值为“按类别”，右侧出现一个小按钮，单击打开“材质”对话框，从弹出的“材质浏览器”中选择“砖石建筑-混凝土砌块”，单击“确定”按钮（见图 11-34）。

5）单击“模式”面板中的“完成编辑模式”命令，完成“拉伸”命令。初步创建的城墙模型如图 11-35 所示。

【注】 此时是“拉伸”命令完成，内建模型并未完成，尚在“族编辑器”界面中。

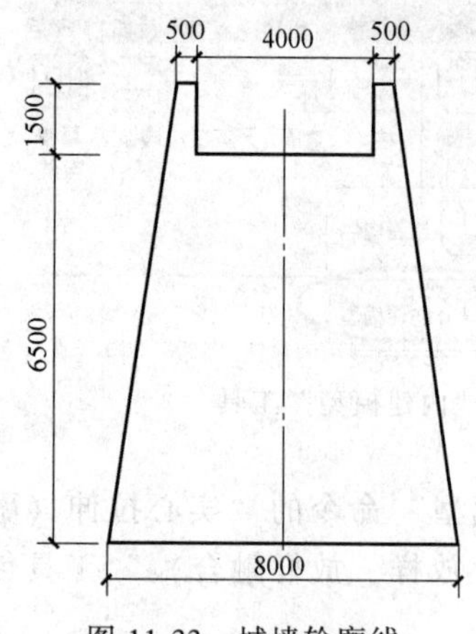

图 11-33　城墙轮廓线

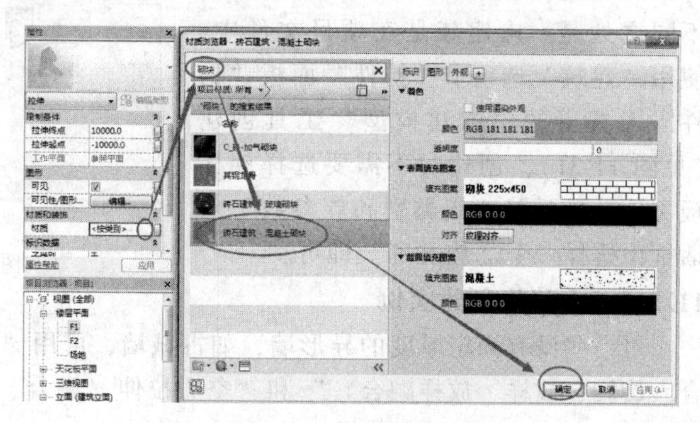

图 11-34　设置材质属性

4. “空心拉伸”工具剪切墙垛

1）切换窗口到 F1 平面视图。单击“创建”选项卡“形状”面板“空心形状”工具下的“空心拉伸”工具，进入“修改 | 创建空心拉伸”上下文选项卡。

2）设置工作平面。单击“工作平面”面板中的“设置”工具，勾选“拾取一个平面”复选框，单击“确定”按钮，拾取图 11-32 中创建的水平参照平面为工作平面，在弹出的“转到视图”对话框中选择“立面：南立面”，单击“打开视图”按钮。

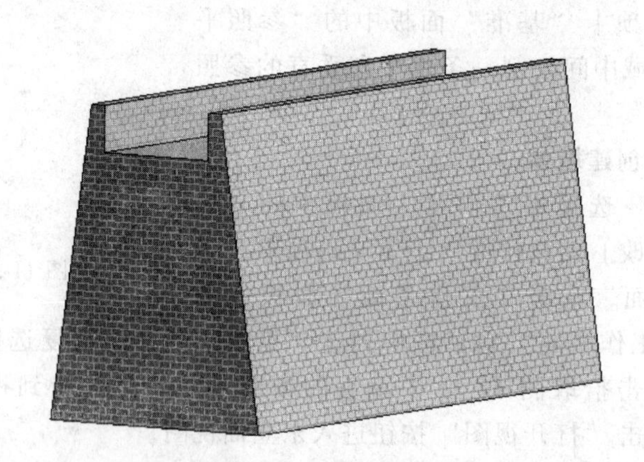
图 11-35　初步创建的城墙模型

3）绘制轮廓。按照图 11-36 所示绘制空心拉伸轮廓。在“属性”面板中，设置“拉伸终点”值为 4000mm、“拉伸起点”值为-4000mm。

4）单击“模式”面板中的“完成编辑模式”命令，完成“空心拉伸”命令。空心拉伸后的城墙模型如图 11-37 所示。

5）单击“修改”选项卡“在位编辑器”面板中的“完成模型”工具，关闭族编辑器。返回项目文件中，古城墙创建完毕。

完成的项目文件见随书光盘中的“第 11 章\内建族-完成 . rvt”。

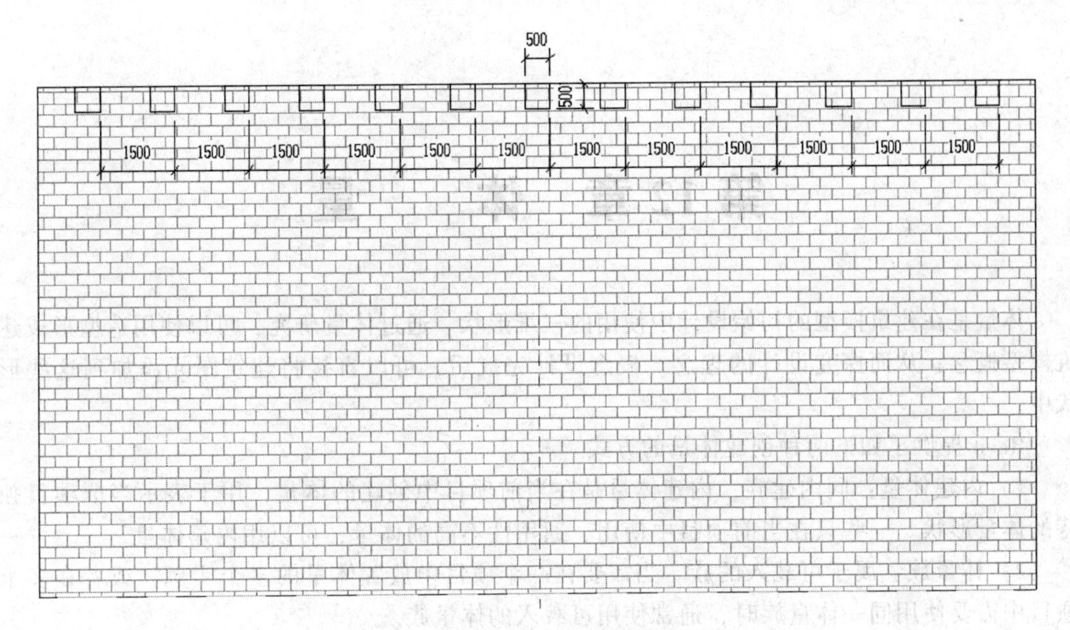

图 11-36　空心拉伸轮廓

图 11-37　空心拉伸后的模型

第 12 章　体　　量

体量是在建筑模型的初始设计中使用的三维形状。通过体量研究，可以使用造型形成建筑模型概念，从而探究设计的理念。概念设计完成后，可以直接将建筑图元添加到这些形状中。

Revit 提供了如下两种创建体量的方式。

1）内建体量：同内建族，内建体量是在当前项目中创建的体量，用于表示当前项目独特的体量形状。一些只在当前项目中使用、通用性不高的体量，可以用内建体量。

2）体量族：属于可载入的族。当需要在一个项目中放置体量的多个实例，或者在多个项目中需要使用同一体量族时，通常使用可载入的体量族。

12.1　内建体量

12.1.1　内建体量的创建

1. 进入“内建体量”上下文选项卡

1）打开 Revit 2016 软件，单击“体量和场地”选项卡“概念体量”面板中的“内建体量”工具（见图 12-1）。

【注】 默认情况下，“体量”是不可见的。可打开“可见性/图形”对话框，勾选“模型类别”选项卡下的“体量”，使体量可见。

2）在弹出的“名称”对话框中输入内建体量族的名称，进入内建体量的草图绘制模型。Revit 自动打开“内建体量”工具栏，含“属性”“绘制”“工作平面”“模型”“尺寸标注”“基准”“在位编辑器”等（见图 12-2）。

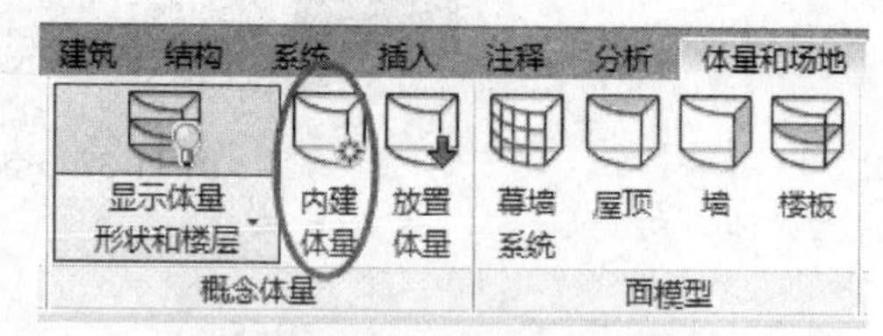

图 12-1 “内建体量”工具

图 12-2 “内建体量”上下文选项卡

2. 创建不同形式的内建体量

一般过程为：①在“创建”选项卡的“绘制”面板中选择一个绘图工具，在绘图区域绘制一个形状；②选择该形状，单击上下文选项卡的“创建形状”中的“实心形状”或

“空心形状”，会自动生成相应的“实心形状”或“空心形状”体量模型。具体步骤如下：

1）选择一条线创建形状，线将垂直向上生成面，如图 12-3 所示。

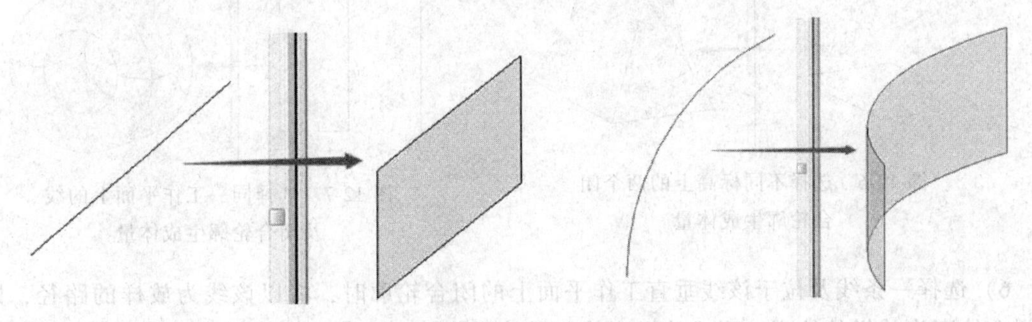

图 12-3　选择一条线生成体量

【提示】　以上操作类似于创建族中的“拉伸”操作。

2）选择两条线创建形状时，预览图形下方可选择创建方式，可以选择以直线为轴旋转弧线，也可以选择两条线作为形状的两边，形成面，如图 12-4 所示。

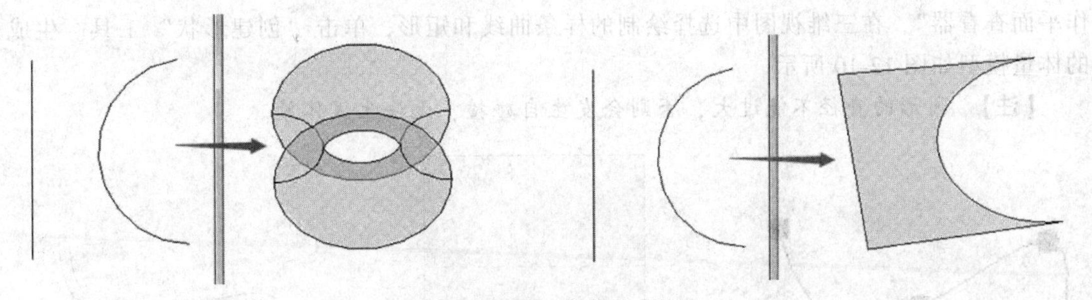

图 12-4　选择两条线生成体量

【提示】　以上操作类似于创建族中的“旋转”操作。

3）选择一个闭合轮廓创建形状，创建拉伸实体，按<Tab>键可切换选择体量的点、线、面、体，选择后可通过拖拽修改体量，如图 12-5 所示。

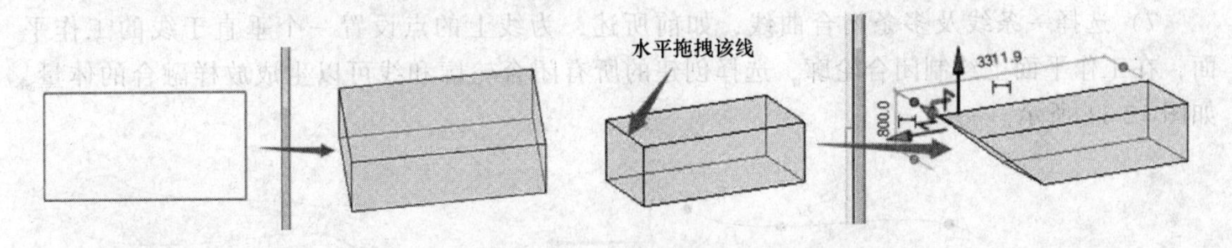

图 12-5　选择一个闭合轮廓生成体量

4）选择不同标高上的两个及以上闭合轮廓，或不同位置上的两个及以上垂直闭合轮廓，Revit 将自动创建融合体量（见图 12-6）。若选择同一高度的两个闭合轮廓，则无法生成体量。

【提示】　以上操作类似于创建族中的“融合”操作。

5）选择同一工作平面上的一条线及一条闭合轮廓创建形状，将以直线为轴旋转闭合轮廓创建形体，如图 12-7 所示。

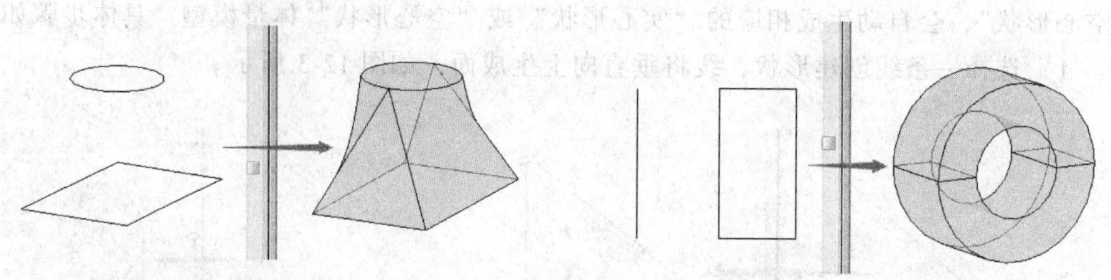

图 12-6 选择不同标高上的两个闭合轮廓生成体量

图 12-7 选择同一工作平面上的线及闭合轮廓生成体量

6）选择一条线及位于该线垂直工作平面上的闭合轮廓时，将以该线为放样的路径，以该闭合轮廓为放样的轮廓，形成放样形体。具体操作如下：①选择“创建”选项卡“绘制”面板中的“通过点的样条曲线”工具，在标高 1 上绘制样条曲线（见图 12-8）；②在三维视图中，选择该样条曲线的起始点，单击“工作平面”面板中的“显示”工具，将显示出通过该点垂直于样条曲线的工作平面；③单击“工作平面”面板中的“查看器”工具，弹出“工作平面查看器”，在“工作平面查看器”中心绘制一个圆形（见图 12-9）；④关闭“工作平面查看器”，在三维视图中选择绘制的样条曲线和矩形，单击“创建形状”工具。生成的体量模型如图 12-10 所示。

【注】 圆形的直径不能过大，否则会发生自碰撞，无法生成体量。

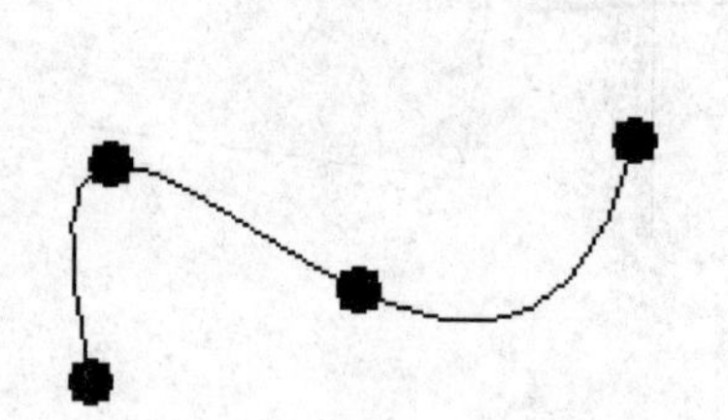

图 12-8 创建通过点的样条曲线

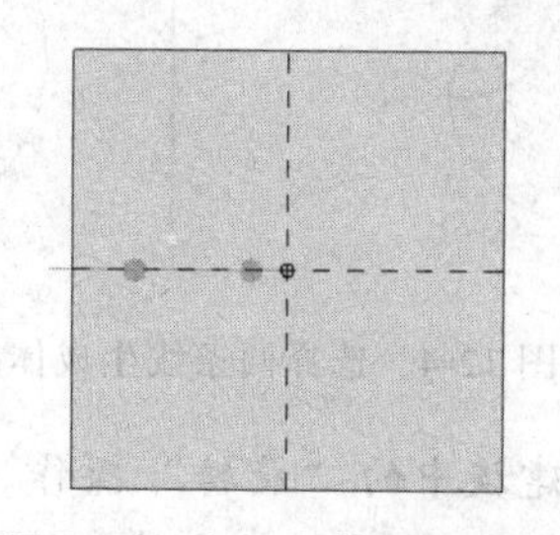

图 12-9 在“工作平面查看器”中心绘制一个圆形

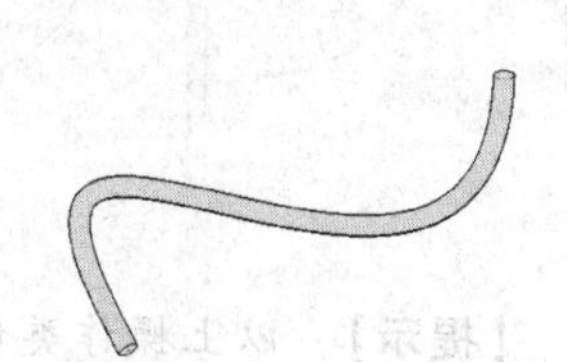

图 12-10 体量模型

7）选择一条线及多条闭合曲线，如前所述，为线上的点设置一个垂直于线的工作平面，在工作平面上绘制闭合轮廓，选择创建的所有闭合轮廓和线可以生成放样融合的体量，如图 12-11 所示。

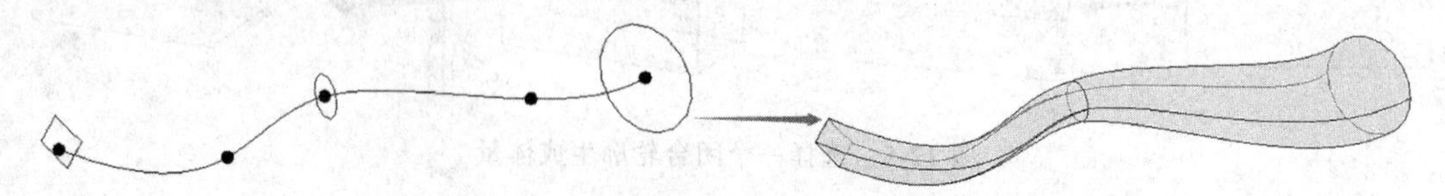

图 12-11 选择一条线及多条闭合曲线生成体量

完成的项目文件见随书光盘中的“第 12 章\一条线多条闭合曲线生成体量-完成 . rvt”。

12. 1. 2 内建体量的编辑

1. 进入体量编辑器

打开随书光盘中的“第 12 章\体量编辑 . rvt”，选择体量，单击“修改|体量”上下文选项卡“模型”面板中的“在位编辑”工具（见图 12-12），进入体量编辑器。

【提示】 若体量不可见，可打开“可见性/图形”对话框，勾选“模型类别”选项卡下的“体量”，使体量可见。

图 12-12 “在位编辑”工具

2. 对体量进行编辑

1）选择体量，单击“修改 | 形式”上下文选项卡“形状图元”面板中的“透视”工具（见图 12-13)，观察体量模型。如图 12-14 所示，透视模式将显示所选形状的基本几何骨架。这种模式下便于更清楚地选择体量几何构架，并对其进行编辑。再次单击“透视”工具将关闭透视模式。

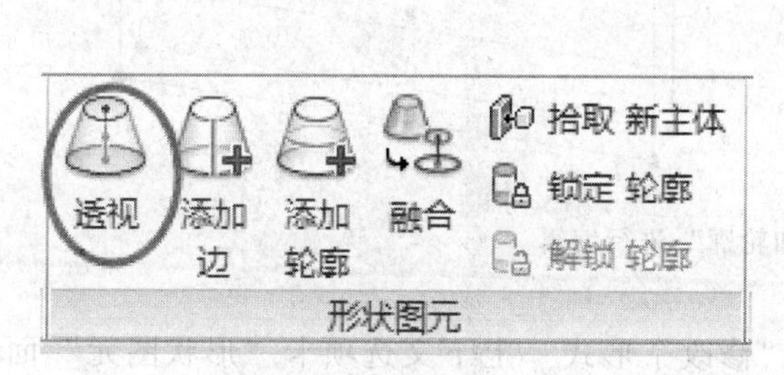

图 12-13 “透视”工具

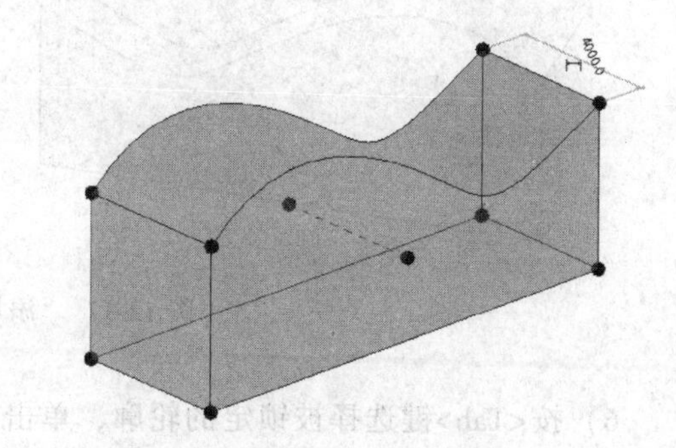

图 12-14 透视状态

2）将鼠标指针停在想要选取的点、线或面上，按<Tab>键以选择，选择后将出现坐标系，当将鼠标指针放在 X、Y、Z 任意坐标方向上时，该方向箭头将变为亮显，此时按住并拖拽将在被选择的坐标方向上移动点、线或面，如图 12-15 所示。

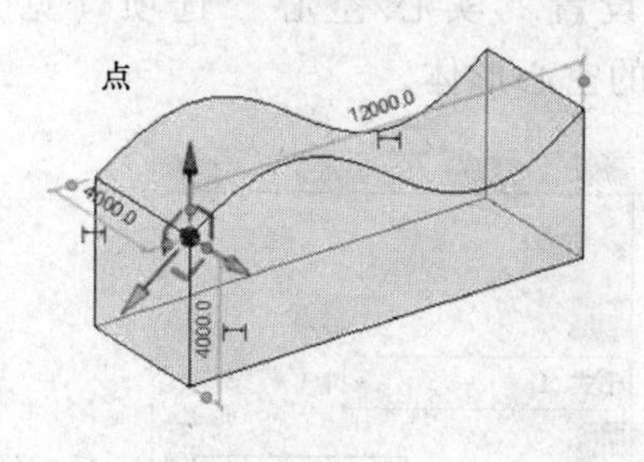

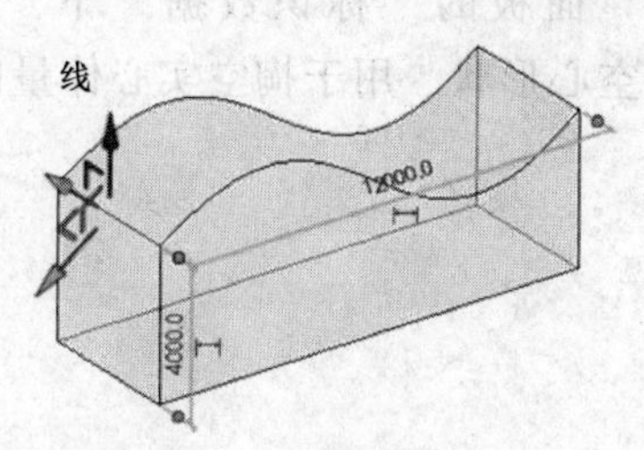

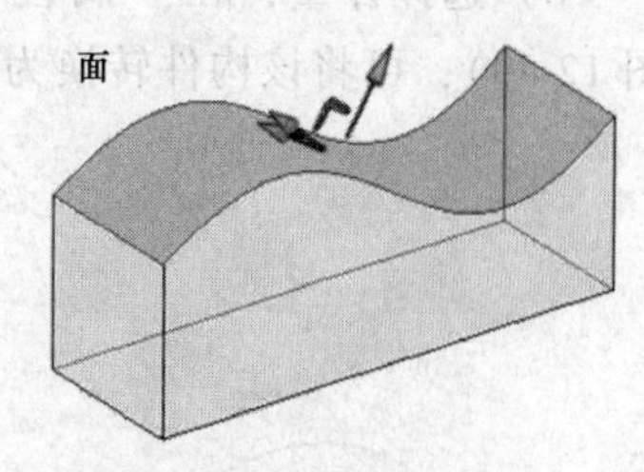

图 12-15 选择进行编辑

3）选择体量，在创建体量时自动产生的边缘有时不能满足编辑需要，单击“修改 | 形式”上下文选项卡“形状图元”面板中的“添加边”按钮，将鼠标指针移动到体量面上，将出现新边的预览，在适当位置单击即完成新边的添加，同时也添加了与其他边相交的点。可选择该边或点，通过拖拽的方式编辑体量，如图 12-16 所示。

4）选择体量，单击“修改 | 形式”上下文选项卡“形状图元”面板中的“添加轮廓”

按钮，将鼠标指针移动到体量上，将出现与初始轮廓平行的新轮廓的预览，在适当位置单击将完成新的闭合轮廓的添加。选择体量，单击“透视”按钮，会看到新的轮廓，同时生成新的点及边缘线，可以通过操纵它们来修改体量，如图 12-17 所示。

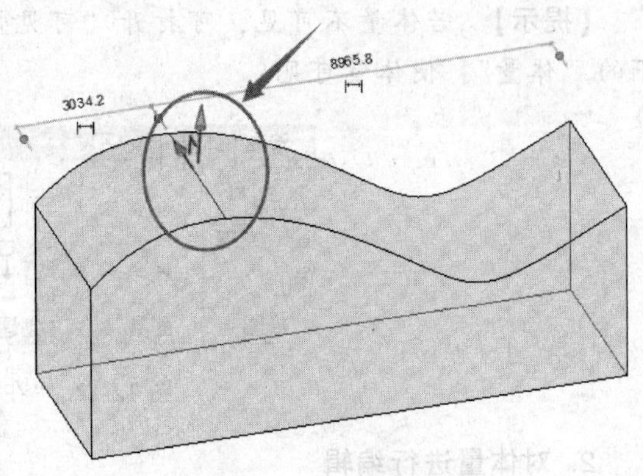

图 12-16　添加边进行编辑

5）按<Tab>键选择体量中的某一轮廓，单击“修改 | 形式”上下文选项卡“形状图元”面板中的“锁定轮廓”按钮，体量将简化为所选轮廓的拉伸，手动添加的轮廓将失效，并且操纵方式受到限制，而且锁定轮廓后无法再添加新轮廓，如图 12-18 所示。

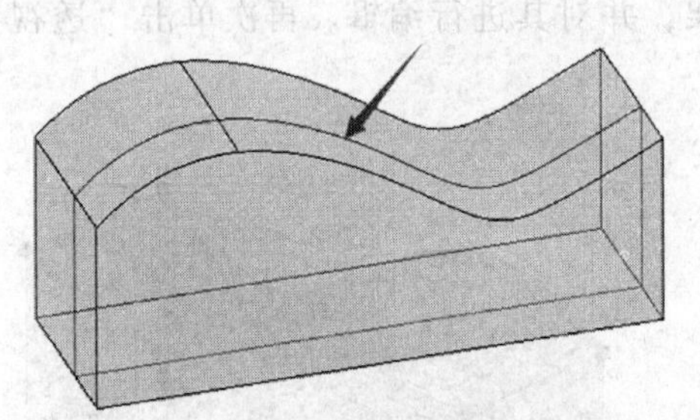

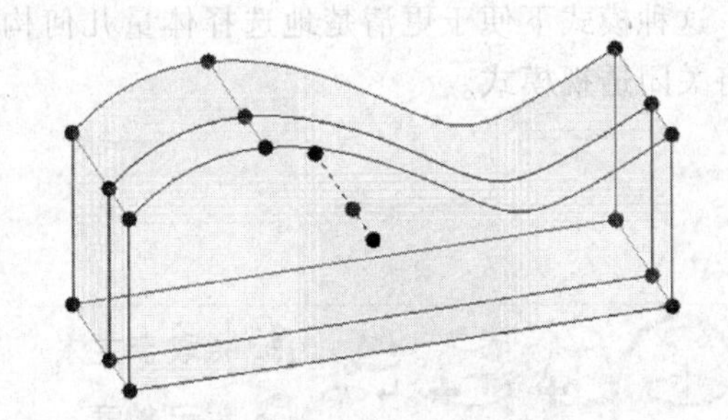

图 12-17　“添加轮廓”进行编辑

6）按<Tab>键选择被锁定的轮廓，单击“修改 | 形式”上下文选项卡“形状图元”面板中的“解锁轮廓”工具，将取消对操纵柄的操作限制，添加的轮廓也将重新显示并可编辑，但不会恢复锁定轮廓前的形状。

7）选择体量，单击“修改 | 形式”上下文选项卡“形状图元”面板中的“变更形状的主体”工具，可以修改体量的工作平面，将体量移动到其他体量或构件的面上。

8）选择体量，在“属性”面板的“标识数据”下，设置“实心/空心”选项（见图 12-19），可将该构件转换为空心形状，用于掏空实心体量的空心形体。

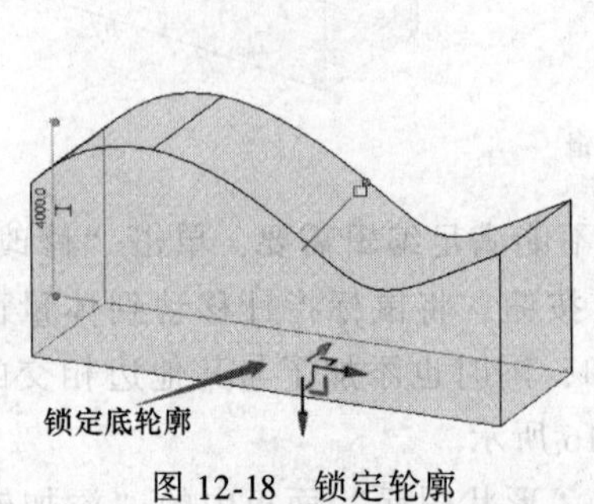

图 12-18　锁定轮廓

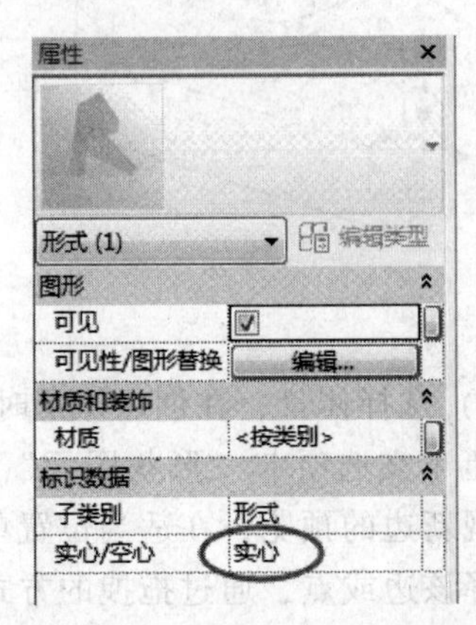

图 12-19　“实心/空心”转换

【注】 空心形状有时不能自动剪切实心形状，可使用“修改”选项卡“几何图形”面板“剪切”工具下的“剪切几何图形”工具，选择需要被剪切的实心形状后，单击空心形状，即可实现体量的剪切。

9）选择体量上的任意面，单击上下文选项卡“分割”面板中的“分割表面”工具，可进行 U、V 网格划分。在“属性”面板的类型选择器中设置填充图案（见图 12-20），然后在“属性”面板中修改 U、V 网格值（见图 12-21）。

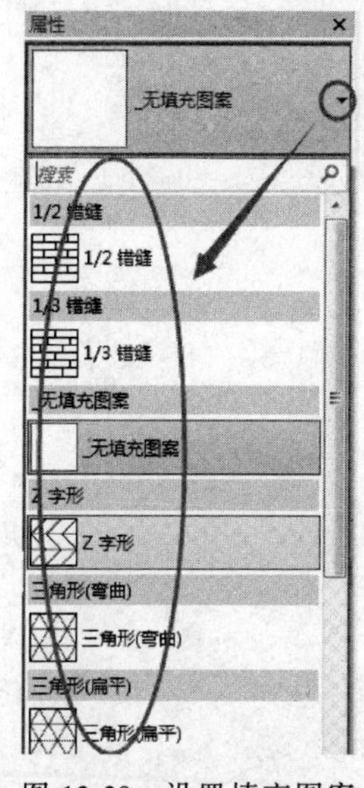

图 12-20　设置填充图案

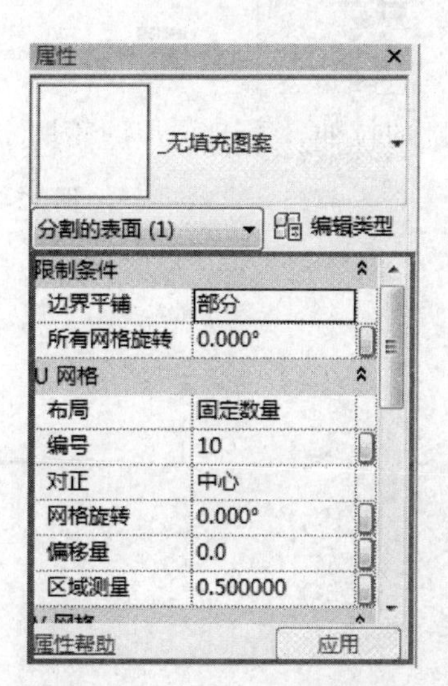

图 12-21　修改 U、V 网格值

12.2　体量族

体量族与内建体量创建形体的方法基本相同，但由于内建体量只能随项目保存，因此在使用上相对体量族有一定的局限性。而体量族不仅可以单独保存为族文件随时载入项目，而且在体量族空间中还提供了如三维标高等工具，并预设了两个垂直的三维参照面，优化了体量的创建及编辑环境。

在应用程序菜单中执行“新建”→“概念体量”命令，在弹出的“新建概念体量-选择样板文件”对话框中双击“公制体量.rft”族样板，进入体量族的绘制空间，内有三维标高平面，可以在三维视图中直接绘制标高，更有利于体量创建中工作平面的设置（见图 12-22）。

12.2.1　三维标高的绘制

单击“创建”选项卡“基准”面板中的“标高”按钮，将鼠标指针移动到绘图区域现有的标高面上方，鼠标指针下方出现间距显示，可直接输入间距，如“1000”，即 10m，按<Enter>键即可完成三维标高的创建。标高绘制完成后，可以通过临时尺寸标注修改三维标高高度，单击可直接修改，如图 12-23 所示。

可以通过“复制”工具，复制三维标高，如图 12-24 所示。

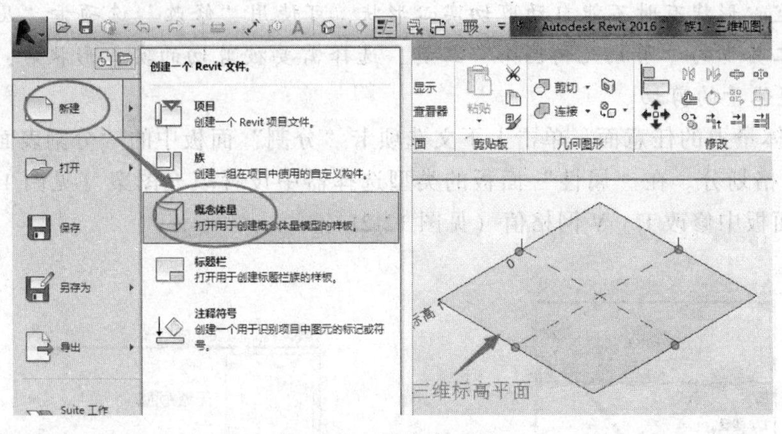

图 12-22　概念体量族

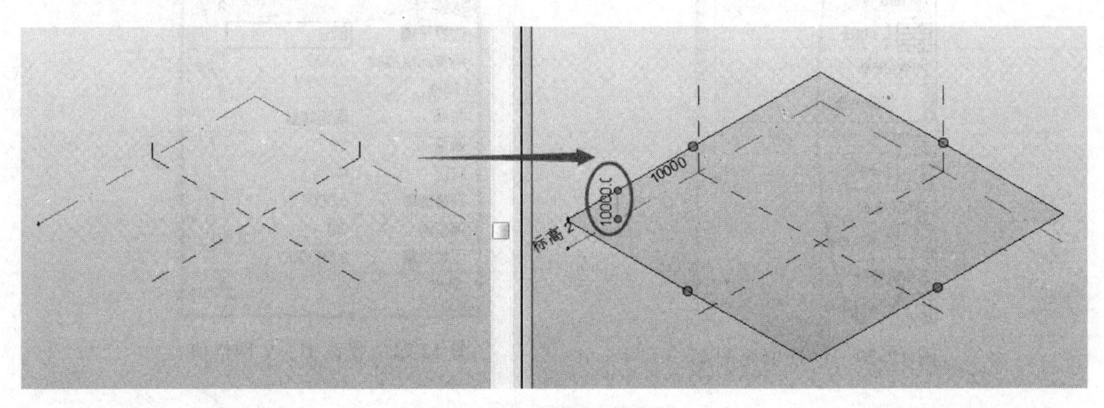

图 12-23　三维标高绘制

12.2.2　三维工作平面的定义

在三维空间中想要准确绘制图形，应先定义工作平面。

1）单击“创建”选项卡“工作平面”面板中的“设置”按钮，选择某标高平面或构件表面等即可将该面设置为当前工作平面。

2）单击激活“工作平面”面板中的“显示”工具，可始终显示当前工作平面。

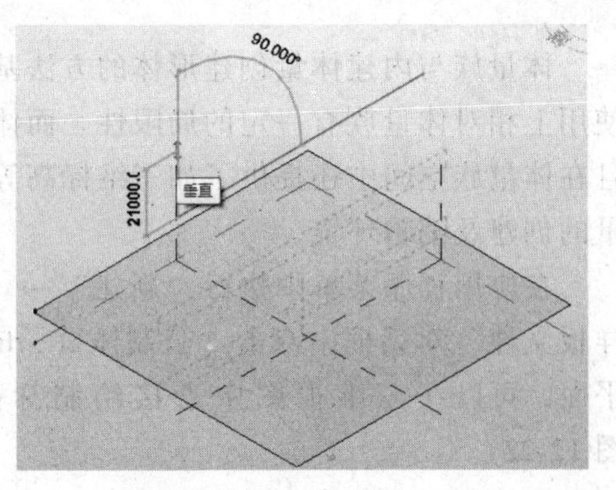

图 12-24　复制三维标高

例如，在 F1 平面视图中使用“绘制”面板中的“通过点的样条曲线”工具绘制了如图 12-25a 所示的样条曲线。如需以该样条曲线作为路径创建放样实体，则需要在样条曲线的关键点处绘制轮廓，可单击“创建”选项卡“工作平面”面板中的“设置”按钮，再单击绘图区域样条曲线上的点，即可将当前工作平面设置为该点上的垂直平面。单击“工作平面”面板中的“显示”按钮，可显示工作平面。此时可使用“绘制”面板中的“线”工具，在该点的工作平面上绘制轮廓，如图 12-25b、c 所示。选择样条曲线，并按<Ctrl>键多选该样条曲线上

的所有轮廓，单击“创建”选项卡“形状”面板中的“创建形状”按钮，直接创建实心形状，如图 12-25d 所示。选择该体量，单击“修改 | 形式”上下文选项卡“形状图元”面板中的“透视”按钮，在绘图区域中选择路径上的某参照点，并通过拖拽调整其位置，即可实现修改路径，从而达到修改形体的目的，如图 12-26 所示。

完成的项目文件见随书光盘中的“第 12 章\体量族-完成 . rfa”。

【注】 在概念设计环境的三维工作空间中，“创建”选项卡“绘制”面板中的“点图元”工具提供特定的参照位置。通过放置这些点，可以设计和绘制线、样条曲线和形状。参照点可以是自由的（未附着）或以某个图元为主体，或者也可以控制其他图元。

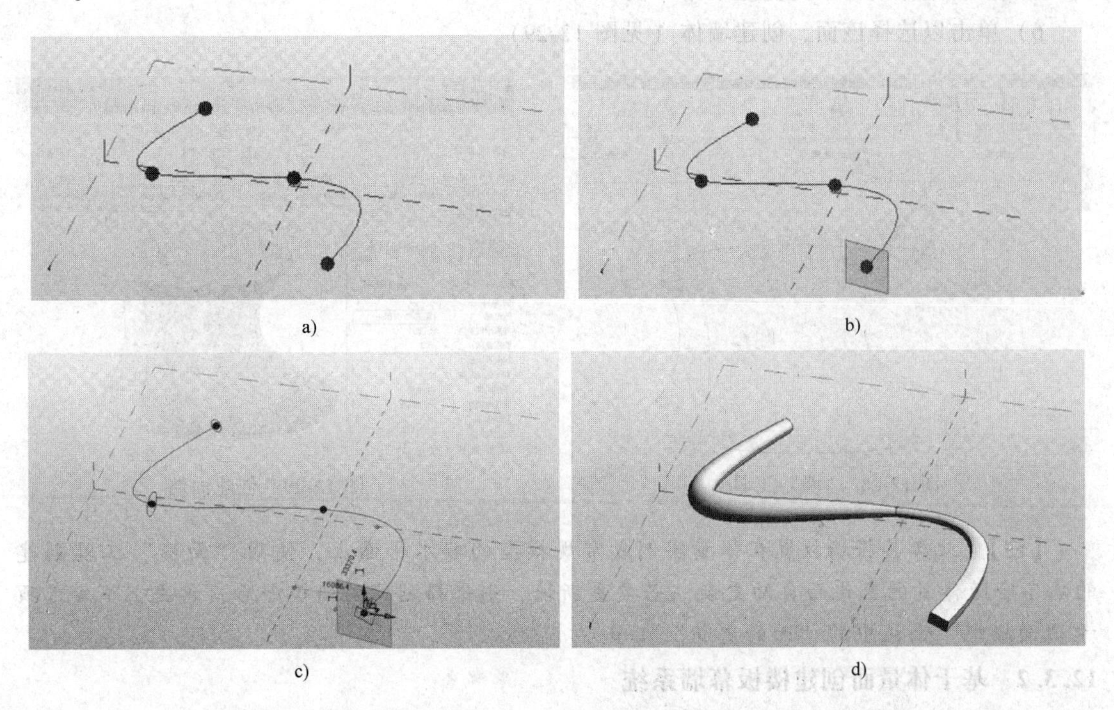

图 12-25　创建形状

3）在绘图区域中单击相应的工作平面，即可将所选的工作平面设置为当前工作平面。

12. 3　基于体量创建设计模型

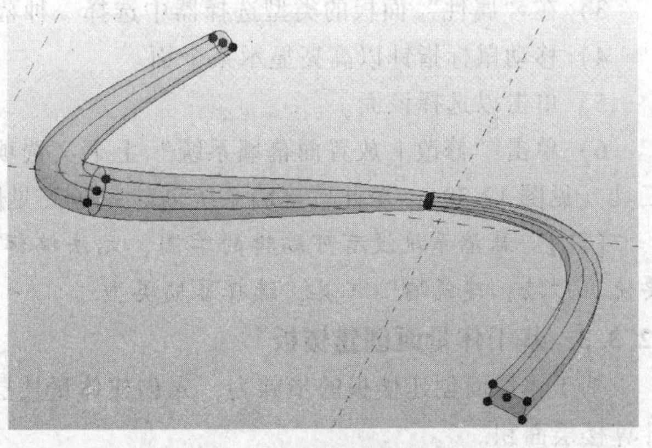

图 12-26　体量上的点

可以在体量面上创建建筑图元，包括墙、楼板、幕墙及屋顶，主要使用“体量和场地”选项卡“面模型”面板中的“幕墙系统”“屋顶”“墙”“楼板”工具（见图 12-27）。

12.3.1 基于体量面创建墙

1）打开显示体量的视图。

2）单击“体量和场地”选项卡“面模型”面板中的“墙”工具（见图 12-28）。

3）在“属性”面板的类型选择器中选择一个墙类型。

4）在“属性”面板或选项栏上，输入所需的标高、高度、定位线等墙的属性值。

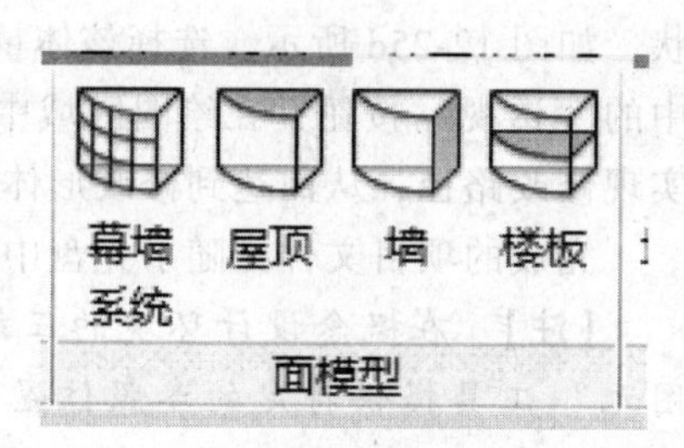

图 12-27 面模型工具

5）移动鼠标指针以高亮显示某个面。

6）单击以选择该面，创建墙体（见图 12-29）。

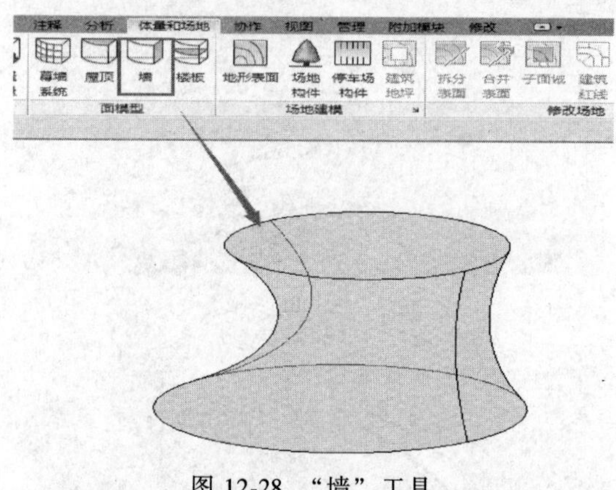

图 12-28 “墙”工具

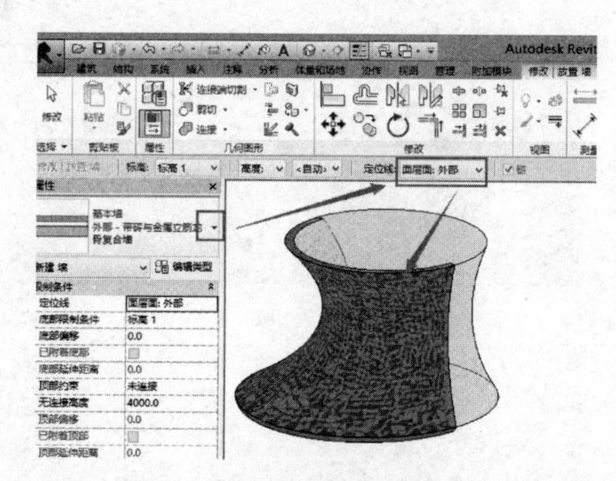

图 12-29 创建面墙

【注】 此工具将墙放置在体量实例或常规模型的非水平面上，使用“面墙”工具创建的墙不会随体量的变化而自动更新。若要更新墙，则选择创建的墙模型后，单击上下文选项卡“面模型”面板中的“面的更新”工具。

12.3.2 基于体量面创建楼板幕墙系统

1）打开显示体量的视图。

2）单击“体量和场地”选项卡“面模型”面板中的“幕墙系统”工具。

3）在“属性”面板的类型选择器中选择一种幕墙系统类型。

4）移动鼠标指针以高亮显示某个面。

5）单击以选择该面。

6）单击“修改 | 放置面幕墙系统”上下文选项卡“多重选择”面板中的“创建系统”工具（见图 12-30）。至此，幕墙系统创建完毕（见图 12-31）。

【注】 幕墙系统没有可编辑的草图，无法编辑幕墙系统的轮廓。如果要编辑轮廓，需要使用“墙：建筑墙”工具，选择幕墙类型。

12.3.3 基于体量面创建楼板

基于体量面创建楼板的步骤为：先创建体量楼层，再创建楼板。体量楼层在体量实例中计算楼层面积。

1）创建体量楼层。打开显示概念体量模型的视图，选择体量，单击“修改 | 体量”上

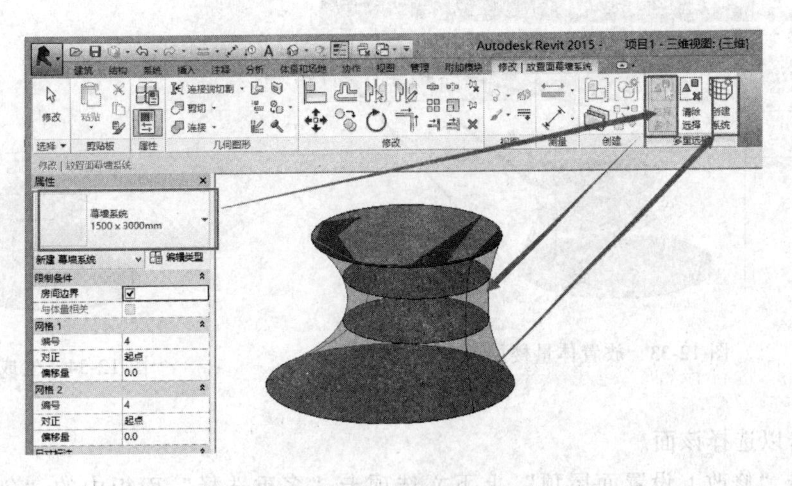

图 12-30 创建幕墙系统

下文选项卡“模型”面板中的“体量楼层”工具。在弹出的“体量楼层”对话框中，勾选要创建体量楼层的标高，单击“确定”按钮（见图 12-32）。

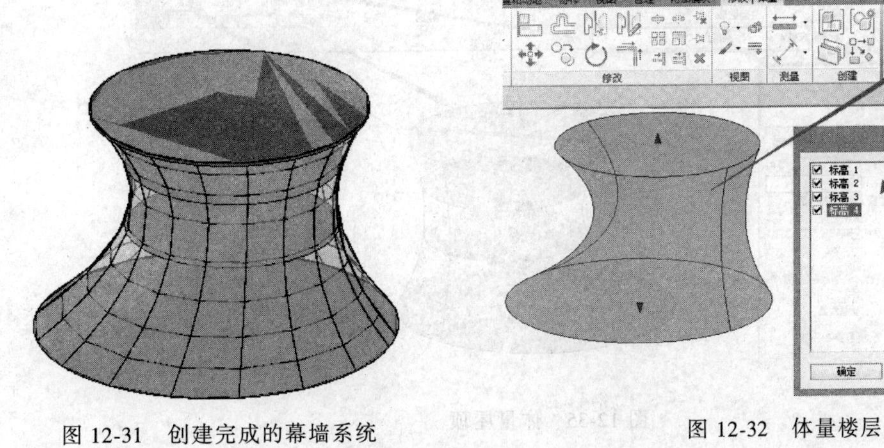

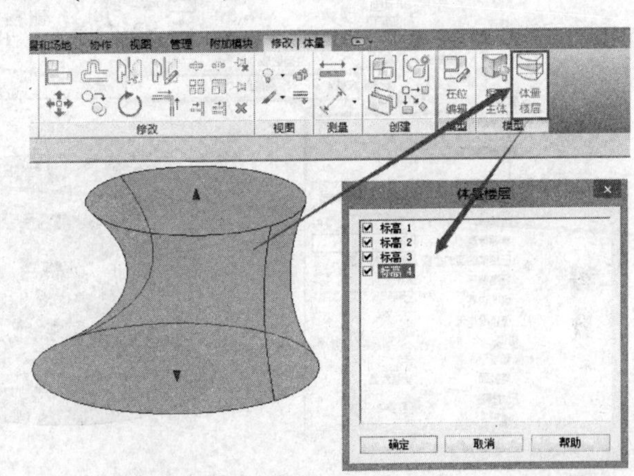

图 12-31 创建完成的幕墙系统

图 12-32 体量楼层

2）单击“体量和场地”选项卡“面模型”面板中的“楼板”工具。

3）在“属性”面板的类型选择器中，选择一种楼板类型。

4）移动鼠标指针以高亮显示某一个“体量楼层”。

5）单击以选择“体量楼层”。

6）单击“修改 | 放置面楼板”上下文选项卡“多重选择”面板中的“创建楼板”工具（见图 12-33）。至此，楼板创建完毕（见图 12-34）。

12.3.4 基于体量面创建屋顶

1）打开显示体量的视图。

2）单击“体量和场地”选项卡“面模型”面板中的“屋顶”工具。

3）在“属性”面板的类型选择器中，选择一种屋顶类型。

4）移动鼠标指针以高亮显示某个面。

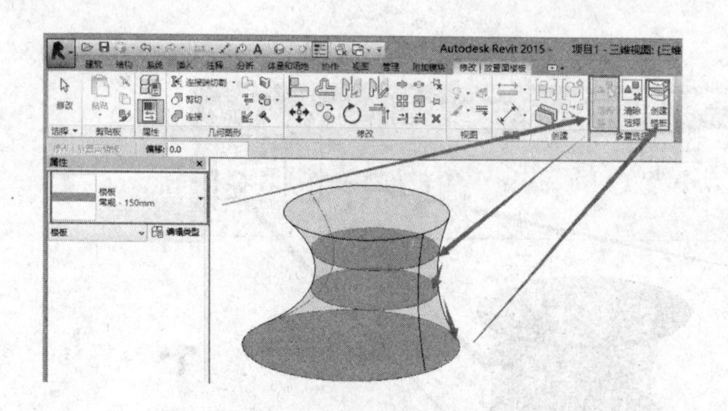

图 12-33　放置体量楼层

图 12-34　生成楼板

5）单击以选择该面。

6）单击“修改 | 设置面屋顶”上下文选项卡“多重选择”面板中的“创建屋顶”工具（见图 12-35）。至此，屋顶创建完毕（见图 12-36）。

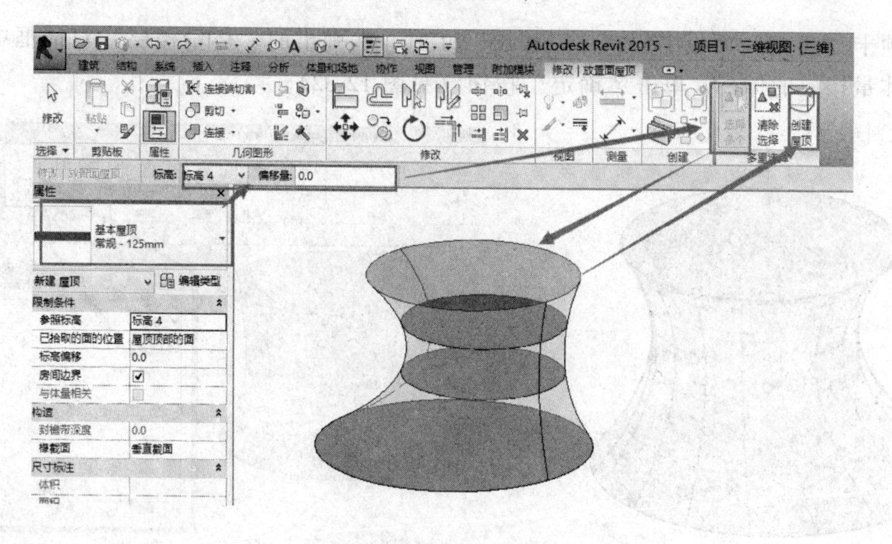

图 12-35　体量屋顶

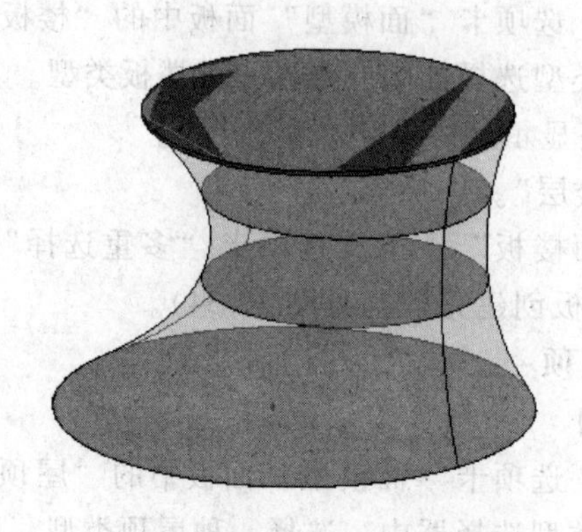

图 12-36　生成屋顶

12.4　幕墙系统案例

幕墙系统同幕墙一样，由嵌板、幕墙网格和竖梃组成，但它通常是由曲面组成的，如图12-37所示。在创建幕墙系统之后，可以使用与幕墙相同的方法添加幕墙网格和竖梃。幕墙系统的创建是建立在“体量面”的基础上的。

图12-37　幕墙系统

12.4.1　创建体量面

1）双击Revit 2016图标，基于系统自带的“建筑样板”新建一个项目文件。

2）进入“标高1”楼层平面视图，单击“体量和场地”选项卡中的“内建体量”工具，在弹出的“名称”对话框中输入自定义的体量名称（如“幕墙系统”），单击“确定”按钮。进入体量编辑器。

3）在“绘制”面板中选择“样条曲线”工具，然后绘制一条样条曲线。再双击项目浏览器中的“标高2”，打开“标高2”平面视图，在“绘制”面板中选择“直线”工具，绘制一条直线（见图12-38）。

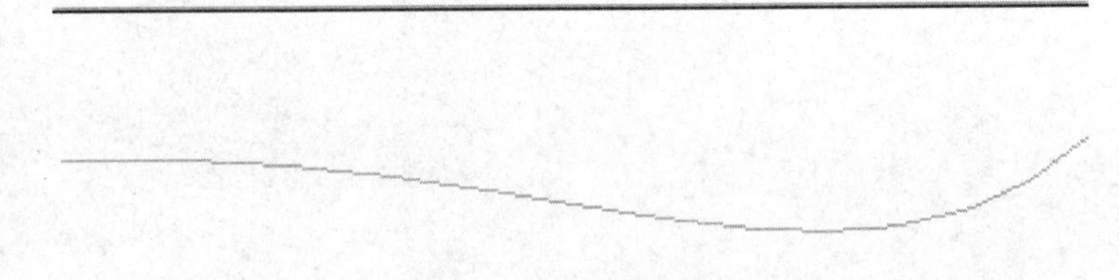

图12-38　绘制的线

4）打开三维视图，选择绘制完成的样条曲线和直线，单击上下文选项卡“形状”面板中的“创建形状”下拉按钮，在下拉菜单中选择“实心形状”工具（见图12-39），单击“完成体量”按钮（见图12-40）。形成的幕墙体量面如图12-41所示。

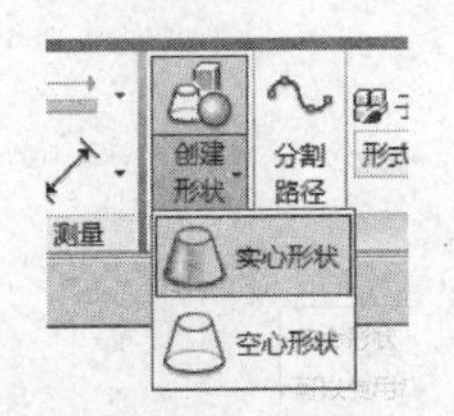

图12-39　“实心形状”工具

图12-40　完成体量

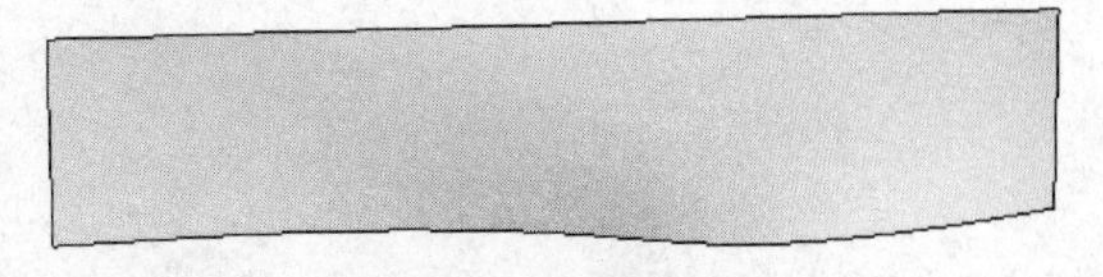

图12-41　幕墙体量面

12.4.2　在体量面上创建幕墙系统

1）单击“体量和场地”选项卡“面模型”面板中的“幕墙系统”工具。

2）在“属性”面板中看到系统默认的幕墙系统是“幕墙系统 1500mm×3000mm”（见图 12-42）。单击“编辑类型”按钮，弹出“类型属性”对话框，从中可以看出该幕墙系统是按照 1500mm×3000mm 分格的。单击“确定”按钮退出“类型属性”对话框。

3）移动鼠标指针至体量面上，该体量面高亮显示。

4）单击以选择该面。

5）单击“修改 | 放置面幕墙系统”上下文选项卡“多重选择”面板中的“创建系统”按钮（见图 12-43）。至此，幕墙系统创建完毕，如图 12-44 所示。

创建完成的幕墙系统见随书光盘中的“第 12 章 \ 幕墙系统-完成 .rvt”。

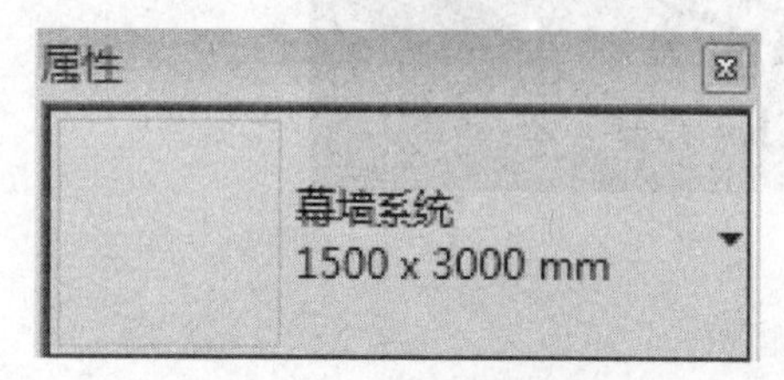

图 12-42　默认的幕墙系统

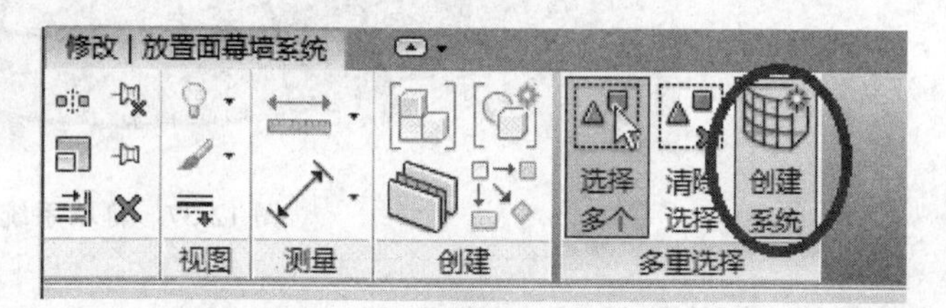

图 12-43　创建体量

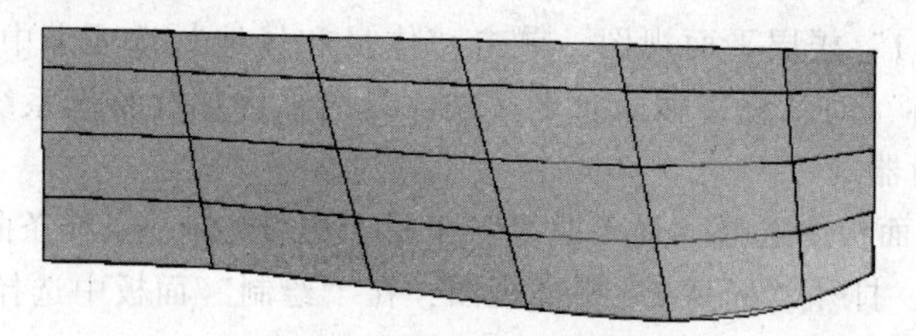

图 12-44　创建完成的幕墙系统

第 2 篇　Revit 模型应用

第 13 章　房间和面积

房间是基于图元（如墙、楼板、屋顶和顶棚）对建筑模型中的空间进行细分的部分。只可在平面视图中放置房间。

13.1　引例：房间和面积

13.1.1　房间与房间标记

1）打开随书光盘中的“第 10 章\4 引例-场地构件完成 . rvt”，进入 F3 平面视图。

2）以放置 F3 房间为例：

① 单击“建筑”选项卡“房间和面积”面板中的“房间”工具，在“属性”面板的“名称”栏中填写“教师办公”（见图 13-1），将鼠标指针移至教师办公用房处单击，可生成“教师办公”房间（见图 13-2）。

② 同理，标注“教室（120 人）”“答疑室”“卫生间”“男厕”“女厕”。

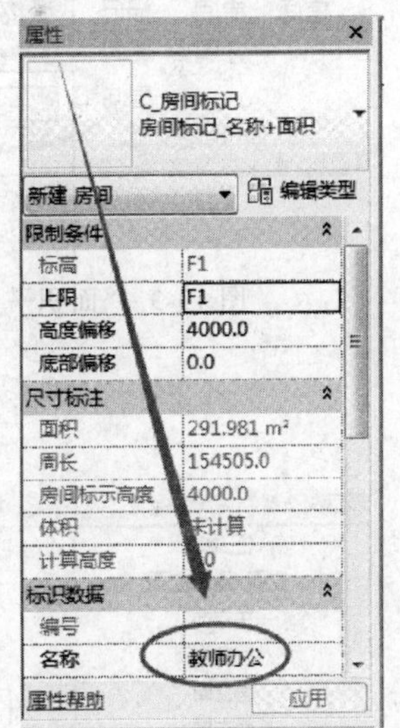

图 13-1　设置房间名称

13.1.2　房间面积

面积分析：创建总建筑面积平面。

1）单击“建筑”选项卡“房间和面积”面板中的“面积”下拉按钮，在下拉菜单中选择“面积平面”工具（见图 13-3）；在弹出的“新建面积平面”对话框内，“类型”选择“总建筑面积”，选择 F3，单击“确定”按钮（见图 13-4）；在弹出的对话框中，单击“是”按钮。在项目浏览器中会自动创建“面积平面（总建筑面积）”视图（见图 13-5）。

2）进入 F3 面积平面（总建筑面积）视图，单击“建筑”选项卡“房间和面积”面板中的“标记面积”下拉按钮，在下拉菜单中选择“标记面积”工具，标注三层的建筑面积（见图 13-6）。

【注】 在面积平面视图中，紫色线为面积边界线。可单击“房间和面积”面板中的“面积边界”工具，修改或绘制面积边界。

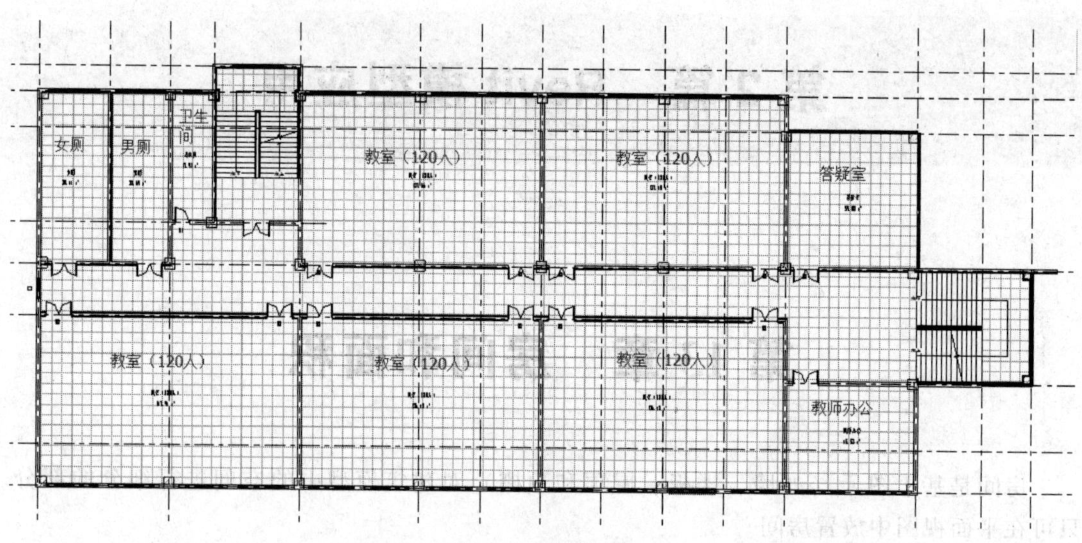

图 13-2 房间标注

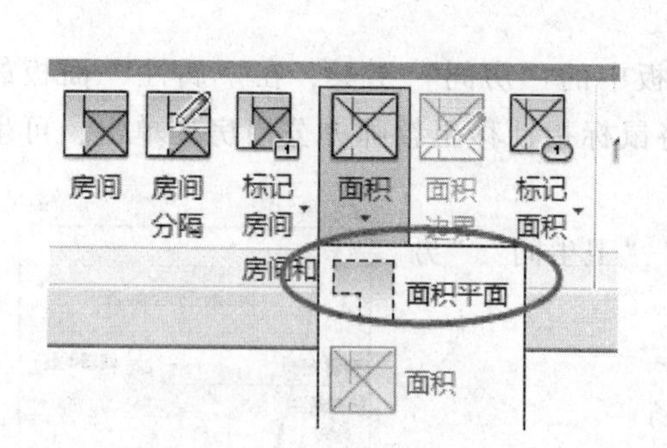

图 13-3 “面积平面”工具

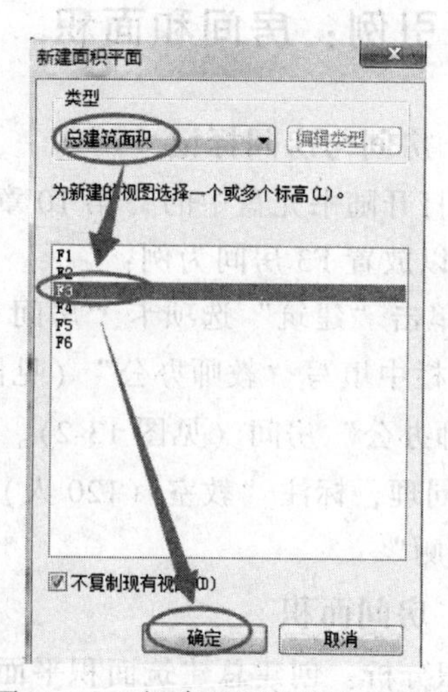

图 13-4 “新建面积平面”对话框

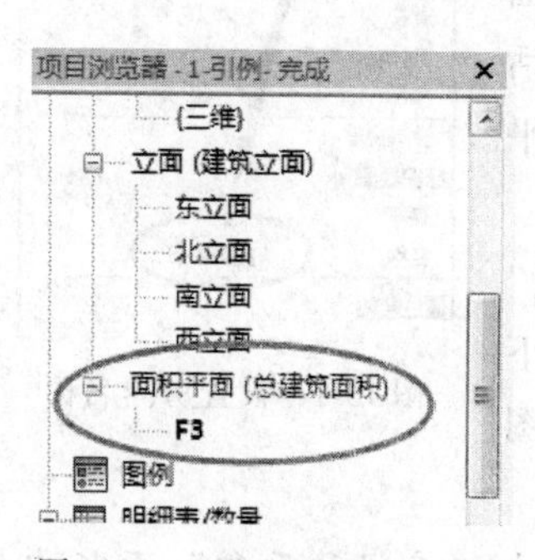

图 13-5 “面积平面”（总建筑面积）视图

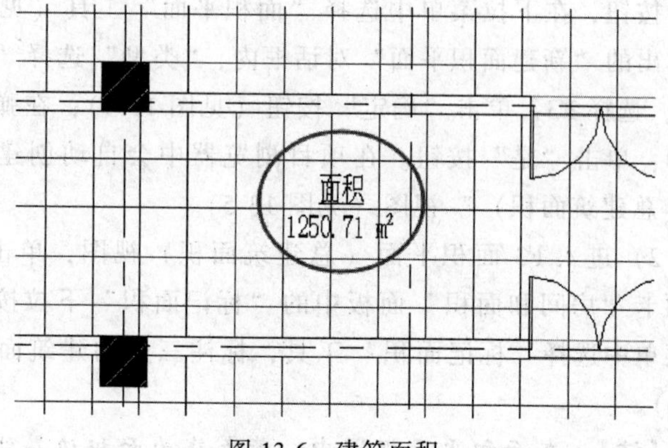

图 13-6 建筑面积

创建完成的项目文件见随书光盘中的“第 13 章 \ 1-引例-房间完成 . rvt”。

13.1.3　房间颜色填充

1）创建颜色填充视图：

① 打开随书光盘中的“第 13 章 \ 1-引例-房间完成 . rvt”。

② 在楼层平面 F3 上单击鼠标右键，在弹出的快捷菜单中选择“复制视图”→“带细节复制”命令（见图 13-7）。在新复制出的视图名称上单击鼠标右键，在弹出的快捷菜单中选择“重命名”命令，命名为“F3 颜色填充”，单击“确定”按钮。

③ 进入“F3 颜色填充”楼层平面视图。从键盘中输入“VV”执行“可见性”快捷命令；在“模型类别”选项卡下，取消勾选“植物”和“环境”两个复选框（见图 13-8）；同理，在“注释类别”选项卡下，取消勾选“剖面”“参照平面”“立面”“轴网”4 个复选框；单击“确定”按钮退出可见性选项对话框。

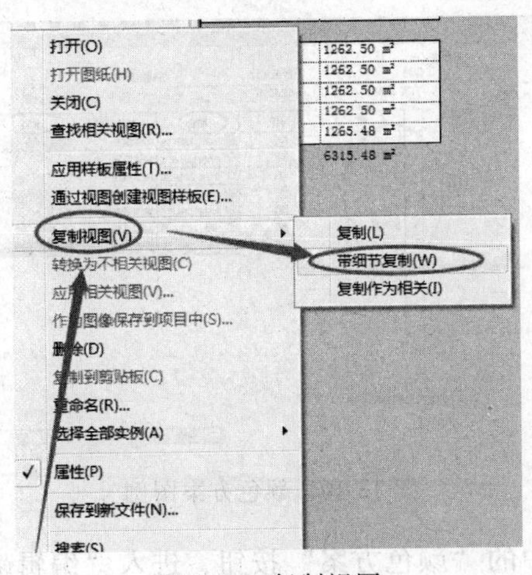

图 13-7　复制视图

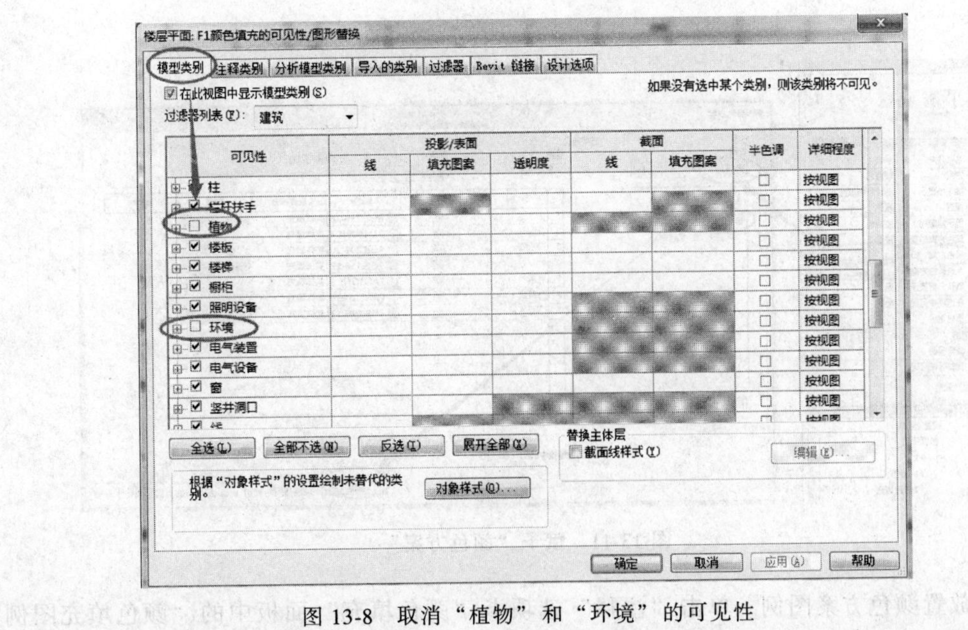

图 13-8　取消“植物”和“环境”的可见性

2）应用颜色方案：

① 单击“建筑”选项卡“房间和面积”面板上的下拉箭头，选择“颜色方案”工具（见图 13-9），可以看到已经生成“按房间名称”的颜色方案图例（见图 13-10）。

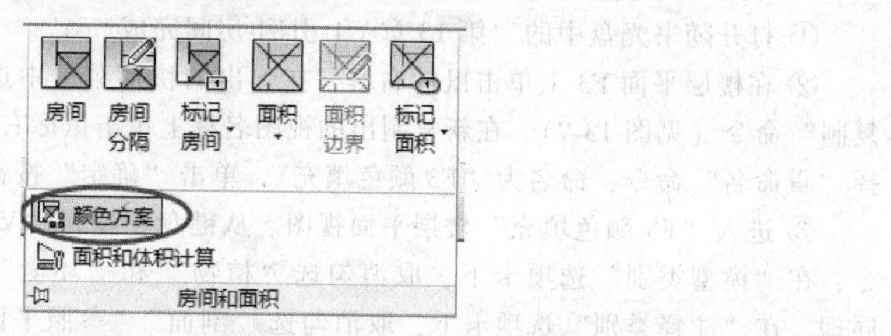

图 13-9 “颜色方案”工具

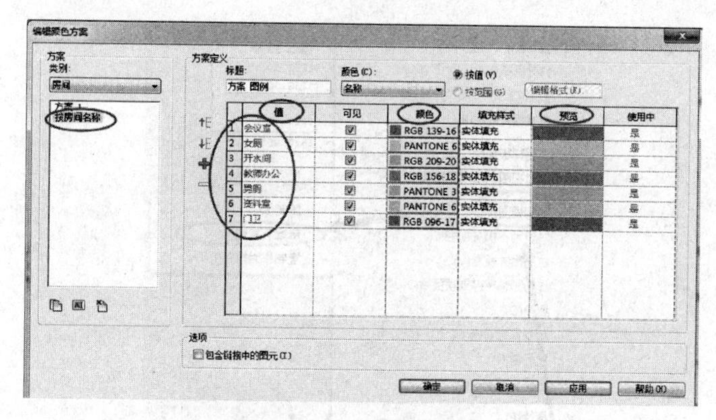

图 13-10 颜色方案图例

② 单击“属性”面板中的“颜色方案”按钮，进入“编辑颜色方案”对话框，将“类别”改为“房间”，选择“按房间名称”，单击“确定”按钮，得到如图 13-11 所示的颜色填充方案。

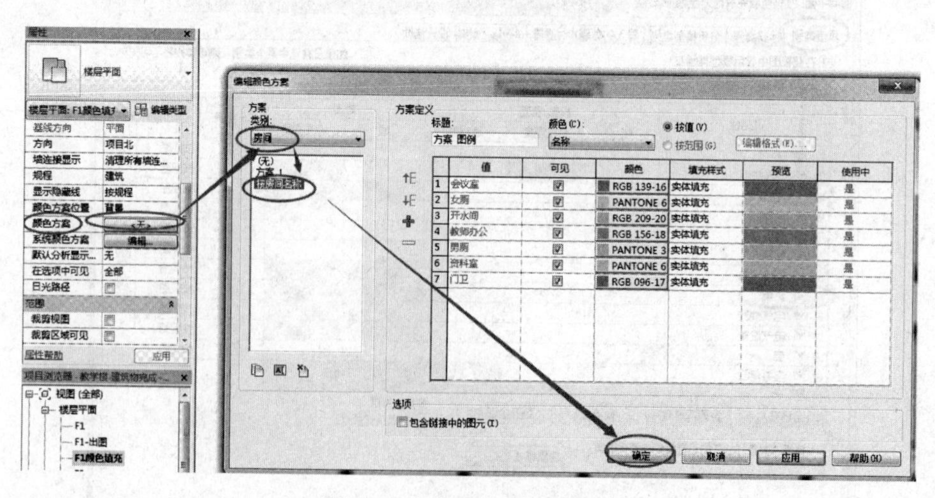

图 13-11 赋予“颜色方案”

3）放置颜色方案图例。单击“注释”选项卡“颜色填充”面板中的“颜色填充图例”

命令，移动鼠标指针至绘图区域，单击鼠标左键放置“颜色填充图例”（见图 13-12）。

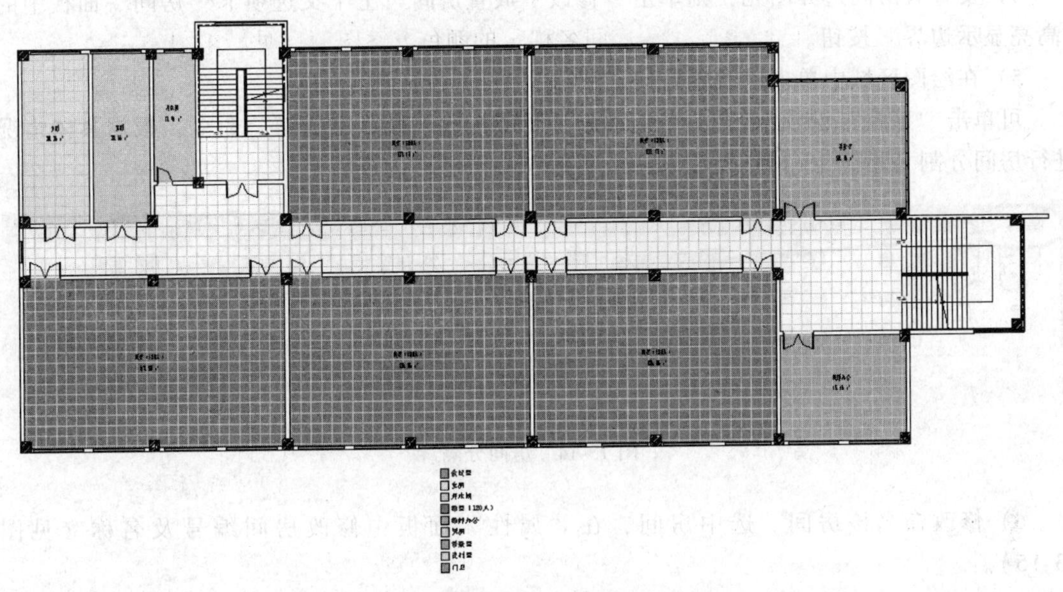

图 13-12　颜色填充

完成的项目文件见随书光盘中的“第 13 章 \ 2-引例-房间颜色图例完成 . rvt”。

13. 2　房间和房间标记

13. 2. 1　创建房间和房间标记

1）打开平面视图。

2）单击“建筑”选项卡“房间和面积”面板中的“房间”工具。

3）确保“修改 | 放置房间”上下文选项卡“标记”面板中的“在放置时进行标记”按钮处于被选中状态，在选项栏上执行以下操作（见图 13-13）。

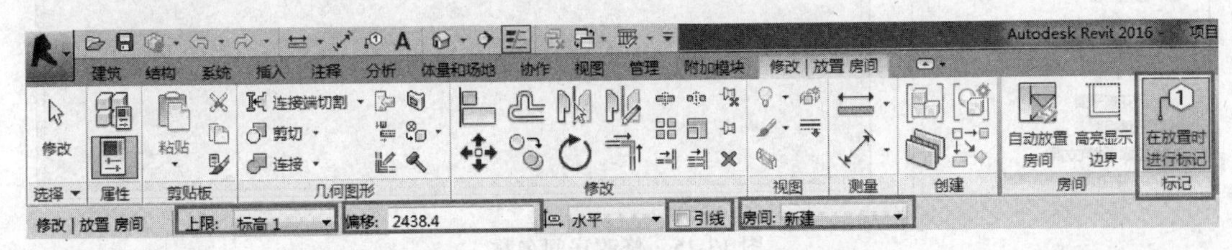

图 13-13　“修改 | 放置房间”上下文选项卡

①“上限”：指定将从其测量房间上边界的标高。例如，如果要向标高 1 楼层平面添加一个房间，并希望该房间从标高 1 扩展到标高 2 或标高 2 上方的某个点，则可将“上限”指定为“标高 2”。

②“偏移”：房间上边界距该标高的距离。输入正值表示向“上限”标高上方偏移，输入负值表示向其下方偏移。指明所需的房间标记方向。

③“引线”：要使房间标记带有引线，则勾选此复选框。

④“房间”：选择“新建”创建新房间，或者从下拉列表框中选择一个现有房间。

4）要查看房间边界图元，则单击“修改 | 放置房间”上下文选项卡“房间”面板中的“高亮显示边界”按钮。

5）在绘图区域中单击以放置房间。

可单击“建筑”选项卡“房间和面积”面板中的“房间　分隔”命令，根据具体情况进行房间分割（见图 13-14）。

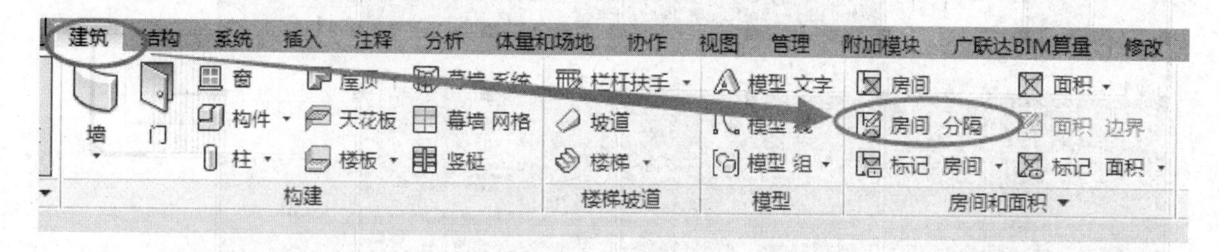

图 13-14　房间分隔

6）修改命名该房间。选中房间，在“属性”面板中修改房间编号及名称（见图 13-15）。

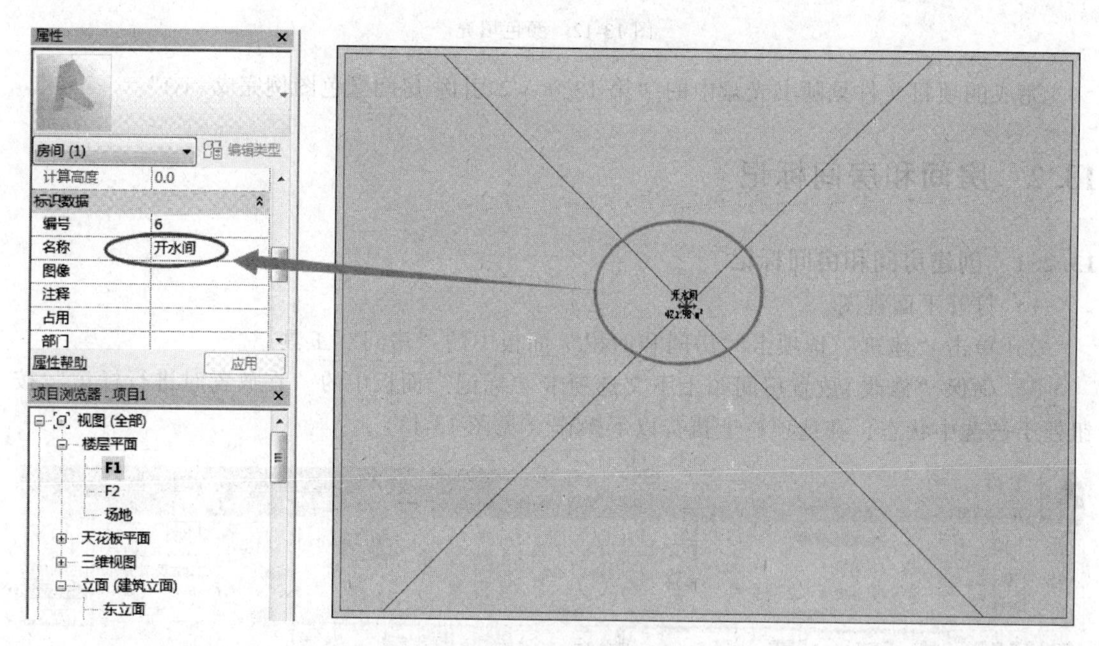

图 13-15　修改房间名称

如果将房间放置在边界图元形成的范围之内，则该房间会充满该范围。也可以将房间放置到自由空间或未完全闭合的空间，稍后在此房间的周围绘制房间边界图元。添加边界图元时，房间会充满边界。

13.2.2　房间颜色方案

可以根据特定值或值范围，将颜色方案应用于楼层平面视图和剖面视图。可以向每个视图应用不同的颜色方案。

使用颜色方案可以将颜色和填充样式应用到以下对象中：房间、空间、面积（可出租）、面积（总建筑面积）。

【注意】 要使用颜色方案，必须先在项目中定义房间或面积。

1）单击“建筑”选项卡“房间和面积”面板中的下拉箭头，选择“颜色方案”工具（见图 13-16）。打开“编辑颜色方案”对话框。

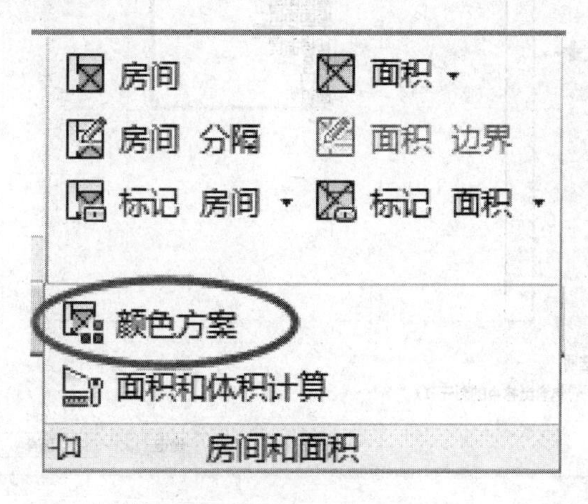

图 13-16 “颜色方案”工具

2）在“方案”选项区中，在“类别”下拉列表框中选择“房间”选项，复制颜色方案 1 并命名为“房间颜色按名称”（见图 13-17）。

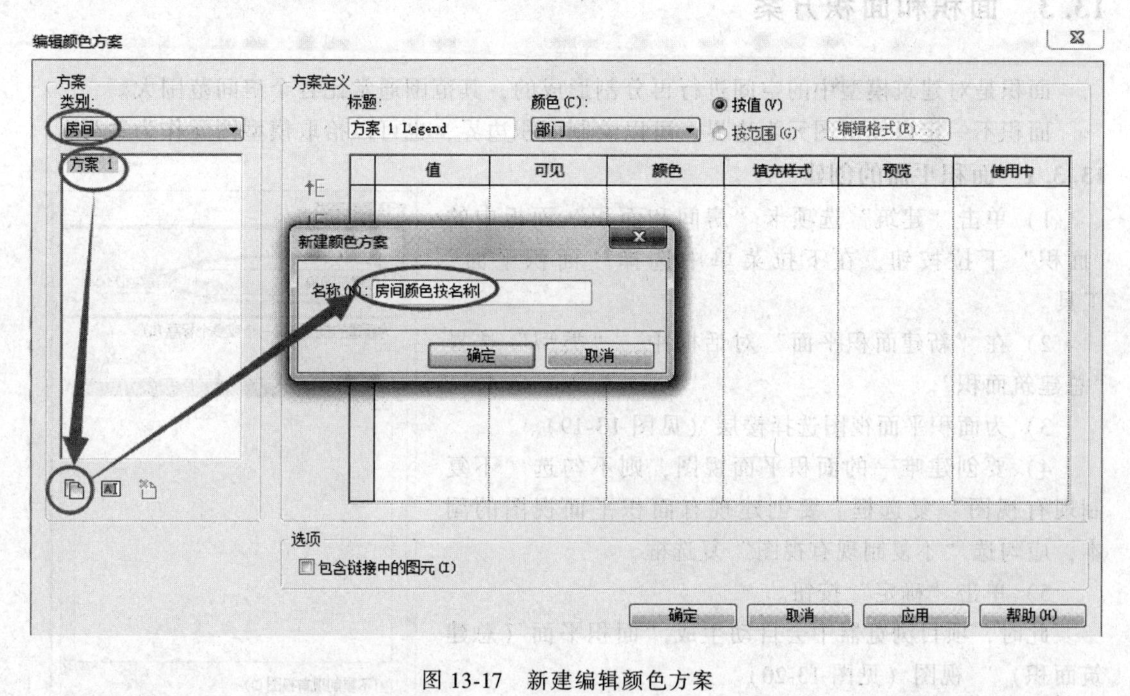

图 13-17 新建编辑颜色方案

3）方案“标题”改为“按名称”，“颜色”选择“名称”，完成房间颜色方案编辑，单击“确定”按钮（见图 13-18）。

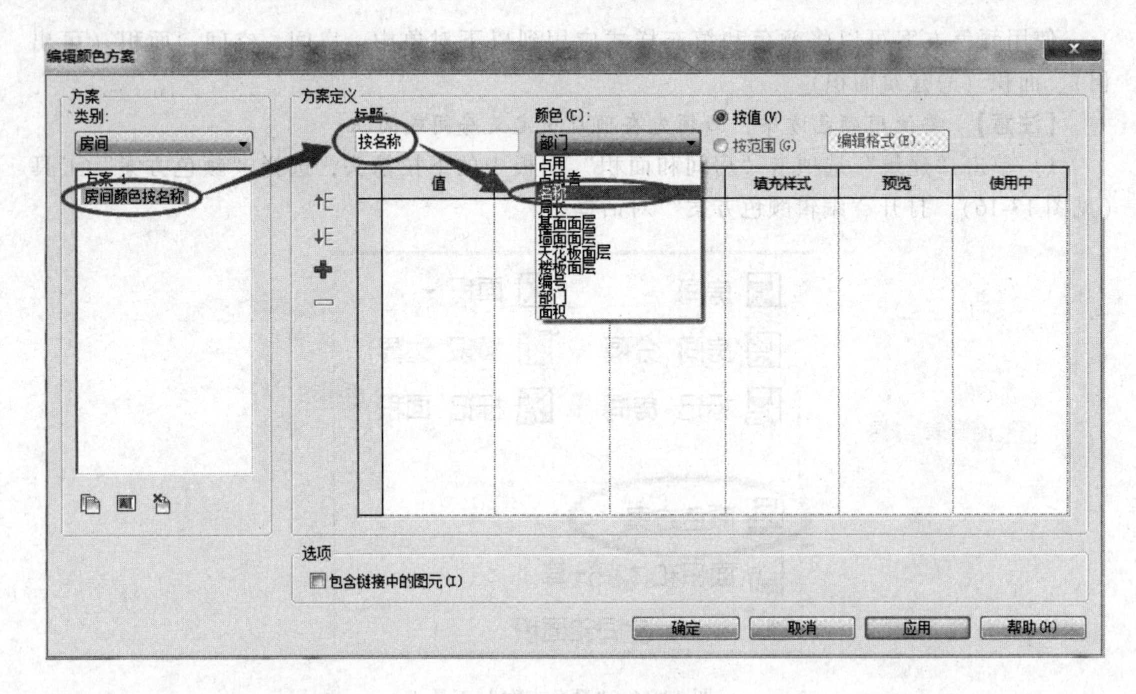

图 13-18　编辑颜色方案

13.3　面积和面积方案

面积是对建筑模型中的空间进行再分割形成的，其范围通常比各个房间范围大。

面积不一定以模型图元为边界。可以绘制面积边界，也可以拾取模型图元作为边界。

13.3.1　面积平面的创建

1）单击“建筑”选项卡“房间和面积”面板中的“面积”下拉按钮，在下拉菜单中选择“面积平面”工具。

2）在“新建面积平面”对话框中，“类型”选择“总建筑面积”。

3）为面积平面视图选择楼层（见图 13-19）。

4）要创建唯一的面积平面视图，则不勾选“不复制现有视图”复选框。要创建现有面积平面视图的副本，应勾选“不复制现有视图”复选框。

5）单击“确定”按钮。

此时，项目浏览器中会自动生成“面积平面（总建筑面积）”视图（见图 13-20）。

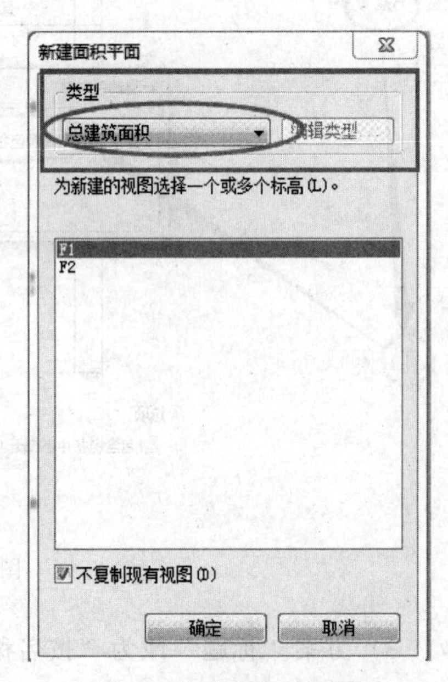

图 13-19 新建面积平面

13.3.2　定义面积边界

定义面积边界，类似于房间分割，将视图分割成一个个面积区域。

1）打开一个“面积平面”视图。

2）单击“建筑”选项卡“房间和面积”面板中的“面积 边界”工具（见图 13-21）。

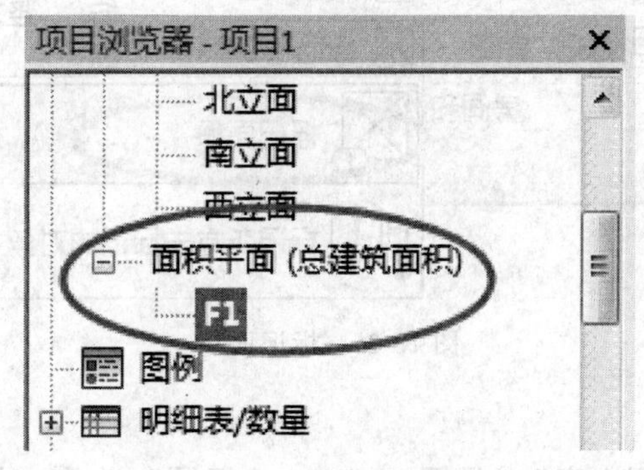

图 13-20　生成的面积平面

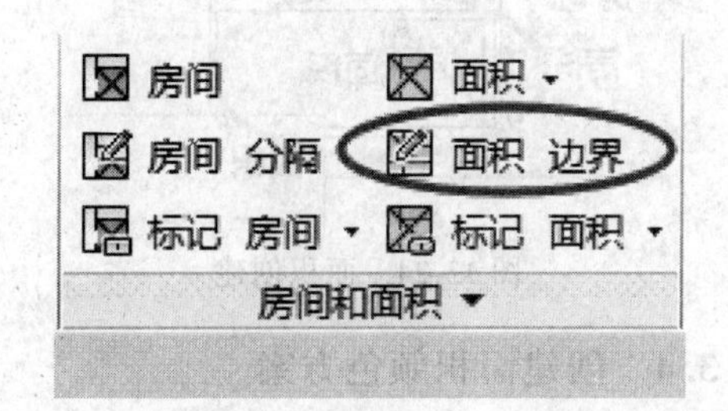

图 13-21　“面积 边界”工具

3）绘制或拾取面积边界（使用“拾取线”来应用面积规则）。

拾取面积边界：单击“修改 | 放置　面积边界”上下文选项卡“绘制”面板中的“拾取线”工具（该项为默认值）（见图 13-22）。如果不希望 Revit 应用面积规则，则在选项栏上取消勾选“应用面积规则”复选框，并指定偏移量（见图 13-23）。注意，如果应用了面积规则，则面积标记的面积类型参数将会决定面积边界的位置。必须将面积标记放置在边界以内才能改变面积类型。

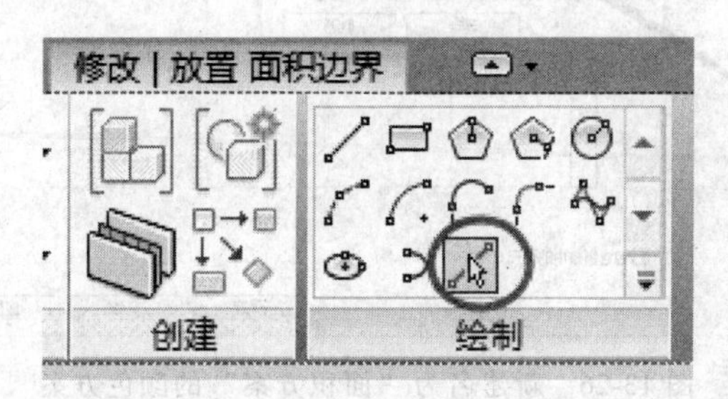

图 13-22　“拾取线”工具

图 13-23　不勾选“应用面积规则”复选框

4）选择边界的定义墙。

绘制面积边界：在“修改 | 放置　面积边界”上下文选项卡的“绘制”面板中选择一个绘制工具。使用绘制工具完成边界的绘制。

13.3.3　面积的创建

1）面积边界定义完成之后，进行面积的创建，面积的创建方法同房间的创建。单击“建筑”选项卡“房间和面积”面板中的“面积”工具（见图 13-24）。

2）创建面积标签，单击“房间和面积”面板中的“标记　面积”下拉按钮，在下拉菜单中选择“标记面积”工具，直接放置（见图 13-25）。

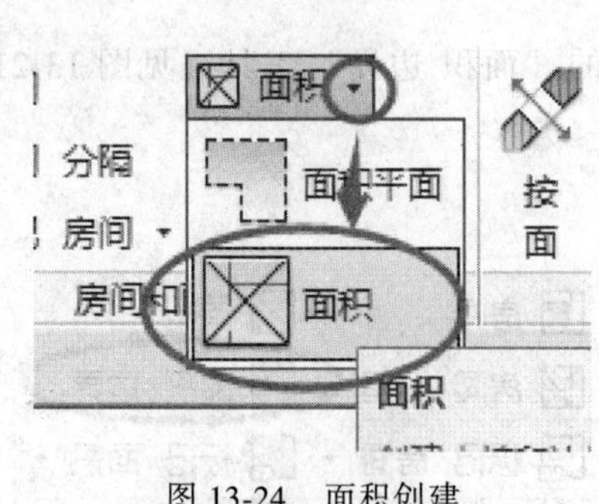

图 13-24　面积创建

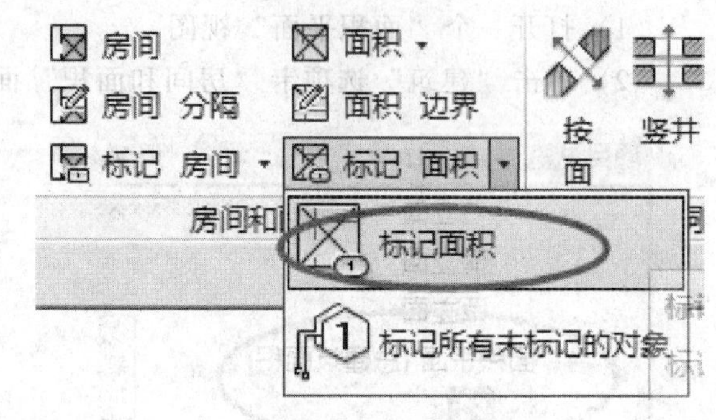

图 13-25　标记面积

13.3.4　创建面积颜色方案

方法同房间颜色方案，新建颜色方案为“面积方案”（见图 13-26）。“标题”改为“按净面积”，“颜色”设置为“面积”（见图 13-27）。

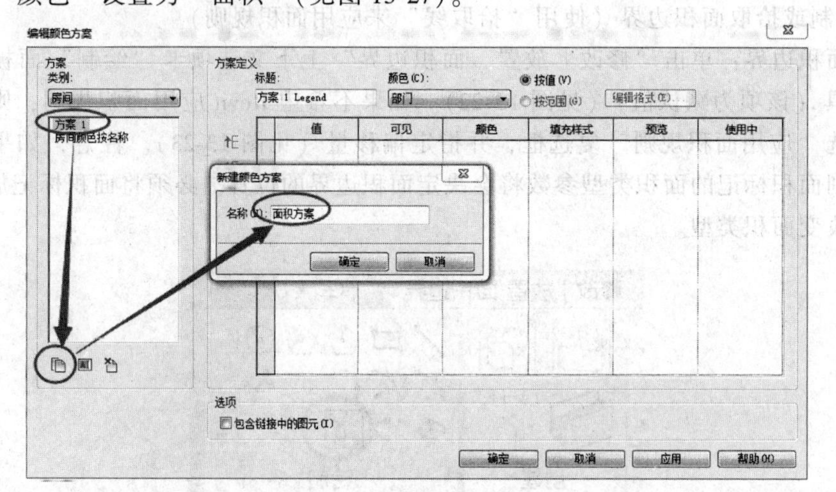

图 13-26　新建名为“面积方案”的颜色方案

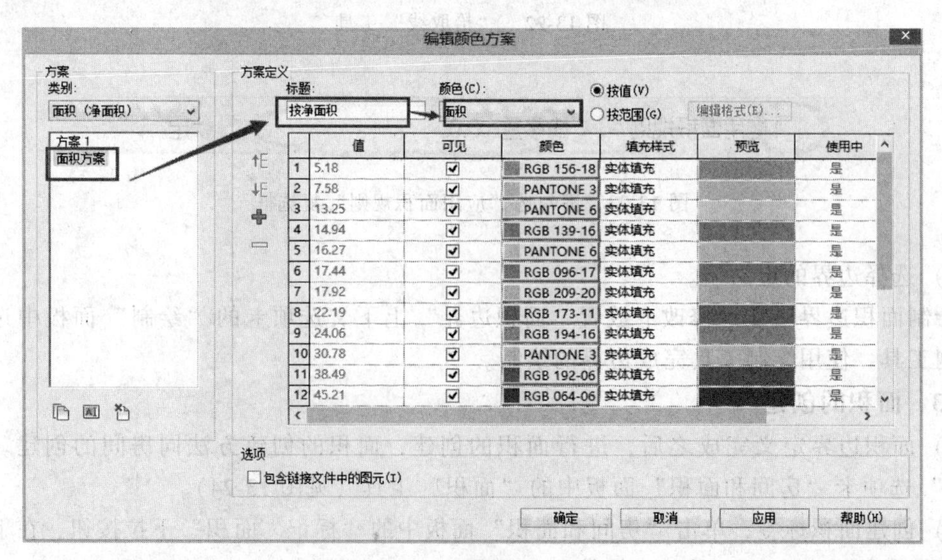

图 13-27　编辑颜色方案

13.4　在视图中进行颜色方案的放置

13.4.1　放置“房间”颜色方案

1）转到“楼层平面”视图，单击“注释”选项卡“颜色填充”面板中的“颜色填充图例”工具（见图 13-28）。

2）在视图空白区域单击，在弹出的“选择空间类型和颜色方案”对话框中，设置“空间类型”为“房间”，“颜色方案”选择事先编辑好的颜色方案，单击“确定”按钮，完成“房间”颜色方案（见图 13-29）。

图 13-28　“颜色填充图例”工具

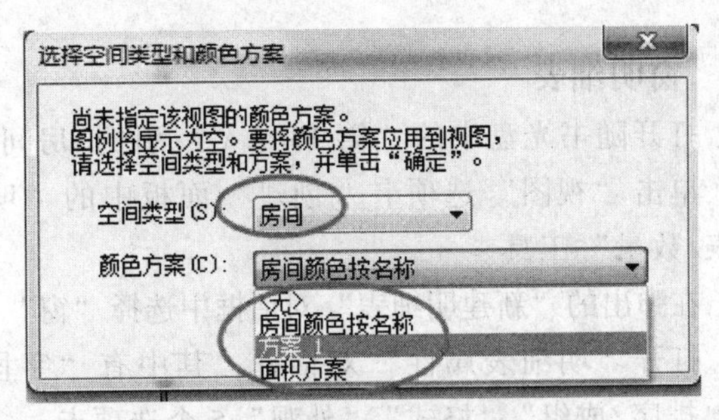

图 13-29　选择空间类型和颜色方案

13.4.2　放置“面积”颜色方案

1）转到“面积平面”视图，单击“注释”选项卡“颜色填充”面板中的“颜色填充图例”工具。

2）在视图空白区域单击，在弹出的“选择空间类型和颜色方案”对话框中，设置“空间类型”为“面积（总建筑面积）”，“颜色方案”选择事先编辑好的颜色方案，单击“确定”按钮，完成“面积”颜色方案。

第 14 章　工程量计算

14.1　引例：工程量计算

14.1.1　窗明细表

1）打开随书光盘中的“第 13 章 \ 2-引例-房间填充颜色完成 . rvt”。

2）单击“视图”选项卡“创建”面板中的“明细表”下拉按钮，在下拉菜单中选择“明细表/数量”工具。

3）在弹出的“新建明细表”对话框中选择“窗”类别，单击“确定”按钮（见图 14-1）。

4）打开“明细表属性”对话框，其中有“字段”“过滤器”“排序/成组”“格式”“外观”5 个选项卡。

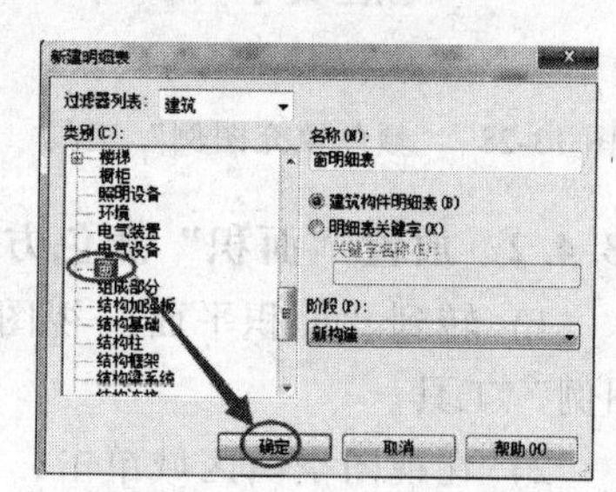

图 14-1　新建窗明细表

5）在“字段”选项卡中，在“可用的字段”列表框中选择“合计”，单击“添加”按钮，“合计”字段会添加到右侧的“明细表字段”列表框中。同理添加“宽度”“底高度”“类型”“高度”。选中某一个明细表字段，单击下方的“上移”或者“下移”按钮，将明细表字段排序为“类型、宽度、高度、底高度、合计”（见图 14-2）。

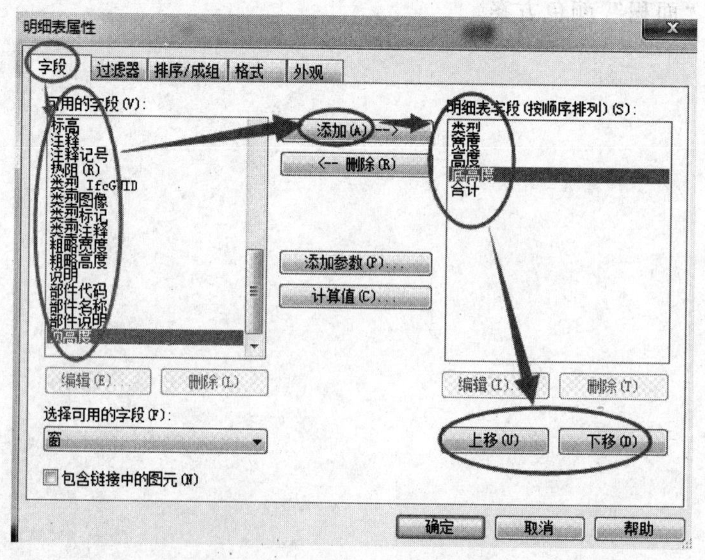

图 14-2　“字段”选项卡编辑

6）单击“排序/成组”，进入“排序/成组”选项卡，“排序方式”设置为“类型”，勾选“总计”复选框，并选择“标题、合计和总数”选项，不勾选“逐项列举每个实例”复选框（见图 14-3）。

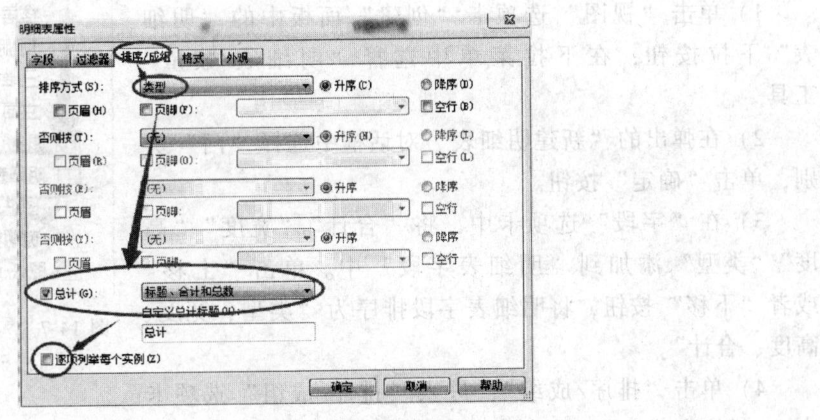

图 14-3　“排序/成组”选项卡编辑

7）单击“格式”，进入“格式”选项卡，单击“字段”列表框中的“合计”，勾选“字段格式”选项区中的“计算总数”复选框（见图 14-4）。

8）单击“外观”，进入“外观”选项卡，取消勾选“数据前的空行”复选框。单击“确定”按钮退出“明细表属性”对话框（见图 14-5）。

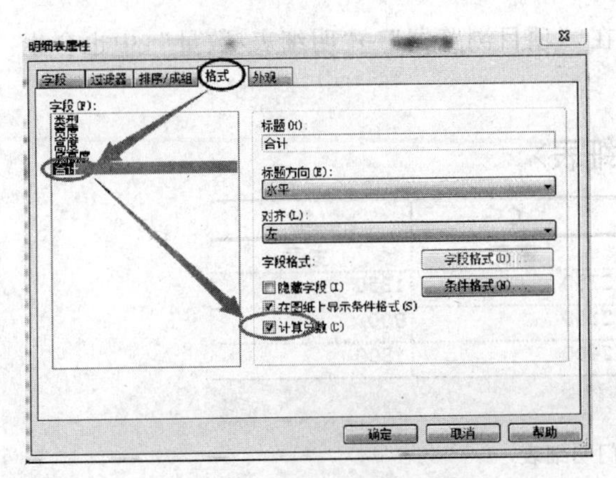

图 14-4　“格式”选项卡编辑

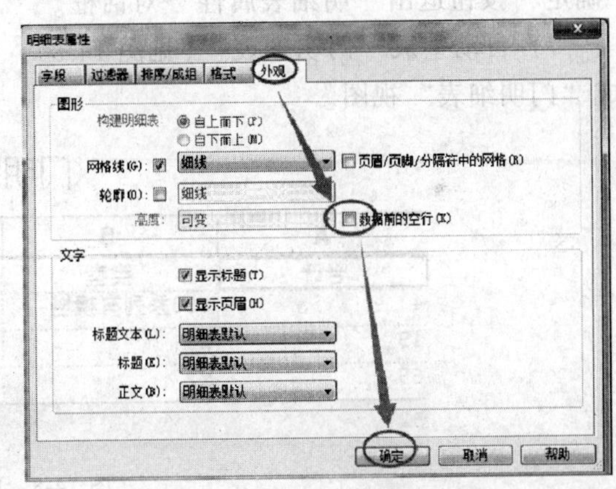

图 14-5　“外观”选项卡编辑

9）自动生成“窗明细表”（见图 14-6）。在“项目浏览器”→“明细表/数量”中也会自动生成“窗明细表”视图（见图 14-7）。

<窗明细表>

A	B	C	D	E
类型	宽度	高度	底高度	合计
C1	3000	2100	900	45
C2	2700	2100	900	80
C3	1200	2500	900	9
总计：134				134

图 14-6　窗明细表

14.1.2　门明细表

同理，创建门明细表：

1）单击“视图”选项卡“创建”面板中的“明细表”下拉按钮，在下拉菜单中选择“明细表/数量”工具。

2）在弹出的“新建明细表”对话框中选择“门”类别，单击“确定”按钮。

3）在“字段”选项卡中，将“合计”“宽度”“高度”“类型”添加到“明细表字段”中。单击“上移”或者“下移”按钮，将明细表字段排序为“类型、宽度、高度、合计”。

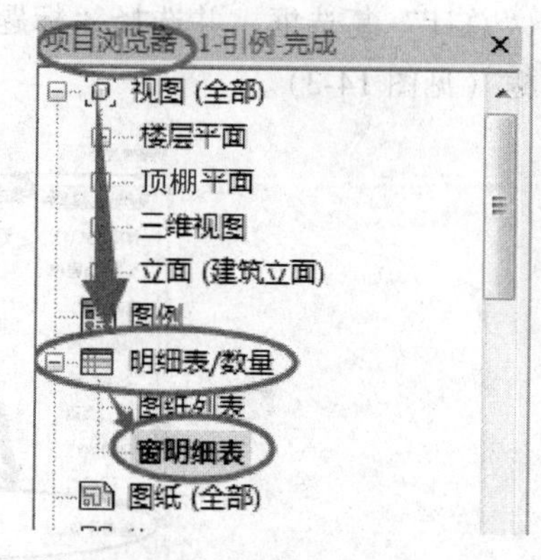

图 14-7　“项目浏览器”中自动生成“窗明细表”视图

4）单击“排序/成组”，进入“排序/成组”选项卡中，“排序方式”设置为“类型”，勾选“总计”复选框，并选择“标题、合计和总数”选项，不勾选“逐项列举每个实例”复选框。

5）单击“格式”，进入“格式”选项卡中，单击“字段”列表框中的“合计”，勾选“字段格式”选项区中的“计算总数”复选框。

6）单击“外观”，进入“外观”选项卡中，取消勾选“数据前的空行”复选框，单击“确定”按钮退出“明细表属性”对话框。

7）自动生成“门明细表”（见图 14-8）。在“项目浏览器”→“明细表/数量”中也会生成“门明细表”视图。

<门明细表>

A	B	C	D
合计	类型	高度	宽度
4	100系列有横档	2750	1350
19	M1	2100	900
69	M2	2400	1800
92			

图 14-8　门明细表

完成的项目文件见随书光盘中的“第 14 章\1-引例-门窗明细表完成 . rvt”。

14.1.3　房间面积明细表

1）单击“视图”选项卡“创建”面板中的“明细表”下拉按钮，在下拉菜单中选择“明细表/数量”工具。

2）在“新建明细表”对话框中选择“房间”类别，单击“确定”按钮。

3）在“字段”选项卡中，将“名称”“编号”“标高”“面积”添加到“明细表字段”中。单击“上移”或者“下移”按钮，将明细表字段排序为“名称、编号、标高、面积”（见图 14-9）。

4）单击“过滤器”，进入“过滤器”选项卡中，“过滤条件”设置为“标高”“等于”“F3”（见图 14-10）。

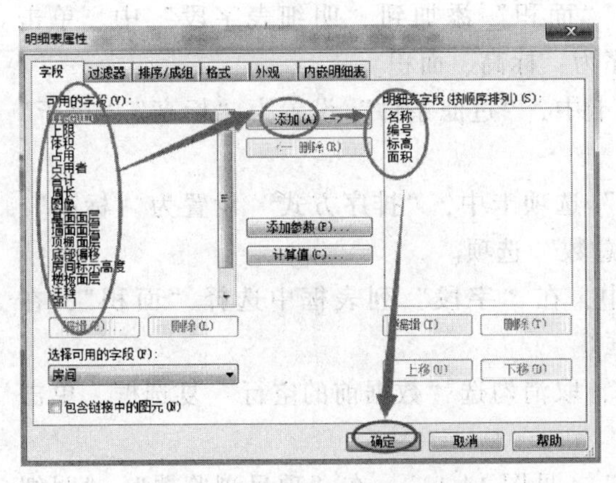

图 14-9　“房间”明细表字段

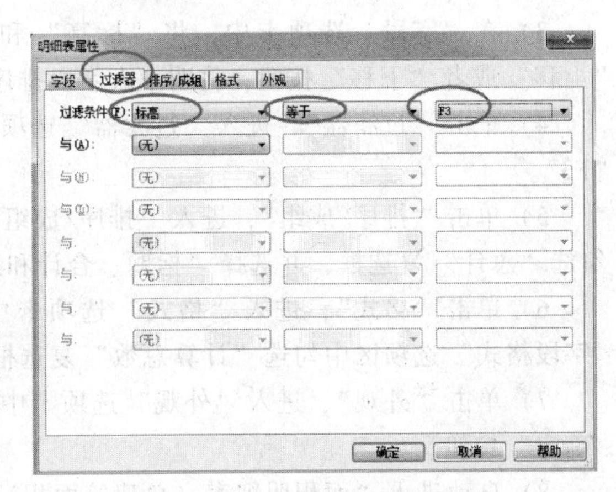

图 14-10　“过滤器”选项卡编辑

5）单击“排序/成组”，进入“排序/成组”选项卡中，“排序方式”设置为“名称”，勾选“总计”复选框，并选择“标题、合计和总数”选项，保证“逐项列举每个实例”复选框处于被勾选状态。

6）单击“格式”，进入“格式”选项卡中，单击“字段”列表框中的“面积”，勾选“字段格式”选项区中的“计算总数”复选框。

7）单击“外观”，进入“外观”选项卡中，取消勾选“数据前的空行”复选框，单击“确定”按钮退出“明细表属性”对话框。

8）自动生成“房间明细表”（见图 14-11）。在“项目浏览器”→“明细表/数量”中也会生成“房间明细表”视图。

<房间明细表>

A	B	C	D
名称	标高	编号	面积
女厕	F3	29	38.36 m²
开水间	F3	30	17.94 m²
教室（120人）	F3	32	147.50 m²
教室（120人）	F3	33	136.06 m²
教室（120人）	F3	34	136.06 m²
教室（120人）	F3	35	137.17 m²
教室（120人）	F3	36	137.47 m²
教师办公	F3	31	45.46 m²
男厕	F3	28	32.66 m²
答疑室	F3	38	58.16 m²
总计：10			886.82 m²

图 14-11　房间明细表

14.1.4　总建筑面积明细表

1）单击“视图”选项卡“创建”面板中的“明细表/数量”工具。

2）在“新建明细表”对话框中选择“面积（总建筑面积）”，单击“确定”按钮（见图 14-12）。

3）在“字段”选项卡中，将“标高”和“面积”添加到“明细表字段”中。单击“上移”或者“下移”按钮，将明细表字段排序为：标高、面积。

4）单击“过滤器”，进入“过滤器”选项卡中，“过滤条件”设置为“标高”“等于”“F3”。

5）单击“排序/成组”，进入“排序/成组”选项卡中，“排序方式”设置为“标高”，勾选“总计”复选框，并选择“标题、合计和总数”选项。

6）单击“格式”，进入“格式”选项卡中，在“字段”列表框中选择“面积”，在“字段格式”选项区中勾选“计算总数”复选框。

7）单击“外观”，进入“外观”选项卡中，取消勾选“数据前的空行”复选框，单击“确定”按钮。

8）自动进入“面积明细表（总建筑面积）”（见图 14-13）。在“项目浏览器”→“明细表/数量”中也会生成“面积明细表（总建筑面积）”视图。

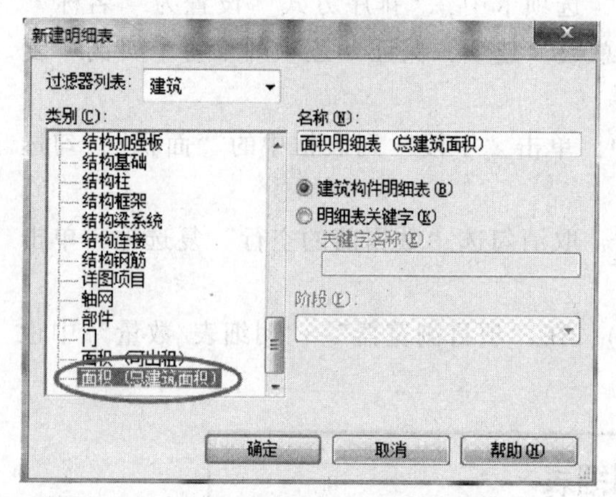

图 14-12　新建“面积（总建筑面积）”明细表

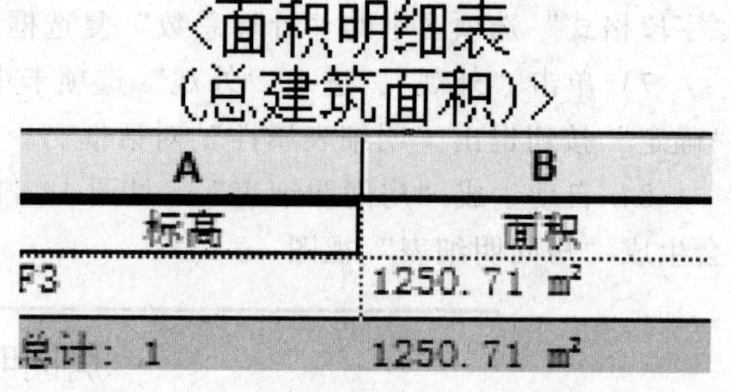

<面积明细表（总建筑面积）>

A	B
标高	面积
F3	1250.71 m²
总计：1	1250.71 m²

图 14-13　“面积明细表（总建筑面积）”

完成的项目文件见随书光盘中的“第 14 章\2-引例-房间明细表完成 . rvt”。

14.2　明细表的分类

Revit 可以自动提取各种建筑构件、房间和面积构件、材质、注释、修订、视图、图纸等图元的属性参数，并以表格的形式显示图元信息，从而自动创建门窗等构件统计表、材质明细表等各种表格。可以在设计过程中的任何时候创建明细表，明细表将自动更新以反映对项目的修改。

如图 14-14 所示，单击“视图”选项卡中的“明细表”工具，下拉菜单中有 5 个明细表工具。

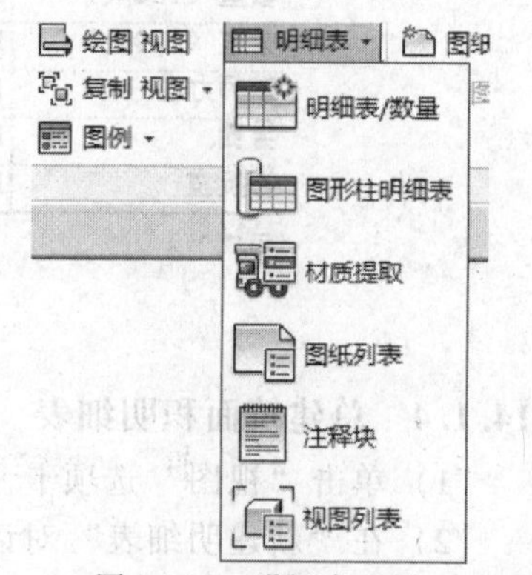

图 14-14　明细表工具

1）明细表/数量：用于统计各种建筑、结构、设备外设备、场地、房间和面积等构件明细表。例如，门窗表、梁柱构件表、卫浴装置统计表、房间统计表等。

2）材质提取：用于统计各种建筑、结构、室内外设备、场地等构件的材质用量明细表。例如，墙、结构柱等的混凝土用量统计表。

3）图纸列表：用于统计当前项目文件中所有施工图的图纸清单。

4）注释块：用于统计使用“符号”工具添加的全部注释实例。

5）视图列表：用于统计当前项目文件中的项目浏览器中所有楼层平面、顶棚平面、立面、剖面、三维、详图等各种视图的明细表。

14.3 创建构件明细表

1. 新建明细表的步骤

1）单击“视图”选项卡“创建”面板中的“明细表”工具，在下拉菜单中选择“明细表/数量”工具。在“新建明细表”对话框左侧的“类别”列表框中选择一种类别，单击“确定”按钮，打开“明细表属性”对话框。

2）设置“字段”选项卡：选择要统计的构件参数并设置其顺序。

【注】按<Ctrl>键，可加选。

3）设置“过滤器”选项卡：通过设计过滤器可统计符合过滤条件的部分构件，不设置过滤器则统计全部构件。

4）设置“排序/成组”选项卡：设置表格列的排序方式及总计。

5）设置“格式”选项卡：设置构件属性参数字段在表格中的列标题、单元格对齐方式等。

6）设置“外观”选项卡：设置表格放到图纸上以后，表格边线、标题和正文的字体等。

【提示】此处的“外观”属性设置在明细表视图中不会直观地显示，必须将明细表放到图纸上以后，表格线宽、标题和正文文字的字体和大小等样式才能被显示并打印出来。

7）设置完成后，单击“确定”按钮即可在“项目浏览器”→“明细表/数量”中创建明细表视图。

2. 明细表的属性

与门窗等图元有实例属性和类型属性一样，明细表也分为以下两种。

1）实例明细表：按个数逐行统计每一个图元实例的明细表。例如，按个数逐行统计M1，每一个M1的门都占一行、每一个房间的名称和面积等参数都占一行。

2）类型明细表：按类型逐行统计某一类图元总数的明细表。例如，按类型逐行统计M1，M1类型的单开门及其总数占一行。

14.4 编辑明细表

创建好的表格可以随时重新编辑其字段、过滤器、排序方式、格式和外观，或编辑表格样式等。另外，在明细表视图中同样可以编辑图元的族、类型、宽度等尺寸，也可以自动定位构件在图形中的位置等。

14.4.1 通过“属性”面板编辑参数

打开随书光盘中的“第14章\1-引例-门窗明细表完成.rvt”，从项目浏览器中双击打开“窗明细表”，可以看到此表为类型明细表。明细表的“属性”面板如图14-15所示，包含

"标识数据"参数、"阶段化"参数和"其他"参数。

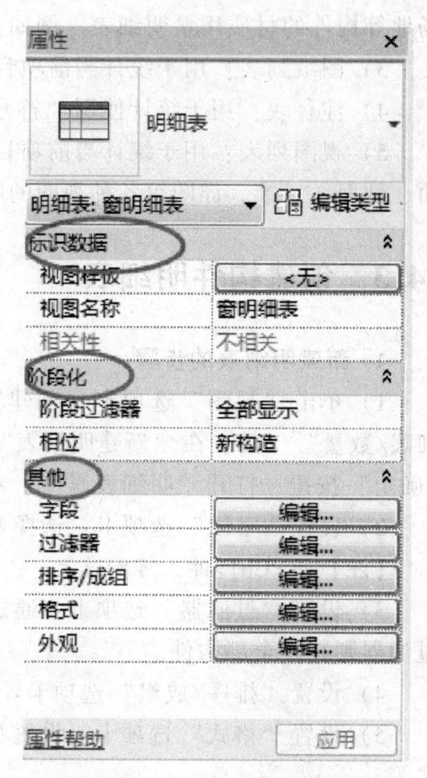

图 14-15　明细表"属性"面板

1. "标识数据"参数

1）"视图名称"：同表格名称。

2）"视图样板"：与平面视图、立剖面视图一样，可以将设置好的表格样式保存为明细表视图样板，然后应用到其他明细表视图中。设置方法请参考 15. 1. 2 节。

2. "阶段化"参数

可设置明细表视图的阶段过滤器和阶段参数。设置方法请参考第 19 章。

3. "其他"参数

单击参数"字段""过滤器""排序/成组""格式"和"外观"后面的"编辑"按钮，可以打开"明细表属性"对话框，可以重新设置各项参数。设置方法同前，本节不再详述，只补充以下几个参数介绍。

1）"逐项列举每个实例"：在"排序/成组"选项卡中，勾选"逐项列举每个实例"复选框，单击"确定"按钮后窗明细表如图 14-16 所示。

2）"空行"：在"排序/成组"选项卡中，取消勾选"逐项列举每个实例"复选框，勾选"空行"复选框，单击"确定"按钮后，将根据第一排序规则"类型"在不同的类型之间添加一个空行，如图 14-17 所示。

3）"页脚"：在"排序/成组"选项卡中，勾选"页脚"复选框，并从后面的下拉列表框中选择"标题、合计和总数"选项，取消勾选"空行"复选框，单击"确定"按钮后将根据第一排序规则"类型"在不同的类型之间添加一个页脚总计行，如图 14-18 所示。

4）"过滤器"：在"过滤器"选项卡中，通过设计过滤器可统计符合过滤条件的部分构件，不设置过滤器则统计全部构件。

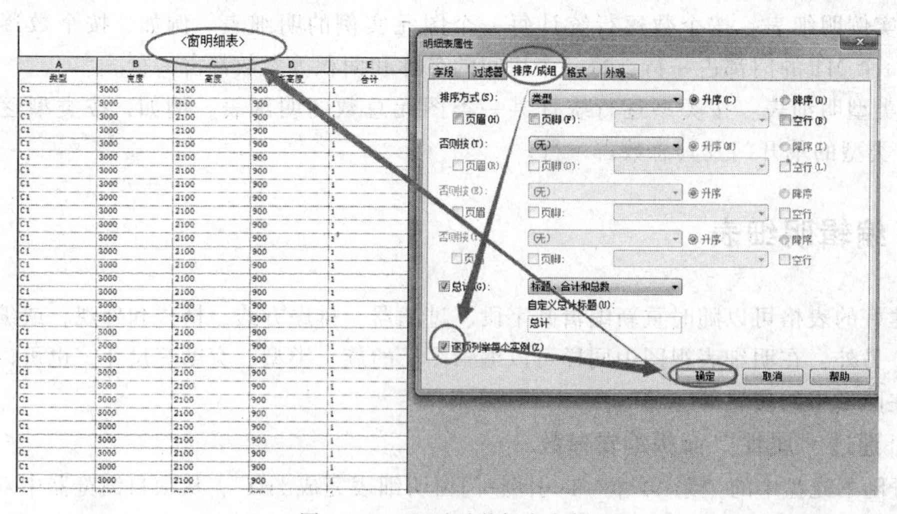

图 14-16　逐项列举每个实例

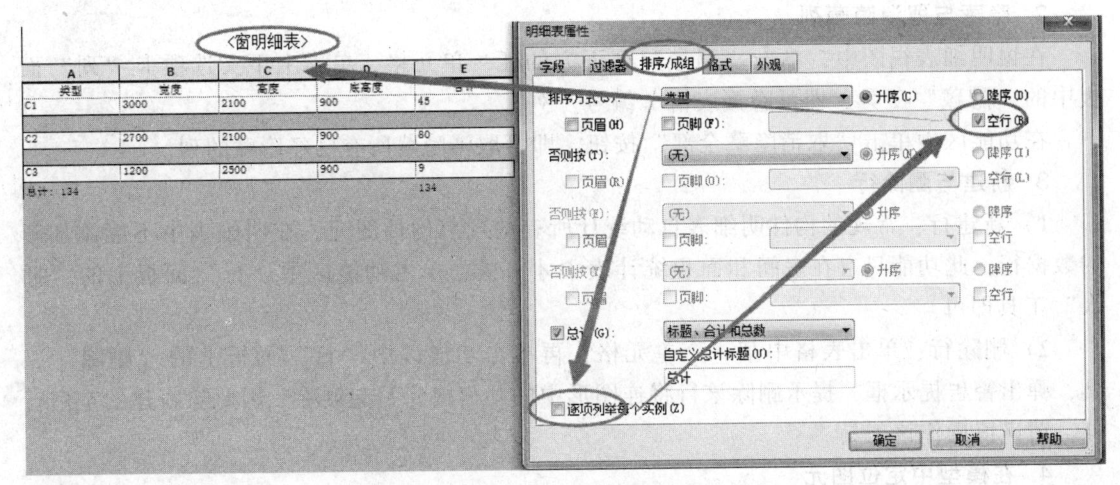

图 14-17　不勾选“逐项列举每个实例”复选框

〈窗明细表〉

A	B	C	D	E
类型	宽度	高度	底高度	合计
C1	3000	2100	900	45
C1: 45				45
C2	2700	2100	900	80
C2: 80				80
C3	1200	2500	900	9
C3: 9				9
总计: 134				134

图 14-18　添加页脚总计行

14.4.2　编辑表格

除“属性”面板外，还有以下专用的明细表视图编辑工具，可编辑表格样式或自动定位构件在图形中的位置。

1. 列标题成组与解组

在窗明细表视图中，单击列标题“宽度”并按住鼠标左键，向右移动鼠标指针到列标题“高度”上松开鼠标左键，同时选择了列标题“宽度”和“高度”单元格。单击上下文选项卡“标题和页眉”面板中的“成组”工具，即可在列标题“宽度”和“高度”单元格上方增加一个合并后的单元格。单击单元格输入“尺寸”后按<Enter>键完成编辑，更改后的表头如图 14-19 所示。

〈窗明细表〉

A	B	C	D	E
	尺寸			
类型	宽度	高度	底高度	合计

图 14-19　列标题成组

单击“尺寸”单元格，在功能区中单击“解组”工具，即可恢复成组前的原状。

2. 隐藏与取消隐藏列

在窗明细表视图中，单击“编号”列下方的任一单元格，单击上下文选项卡“列”面板中的“隐藏”工具，即可隐藏表格“编号”列。

在功能区中单击“取消隐藏全部”按钮，即可取消隐藏所有已经隐藏的列。

3. 新建与删除行

1）新建行：常规的构件明细表自动统计所有的现有构件图元，在明细表中不能添加新的数据行。此功能只有在房间和面积统计表中才有效，单击功能区中“行”面板上的“插入”工具即可。

2）删除行：单击表格中某一个单元格，再单击功能区中“行”面板上的“删除”工具，弹出警告提示框，提示删除该行将连图形中的几何图元一起删除。因此除新建的空白行外，请谨慎操作该工具。

4. 在模型中定位图元

在“排序/成组”选项卡中，取消勾选“逐项列举每个实例”复选框，单击窗明细表中的一个窗，单击上下文选项卡“图元”面板中的“在模型中高亮显示”工具，即可自动在已经打开的三维视图中（或其他视图中）自动定位并缩放高亮显示该窗。同时显示“显示视图中的图元”对话框。单击该对话框中的“显示”，可以自动打开其他视图，高亮显示该窗。

5. 在表格中编辑图元

Revit 的明细表视图不仅是一个构件统计表格，还是一个可以编辑图元的辅助设计视图工具，在明细表中更改族、类型、宽度、高度等参数，模型将同步更改。

【提示】 *建议在明细表中仅编辑构件的族和类型等参数，不要直接编辑图元的宽度及高度参数等。以窗为例，窗的类型名称 C1 和其宽度及高度参数值有一一对应关系，当在明细表中修改 C1 为 C2 类型时，其对应的宽度及高度参数值自动更新，反之则不行。*

14.5 导出明细表

Revit 的所有明细表都可以导出为外部的带分割符的“.txt”文件，可以用 Microsoft Office Excel 或记事本打开编辑。

1）在“窗明细表”视图中，单击左上角的应用程序按钮，从应用程序菜单中选择“导出”→“报告”→“明细表”命令。系统默认设置导出文件名为“窗明细表.txt”。

2）设置导出文件保存路径。单击“保存”按钮，打开“导出明细表”对话框，如图 14-20 所示。

3）根据需要设置“明细表外观”和“输出选项”选项区（本例选择默认设置），单击“确定”按钮即可导出明细表。

导出的“窗明细表”文本文件见随书光盘中的“第 14 章\窗明细表.txt”。

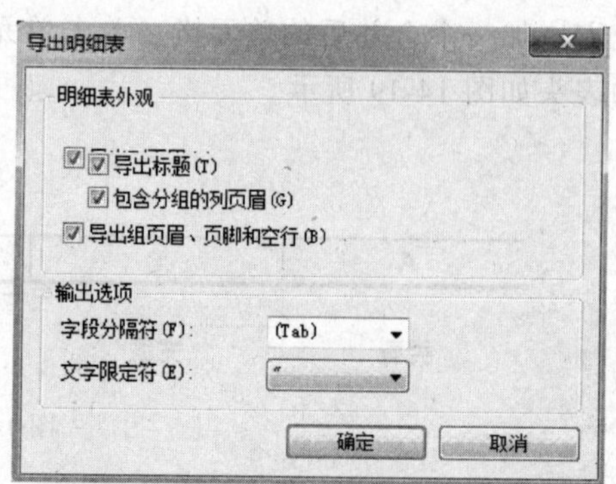

图 14-20 “导出明细表”对话框

第 15 章　施工图出图与打印

平面、立面视图及部分构件统计表都已经基本同步完成，剖面视图也只需要绘制一条剖面线即可自动创建，还可以从各个视图中直接创建视图索引，从而快速创建节点大样详图。但这些自动完成的视图，其细节还达不到出图的要求，例如，没有尺寸标注和必要的文字注释、轴网标头位置需要调整等。因此还需要在细节上进行补充和细化，以达到最终出图的要求。

15.1　建筑平面图视图处理

15.1.1　视图属性

1）打开随书光盘中的“第 14 章/2-引例-房间明细表完成 . rvt”。

2）在项目浏览器中的 F2 楼层平面上单击鼠标右键，在弹出的快捷菜单中选择“复制视图”→“带细节复制”命令，复制出一个“F2 副本 1”，右键重命名为“F2-出图”（见图15-1）。

3）进入“F2-出图”平面视图，在“属性”面板中，确保“视图比例”为“1 : 100”，“详细程度”为“粗略”，“基线”参数设置为“无”。

4）执行“VV”快捷命令，进入“可见性/图形替换”对话框，关闭“模型类别”中的“地形”“场地”“植物”和“环境”的可见性，关闭“注释类别”中的“参照平面”和“立面”的可见性。

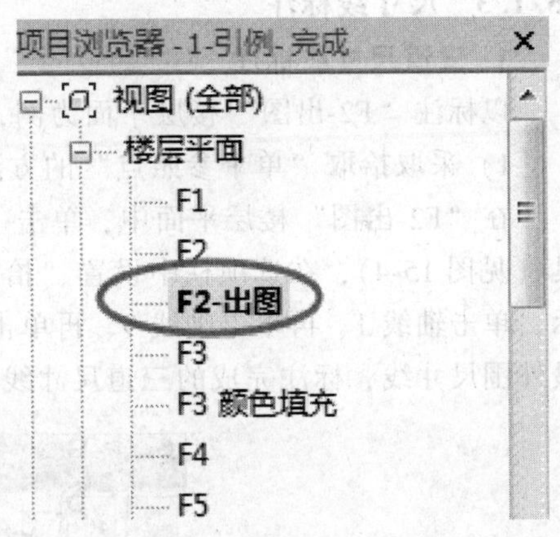

图 15-1　复制出“F2-出图”

15.1.2　视图样板的创建及应用

1）在“F2-出图”平面视图中，单击“视图”选项卡“图形”面板中的“视图样板”下拉按钮，在下拉菜单中选择“从当前视图创建样板”工具（见图 15-2），在弹出的“新视图样板”对话框中，输入新视图样板名称为“平面图”，单击两次“确定”按钮。

2）分别“带细节复制”其他楼层平面，命名为“出图”平面，并应用新建的“平面图”视图样板，以 F3 楼层平面为例：“带细节复制”F3，修改复制出的视图名称为“F3-出图”，单击“视图”选项卡“图形”面板中的“视图样板”下拉按钮，在下拉菜单中选择“将样板属性应用于当

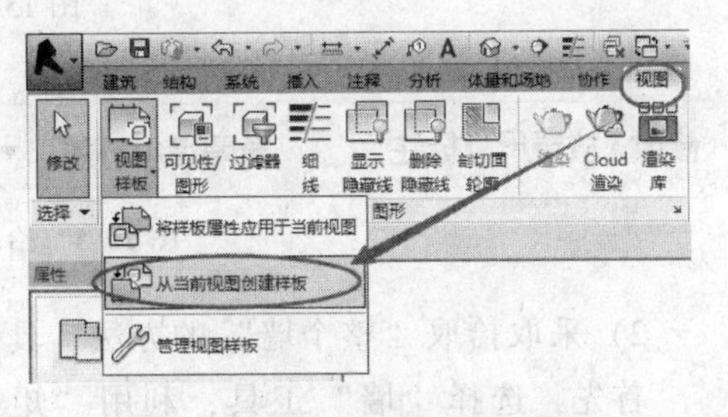

图 15-2　从当前视图创建样板

前视图”工具（见图 15-3），选择刚刚创建的“平面图”样板，单击“确定”按钮，可将创建的“平面图”视图样板应用于“F3-出图”。

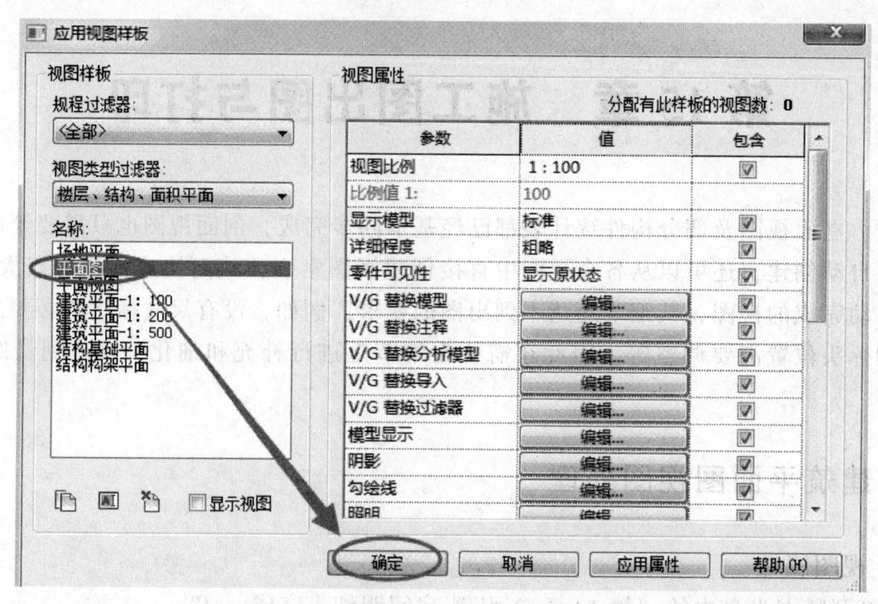

图 15-3　将样板属性应用于当前视图

15.1.3　尺寸线标注

1. 三道尺寸线标注

以标注“F2-出图”楼层平面为例，介绍两种尺寸标注的方法。

1）采取拾取“单个参照点”的方法，具体如下：

在“F2-出图”楼层平面中，单击“注释”选项卡“尺寸标注”面板中的“对齐”工具（见图 15-4），在选项栏中设置“拾取”为“单个参照点”（见图 15-5），根据状态栏提示，单击轴线 1、再单击轴线 9、再单击空白位置放置标注。同理，标注其他 3 个方向上的最外围尺寸线，标注完成的三道尺寸线如图 15-6 所示。

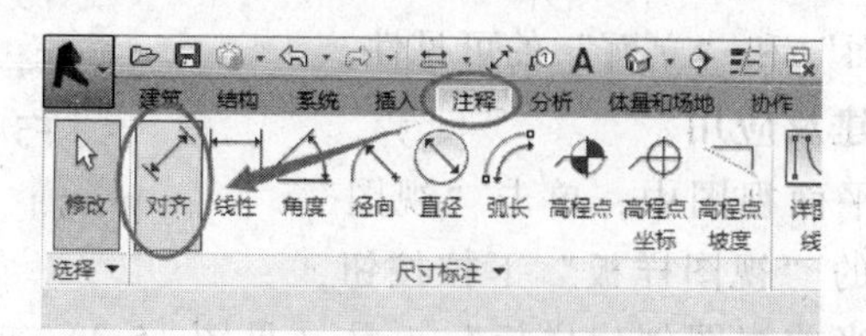

图 15-4　“对齐”工具

图 15-5　拾取“单个参照点”标注

2）采取拾取“整个墙”的方法，具体如下：

首先，选择“墙”工具，利用“矩形”的绘制方法在建筑物外围绘制四面墙（见图 15-7）。单击“注释”选项卡“尺寸标注”面板中的“对齐”工具，将选项栏中拾取“单

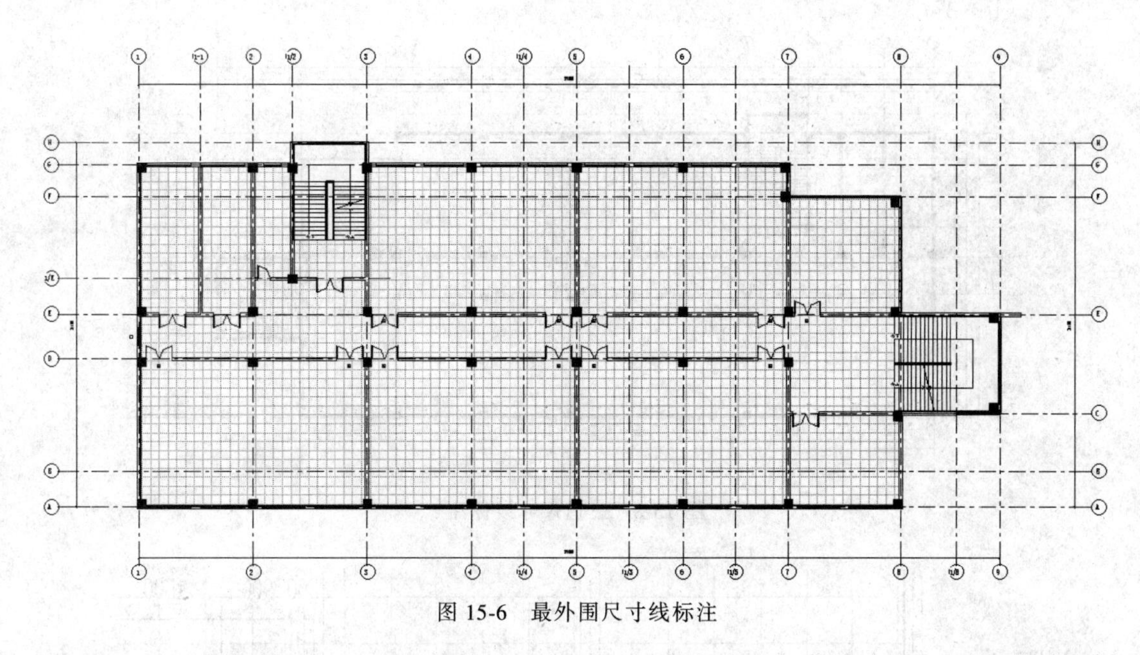

图 15-6　最外围尺寸线标注

个参照点”改为“整个墙”，单击拾取辅助墙体即可自动创建第二道尺寸线。标注完成后删除辅助墙，两端多余的尺寸同时被删除。

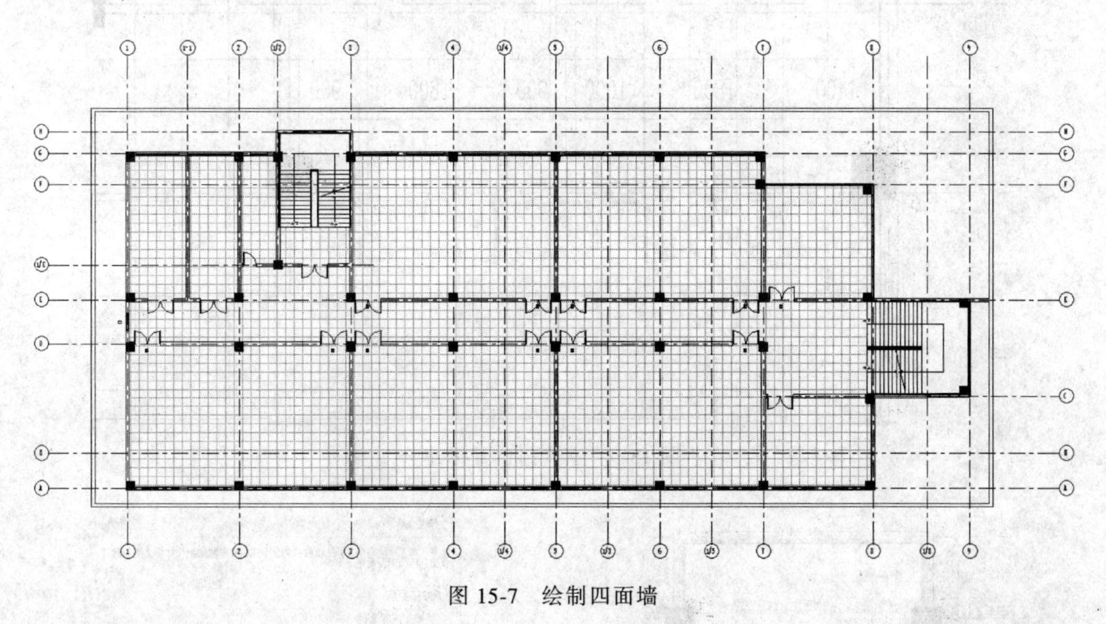

图 15-7　绘制四面墙

同理，也可用拾取“整个墙”的方法，快速标注最内侧尺寸线。标注完成的三道尺寸线如图 15-8 所示。

2. 详细尺寸线标注

采用拾取“整个墙”的方法标注室内门位置（见图 15-9）。

在标注楼梯梯段尺寸时，如果需要达到图 15-10 所示的效果，可以做如下设置：双击梯段尺寸标注的文字（默认为“3900”），打开“尺寸标注文字”对话框，在“前缀”文本框中输入文字“300×13＝”，如图 15-11 所示，单击“确定”按钮即可。

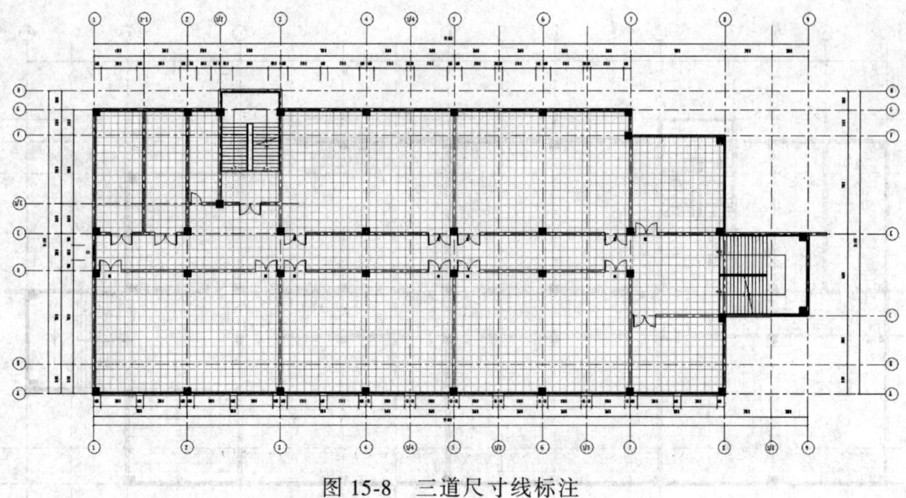

图 15-8　三道尺寸线标注

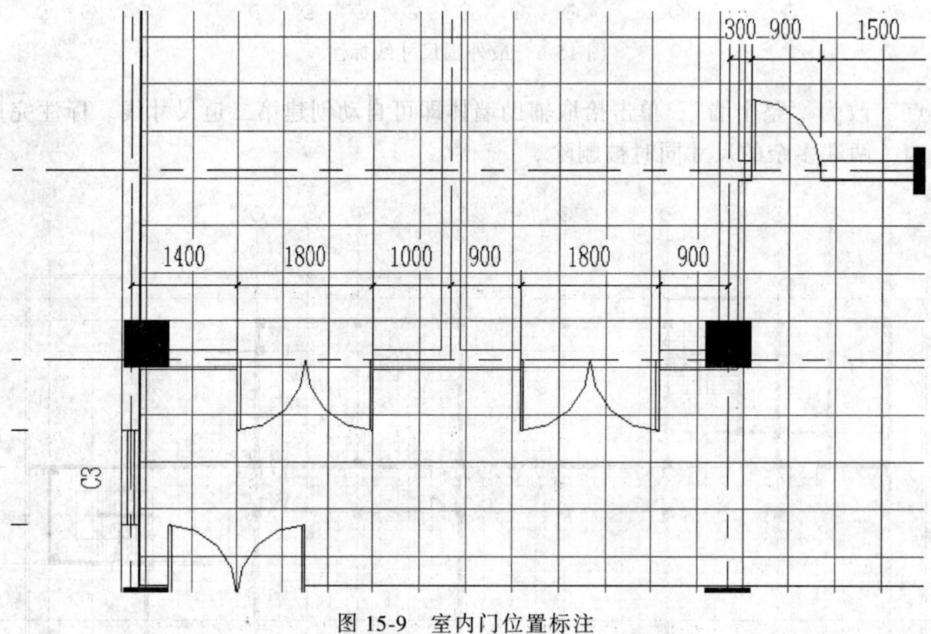

图 15-9　室内门位置标注

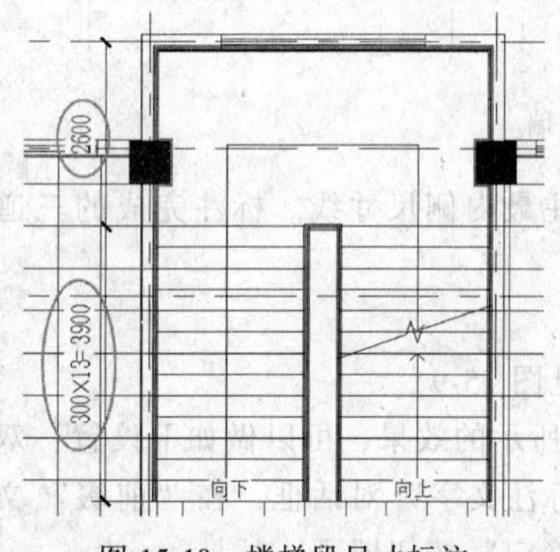

图 15-10　楼梯段尺寸标注

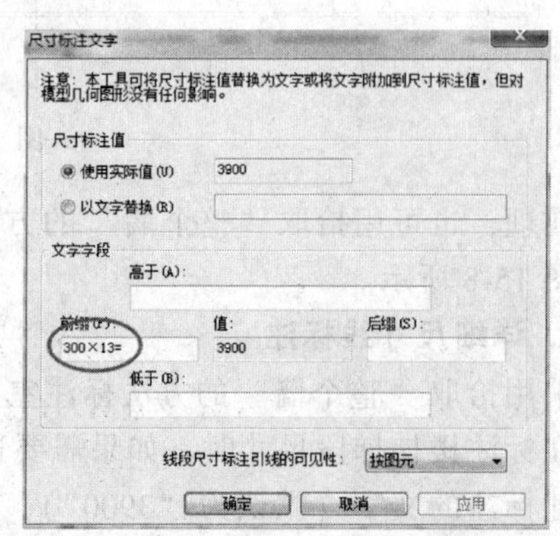

图 15-11　尺寸标注中的“前缀”设置

3. 尺寸标注编辑

单击尺寸标注实例，在尺寸界线、文字、尺寸线上及附近会出现一些蓝色控制点及符号，可以手动调整以下3项内容。

1）图元间隙：鼠标拖拽尺寸界线端点的蓝色圆形控制点，可以调整尺寸界线端点到标注的图元之间的间隙，如图15-12所示。

2）尺寸界线位置：在尺寸界线中点的蓝色圆形控制点上单击，尺寸界线参考位置即可在墙中心线和内外墙面，或门窗洞口的中心线和左右边界位置自动切换；在蓝色圆形控制点上按住鼠标左键，拖拽并捕捉到其他的轴线、墙中心线、墙面等参考位置后松开鼠标左键，即可改变尺寸界线到捕捉位置，如图15-13所示。

3）锁定限制：单击尺寸值下的蓝色锁形标记，即可锁定构件间的相对位置（见图15-14）。

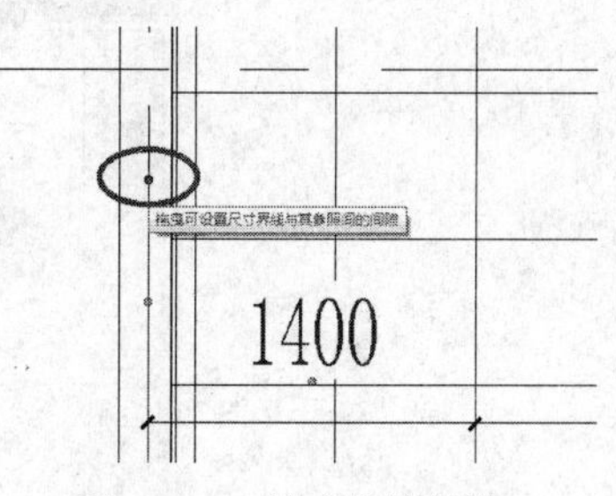

图15-12 尺寸界线间隙

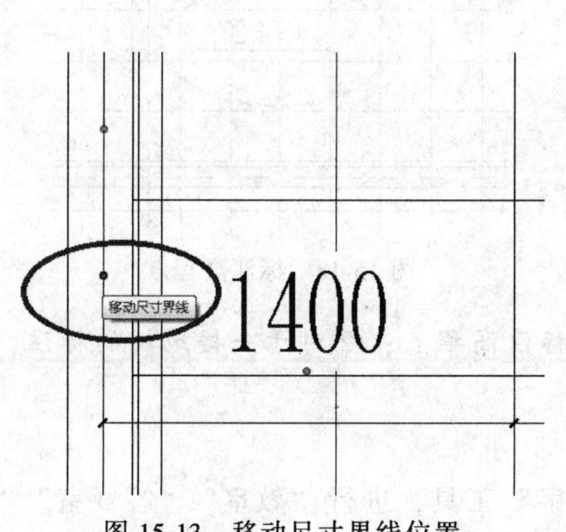

图15-13 移动尺寸界线位置

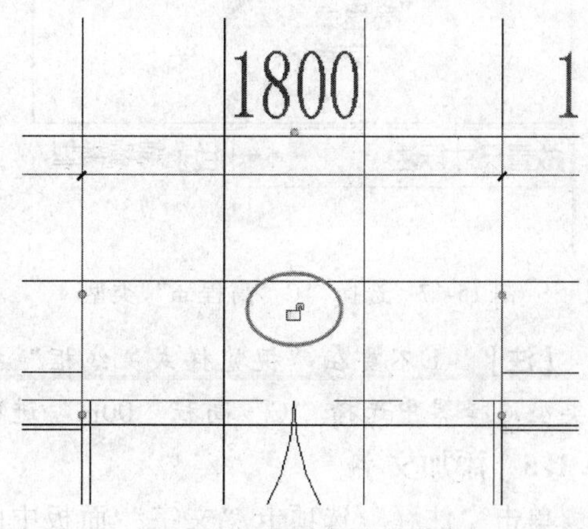

图15-14 尺寸标注的锁定

15.1.4 高程点标注

1）单击绘图区域下方“视图控制栏”中的“视觉样式”，选择“隐藏线”模式（见图15-15）。

图15-15 视觉样式

2）单击“注释”选项卡“尺寸标注”面板中的“高程点”工具（见图 15-16），在“属性”面板的类型选择器中选择“C_ 高程 m”（见图 15-17），将鼠标指针停在相应位置上标注高程点（见图 15-18）。

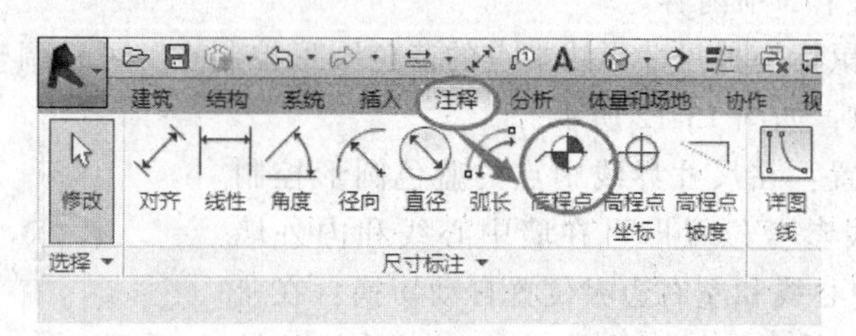

图 15-16 “高程点”工具

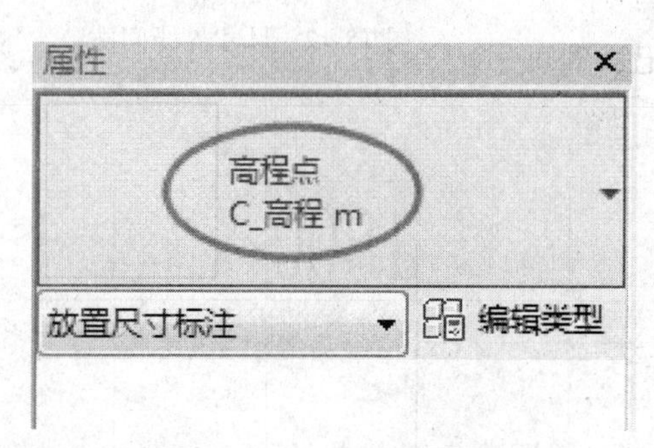

图 15-17 选择“C_ 高程 m”类型

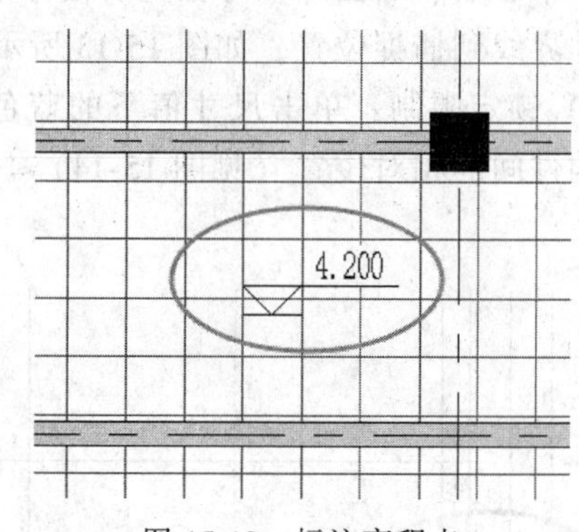

图 15-18 标注高程点

【注】①不要在“视觉样式：线框”模式下标注高程点；②对于一楼地坪的标注，可在类型选择器中选择“C_ 高程_ 00m”进行标注。

15.1.5 添加文字

单击“注释”选项卡“文字”面板中的“文字”工具，进行“教室”“答疑室”“教师办公”“男厕”“女厕”“开水间”等文字的标注（见图 15-19）。

完成的项目文件见随书光盘中的“第 15 章 \ 1-二-五层平面图处理完成 . rvt”。

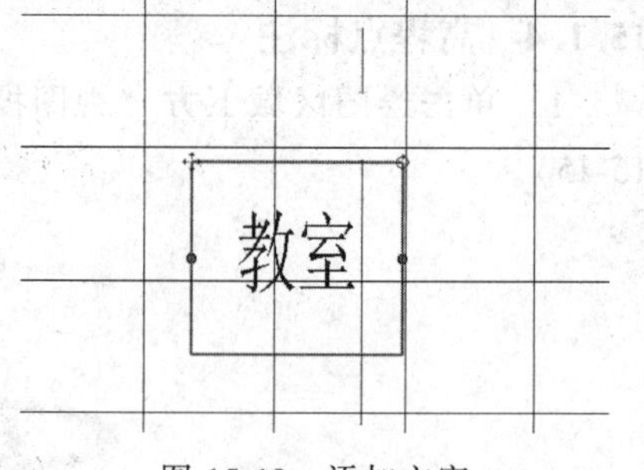

图 15-19 添加文字

15.2 建筑立面图视图处理

15.2.1 视图属性

1）打开随书光盘中的“第 15 章 \ 1-二-五层平面图处理完成 . rvt”。

2）双击打开西立面视图，在项目浏览器中的“南立面”上单击鼠标右键，在弹出的快捷菜单中选择“复制视图”→“带细节复制”命令，新定义名称为“南立面-出图”（见图 15-20）。

【注意】可以看出西立面图与出图要求相比有一些问题：图中的植物、汽车等环境构件及参照平面无须显示，场地显示得过长，立面中轴线只需显示第一根和最后一根，且轴网线较长，无材料标记等注释内容。

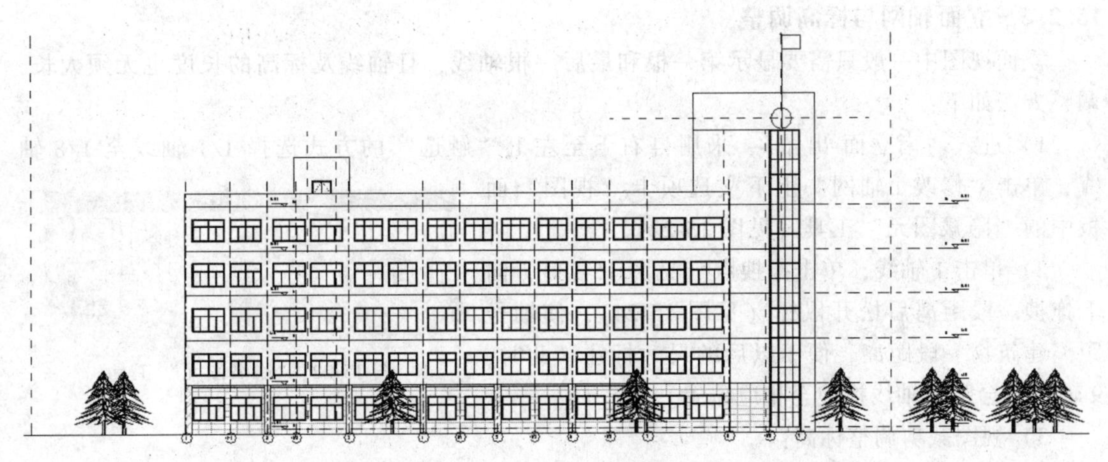

图 15-20　未处理过的西立面图

3）执行“VV”快捷命令，打开“可见性/图形替换”对话框，取消勾选“模型类别”中的“地形”“场地”“植物”“环境”，取消勾选“注释类别”中的“参照平面”。单击“确定”按钮退出“可见性/图形替换”对话框。修改后的视图如图 15-21 所示。

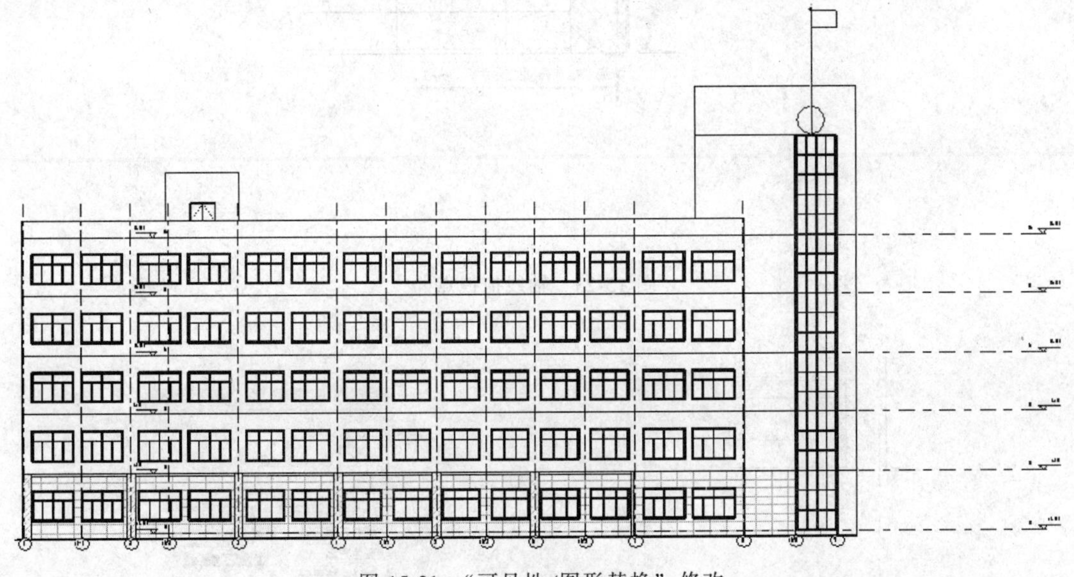

图 15-21　“可见性/图形替换”修改

15.2.2　视图样板的创建和应用

单击“视图”选项卡“图形”面板中的“视图样板”下拉按钮，在下拉菜单中选择“从当前视图创建样板”工具，弹出“新视图样板”对话框，输入“立面图”为样板名称，单击两次“确定”按钮。

其他立面的处理：在每个立面图名称上单击鼠标右键，在弹出的快捷菜单中选择“复制视图”→“带细节复制”命令，重命名为“某立面-出图”，单击“视图”选项卡“图形”面板中的“视图样板”下拉按钮，在下拉菜单中选择“将样板属性应用于当前视图”工具，选择“立面图”，单击“确定”按钮。

15.2.3 立面轴网与标高调整

立面视图中一般只需要显示第一根和最后一根轴线，且轴线及标高的长度也无须太长，调整方法如下：

1）进入“南立面-出图”，采用自右下至左上“触选”的方式选择 1/1 轴线至 1/8 轴线，单击“修改｜轴网”上下文选项卡“视图”面板中的“隐藏图元”工具（见图 15-22）。

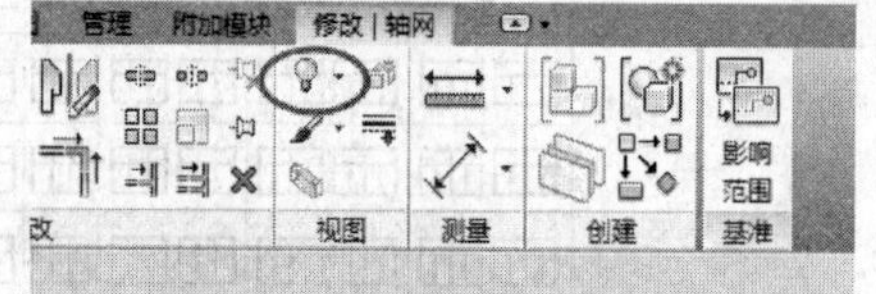

图 15-22 “隐藏图元”工具

2）单击 1 轴线，单击拖拽点（见图 15-23），向下拖拽一段距离后松开鼠标（见图 15-24），使轴号距离建筑物一段距离，便于以后的尺寸标注。此时，9 轴线也会随 1 轴线拖拽至相应位置。

3）视图裁剪调整标高：

① 勾选“属性”面板中的“裁剪视图”和“裁剪区域可见”（见图 15-25）。

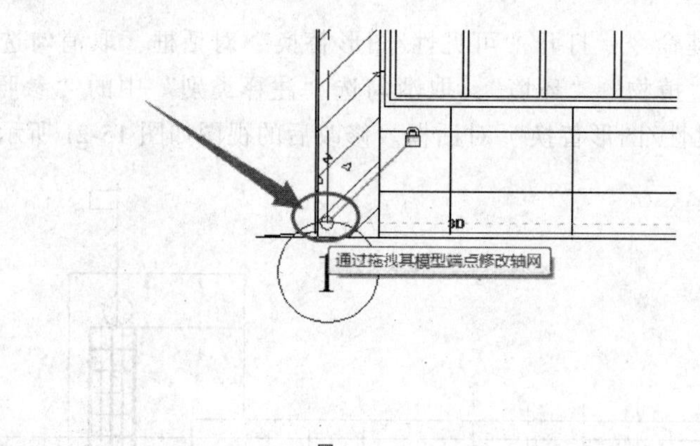

图 15-23 轴线拖拽点

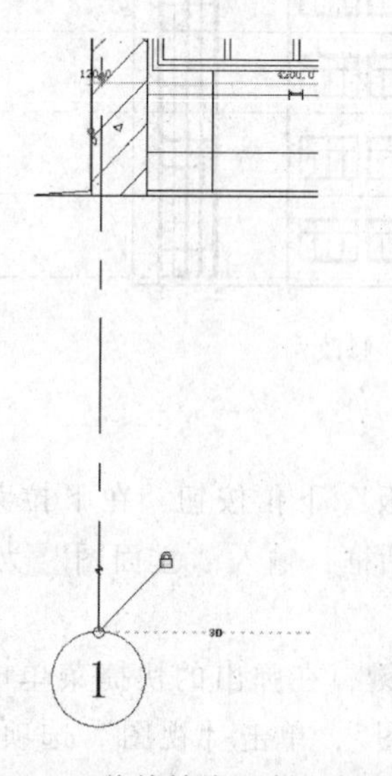

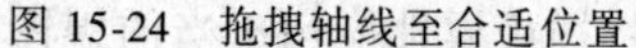
图 15-24 拖拽轴线至合适位置

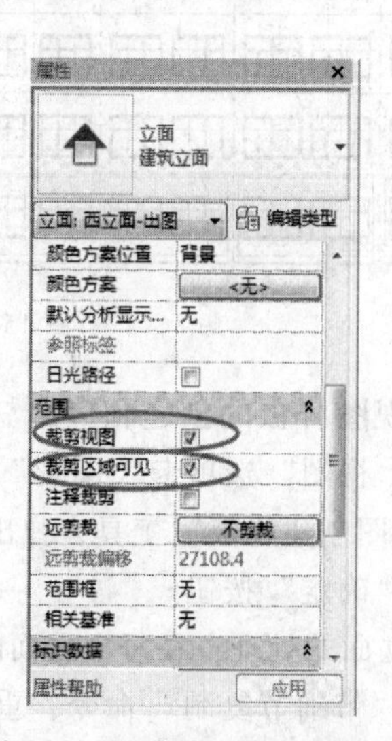

图 15-25 勾选“裁剪视图”和“裁剪区域可见”

② 单击裁剪边界，使用鼠标拖拽左右裁剪边界中间的蓝色圆圈符号，将裁剪边界范围缩小，使所有标高标头位于裁剪区域之外，如图 15-26 所示。这时逐一选中标高，可以观察到所有轴线端点已经全部由“3D”改为“2D”模式。

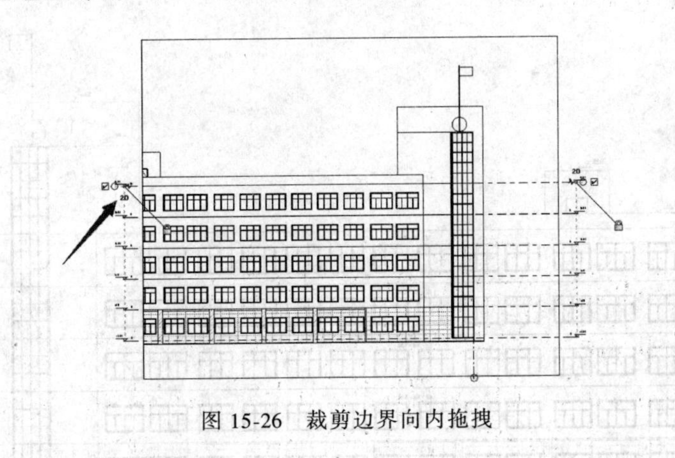

图 15-26　裁剪边界向内拖拽

③ 选择标高，拖拽至合适位置。

④ 取消勾选“属性”面板中的“裁剪视图”和“裁剪区域可见”。

【注】 采用“裁剪边界”调整标高位置的方法，只影响本立面视图的标高位置，不会影响其他立面视图的标高位置。此方法对调整轴线位置同样适用，是整体调整平立剖视图中标高和轴线标头位置的快捷方法。

调整完成的立面图如图 15-27 所示。

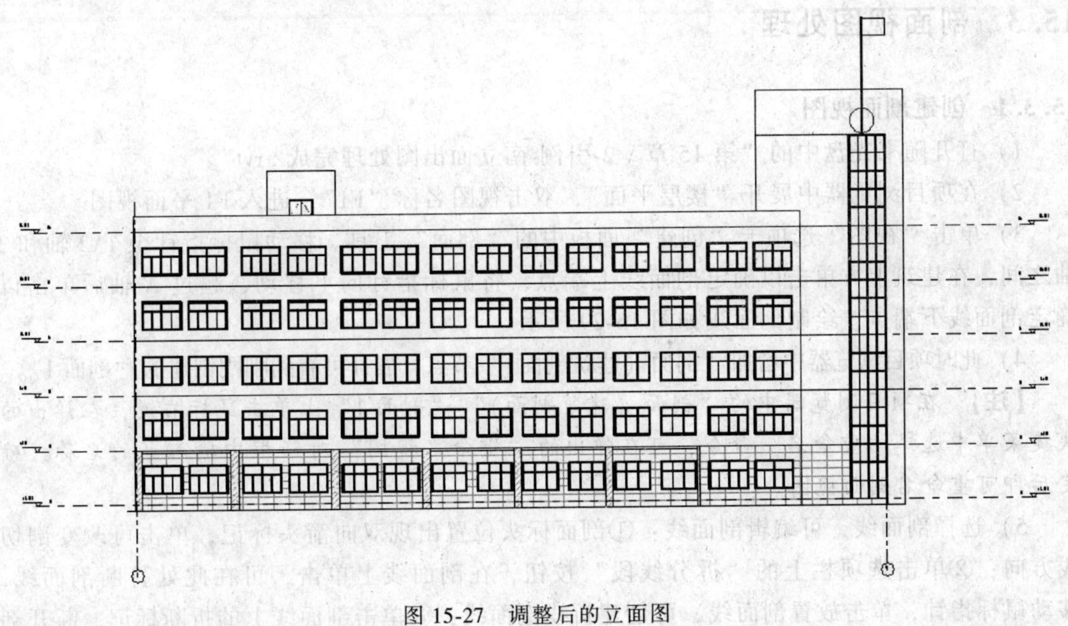

图 15-27　调整后的立面图

15.2.4　添加注释

1）尺寸线标注：立面三道尺寸线及轴线间距的标注同平面尺寸线标注。

2）高程点标注：使用“注释”选项卡“尺寸标注”面板中的“高程点”工具，完成墙体高程点的标注。

3）材质标记：使用“注释”选项卡“标记”面板中的“材质”工具。

完成的南立面图如图 15-28 所示。

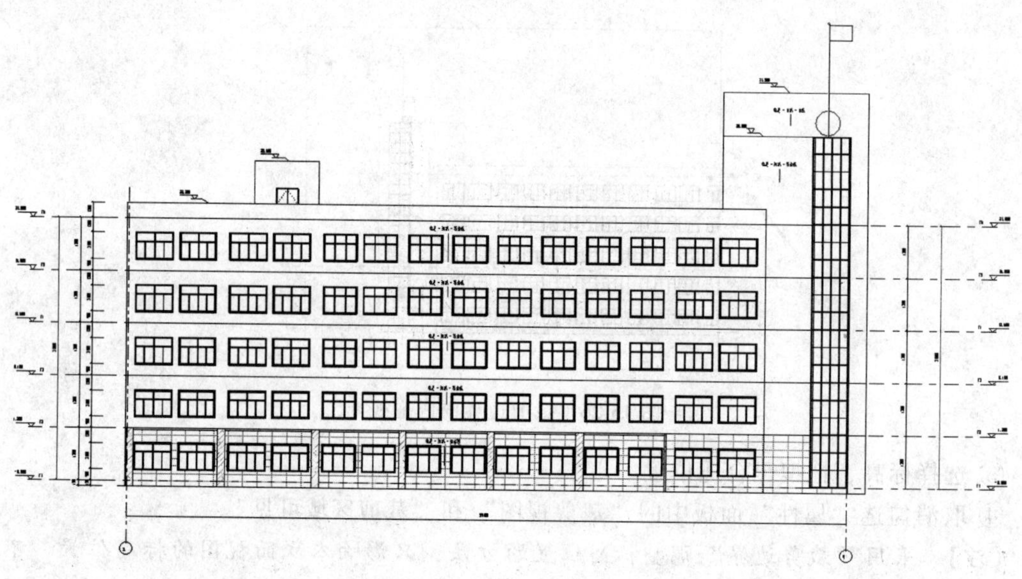

图 15-28 南立面图出图

完成的项目文件见随书光盘中的“第 15 章 \ 2-南立面出图处理完成 . rvt”。

15.3 剖面视图处理

15.3.1 创建剖面视图

1）打开随书光盘中的“第 15 章 \ 2-引例-南立面出图处理完成 . rvt”。

2）在项目浏览器中展开“楼层平面”，双击视图名称“F1”，进入 F1 平面视图。

3）单击“视图”选项卡“创建”面板中的“剖面”工具。移动鼠标指针至 1\2 轴和 3 轴之间，在建筑上方单击以确定剖面线上端点，将鼠标指针向下移动，超过 A 轴后单击以确定剖面线下端点，绘制剖面线如图 15-29 所示。

4）此时项目浏览器中增加“剖面（建筑剖面）”节点，展开可看到刚刚创建的“剖面 1”。

【注】 在项目浏览器中的“剖面（建筑剖面）”→“剖面 1”上单击鼠标右键，在弹出的快捷菜单中选择“重命名”命令，可在弹出的“重命名视图”对话框中输入新的名称，确定后即可重命名剖面视图。

5）选择剖面线，可编辑剖面线：①剖面标头位置出现双向箭头标记，单击可改变剖切线方向；②单击选项栏上的“拆分线段”按钮，在剖面线上单击，可在此处打断剖面线，移动鼠标指针，单击放置剖面线，可创建折线剖面线；③单击剖面线上的折断标记，断开剖面线，可分别拖拽断开处的蓝色夹点至适当位置。

6）在项目浏览器中展开“剖面（建筑剖面）”节点，双击视图名称“剖面 1”，进入剖面 1 视图。剖面 1 视图如图 15-30 所示。

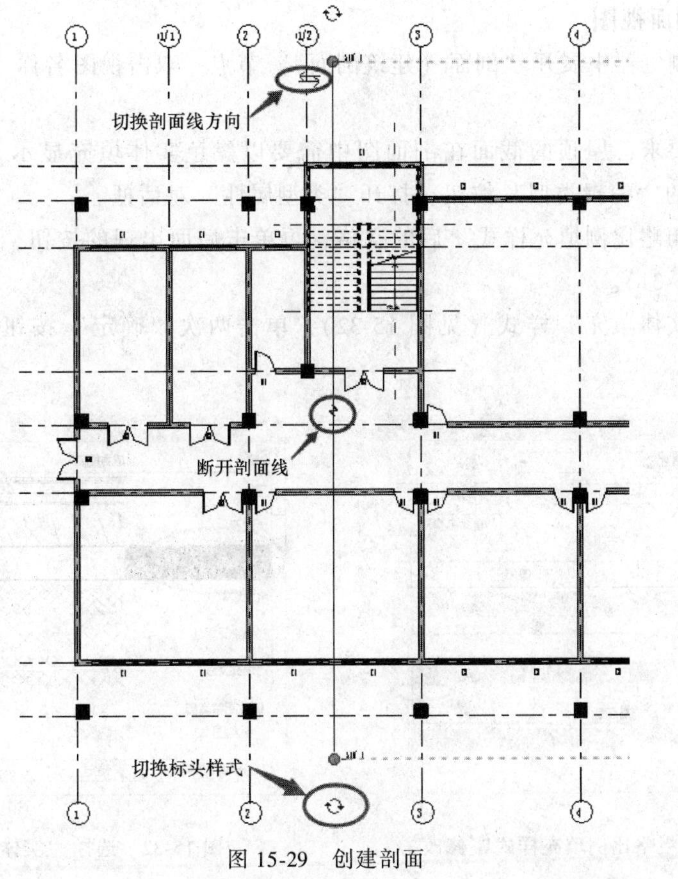

图 15-29　创建剖面

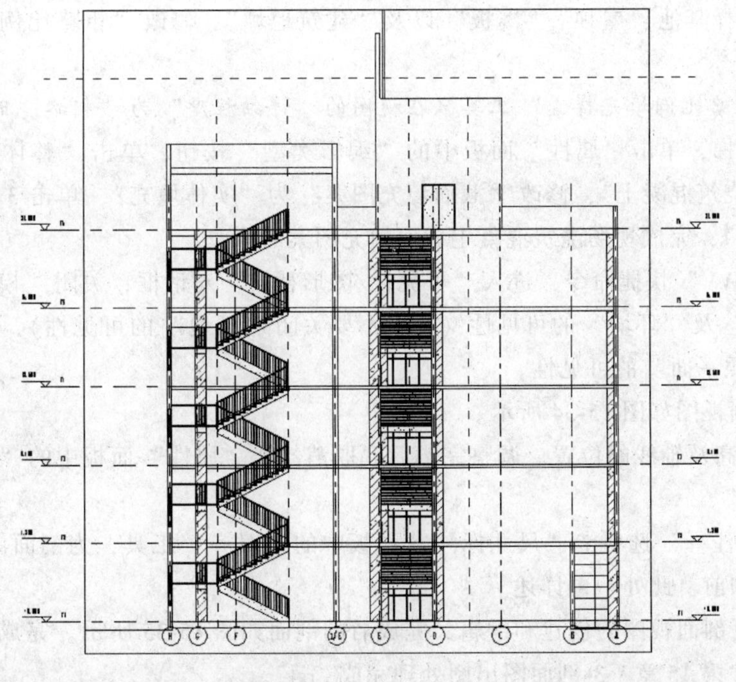

图 15-30　剖面 1 视图

15.3.2　编辑剖面视图

1）在项目浏览器中展开“剖面（建筑剖面）”节点，双击视图名称“剖面 1”，进入剖面 1 视图。

2）按出图要求，屋顶的截面在剖面图中需要以黑色实体填充显示。选择屋顶，单击“属性”面板中的“编辑类型”按钮，打开“类型属性”对话框。

3）单击“粗略比例填充样式”后的空格，再单击后面出现的按钮，打开“填充样式”对话框（见图 15-31）。

4）选择“实体填充”样式（见图 15-32），单击两次“确定”按钮关闭所有对话框，完成设置。

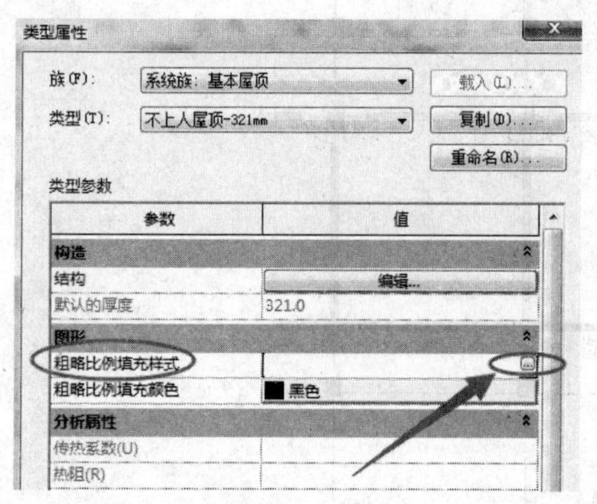

图 15-31　“粗略比例填充样式”修改

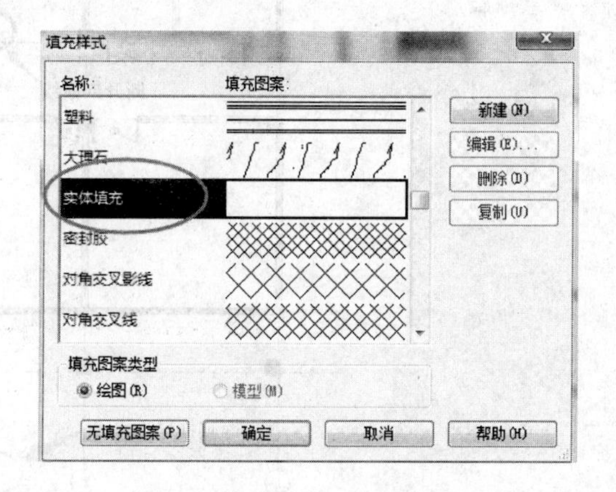

图 15-32　选择“实体填充”样式

5）同样选择其他“屋顶”“楼板”以及“建筑地坪”，修改“粗略比例填充样式”为“实体填充”。

【注】 “粗略比例填充样式”工具只在视图的“详细程度”为“粗略”时有效。

6）选择楼梯，单击“属性”面板中的“编辑类型”按钮，单击“整体式材质”中的“混凝土-现场浇筑混凝土”，修改“截面填充图案”为“实体填充”，单击 3 次“确定”按钮（见图 15-33），完成现场浇筑混凝土截面填充图案的修改。

7）执行“VV”快捷命令，进入“可见性/图形替换”对话框，关闭“模型类别”中的“地形”“植物”及“环境”的可见性（注：不要关闭“场地”的可见性），关闭“注释类别”中的“参照平面”的可见性。

完成的剖面视图如图 15-34 所示。

8）调整标高及轴线的位置。调整完毕后，取消勾选“属性”面板中的“裁剪视图”和“裁剪区域可见”。

9）单击“注释”选项卡“尺寸标注”面板中的“对齐”工具，为剖面添加尺寸标注。尺寸标注方法如前，此处不再详述。

至此完成了剖面视图的创建和编辑，完成后的剖面如图 15-35 所示。完成的项目文件见随书光盘中的“第 15 章\ 3-剖面图出图处理完成 . rvt”。

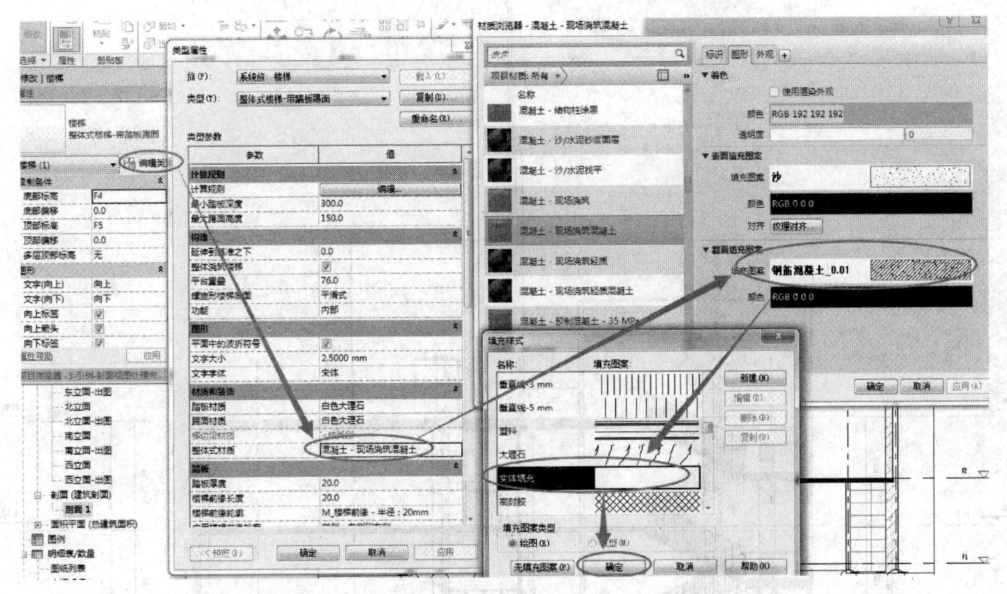

图 15-33　现场浇筑混凝土截面填充图案的修改

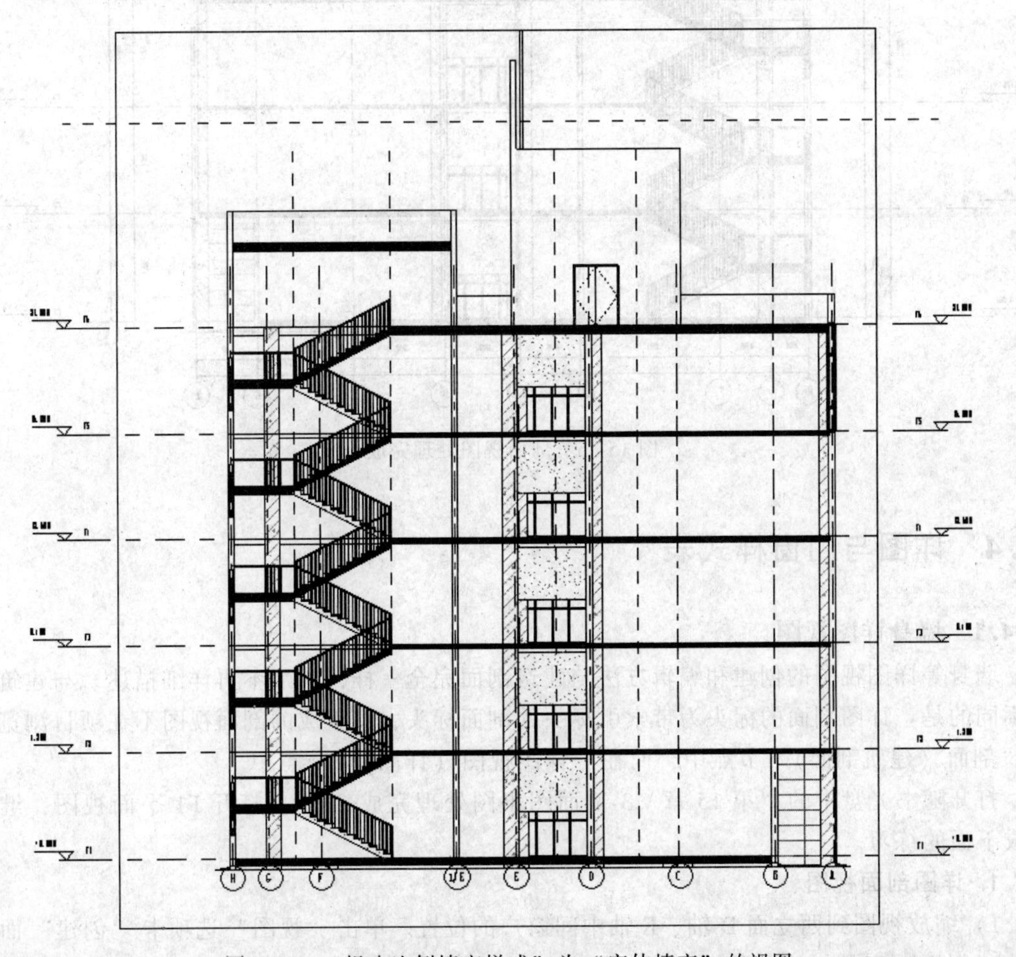

图 15-34　"粗略比例填充样式"为"实体填充"的视图

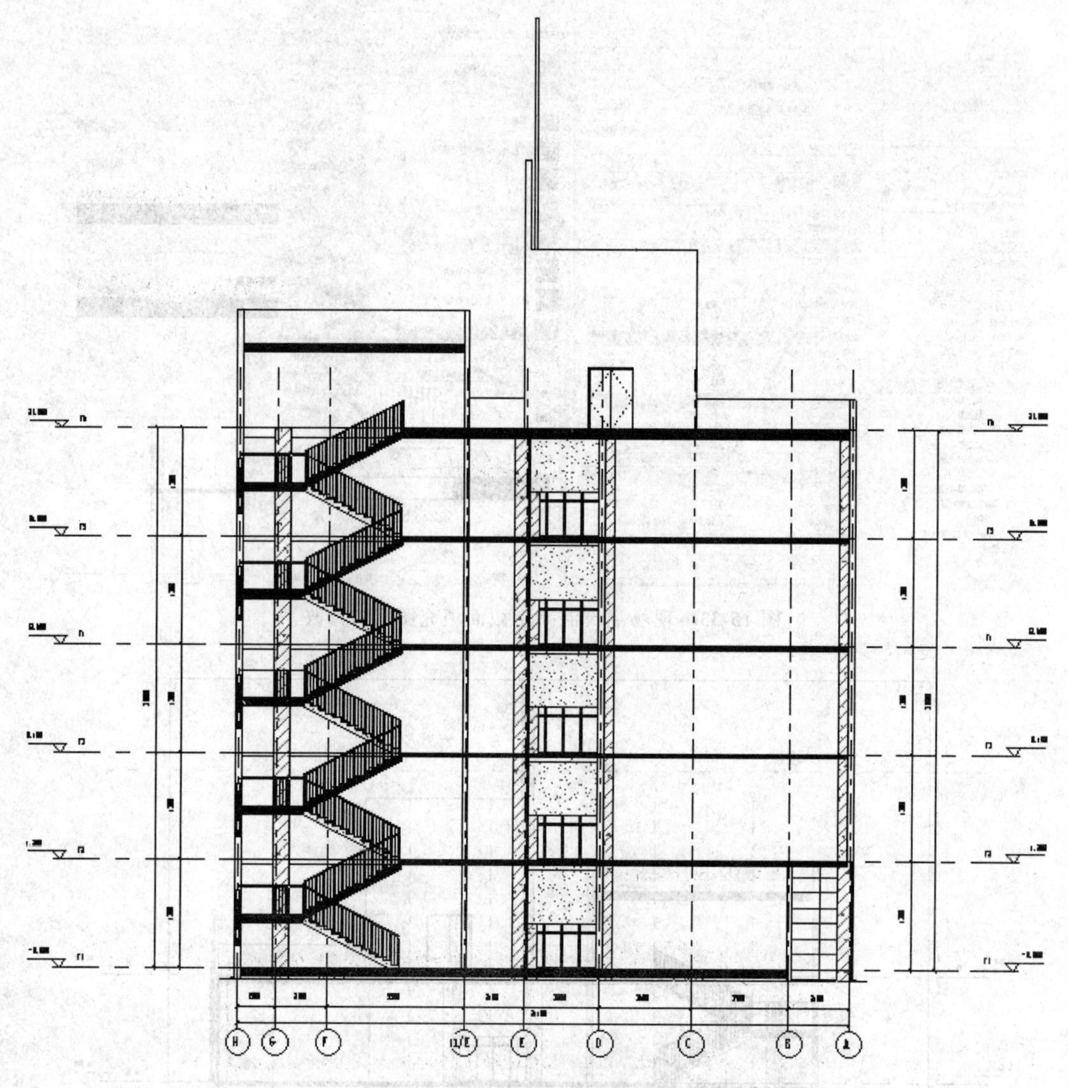

图 15-35　剖面视图处理完成

15.4　详图与门窗样式表

15.4.1　墙身详图视图

墙身等详图视图的创建和编辑方法与建筑剖面完全一样，本节不再详细描述。与建筑剖面不同的是：详图剖面的标头为带索引标头的剖面标头，且生成的剖面视图不在项目浏览器的“剖面（建筑剖面）”节点中，而在“详图视图（详图）”节点中。

打开随书光盘中的“第 15 章 \ 3-剖面图出图处理完成 . rvt”。打开 F1 平面视图，继续完成下面的练习。

1. 详图剖面视图

1）缩放视图到西立面 D 轴、E 轴中间窗户的位置。单击“视图”选项卡“创建”面板中的“剖面”工具，从“属性”面板的类型选择器中选择“详图”类型（见图 15-36），在视图控制栏中设置比例为“1：50”（见图 15-37）。

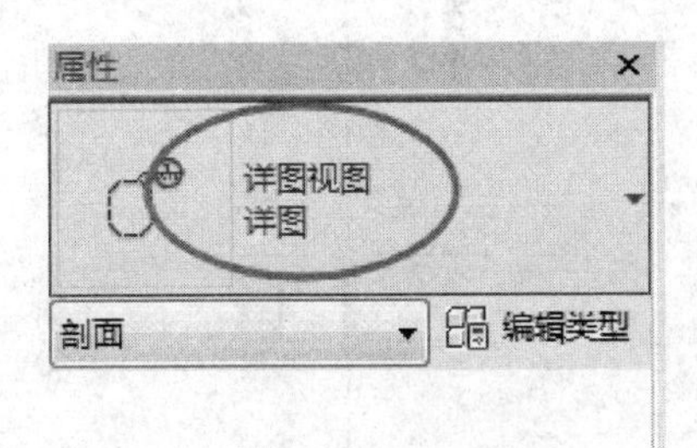

图 15-36　选择“详图”类型

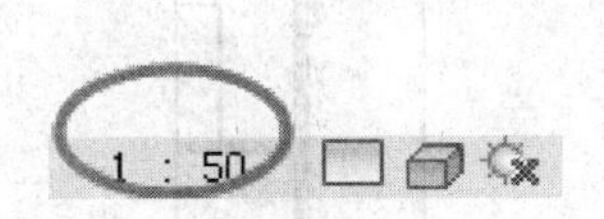

图 15-37　比例设置为“1：50”

2）移动鼠标指针到窗户左侧位置，单击一点作为详图线起点，向右水平移动鼠标指针，在窗右侧单击一点作为剖面线终点（见图 15-38）。

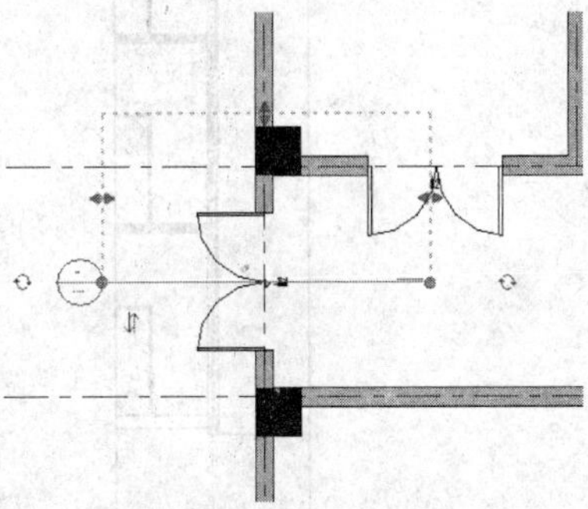

3）在项目浏览器的“详图视图（详图）”节点下创建了“详图 0”视图，将其重命名为“墙身大样 1”。打开该视图，单击选择视图裁剪边界，拖拽上边界到屋顶之上，完成后的墙身剖面视图如图 15-39 所示。

【注】 1：50 的比例默认显示为“中等”详细程度，所以剖面视图中显示了墙、楼板、屋顶的复合层节材质等细节。

图 15-38　剖面创建

2. 截断视图

对于高层建筑的墙身大样图来讲，过高的视图在出图时非常不方便。同时，因为中间标准层的节点视图完全一样，所以经常会把视图截断为几个部分，分别显示其中的几个关键节点，然后将几个节点视图的垂直距离尽可能地靠近，以降低视图高度，方便布图。下面简要说明其操作方法。

1）在“墙身大样 1”视图中，单击选择视图裁剪边界，在垂直边界上单击“水平视图截断”符号，将视图截断为上、下两部分。再单击选择上部分的裁剪边界，单击“水平视图截断”符号，形成如图 15-40 所示的截断视图。

2）分别拖拽 3 个小视图裁剪边界上下边界的蓝色圆点，调整视图裁剪显示范围（如果拖拽上下边界到和相邻的视图边界重叠时松开鼠标，则可以合并视图）。

3）再分别拖拽中间和上面两个小视图中间的移动符号（见图 15-41），将视图向下移动到和下面视图靠近的位置即可，结果如图 15-42 所示。注意，尽管视图高度变了，但楼层标高值并没有变化。

4）保存并关闭文件，完成的项目文件见随书光盘中的“第 15 章\4-墙身大样出图完成. rvt”。

【提示】 截断视图功能适用于所有的平面视图、立面视图、剖面视图，对一些超长、超高视图的视图显示调整非常方便。截断视图可水平截断，也可垂直截断。

15. 4. 2　节点详图索引视图

施工图中的大量节点详图、平面楼梯间详图等都可以通过“详图索引”工具快速创建。具体步骤如下：

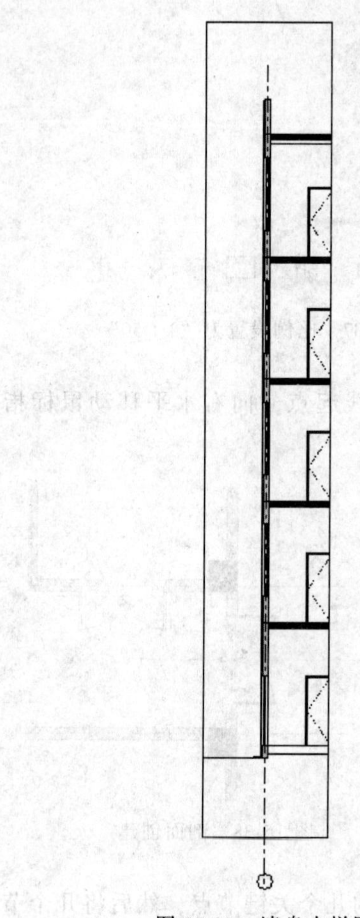

图 15-39　墙身大样图

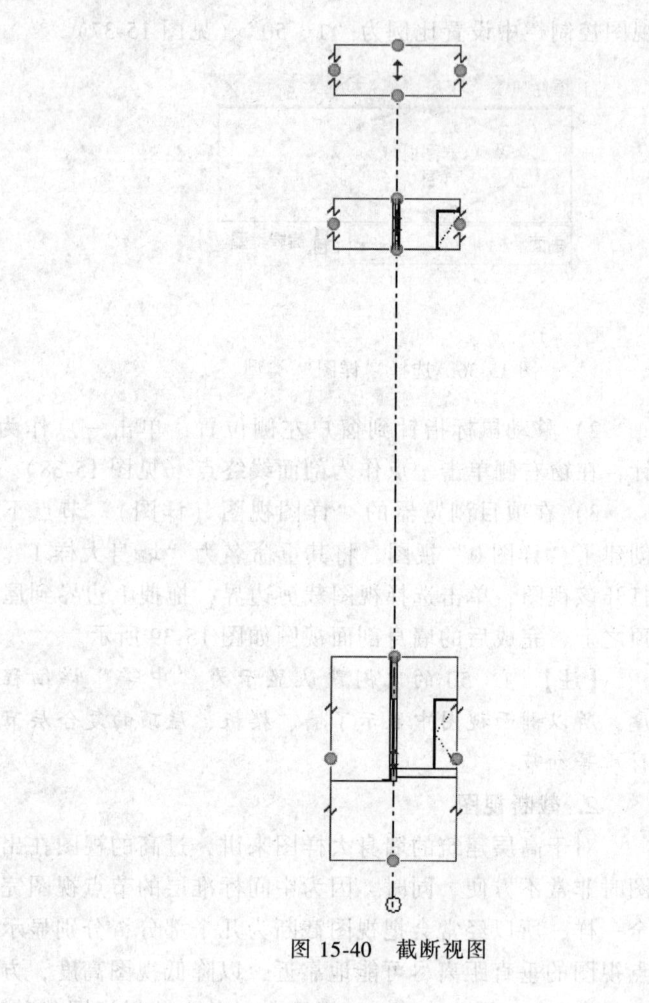

图 15-40　截断视图

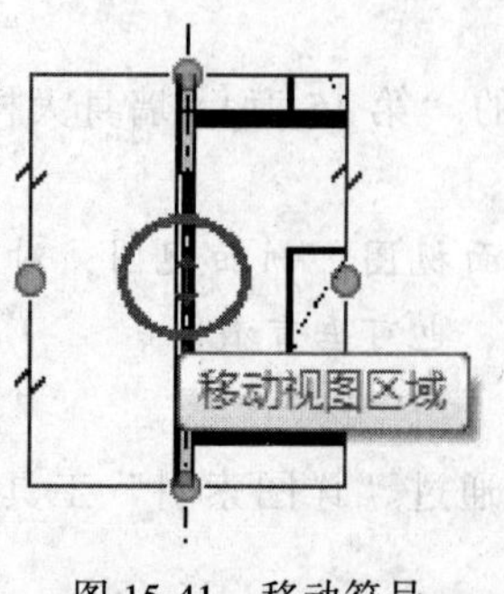

图 15-41　移动符号

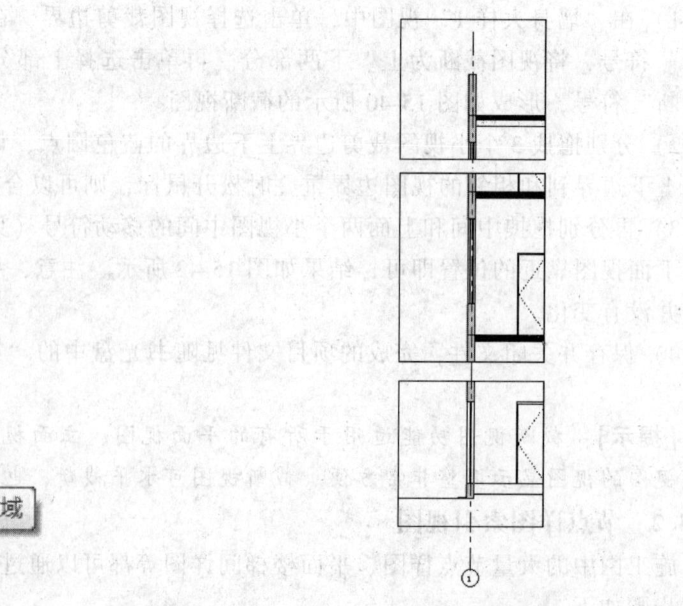

图 15-42　墙身详图

1）打开随书光盘中的“第15章\4-墙身大样出图完成.rvt”，打开“墙身大样1”详图剖面视图，缩放到顶部平屋顶位置。

2）单击“视图”选项卡“创建”面板中的“详图索引”工具，在视图控制栏中设置比例为“1：10”。

3）移动鼠标指针在平屋顶和女儿墙左上角位置单击捕捉索引框起点，向右下角移动鼠标指针，在顶棚下方单击捕捉索引框对角点，放置详图索引框（见图15-43），即在项目浏览器的“详图视图（详图）”节点中创建了“详图0”索引详图。选择视图名称，将其重命名为“平屋顶详图”。

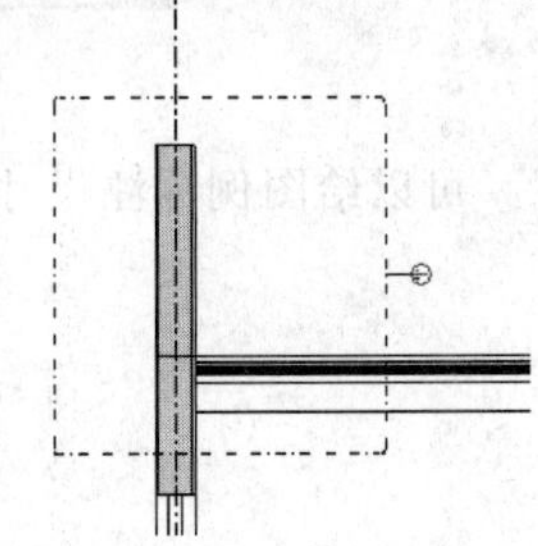

图15-43　详图索引框

4）单击选择详图索引框，拖拽矩形框四边的蓝色实心圆点控制柄，可以调整详图索引范围；拖拽索引标头上的蓝色实心圆点控制柄，可调整标头位置；拖拽引线上的蓝色实心圆点控制柄可调整引线折点位置。

5）打开“平屋顶详图”索引视图，选择视图裁剪边界，可直观地调整视图裁剪范围。拖拽其四边边界等同于在其父视图“墙身大样1”中调整索引框边界。

6）其他节点详图、平面楼梯间详图等创建方法同理，保存文件。完成的项目文件见随书光盘中的“第15章\5-节点详图出图处理完成.rvt”。

【提示】*如在平面视图中索引平面楼梯间详图，单击“详图索引”工具后，要先在类型选择器中选择“楼层平面”详图类型，然后再捕捉对角点索引。创建的详图视图在项目浏览器的“楼层平面”节点中。*

15.4.3　详图索引可见性控制

当项目设计需要创建大量的节点索引详图时，在一个视图的图面中可能会有很多详图索引框和标头，影响了图面的美观。建议使用以下两种方法设置其可见性。

1. 比例控制

1）打开“墙身大样1”详图剖面视图，单击选择详图索引框，“属性”面板中的“显示在”参数默认为“仅父视图”，即详图索引只显示在绘制详图索引的视图中，可在“属性”面板的“范围”中观察到“父视图”参数为“墙身大样1”。

2）设置“显示在”参数为“相交视图”（见图15-44）。

3）可观察“显示在”参数下面的“当比例粗略度超过下列值时隐藏”参数被激活，值为“1：50”，即比例超过1：50时隐藏。此时，在视图控制栏中设置比例为“1：50”。此时，“墙身大样1”详图中的详图索引框不可见。

2. “可见性/图形替换”控制

1）打开“墙身大样1”详图剖面视图。

2）执行“VV”快捷命令，打开“可见性/图形替换”对话框，在“注释类别”中取消勾选“详图索引”。

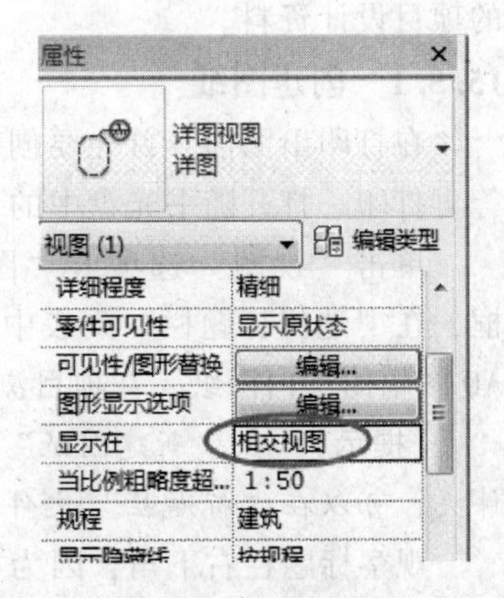

图15-44　相交视图

15.4.4　门窗详图

单击“视图”选项卡“创建”面板中的“图例”工具，在弹出的“新图例视图”对话框中输入图例视图名称为“M1

详图”，设置视图比例为“1：50”，单击“确定”按钮，进入项目浏览器→“图例”中的“M1 订货图”视图。

单击“注释”选项卡“详图”面板“构件”工具中的“图例构件”工具，在选项栏中，在“族”下拉列表框中选择需要的构件族名称“门：单嵌板木门 1：M1”，从“视图”下拉列表框中选择构件图例的视图方向为“立面：前”（见图 15-45），在绘图区域中单击以放置一个图例的实例。

图 15-45　选项栏设置

可以给图例标注尺寸、添加文字注释等（见图 15-46）。

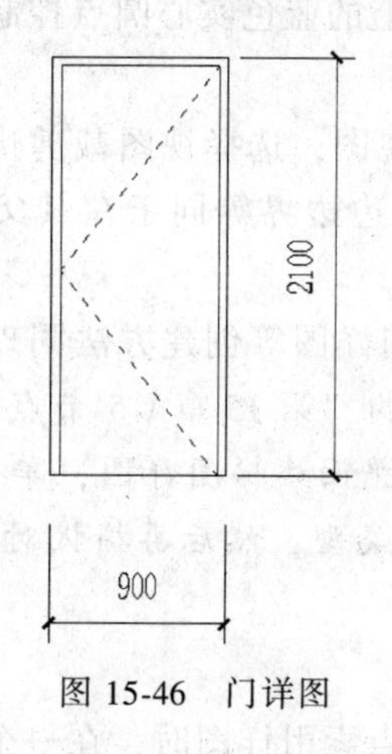

图 15-46　门详图

创建完成的项目文件见随书光盘中的“第 15 章 \ 6-门窗详图出图完成 . rvt”。

15. 5　布图与打印

有了前面的各种平面视图、立剖面视图、详图等视图，以及明细表、图例等各种设计成果，即可创建图纸，将上述成果布置并打印展示给各方，同时自动创建图纸清单，保存全套的项目设计资料。

15. 5. 1　创建图纸

在打印出图前，首先要创建图纸，然后布置视图到图纸上，并设置各个视图的视图标题等再打印。打开随书光盘中的“第 15 章 \ 6-门窗详图出图完成 . rvt”。

单击“视图”选项卡“图纸组合”面板中的“图纸”工具，打开“新建图纸”对话框，在“选择标题栏”列表中选择“A0 公制”标题栏，单击“确定”按钮即可创建一张 A0 图幅的空白图纸，在项目浏览器的“图纸（全部）”节点下显示为“A101-未命名”。

【提示】 在“新建图纸”对话框中，单击“载入”按钮，可以定位到“Libraries”库文件夹，可以在“标题栏”文件夹中选择其他图幅的标题栏，单击“打开”按钮载入。

观察标题栏右下角，因为在项目开始时，已经在“管理”选项卡的“项目信息”中设置了“项目发布日期”“客户名称”“项目名称”等参数，所以每张新建的图纸标题栏都将自动提取。

图纸设置：①单击选择图框，再单击标题栏中的“项目发布日期”“客户名称”“项目名称”参数的值，即可直接输入新的项目信息；②单击标题栏中的“未命名”，输入“平面图”，项目浏览器中的图纸名称变为“A101 平面图”，单击“绘图员”后的“作者”标签，输入“张三”，单击“审图员”后的“审图员”标签，输入“李四”；③在图纸视图的“属性”面板中也可以设置“图纸名称”“绘图员”“审图员”等参数。

15.5.2 布置视图

1. 导向轴网

在布置视图前，为了图面美观，可以先创建“导向轴网”显示视图定位网格，在布置视图后、打印前关闭其显示即可。

1）接前面练习，在“A101-平面图”图纸中，单击“视图”选项卡“图纸组合”面板中的“导向轴网”工具，打开“指定导向轴网”对话框。

2）单击“确定”按钮即可显示视图定位网格覆盖整个图纸标题栏（见图 15-47）。单击导向轴网，在“属性”面板中可观察到导向轴网的“导向间距”为“25mm”。

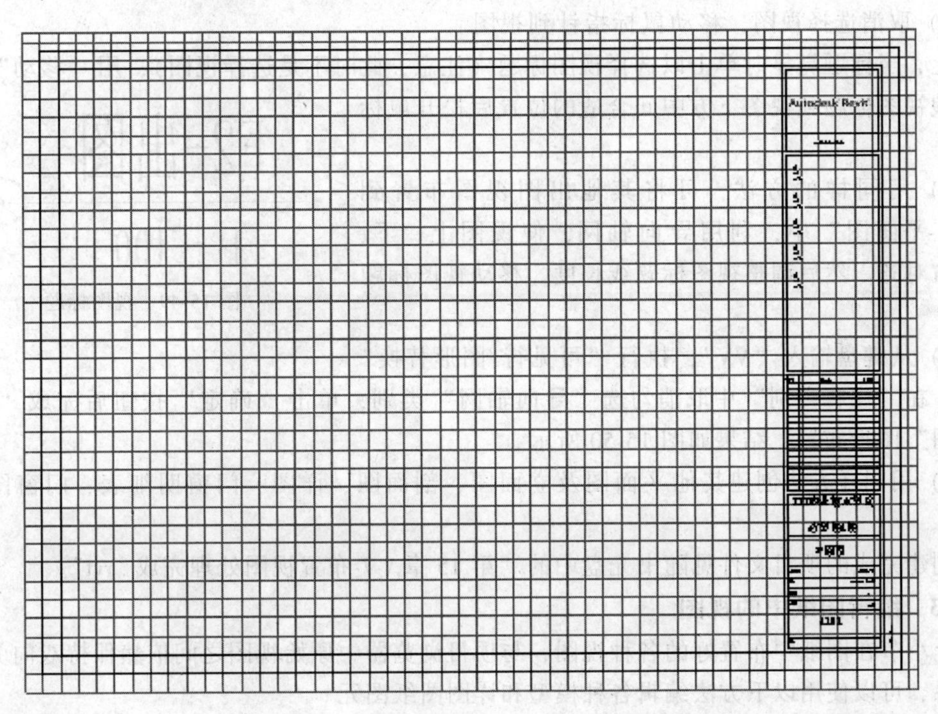

图 15-47 导向轴网

2. 布置视图

在图纸中布置视图有两种方法：使用“视图”工具和在项目浏览器中拖拽。两种方法适用于所有的视图，下面以不同类型的视图为例，详细讲解视图的布置和设置方法。

1）在“A101-平面图”图纸中，单击“视图”选项卡“图纸组合”面板中的“视图”工具，打开“视图”对话框，其中列出了当前项目中所有的平面图、立剖面图、三维视图、详图、明细表等各种视图（见图 15-48）。

2）在“视图”对话框中选择“楼层平面：F2-出图”视图，单击“在图纸中添加视图”按钮，移动鼠标指针至出现一个视图预览边界框，单击即可在图纸中放置“楼层平面：F2-出图”视图。

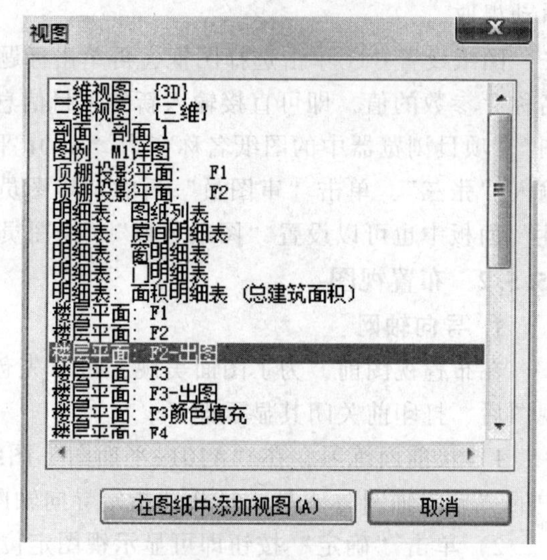

图 15-48 “视图”对话框

3）单击选择“楼层平面：F2-出图”视图，单击上下文选项卡中的“移动”工具，选择视图中 A 和 1 号轴线的交点为参考点，再捕捉一个导向轴网网格交点为目标点，定位视图位置。

4）单击选择“楼层平面：F2-出图”视图，观察到视图标题为“F2-出图”，拖拽标题线的右端点，缩短线长度到标题右侧的合适位置（见图 15-49）。

5）取消选择视图，移动鼠标指针到视图标题上，当标题亮显时单击以选择视图标题（注意，此时不是选择视图），用“移动”工具或拖拽视图标题到视图下方中间合适的位置后松开鼠标即可。

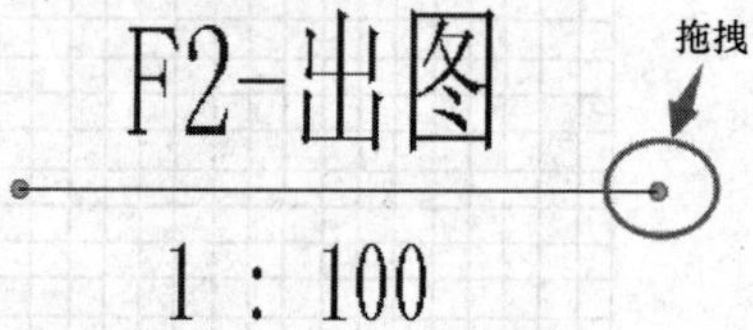

6）用同样的方法，可将其他出图视图布置到“A101-平面图”中，利用导向轴网，使视图上、下、左、右对齐。然后调整视图标题线长度，移动视图标题位置。

图 15-49 视图标题

7）从键盘输入“VV”，执行“可见行/图形替换”命令，在“注释类别”中取消勾选“导向轴网”类别，单击“确定”按钮后完成“A101-平面图”图纸布置，结果如图 15-50 所示。

8）用同样方法创建其他平面图及立面图、剖面图、详图、门窗明细表、门窗图例等图纸。

创建完成的项目文件见随书光盘中的“第 15 章\7-布置视图处理完成 . rvt”。

15. 5. 3　编辑图纸中的视图

上小节在图纸中布置好的各种视图，与项目浏览器中原始视图之间依然保持双向关联修改关系，可以使用以下方法编辑各种模型和详图图纸图元。

1. 关联修改

从项目浏览器中打开原始视图，在视图中做的任何修改都将自动更新图纸中的视图。如重新设置了视图“属性”中的比例参数，则图纸中的视图裁剪框大小将自动调整，而且所有尺寸标注、文字注释等的文字大小都将自动调整为标准打印大小，但视图标题的位置可能需要重新调整。

2. 在图纸中编辑图元

1）单击选择图纸中的视图，单击“修改 | 视口”上下文选项卡中的“激活视图”工具或从右键快捷菜单中选择“激活视图”命令，则其他视图全部灰色显示，当前视图激活，

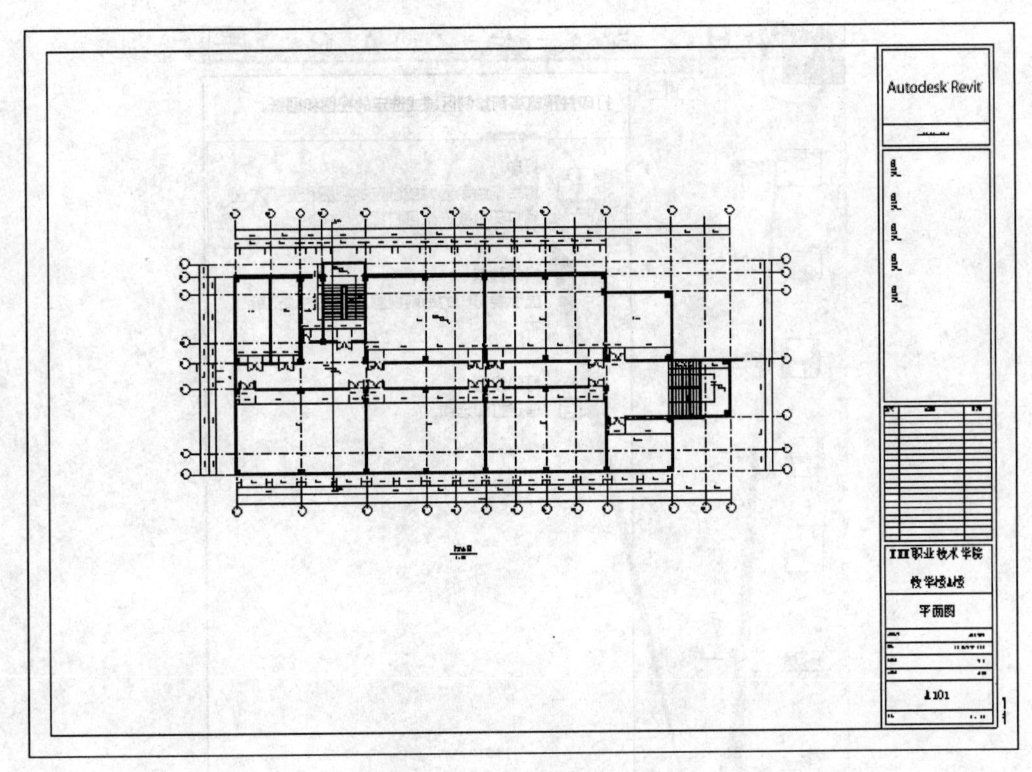

图 15-50　“A101-平面图”图纸

可选择视图中的图元编辑修改（等同于在原始视图中编辑）。编辑完成后，从右键快捷菜单中选择“取消激活视图”命令，即可恢复图纸视图状态。

2）单击选择图纸中的视图，在“属性”面板中可以设置该视图的“视图比例”“详细程度”“视图名称”“图纸上的标题”等所有参数，等同于在原始视图中设置视图“属性”参数。

15.5.4　打印

1）打开随书光盘中的“第15章\7-布置视图完成.rvt”，打开“A101-平面图”图纸，单击软件左上角的应用程序图标按钮，在应用程序菜单中选择“打印”→“打印”命令（见图15-51），打开“打印”对话框。

2）打印设置。在“打印”对话框中设置以下内容。

① 打印机：从顶部的打印机“名称”下拉列表框中选择需要使用的打印机，自动提取打印机的“状态”“类型”“位置”等信息。

② 打印到文件：如勾选该复选框，则“文件”栏中的“名称”栏将激活，单击“浏览”按钮，打开“浏览文件夹”对话框，可设置保存打印文件的路径和名称，以及打印文件类型。确定后将把图纸打印到文件中，再另行批量打印。

③ 打印范围：默认选择“当前窗口”，即打印当前窗口中所有的图元；可选择“当前窗口可见部分”，则仅打印当前窗口中能看到的图元，缩放到窗口外的图元不打印；可单击下面的“选择”按钮，打开“视图/图纸集”对话框，可批量勾选要打印的图纸或视图（此功能可用于批量出图）。

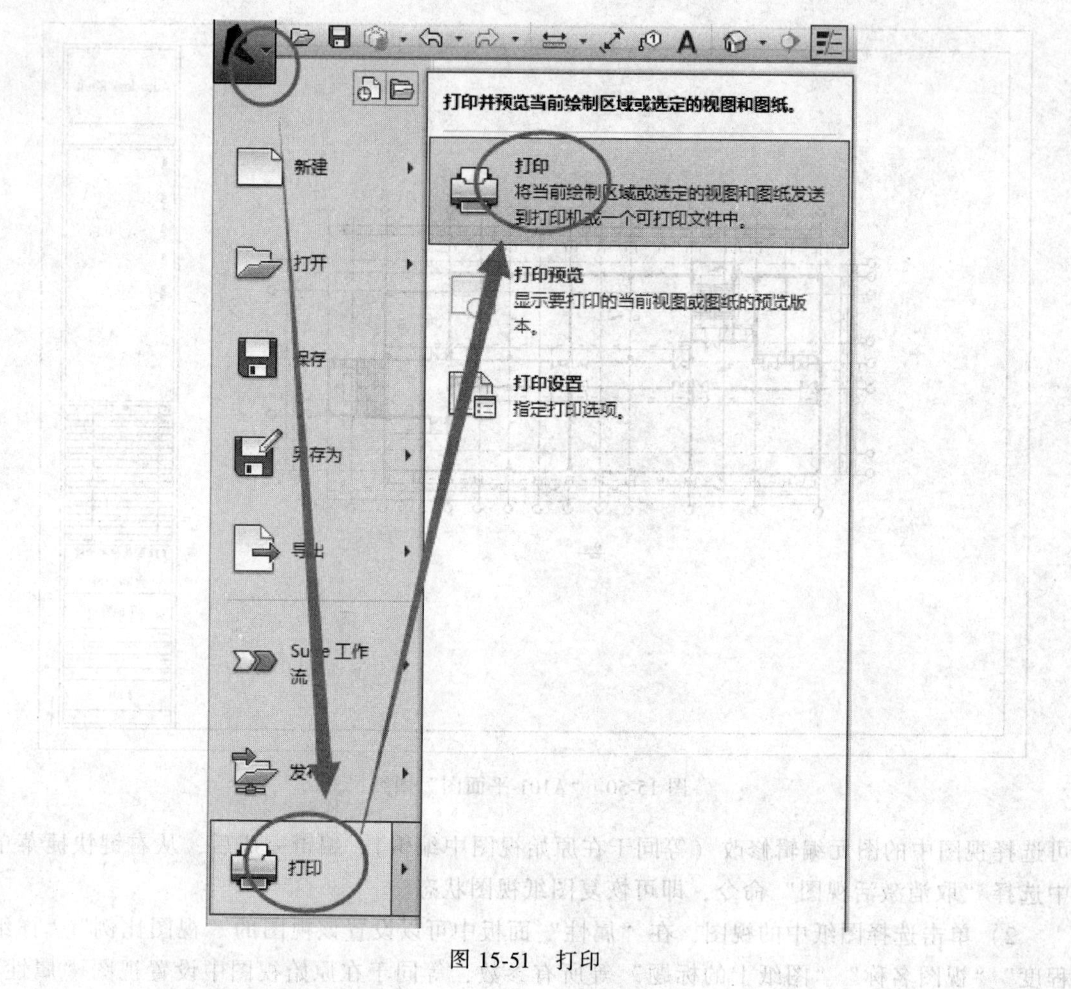

图 15-51　打印

④ 选项：用于设置打印“份数”，如勾选“反转打印顺序”复选框，则将从最后一页开始打印。

⑤ 打印设置：单击“设置”按钮，打开“打印设置”对话框，设置打印选项。

3）打印预览。单击“预览”按钮，可预览打印后的效果，如有问题，可重新设置上述选项。

4）设置完成后，单击“确定”按钮即可发送数据到打印机进行打印，或打印到指定格式的文件中。

第 16 章　日光研究

Revit 虽然不是专业的日照分析软件，但提供了日光研究功能，以评估自然光和阴影对建筑和场地的影响。

日光研究模式包括“静止”“一天”“多天”“照明”4 种。无论哪种模式，其操作流程基本相同，都要经过以下 5 个步骤：

1）指定项目地理位置和正北。

2）创建日光研究视图。

3）创建日光研究方案（“静止”“一天”“多天”“照明”日光设置和阴影）。

4）查看日光研究动画或图像。

5）保存日光研究图形或导出日光研究动画。

16.1 节以“静态日光研究”为例，详细讲解日光研究的操作流程。后面两节将只讲解不同日光研究模式的区别。

16.1　静态日光研究

16.1.1　项目地理位置和正北

打开随书光盘中的“第 15 章\7-布置视图完成.rvt”。打开“场地”楼层平面视图。

1. 项目地理位置

单击“管理”选项卡“项目位置”面板中的“地点”工具，项目地址输入“青岛”，单击“搜索”；也可将“定义位置依据”设置为“默认城市列表”，“纬度”输入“36.07°”、“经度”输入“120.33°”，单击“确定”按钮（见图 16-1）。

2. “正北”与“项目北”

在项目设计中，为绘图方便，将图纸正上方作为“项目北”方向，然后绘制水平和垂直轴网定位，因此在“场地”平面的“属性”面板中可以查看视图的“方向”参数默认值为“项目北”。而在创建日光研究时，为了模拟真实自然光和阴影对建筑和场地的影响，需要把项目方向调整到“正北”方向。其设置方法如下：

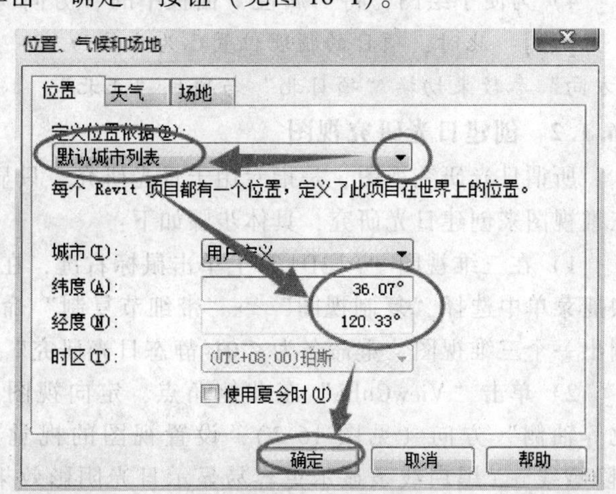

图 16-1　项目位置确定

1）在“场地”楼层平面视图中，在“属性”面板中设置视图的“方向”

参数为“正北”，单击“应用”按钮。

2）单击“管理”选项卡“项目位置”面板中的“位置”下拉按钮，从下拉菜单中选择“旋转正北”命令，移动鼠标指针至出现旋转中心点和符号线。

3）在旋转中心点正右侧水平位置单击捕捉一点作为选择起点，逆时针移动鼠标指针至出现蓝色旋转角度临时尺寸，输入“10”后按<Enter>键即可将项目逆时针旋转 10°到正北方向，结果如图 16-2 所示。

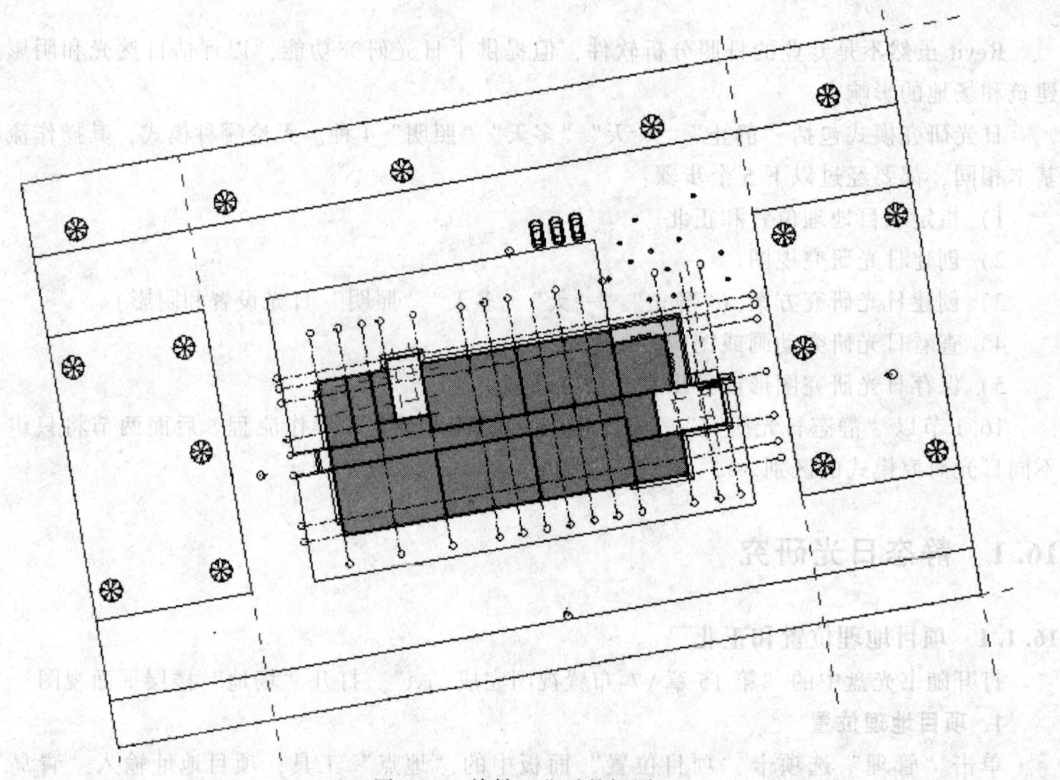

图 16-2　旋转正北后的视图

4）为便于绘图，将“属性”面板中的“方向”参数切换成“项目北”。

【注】 此时，项目的物理位置已为北偏西 10°。旋转正北后，可通过“属性”面板中的“方向”参数来切换“项目北”与项目“正北”。

16.1.2　创建日光研究视图

所谓日光研究视图，是指专用于日光研究、只显示三维模型图元的视图。需要使用正交三维视图来创建日光研究，具体步骤如下：

1）在三维视图“{3D}”上单击鼠标右键，在弹出的快捷菜单中选择“复制视图”→“带细节复制”命令，复制出一个三维视图，重命名为“01-静态日光研究”。

2）单击“ViewCube”东北侧角点，定向视图到“东北等轴侧”方向（见图 16-3），设置视图的视觉样式为“隐藏线”（黑白线条显示更容易显示日光阴影效果），完成的视图如图 16-4 所示。

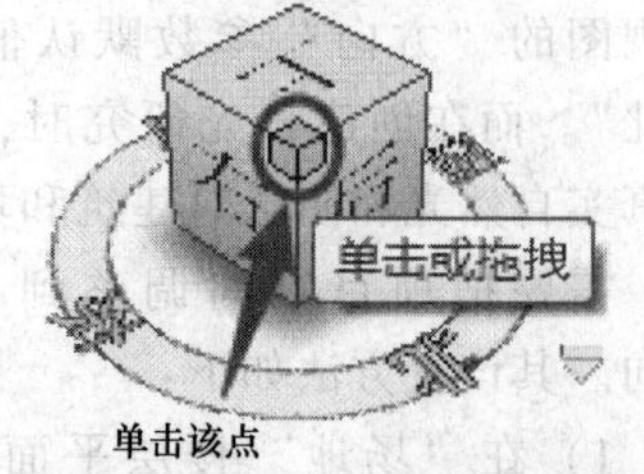

图 16-3　“ViewCube”东北侧角点

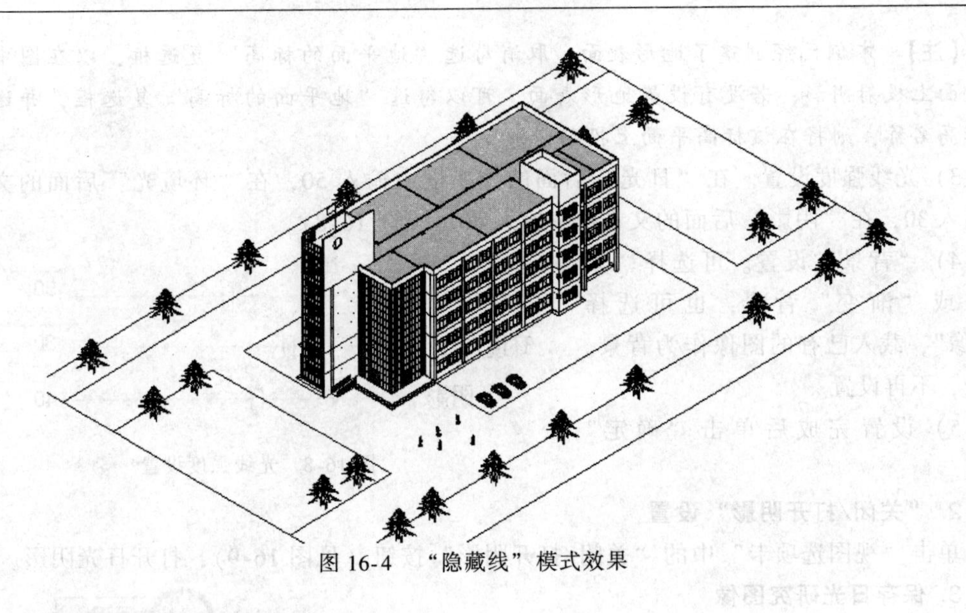

图16-4 “隐藏线”模式效果

16.1.3 创建静态日光研究方案

1. “图形显示选项”设置

1）单击“视图控制栏”中的“视觉样式”，选择“图形显示选项”（见图16-5）。

2）单击“照明”框中“日光设置”右侧的“在任务中，照明”按钮，打开“日光设置”对话框，先新建日光研究方案，选中“静止”日光研究，在其下的“预设”列表框中选择“夏至”，单击左下角的“复制”图标按钮，输入日光研究方案“名称”为“青岛-20160911”，单击“确定”按钮（见图16-6），返回“日光设置”对话框。然后在“日光设置”对话框右侧设置“日期”为“2016/9/11”，设置“时间”为“11：00”，“地点”已经自动提取了前面“地点”中的设置，此处不需要设置。取消勾选“地平面的标高”复选框（见图16-7）。最后单击“确定”按钮退出“日光设置”对话框，返回“图形显示选项”对话框。

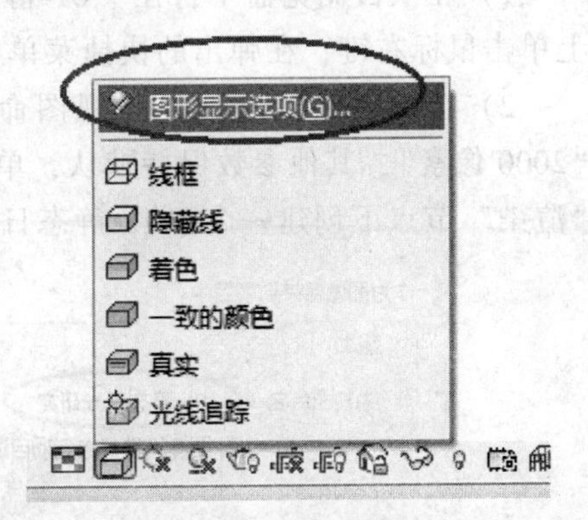

图16-5 图形显示选项

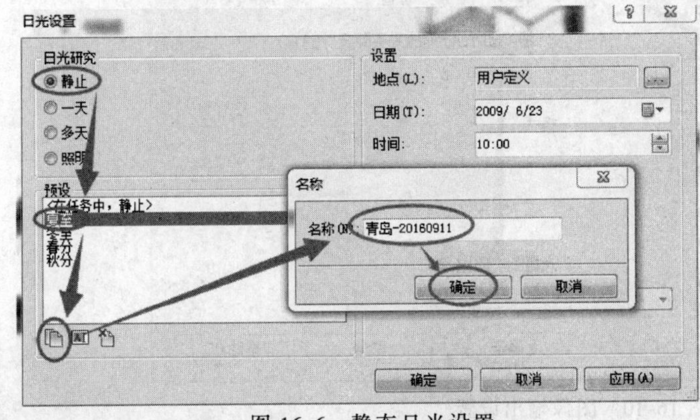

图16-6 静态日光设置

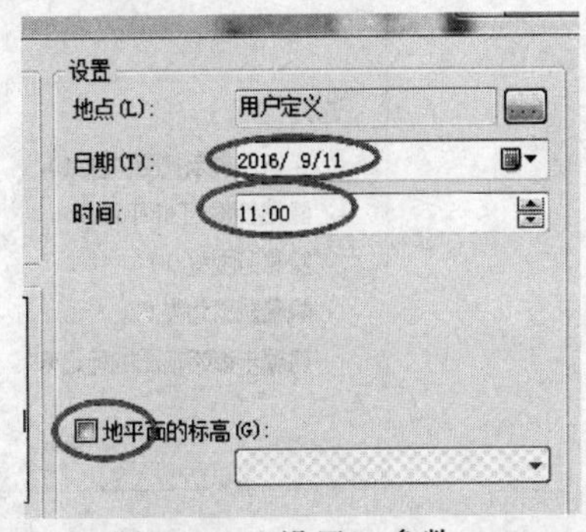

图16-7 “设置”参数

【注】 本例已经创建了地形表面，取消勾选“地平面的标高”复选框，以在图中的地形表面上投射阴影；若没有设置地形表面，可以勾选“地平面的标高”复选框，并选择一个标高名称，则将在该标高平面上投射阴影。

3）光线强度设置。在“日光”后面的文本框中输入 50，在“环境光”后面的文本框中输入 30，在“阴影”后面的文本框中输入 40（见图 16-8）。

4）“背景”设置。可选择“天空”或“渐变”背景，也可选择“图像”，载入已有的图像作为背景。此处，不再设置。

5）设置完成后单击“确定”按钮。

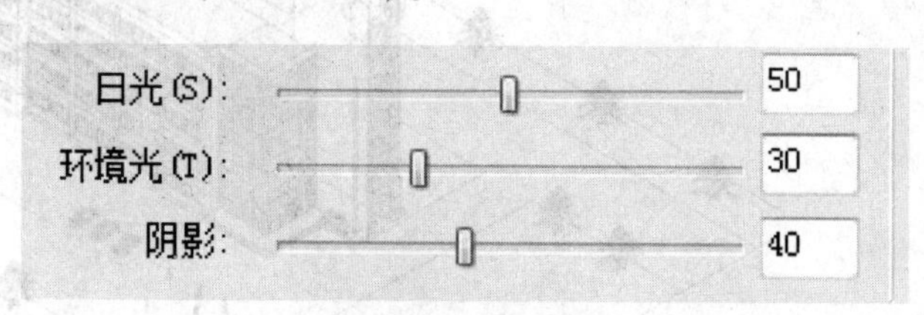

图 16-8　光线强度设置

2. “关闭/打开阴影”设置

单击“视图选项卡”中的“关闭/打开阴影”按钮（见图 16-9），打开日光阴影。

3. 保存日光研究图像

设置好的日光研究，可以将视图当前的图形显示保存为图像，存储在项目浏览器的“渲染”节点下，以备随时查看。

图 16-9　关闭/打开阴影

1）在项目浏览器中，在“01-静态日光研究”视图名称上单击鼠标右键，在弹出的快捷菜单中选择“作为图像保存到项目中”命令。

2）在对话框中设置“为视图命名”为“01-静态日光研究”，设置“图像尺寸”为“2000 像素”，其他参数保持默认，单击“确定”按钮（见图 16-10），即可在项目浏览器的“渲染”节点下创建一个“01-静态日光研究”图像视图。

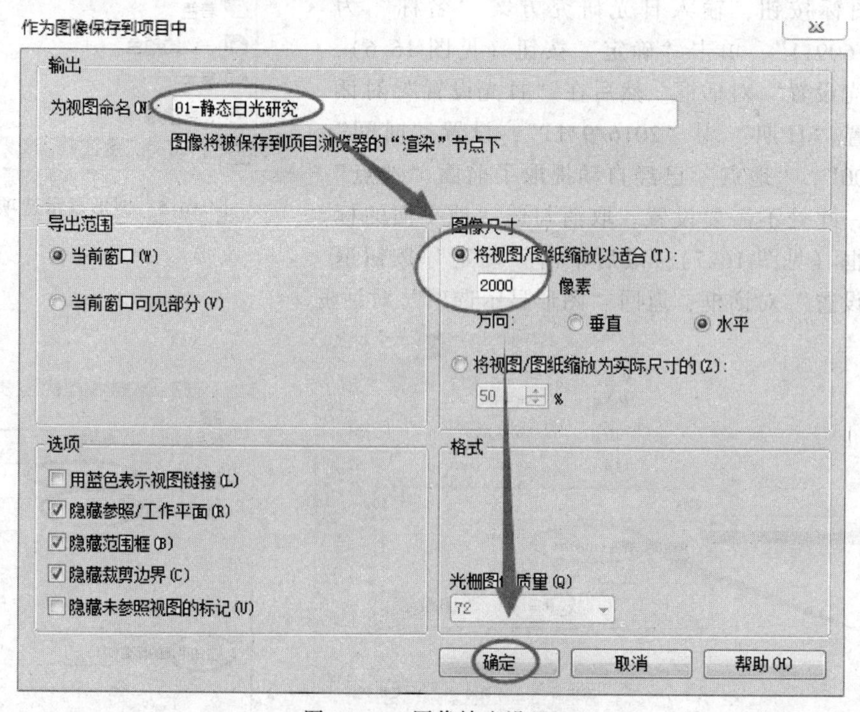

图 16-10　图像输出设置

创建完成的项目文件见随书光盘中的“第 16 章\1-静态日光研究完成.rvt”。

16.2　一天日光研究

一天日光研究是指在特定某一天已定义的时间范围内自然光和阴影对建筑和场地的影响。例如，可以追踪 2016 年 9 月 11 日从日出到日落的阴影变化过程。

一天日光研究的创建方法与静态日光研究的流程基本一致，不同之处在于“日光设置”中的设置略有区别，以及最后生成的是一个动态的日光动画，本节不再一一详述，仅重点介绍不同之处。

1. 创建日光研究视图

1）打开随书光盘中的“第 16 章\1-静态日光研究完成.rvt”。

2）“复制” 16.1 节三维视图中的“01-静态日光研究”视图，“重命名”为“02-一天日光研究”。

2. 创建一天日光研究视图

1）用同样方法，在“图形显示选项”对话框中，单击“日光设置”最右侧的按钮，打开“日光设置”对话框。

2）日光设置。选中“一天”日光研究，选择“一天复选框日光研究-北京，中国”，单击下方的“复制”图标按钮，定义名称为“一天复选框日光研究-青岛，中国”，单击“确定”按钮。

3）设置“日期”为“2016/9/11”；勾选“日出到日落”复选框；设置“时间间隔”为“30 分钟”。取消勾选“地平面的标高”复选框；单击两次“确定”按钮完成日光研究设置（见图 16-11）。阴影默认显示在日出时间的位置。

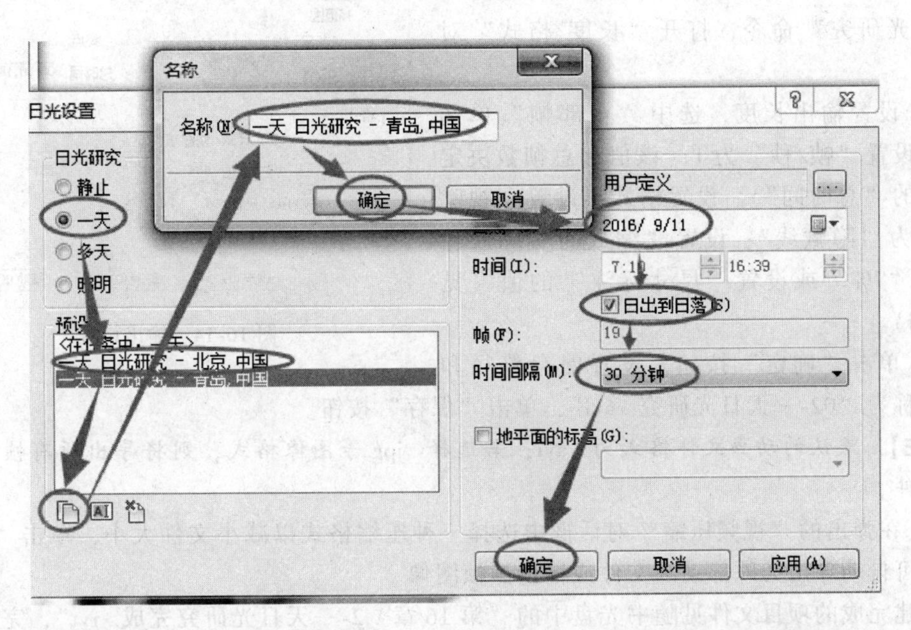

图 16-11　一天日光研究设置

3. 查看一天日光研究

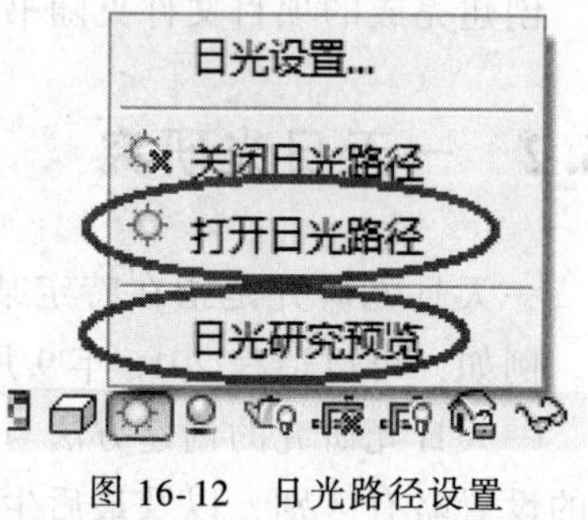

图 16-12　日光路径设置

1）单击视图控制栏中的“日光路径”，单击“打开日光路径”和“日光研究预览”（见图 16-12）。

2）日光研究预览。在选项栏中可设置预览起始“帧”；单击日期时间按钮可打开“日光设置”对话框；单击“下一帧”和“下一关建帧”等可以手动控制播放进度；单击“播放”按钮将在视图中自动播放日光动画预览（见图 16-13）。

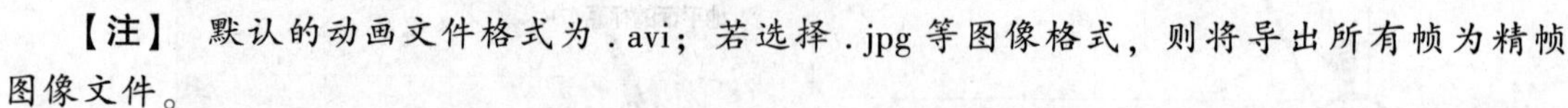

图 16-13　选项栏介绍

4. 保存日光研究图像

1）单击“视图控制栏”中的“关闭日光路径”，隐藏日晷图案。

2）单击“日光研究预览”，在选项栏中设置要保存图像的“帧”值为 10，先显示该帧画面。

3）在“02-一天日光研究”视图名称上单击鼠标右键，在弹出的快捷菜单中选择“作为图像保存到项目中”命令，在弹出的“作为图像保存到项目中”对话框中，为视图命名为“02-一天日光研究-第 10 帧”，单击“确定”按钮。将当前帧图像保存到项目浏览器的“渲染”节点下。

5. 导出日光研究动画

1）单击左上角的应用程序图标按钮，在应用程序菜单中选择“导出”→“图像和动画”→“日光研究”命令，打开“长度/格式”对话框。

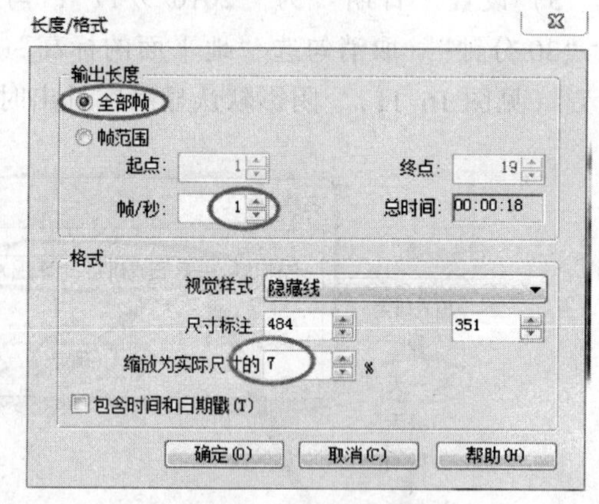

图 16-14　输出设置

2）设置输出长度，选中“全部帧”单选按钮；设置“帧/秒”为 1（该值和总帧数决定了动画的“总时间”）。设置格式，设置“视觉样式”为“隐藏线”；设置“缩放为实际尺寸的”为“7%”或设置“尺寸标注”的值（见图16-14）。

3）单击“确定”按钮，设置保存路径和文件名称为“02-一天日光研究 . avi”，单击“保存”按钮。

【注】 默认的动画文件格式为 . avi；若选择 . jpg 等图像格式，则将导出所有帧为精帧图像文件。

4）在弹出的“视频压缩”对话框中选择一种压缩格式以减小文件大小，单击“确定”按钮即可自动导出为外部动画文件或批量静帧图像。

创建完成的项目文件见随书光盘中的“第 16 章 \ 2-一天日光研究完成 . rvt”，完成的视频文件见“02-一天日光研究 . avi”。

16.3 多天日光研究

多天日光研究是指在特定某月某日到某月某日，已定义日期范围内某时间点自然光和阴影对建筑和场地的影响。例如，可以追踪 2016 年 2 月 11 日至 9 月 11 日每天 10：00-11：00，阴影由长变短的过程。

多天日光研究的创建方法与一天日光研究的流程基本一致，不同之处在于“日光设置”对话框中的参数设置略有区别，如图 16-15 所示，本节不再详述。

创建完成的项目文件见随书光盘中的“第 16 章\3-多天日光研究完成 .rvt”，完成的视频文件见“03-多天日光研究 .avi”。

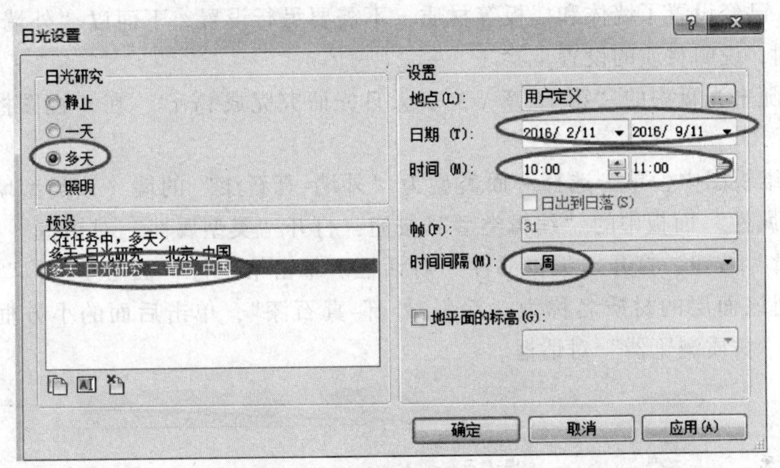

图 16-15 多天日光研究设置

第 17 章　渲染与漫游

17.1　构件材质设置

本例中，已经设置了墙体和楼板等材质，不需要另行设置。下面以“外墙-真石漆”类型的墙体为例，说明材质的设置步骤。

1）打开随书光盘中的“第 16 章\ 3-多天日光研究完成 . rvt”，在“视图控制栏”中关闭阴影。

2）在三维视图中，单击选择一面类型为“外墙-真石漆”的墙（该类型墙体为一层外墙），单击“属性”面板中的“编辑类型”按钮，打开“类型属性”对话框。单击“结构”后面的“编辑”按钮，打开“编辑部件”对话框。单击第一行“面层 1［4］”后面的“材质”栏，看到该面层的材质名称为“涂料-外部-真石漆”，单击后面的小方框按钮（见图 17-1），打开“材质浏览器”对话框。

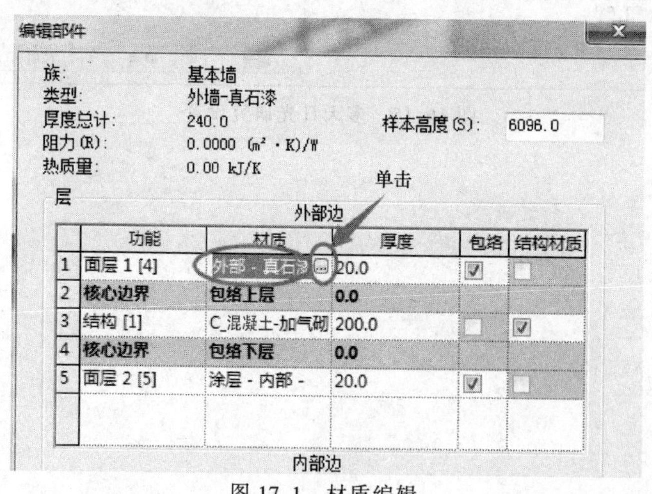

图 17-1　材质编辑

【注】 单击“管理”选项卡“设置”面板中的“材质”工具，也会打开“材质浏览器”对话框。在左上角的“搜索”框中输入“真石漆”，会出现名称包含“真石漆”的材质，单击该材质以选择。

3）在“材质浏览器”中包含“标识”“图形”“外观”3 个选项卡，默认选项卡是“图形”选项卡，该选项卡中包含“着色”“表面填充图案”“截面填充图案”3 个选项区（见图 17-2）。

①“图形”选项卡：“着色”选项区，此颜色是“着色”模式（见图 17-3）下显示的

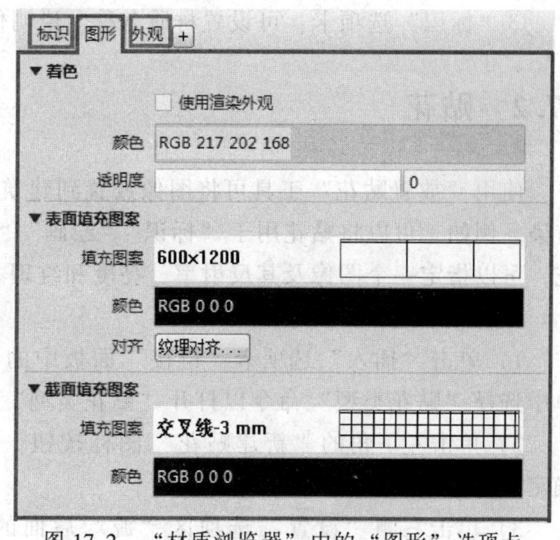

图17-2　“材质浏览器”中的“图形”选项卡

图形颜色，与渲染后的颜色无关。单击“颜色”或“透明度”，可进行相应设置（注：若勾选“颜色”上方的“使用渲染外观”复选框，则使用“外观”选项卡中的外观设置）。“表面填充图案”选项区，指的是模型的“表面”填充样式，在三维视图和各立面都可以显示。也是“着色”模式下显示的图形颜色，与渲染后的颜色无关。单击“填充图案”“颜色”“对齐”，可进行相应设置（注：单击“填充图案”，进入“填充样式”对话框，下方的“填充图案类型”应选择“模型”类型。该类型中，模型各个面填充图案的线条会和模型的边界线保持相同的固定角度，且不会随着绘图比例的变化而变化）。“截面填充图案”选项区，是指构件在“剖面图”中被剖切时，显示的截面填充图案，如剖面图中的墙体需要实体填充时，需要设置该墙体的“截面填充图案”为“实体填充”，而不是设置“表面填充图案”。“平面图”上需要黑色实体填充的墙体也需要将“截面填充图案”设置为“实体填充”，因为平面图默认为标高向上1200mm的横切面（注：只有详细程度为中等或精细时才可见）。单击“填充图案”和“颜色”，可进行相应设置。

②“外观”选项卡：该部分为“渲染”设置，是在“视觉样式”为“真实”时（见图17-3）的条件下显示的外观。单击“替换此资源”图标按钮可打开“资源浏览器”对话框，双击选择相应的资源，返回“外观”选项卡进行与该资源相对应的“染色”“饰面凹凸”“风化”等的设置（见图17-4）。

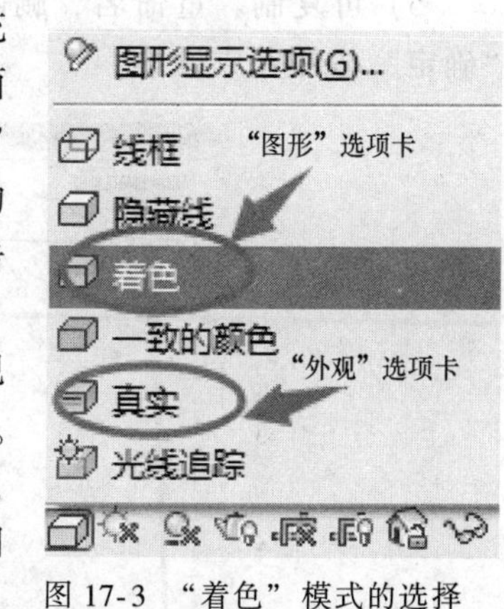

图17-3　“着色”模式的选择

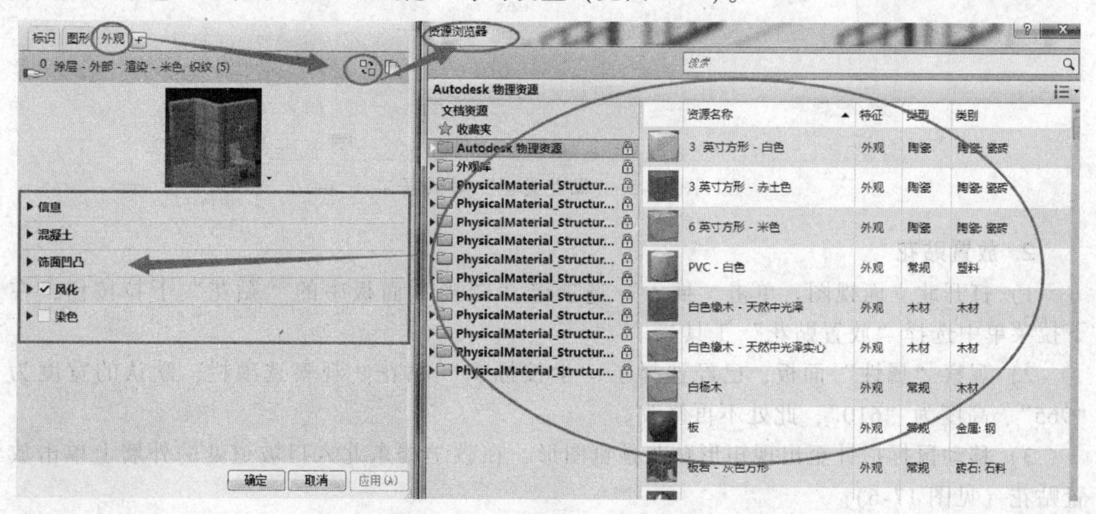

图17-4　“外观”选项卡设置

③“标识”选项卡：可设置材质名称、说明信息、产品信息、注释信息等。

17.2 贴花

使用“放置贴花”工具可将图像放置到建筑模型的水平表面和圆筒形表面上，以进行渲染。例如，可以将贴花用于“标识”“绘画”“广告牌”和“电视画面”等。对于每个贴花，可以指定一个图像及其反射率、亮度和纹理。设置方法如下：

1. 贴花类型

1）单击“插入”选项卡“链接”面板中的“贴花”工具的下拉三角箭头，从下拉菜单中选择“贴花类型”命令以打开“贴花类型”对话框（见图 17-5）。

2）单击左下角的“新建贴花”图标按钮，输入贴花“名称”为“学校标识”，单击确定。

3）单击右侧“设置”选项区“源”后面的方框按钮，定位到随书光盘中的“第 17 章 \ 学校标识 . jpg”文件，单击“打开”按钮以载入图像文件。

4）设置图像的亮度、反射率、透明度和纹理（凹凸贴图）等。本例采用默认设置。

5）可复制、重命名、删除贴花。可用列表、中等图像、大图像方式显示贴花。单击“确定”按钮完成设置。

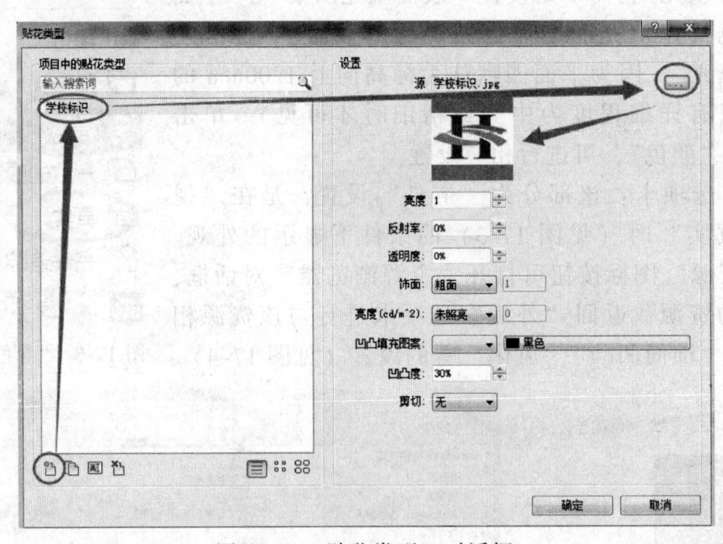

图 17-5 “贴花类型”对话框

2. 放置贴花

1）打开北立面视图，单击“插入”选项卡“链接”面板中的“贴花”下拉按钮，在下拉菜单中选择“放置贴花”工具。

2）观察“属性”面板，已经选择了“学校标识”贴花。观察选项栏，默认的宽度为“965”、高度为“610”，此处不再修改。

3）移动鼠标指针至出现矩形贴花预览图形，在教学楼东北入口坡道处的外墙上单击放置贴花（见图 17-6）。

【注】 只有在视觉样式为“真实”或在渲染后才能显示贴花的样子。

图 17-6　放置贴花

完成的项目文件见随书光盘中的“第 17 章\1-贴花完成.rvt”。

17.3　相机

给构件赋予材质、布置贴花完成之后，在渲染之前一般要先创建相机透视图，生成渲染场景。具体步骤如下：

1）打开随书光盘中的“第 17 章\1-贴花完成.rvt”，进入 F1 平面视图。

2）单击“视图”选项卡“创建”面板中的“三维视图”下拉按钮，在下拉菜单中选择“相机”工具，观察选项栏中的“偏移量”为“1750.0”，即相机所处的高度为 F1 向上 1750mm 的高度。

3）移动鼠标指针在 F1 视图中右上角单击放置相机，鼠标指针向左下角移动，超过建筑物，单击放置视点（见图 17-7），此时一张新创建的三维视图自动弹出。该三维视图位于项目浏览器的“三维视图”节点下，名称为“三维视图 1”。

4）选择三维视图的视口，单击各边控制点，并按住向外拖拽，使视口足够显示整个建筑模型时松开鼠标。

5）在项目浏览器中展开“立面（建筑立面）”节点，双击视图名称“南立面”，进入南立面视图。

6）单击“视图”选项卡“窗口”面板中的“平铺”工具，此时绘图区域将所有打开过的视图平铺显示，只保留“三维视图 1”和“南立面”视图，关闭其他视图，再进行“平铺”显示（“平铺”操作详见 1.3.2 节）。

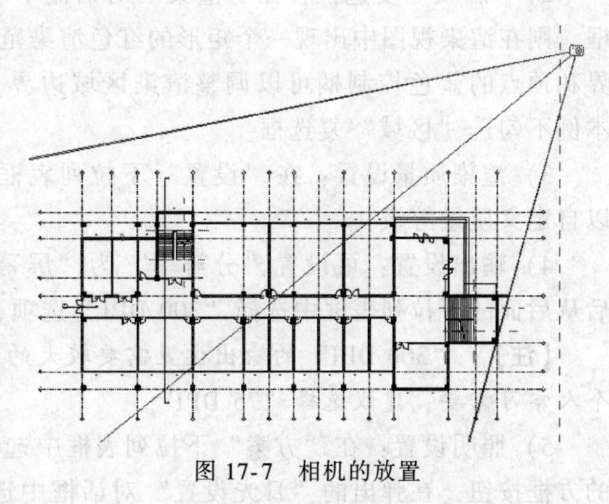

图 17-7　相机的放置

7）在“三维视图 1”和“南立面”视图中分别在任意位置单击鼠标右键，在弹出的快捷菜单中选择“缩放匹配”命令，使两视图放大到合适视口的大小。

8）选择“三维视图 1”的矩形视口，观察南立面视图中出现了相机、视线和视点。单击南立面视图中的相机，按住鼠标向上拖拽，观察“三维视图 1”，随着相机的升高，“三维视图 1”变为俯视图。调整“三维视图 1”各控制边，使视口足够显示整个建筑模型（见图 17-8）。

9）将“三维视图 1”重命名为“东北角鸟瞰图”。至此，创建了一个模型的鸟瞰透视图，最后保存文件。

创建完成的项目文件见随书光盘中的“第 17 章 \ 2-相机视图完成 . rvt”。

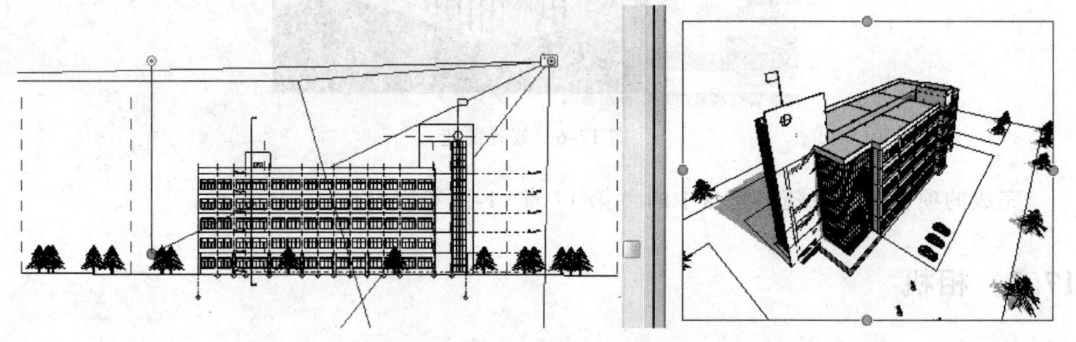

图 17-8 相机高度及视口的调整

17.4 渲染

打开随书光盘中的“第 17 章 \ 2-相机东北角鸟瞰视图完成 . rvt”。打开“东北角鸟瞰图”三维视图，并全屏显示。在“视图控制栏”中，将视觉样式设置为“真实”，并打开阴影。

17.4.1 渲染设置

1）单击“视图”选项卡“图形”面板中的“渲染”工具，打开“渲染”对话框。

2）“区域”复选框：在“渲染”对话框中勾选顶部“渲染”按钮旁边的“区域”复选框，则在渲染视图中出现一个矩形的红色渲染范围边界线。单击选择渲染边界，拖拽矩形边界和顶点的蓝色控制柄可以调整渲染区域边界。取消勾选“区域”复选框，为渲染全部。本例不勾选“区域”复选框。

3）渲染质量设置：在“设置”下拉列表框中选择“低”选项（选择“编辑”选项可以自定义质量等级）。

4）输出设置：可设置“分辨率”为“屏幕”或“打印机”。本例选择“打印机”，然后从后面的下拉列表框中选择“300 DPI”选项，此选项将决定渲染图像的打印质量。

【注】“300 DPI”的输出设置需要较大的计算机内存空间，且渲染时间很长。若仅是个人学习需要，建议选择“75 DPI”。

5）照明设置：在“方案”下拉列表框中选择“室外：仅日光”选项。单击日光设置后的方框按钮，在弹出的“日光设置”对话框中选中“静止”单选按钮，在“预设”选项区中选择“青岛-20160911”，单击“确定”按钮返回“渲染”对话框（见图 17-9）。

【注】若照明方案选择有关“人造光”的方案，则照明设置中的“人造灯光”按钮可

用。单击“人造灯光”按钮，可选择要在渲染中打开的灯光。

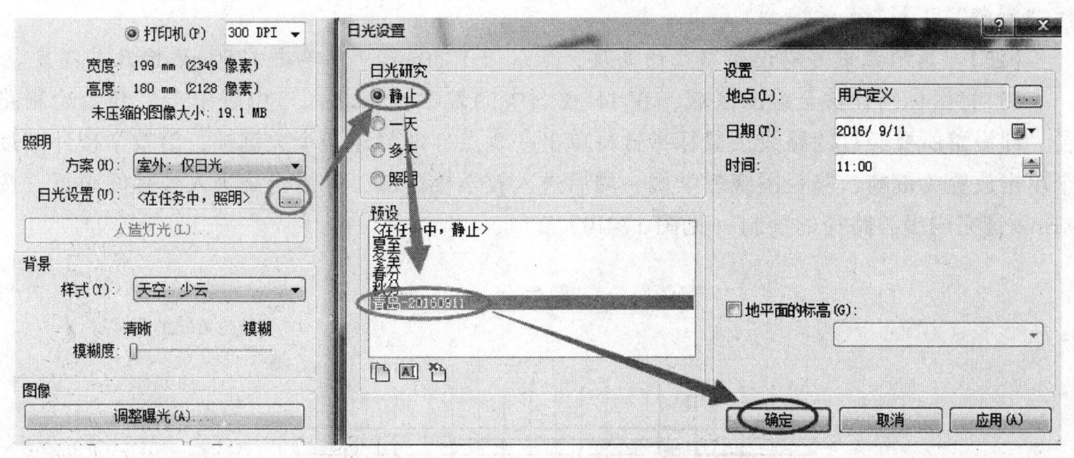

图 17-9　日光设置

6）背景设置：在“样式”下拉列表框中选择“天空：少云”背景样式，可拖拽“模糊度”滑块以设置云亮。也可以在“样式”下拉列表框中选择“颜色”或“图像”选项，定义带颜色的背景或特定图片的背景。

7）调整曝光：拖拽滑块或输入值，可设置图像的曝光值、亮度、中间色调、阴影、白点和饱和度。本例采用默认设置。

8）以上设置完成后，单击左上角的“渲染”按钮。

9）渲染完成后，单击“渲染”对话框下面的“显示模型”按钮，可显示渲染前的模型视图状态。同时“显示模型”按钮变为“显示渲染”按钮。本例单击“显示渲染”按钮以恢复显示渲染图像，同时“显示渲染”按钮变为“显示模型”按钮。

17.4.2　保存与导出图像

渲染图像的保存有以下两种方式：

1）保存到项目中。单击“渲染”对话框中的“保存到项目中”按钮，输入图像“名称”为“东北角鸟瞰图”，单击“确定”按钮，即可将图像保存在项目浏览器的“渲染”节点下。

2）导出。单击“渲染”对话框中的“导出”按钮，设置保存路径，指定保存图像文件名为“东北角鸟瞰图”，单击“保存”按钮即可将文件保存为外部图像文件。

关闭“渲染”对话框，保存文件。

完成的项目文件见随书光盘中的“第 17 章\3-东北角鸟瞰图渲染完成.rvt”，完成的渲染图像文件见随书光盘中的“第 17 章\东北角鸟瞰图渲染.jpg”。

【注】关闭“渲染”对话框后，渲染视图显示渲染前的模型视图状态。再次打开“渲染”对话框，单击“显示渲染（模型）”按钮可以切换显示。

17.5　漫游

17.5.1　创建漫游

1）打开随书光盘中的“第 17 章\3-东北角鸟瞰图渲染完成.rvt”，进入 F1 平面视图。

2）单击“视图”选项卡“创建”面板中的“三维视图”下拉按钮，在下拉菜单中选择“漫游”工具。

【注】 选项栏中可以设置路径的高度，默认为1750mm，可单击1750mm修改其高度。

3）将鼠标指针移至绘图区域，在1F视图中的教学楼东北入口位置单击，开始绘制路径，即漫游所要经过的路线。鼠标指针每单击一个点，即创建一个关键帧，沿教学楼外围逐个单击放置关键帧，路径围绕教学楼一周后进入教学楼内部，并沿走廊进入楼梯间附近，按<Esc>键完成漫游路径的绘制（见图17-10）。

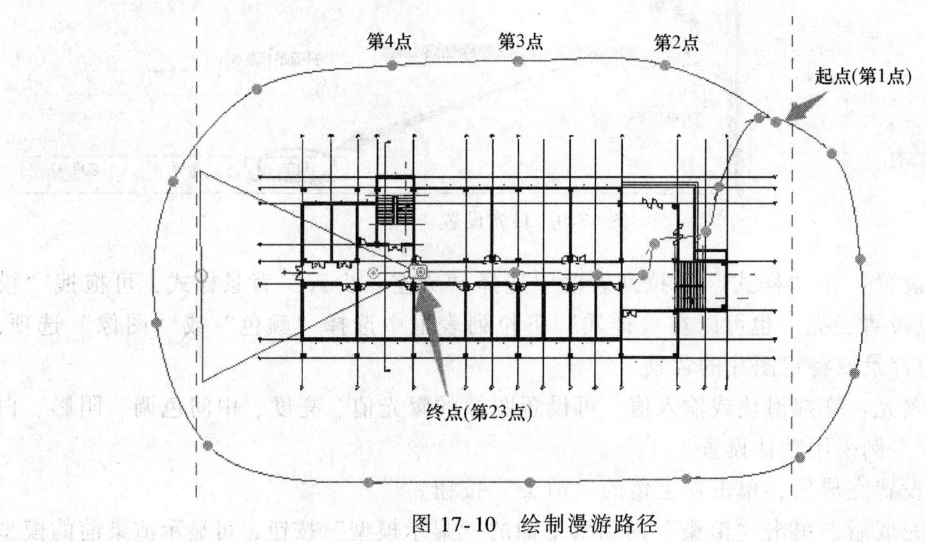

图17-10　绘制漫游路径

4）完成路径后，观察项目浏览器中出现“漫游”节点，可以看到刚刚创建的漫游名称是“漫游1”，双击“漫游1”打开漫游视图。

5）双击项目浏览器→“楼层平面”中的“F1”，打开一层平面视图，单击“视图”选项卡“窗口”面板中的“平铺”工具，此时绘图区域同时显示打开的所有视图。若除F1平面视图和漫游视图外还有其他视图，则关闭其他视图，再执行一遍“平铺”操作。此时绘图区域平铺显示平面视图和漫游视图。

17.5.2　编辑与预览漫游

1）在漫游视图中，将“视觉样式”改为“真实”。

2）选择漫游视口边界，单击“修改 | 相机”上下文选项卡“裁剪”面板中的“尺寸裁剪”工具，在弹出的“裁剪区域尺寸”对话框中输入宽度为“350mm”、高度为“450mm”，单击“确定”按钮（见图17-11）。此处也可单击视口四边上的控制点，按住鼠标向外拖拽，以放大视口。

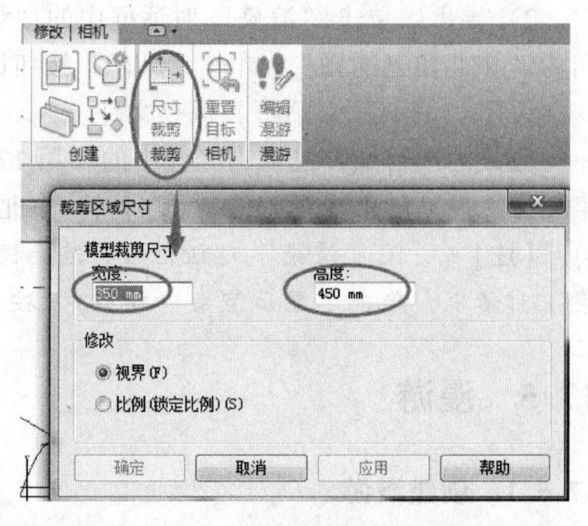

图17-11　漫游视口尺寸的编辑

3）选择漫游视口边界，单击“修改 | 相机”上下文选项卡“漫游”面板中的“编辑漫

游”工具，在楼层平面F1视图上单击，激活F1平面视图。此时会在F1平面视图上看到相机位置和之前创建的漫游点。

4）通过选项栏上的工具编辑漫游，单击选项栏中的“帧数300”，输入“1.0”，按<Enter>键确认，调到第1帧。

5）此时注意到“控制”参数为“活动相机”，即F1平面视图中的相机为可编辑状态。此时拖拽“相机视点”改变相机朝向，直至观察三维视图中该帧的视点合适（见图17-12）。

【注】 在“控制”下拉列表框中选择“路径”选项。在该模式下，单击关键帧可拖拽进行关键帧位置的改变。如果关键帧过少，可以在“控制”下拉列表框中选择“添加关键帧”选项。通过鼠标指针可以在现有两个关键帧中间直接添加新的关键帧；而“删除关键帧”则是删除多余关键帧的工具。

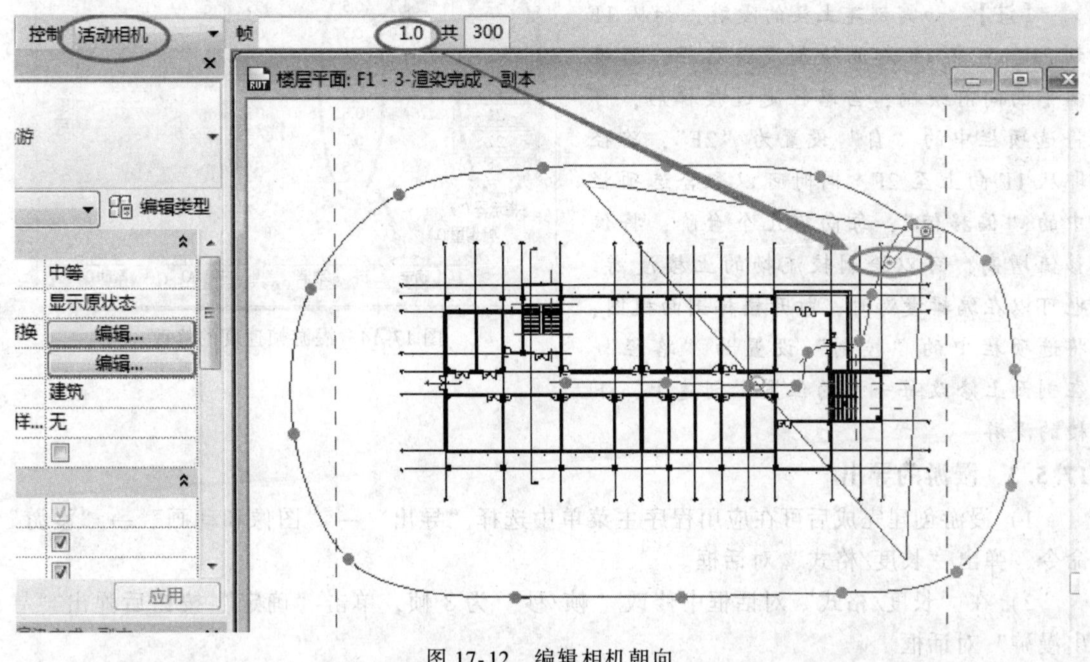

图17-12 编辑相机朝向

6）第一个关键帧编辑完毕后，单击“编辑漫游”上下文选项卡，单击“漫游”面板中的“下一关键帧”按钮（见图17-13），相机调到第二个关键帧位置，再利用拖拽“相机视点”改变相机朝向的方法，使相机朝向建筑物，直至观察三维视图中该帧的视点合适。

7）执行相同的操作，使每个关键帧的视线方向和关键帧位置均合适。

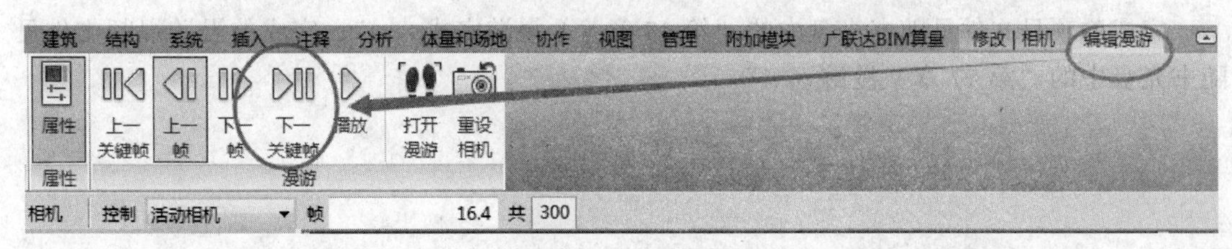

图17-13 下一关键帧

【注】 为使漫游更顺畅，Revit在两个关键帧之间创建了很多非关键帧。

8）观察到从第 17 个关键帧之后，关键帧过密，这会导致导出的视频自第 17 个关键帧之后速度过快，可通过修改关键帧加速度的方法进行调整：单击选项栏中的“共 300”处，弹出“漫游帧”对话框，取消勾选“匀速”复选框，修改第 17 个关键帧之后的关键帧的“加速器”值为“0.5”，单击“确定”按钮退出“漫游帧”对话框（见图 17-14）。

9）编辑完成后，将选项栏中的“帧”值改为“1”，回到第 1 个关键帧。单击“漫游 1”三维视图，返回“漫游 1”三维视图。单击“编辑漫游”上下文选项卡，单击“漫游”面板中的“播放”按钮，播放刚刚完成的漫游。

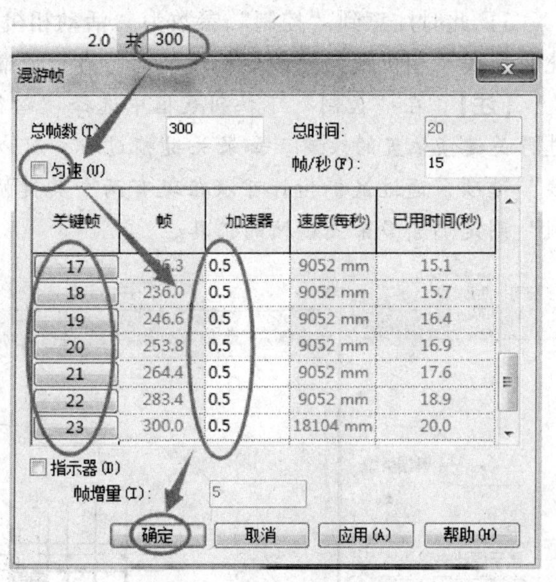

图 17-14　漫游帧速度的修改

【注】　如需创建上楼的漫游，如从 1F 到 2F，可在 1F 起始绘制漫游路径，沿楼梯平面向前绘制，当路径走过楼梯后，可将选项栏中的“自”设置为“2F”，路径即从 1F 向上至 2F，同时可以配合选项栏中的“偏移值”，每向前几个台阶，将偏移值增高，可以绘制较流畅的上楼漫游。也可以在编辑漫游时，打开楼梯剖面视图，将选项栏中的“控制”设置为“路径”，在剖面上修改每一帧的位置，创建上、下楼的漫游。

17.5.3　漫游的导出

1）漫游创建完成后可在应用程序主菜单中选择“导出”→“图像和动画”→“漫游”命令，弹出“长度/格式”对话框。

2）在“长度/格式”对话框中修改“帧/秒”为 3 帧，单击“确定”按钮后弹出“导出漫游”对话框。

3）输入文件名“漫游”，并选择路径，单击“保存”按钮，弹出“视频压缩”对话框，默认为“全帧（非压缩的）”，产生的文件会非常大，建议在下拉列表框中选择压缩模式为“Microsoft Video 1”，此模式为大部分系统可以读取的模式，同时可以减小文件大小，单击“确定”按钮，将漫游文件导出为外部 AVI 文件。

4）至此，完成了漫游的创建和导出，保存文件。

完成的项目文件见随书光盘中的“第 17 章 \ 4-漫游完成 . rvt”，完成的漫游视频文件见随书光盘中的“第 17 章 \ 漫游 . avi”。

第 3 篇　Revit 管理与协同

第 18 章　设 计 选 项

在建筑设计中，经常有局部设计的多方案探讨需求。例如，在门厅入口处的雨篷局部设计，顶部有平屋顶和坡屋顶两种方案，底部支撑有柱子和墙两种方案，可组合出 4 种方案。按常规的设计方法，需要复制 4 个项目文件，分别创建这 4 种方案，然后在 4 个文件之间做方案探讨，文件版本多、重复劳动多，设计效率低下。

Revit 中的“设计选项”功能则可以在一个项目文件中一次创建所有的平屋顶、坡屋顶、柱子和墙，然后在一个文件中组合搭配出 4 种方案，并在一个文件中进行局部设计多种方案的比较与探讨，而无须创建几个项目文件。

本章以前面的西侧门厅入口处雨篷局部设计为例，详细讲解设计选项的创建、编辑、视图设置与方案探讨方法。

18.1　创建设计选项

1）打开随书光盘中的“第 17 章 \ 4-漫游完成 . rvt”。

2）单击“管理”选项卡“设计选项”面板中的“设计选项”工具，打开“设计选项”对话框，进入设计选项设计和编辑模式。

3）单击“选项集”选项区中的“新建”按钮，在左侧栏中自动创建“选项集 1”及其“选项 1（主选项）”。再单击“选项”选项区中的“新建”按钮，在左侧栏中的“选项集 1”下创建“选项 2”。用同样方法，依次单击“选项集”和“选项”选项区中的“新建”按钮，创建“选项集 2”及其“选项 1（主选项）”和“选项 2”。选择左侧栏中的“选项集 1”，再单击右侧“选项集”选项区中的“重命名”按钮，将其命名为“支撑形式”，单击“确定”按钮。单击选择“支撑形式”选项集下的“选项 1（主选项）”，再单击“选项”选项区中的“重命名”按钮，将其命名为“墙”，单击“确定”按钮。用同样方法，重新命名“选项 2”和“选项集 2”及其“选项 1”和“选项 2”分别为“柱”“屋顶形式”“平屋顶”和“坡屋顶”（见图 18-1）。

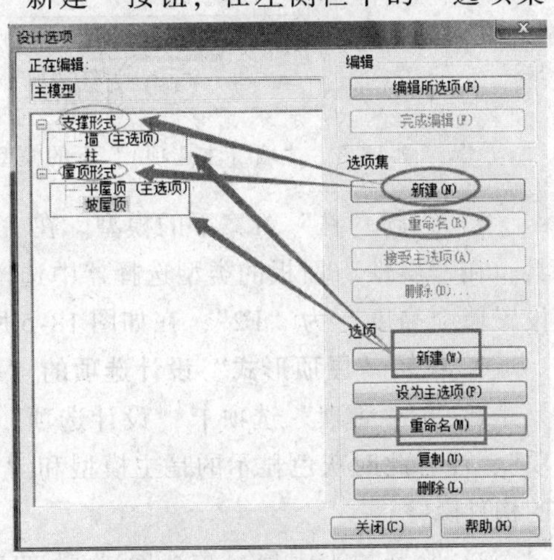

图 18-1　启动设计选项

18.2 编辑设计选项

1. 编辑“支撑形式”设计选项的“墙”主方案

1）在“设计选项”对话框中单击选择“墙（主选项）”，再单击右侧的“编辑所选项”按钮，则对话框左上方的“正在编辑”栏中变为“支撑形式：墙（主选项）”。

2）单击“关闭”按钮关闭对话框。注意，此时主模型变为灰色显示，“管理”选项卡“设计选项”面板中的下拉列表框也由“主模型”变为“墙（主选项）”（见图 18-2）。

图 18-2 编辑“墙（主选项）”

3）绘制“墙（主选项）”下的模型。进入 F1 楼层平面视图，应用“墙”工具，选择“外墙-真石漆”类型，将底部偏移改为“-450”、顶部偏移改为“0”，其他参数保持默认，在教学楼西侧门位置处，逆时针方向绘制如图 18-3 所示的三面墙。应用“门”工具，选择“M2”类型，在“属性”面板中修改底高度为“-450”，在左侧墙体中间放置门（见图 18-3）。

2. 编辑“支撑形式”设计选项的“柱”方案

1）在“管理”选项卡“设计选项”面板的下拉列表框中选择“柱”选项（见图 18-4），则刚绘制的“墙（主选项）”下的模型隐藏显示。

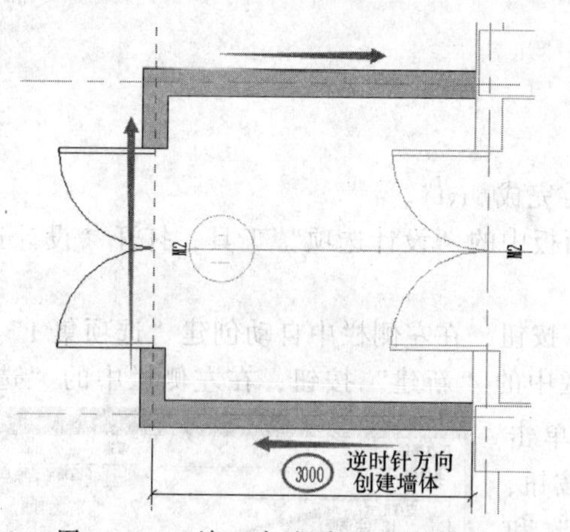

图 18-3 “墙（主选项）”下的模型

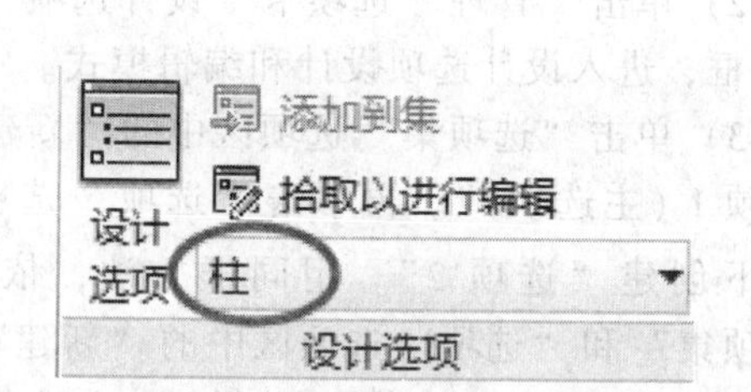

图 18-4 改为“柱”方案

2）绘制“柱”方案下的模型。在 F1 平面视图中，单击“结构”选项卡中的“柱”工具，在“属性”面板的类型选择器中选择“A 教学楼-矩形柱-300×300”类型，在选项栏中设置墙“高度”为“F2”，在如图 18-5 所示的位置创建两个结构柱。

3. 编辑“屋顶形式”设计选项的“平屋顶”主方案

1）在“管理”选项卡“设计选项”面板的下拉列表框中选择“平屋顶（主选项）选项”，注意此时灰色显示的是主模型和“墙（主选项）”下的模型，刚绘制的“柱”方案中的构件隐藏。

2）绘制“平屋顶（主选项）”下的模型。在 F1 楼层平面视图中，单击“建筑”选项

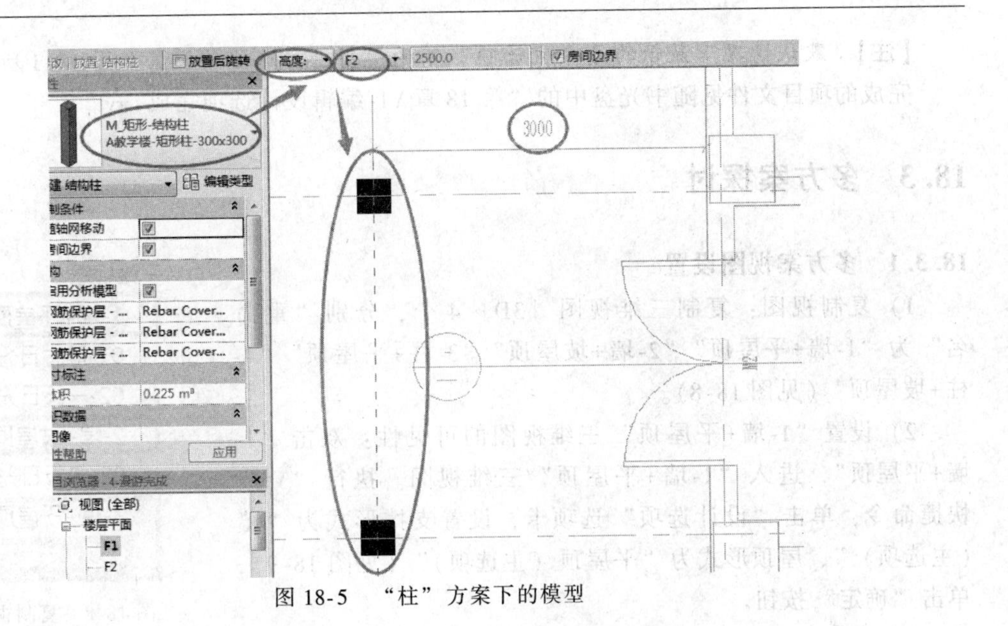

图 18-5　“柱”方案下的模型

卡“构建”面板中的“屋顶”下拉按钮，在下拉菜单中选择“迹线屋顶”工具，在弹出的“最低标高提示”框中选择“F2”，单击“是”按钮，在“属性”面板中将“自标高的底部偏移改为“0.0”，在选项栏中取消勾选“定义坡度”复选框，沿主模型墙面和“墙”主方案三面墙外500mm位置，绘制屋顶边界线（见图 18-6），单击完成编辑，创建平屋顶。

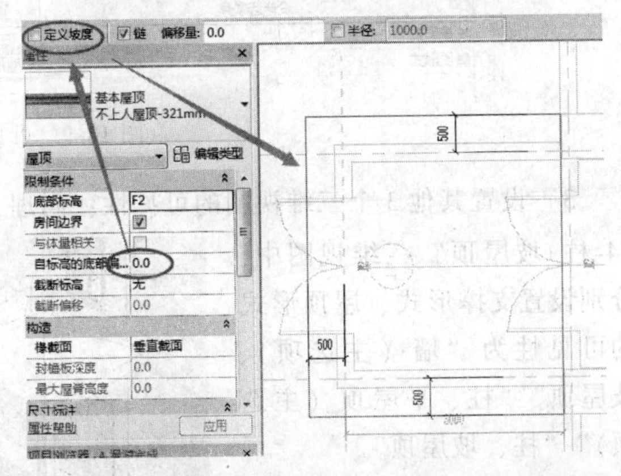

图 18-6 “平屋顶（主选项）”下绘制屋顶边界线

4. 编辑“屋顶形式”设计选项的“坡屋顶”方案

1）在“管理”选项卡“设计选项”面板的下拉列表框中选择“坡屋顶”选项，则刚绘制的“平屋顶”方案中的平屋顶隐藏显示。

2）绘制“坡屋顶”下的模型。在 F1 楼层平面视图中，单击“建筑”选项卡“构建”面板中的“屋顶”下拉按钮，在下拉菜单中选择“迹线屋顶”工具，在弹出的“最低标高提示”框中选择“F2”，单击“是”按钮，在选项栏中勾选“定义坡度”复选框，在“属性”面板中将“自标高的底部偏移”改为“0.0”，沿主模型墙面和“墙”主方案三面墙外500mm位置，绘制屋顶边界线（见图 18-6），选择绘制的屋顶迹线，在“属性”面板中修改坡度为“50%”，单击完成编辑，创建坡屋顶（见图 18-7）。

图 18-7　坡屋顶

5. 完成设计选项的编辑

在“管理”选项卡“设计选项”面板的下拉列表框中选择“主模型”选项，结束设计选项的编辑。此时，显示的是“墙（主选项）”和“平屋顶（主选项）”下的模型。

【注】 默认情况下显示的是“主选项”下的模型，主选项的设置如图 18-1 所示。

完成的项目文件见随书光盘中的“第 18 章\1-编辑设计选项完成 . rvt”。

18.3　多方案探讨

18.3.1　多方案视图设置

1）复制视图：复制三维视图｛3D｝4 个，分别“重命名”为“1-墙+平屋顶”“2-墙+坡屋顶”“3-柱+平屋顶”“4-柱+坡屋顶”（见图 18-8）。

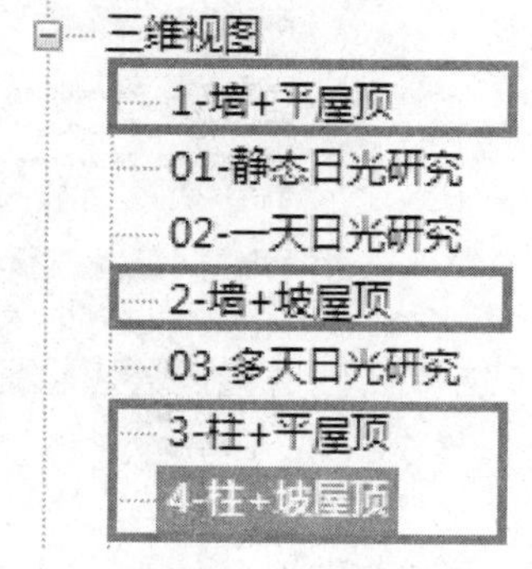

图 18-8　复制视图

2）设置“1-墙+平屋顶”三维视图的可见性：双击“1-墙+平屋顶”，进入“1-墙+平屋顶”三维视图。执行“VV”快捷命令，单击“设计选项”选项卡，设置支撑形式为“墙（主选项）”、屋顶形式为“平屋顶（主选项）”（见图 18-9），单击“确定”按钮。

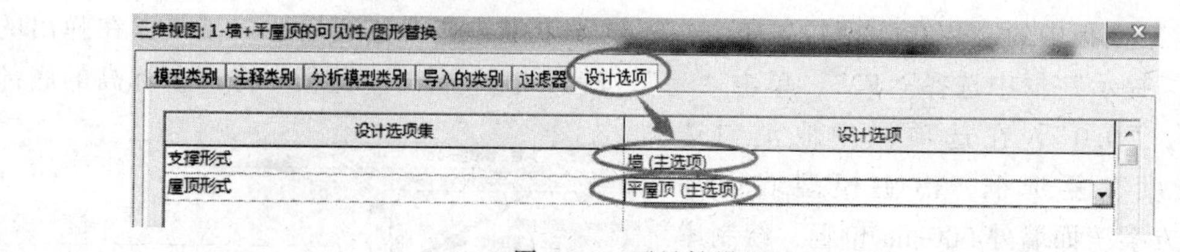

图 18-9　可见性设置

3）设置其他 3 个三维视图的可见性：同理，分别进入“2-墙+坡屋顶”“3-柱+平屋顶”“4-柱+坡屋顶”三维视图中，分别设置支撑形式、屋顶形式的可见性为“墙（主选项）、坡屋顶”“柱、平屋顶（主选项）”“柱、坡屋顶”。

4）方案探讨：“平铺”显示 4 个视图，即可在同一个项目文件中同时显示 4 种方案，方便方案探讨（见图 18-10）。

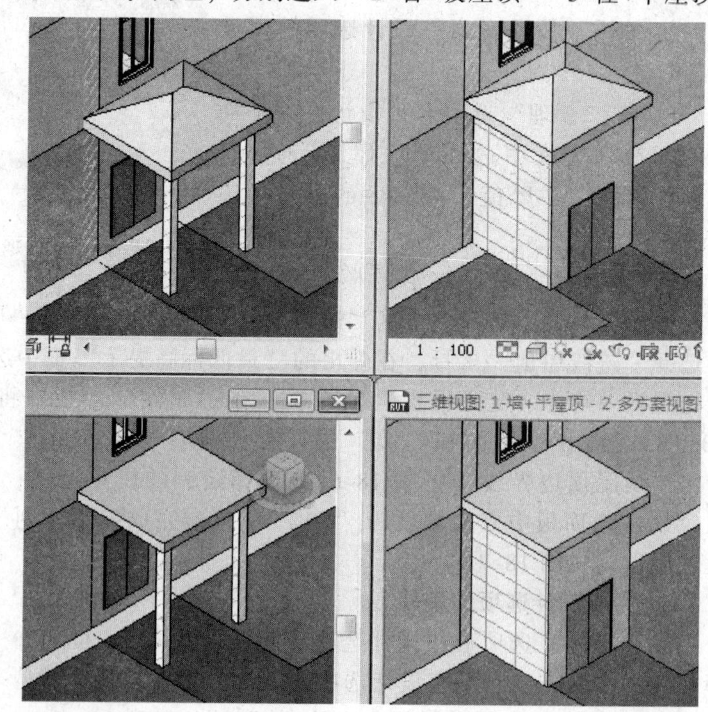

图 18-10　设计选项 4 种方案平铺探讨

完成的项目文件见随书光盘中的“第 18 章\2-多方案视图设置完成 . rvt”。

18.3.2　确定主选方案

确定第 4 个方案“4-柱+坡屋顶”为主方案的方法。

1）进入“4-柱+坡屋顶”

三维视图中。

2）设置主选项。单击“管理”选项卡“设计选项”面板中的“设计选项”工具，在“设计选项”对话框中选择“柱”，单击右侧“选项”选项区中的“设为主选项”按钮，在弹出的报警提示对话框中单击“删除并设为主选项”按钮，即可将“柱”设置为主方案（见图 18-11）。

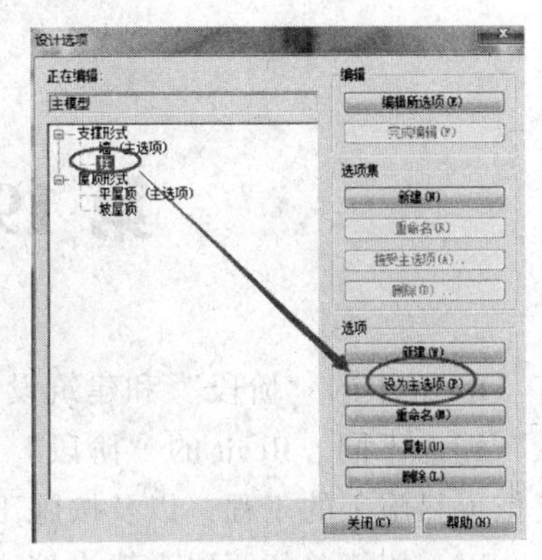

图 18-11　确定主选项

3）接受主选项。单击选择“支撑形式”，单击右侧“选项集”选项区中的“接受主选项”按钮（见图 18-12），在弹出的“删除选项集”报警提示对话框中单击“是”按钮，在弹出的“删除专用选项视图”对话框中单击“删除”按钮，即可删除“支撑形式”设计的次方案及其相关视图。

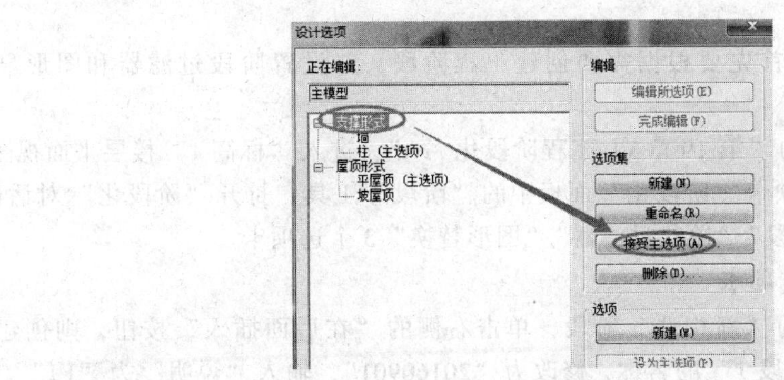

图 18-12　接受主选项

4）用同样方法，将“屋顶形式”下的“坡屋顶”设为主选项，并接受该主选项。完成后单击“关闭”按钮。此时，项目浏览器中只剩下“4-柱+坡屋顶”方案视图。

完成的项目文件见随书光盘中的“第 18 章\3-主方案选定完成 . rvt”。

第 19 章　工程阶段化

Revit 中的“阶段”和建筑设计中常说的方案阶段、扩初阶段、施工图阶段的时间“阶段”概念不同。Revit 的“阶段”用来追踪创建或拆除视图或图元的阶段。利用此功能可以模拟项目施工的工程，以及按施工阶段统计不同阶段的图元构件，方便后期施工管理。

以一栋简单的两层小楼为例，简要介绍工程阶段的创建和设置方法。

19.1　工程阶段化的创建

在工程阶段化之前，首先要根据需要创建工程阶段，并设置阶段过滤器和图形显示替换。

1）打开随书光盘中的“第 19 章\1-工程阶段化 . rvt”，进入“标高 1”楼层平面视图。

2）单击“管理”选项卡“阶段化”面板中的“阶段”工具，打开“阶段化”对话框。该对话框中包含“工程阶段”“阶段过滤器”“图形替换”3 个选项卡。

19.1.1　“工程阶段”选项卡

1）单击选择第 2 行的“新构造”阶段，单击右侧的“在后面插入”按钮，则创建了“阶 段 1”。单击修改“阶段 1”的名称，修改为“20160901”，输入“说明”为“F1”。

2）用同样方法创建阶段“20160905”和“20160910”，设置其“说明”为“F2”和“屋顶”（见图 19-1）。

【注】 创建好的阶段不能调整其先后位置或者删除，只能通过单击“在前面插入”和“在后面插入”按钮创建新的阶段，或用“与上一个合并”和“与下一个合并”按钮合并多余的阶段。应按照时间先后顺序，先发生的事件在前一行，后发生的事件在后一行。

19.1.2　“阶段过滤器”选项卡

1）单击进入“阶段过滤器”选项卡（见图 19-2）。其中设置了各种过滤器的显示状态，有“按类别”“已替代”“不显示”3 种显示设置：①按类别，根据默认的“对象样式”对话框中定义的显示方式显示图元；②已替代，根据后面的“图形替换”选项卡中指定的显示方式显示图元；③不显示，即不显示构件。

2）单击“新建”按钮可以创建新的阶段过滤器，然后设置其名称，在该过滤器中可“新建”“现有”“已拆除”及“临时”图元的显示方式。单击“删除”按钮可删除多余的阶段过滤器。本例中采用默认设置。

19.1.3　“图形替换”选项卡

1）单击进入“图形替换”选项卡（见图 19-3）。其中设置了“现有”“已拆除”“新建”及“临时”图元的替换显示方式。该选项配合阶段过滤器控制阶段图元在视图中的显示方式。

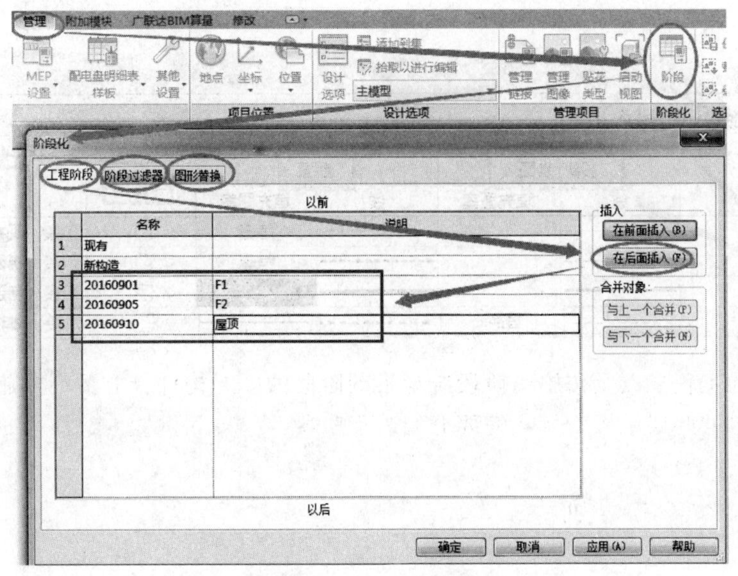

图 19-1　阶段化设置

阶段化

工程阶段　阶段过滤器　图形替换

	过滤器名称	新建	现有	已拆除	临时
1	全部显示	按类别	已替代	已替代	已替代
2	完全显示	按类别	按类别	不显示	不显示
3	显示原有 + 拆除	不显示	已替代	已替代	不显示
4	显示原有 + 新建	按类别	已替代	不显示	不显示
5	显示原有阶段	不显示	已替代	不显示	不显示
6	显示拆除 + 新建	按类别	不显示	已替代	已替代
7	显示新建	按类别	不显示	不显示	不显示

新建(N)　删除(D)

确定　取消　应用(A)　帮助

图 19-2　“阶段过滤器”选项卡

2）默认有4种阶段状态：①现有，即构件是在早期阶段中创建的，并继续存在于当前阶段中；②已拆除，即构件是在早期阶段中创建的，在当前阶段中已经拆除；③新建，即构件是在当前视图的阶段中创建的；④临时，即构件是在当前阶段期间创建并拆除的。

3）单击“投影/表面”或“截面”下的线和填充图案，可以选择需要的线型和填充图案。勾选“半色调”栏中的复选框，则灰色显示该阶段的所有图元。可设置“材质”。本例中采用默认设置。

4）单击“确定”按钮关闭对话框。

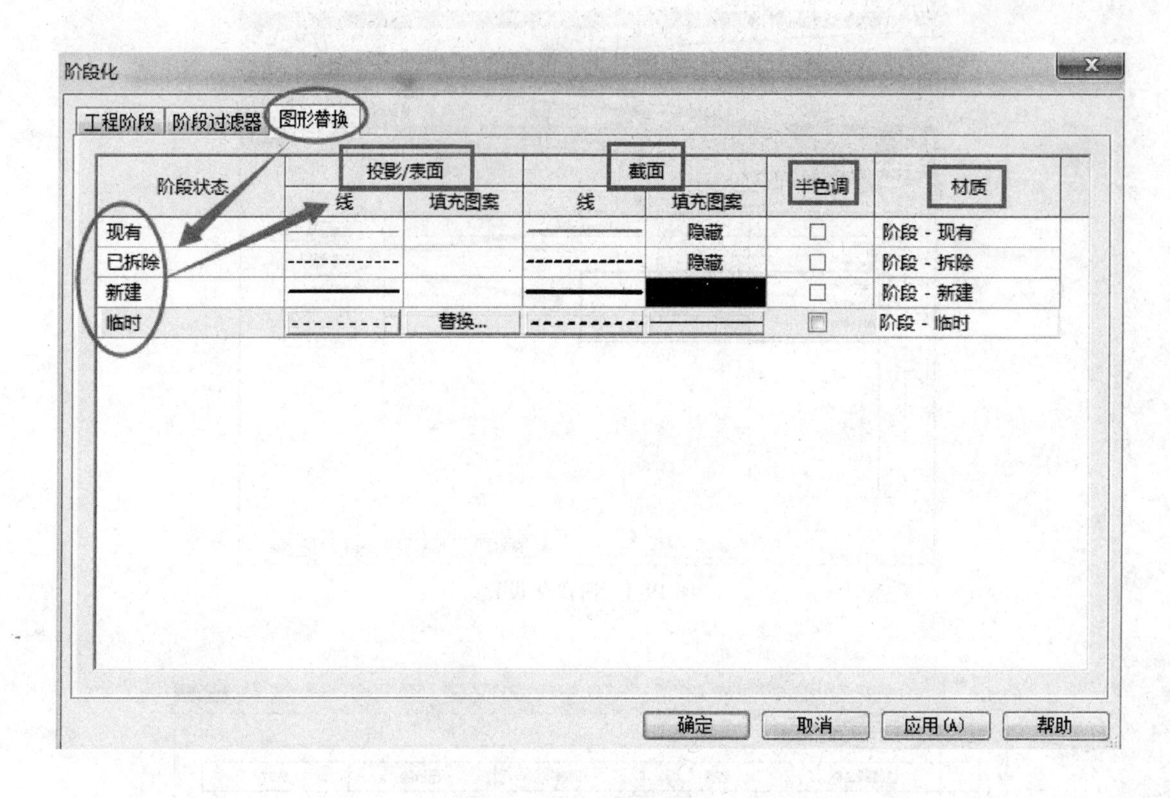

图 19-3 “图形替换”选项卡

19.2 工程阶段化

创建了阶段和阶段过滤器，即可将其应用于构件和视图，从而实现项目的阶段化显示和统计。

19.2.1 “属性”面板中与工程阶段化相关的参数介绍

1. “视图”属性面板

1）打开项目浏览器中某一个平立剖视图、三维视图、图例或明细表视图，“属性”面板中与阶段化相关的参数为“阶段过滤器”和“相位”（见图 19-4）。

2）单击“阶段过滤器”下拉列表框（见图 19-5），对应的参数有“无”“全部显示”“完全显示”“显示原有+拆除”“显示原有+新建”“显示原有阶段”“显示拆除+新建”“显示新建”（这些参数与图 19-2 相对应）。默认显示的参数为“全部显示”。

3）单击“相位”下拉列表框（见图 19-6），对应的参数有“现有”“新构造”“20160901”“20160905”“20160910”。其中“现有”和“新构造”这两个参数是默认参数，“20160901”“20160905”和“20160910”为新建参数（这些参数与图 19-1 相对应）。默认显示的参数为“新构造”。

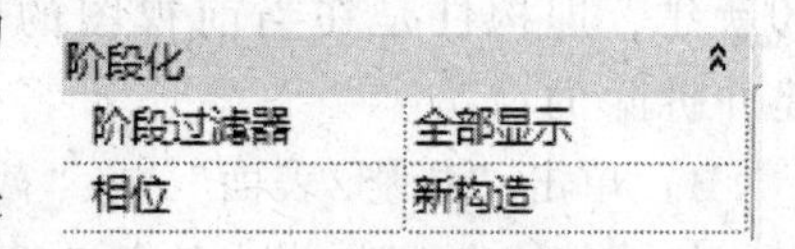

图 19-4 “视图”属性面板中的阶段化参数

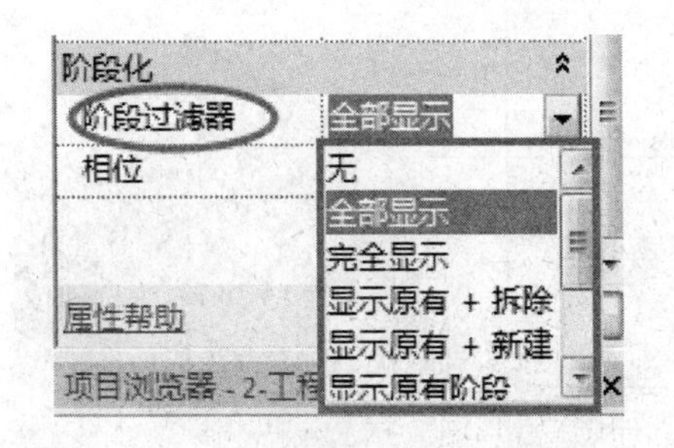

图 19-5 “阶段过滤器”中的参数

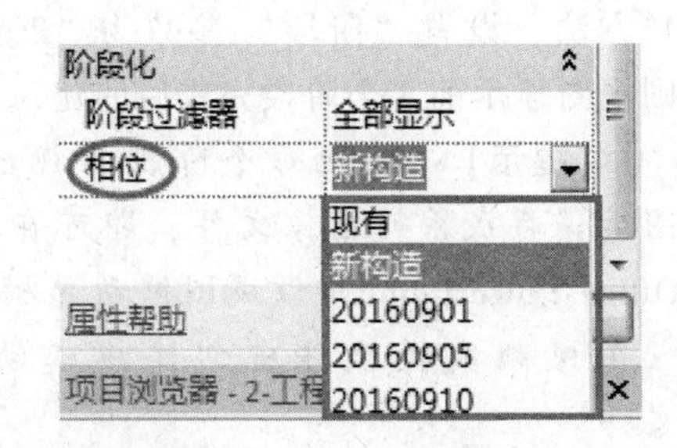

图 19-6 “相位”中的参数

2. “构件”属性面板

1）单击任何一个构件图元，如某一面墙，在“属性”面板中与阶段化相关的参数为“创建的阶段”和“拆除的阶段”。

2）单击“创建的阶段”下拉列表框，对应的参数有“现有”“新构造”“20160901”“20160905”“20160910”（见图 19-7）。同样，“现有”和“新构造”这两个参数是默认参数，“20160901”“20160905”和“20160910”为新建参数（这些参数与图 19-1 相对应）。默认显示的参数为“新构造”。

3）单击“拆除的阶段”下拉列表框，对应的参数比“创建的阶段”下的参数多了“无”，这个参数为默认参数。默认显示的参数为“无”。

19.2.2 “构件”阶段属性设置

1）在 F1 平面视图中，选择所有墙体、门窗等实体图元，在“属性”面板中设置“创建的阶段”参数为“20160901”，单击“应用”按钮。此时，平面视图中刚才选好的图元自动隐藏。

【注】 实体图元的选择方法：可以触选所有图元，可单击上下文选项卡中的“过滤器”，在“过滤器”对话框中，只勾选墙、楼板、窗和门类别。确保选中的仅为实体的图元。

图 19-7 “构件”属性面板中的阶段化参数

2）按<Esc>键取消选择，“属性”面板中显示的为楼层平面的“视图”属性。将“属性”面板中的“阶段过滤器”参数由原先的“全部显示”改为“无”。此时，构件完全显示。

3）用同样方法分别设置标高 2、标高 3 中实体图元的“创建的阶段”参数为“20160905”和“20160910”，“视图”属性面板的“阶段过滤器”参数为“无”。

4）三维视图同理。打开默认三维视图，发现视图中没有显示任何图元，原因同前。设置其“视图”属性面板的“阶段过滤器”参数为“无”，则图元恢复显示。

19.2.3 施工过程模拟

1）复制默认的三维视图，重命名为“工程阶段模拟”。

2）在“视图”属性面板中设置视图的“阶段过滤器”参数为“完全显示”，“相位”参数为“20160901”，则视图中只显示第 1 阶段标高 1 主体图元（见图 19-8）。

3）设置“相位”参数为“20160905”，则显示了前两个阶段完成后的建筑主体。用同样方法，设置“阶段”参数为“20160910”，则视图显示前 3 个阶段完成后的建筑主体。

【提示】　可把每个阶段的视图显示截图后保存成系列图像文件，即可在 Microsoft Office PowerPoint 中做成图像动画模拟文件，或在视频编辑软件中创建施工动画模拟文件。

4）在“视图”属性面板中设置视图的“阶段过滤器”参数为“显示新建”，设置不同的“相位”参数，则视图中显示的仅是该相位下的主体图元。

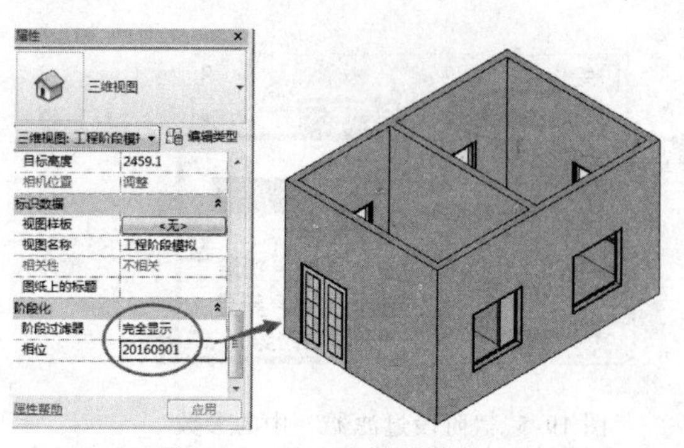

图 19-8　第 1 阶段的显示

19.3　阶段明细表统计

Revit Architecture 可以按阶段统计构件明细表，方便施工管理。下面以创建“窗”第一阶段明细表为例进行说明。

1）单击“视图”选项卡“创建”面板中的“明细表”下拉按钮，在下拉菜单中选择“明细表/数量”工具。

2）在“新建明细表”对话框中选择“窗”类别，输入表格“名称”为“窗明细表-20160901”，设置“阶段”为“20160901”，单击“确定”按钮（见图 19-9）。

3）从可用字段列表中选择“类型”“宽度”“高度”“标高”“合计”字段，单击“添加”按钮以添加到右侧列表中。其他选项卡参数保持默认。

4）单击“确定”按钮即可只统计第一阶段“20160901”标高 1 的所有窗，如图 19-10 所示。

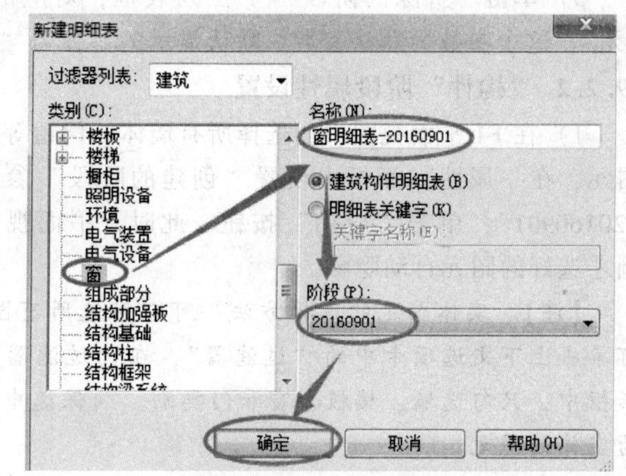

图 19-9　新建窗阶段明细表

<窗明细表-20160901>

A	B	C	D	E
类型	高度	宽度	标高	合计
1500 x 1500mm	1500	1500	标高 1	1
1500 x 1500mm	1500	1500	标高 1	1
1500 x 1500mm	1500	1500	标高 1	1
1500 x 1500mm	1500	1500	标高 1	1
1500 x 1500mm	1500	1500	标高 1	1

图 19-10　窗阶段明细表创建

完成的项目文件见随书光盘中的“第 19 章 \ 2-工程阶段化-完成 . rvt”。

19.4　拆除

当拆除一个构件后，其外观将会根据阶段过滤器的设置而改变。例如，如果在视图中应用“显示拆除+新建”过滤器，当使用“拆除”命令单击视图中的一个构建后，此构件将以蓝色虚线显示。如果将阶段过滤器改成“显示新建”，则拆除的构件会被隐藏起来。下面以拆除“屋顶”为例进行说明。

1）复制默认三维视图，重命名为“拆除阶段模拟”，进入该视图。

2）在“视图”属性面板中设置“阶段过滤器”参数为“显示拆除 + 新建”，“相位”参数为“20160910”。观察此时仅有屋顶显示。

3）单击“修改”选项卡“几何图形”面板中的“拆除”工具，单击屋顶图元，屋顶图元即以蓝色虚线显示，如图 19-11 所示。

4）在“视图”属性面板中设置“阶段过滤器”参数为“显示新建”，此时屋顶图元隐藏显示。

完成的项目文件见随书光盘中的“第 19 章 \ 3-拆除-完成 . rvt”。

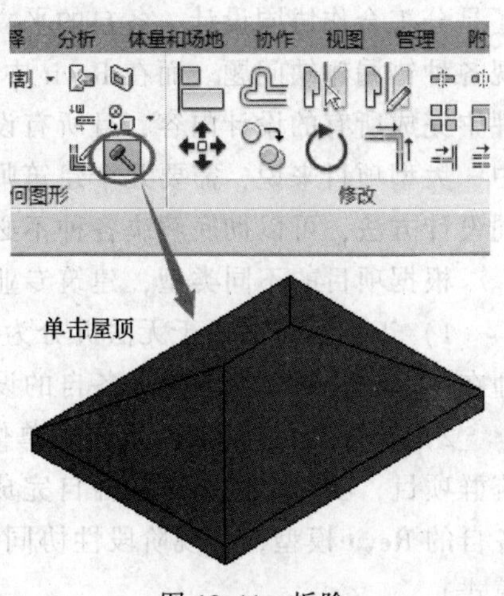

图 19-11　拆除

第 20 章 共享与协同

在传统的 AutoCAD 设计模式下，无论项目规模大小，无论是建筑师独自完成项目设计，还是分工合作协同设计，各自的平立剖面等所有设计数据之间均各自独立，不可避免地会出现各种错漏碰缺问题。而在 Revit 中，对于一个小型项目来讲，一名建筑师可在一个项目文件中完成所有的设计内容，且所有设计数据之间互相关联，避免了各种设计错误。对于一个中、大型项目来说，需要几个建筑师协同设计才能完成所有的设计内容，Revit 提供了 3D 协同设计方法，可以彻底解决各种不必要的设计错误。

根据项目的不同类型，建筑专业内部 Revit 有两种协同设计模式可以选择。

1）工作集：适用于无法拆分为多个单体的中、大型综合建筑项目，项目小组所有建筑师在同一个建筑模型上完成各自的设计内容，并可以自动更新，实现实时的协同设计。

2）链接 Revit 模型：适用于单体建筑，或可以拆分为多个单体，且需要分别出图的建筑群项目，项目小组建筑师各自完成一部分单体设计内容，并在总图（场地）文件中链接各自的 Revit 模型，实现阶段性协同设计（此方式类似于传统的 AutoCAD 外部参照协同设计模式）。

20.1 “工作集”协同设计

下面以随书光盘中的“第 20 章 \ 1-工作集 . rvt”项目文件为基础，讲解“建筑师-A”和“建筑师-B”利用工作集协同设计的方法。在本节的操作中，请按照操作步骤进行操作，不要提前进行保存或执行其他操作，因为在“工作集”的创建和使用过程中，“返回上一步操作”命令可能不可用。

20.1.1 启用工作集

1. 创建工作集

1）打开随书光盘中的“第 20 章 \ 1-工作集 . rvt”。在应用程序菜单中单击“选项”按钮，进入“选项”对话框（见图 1-6），单击进入“常规”选项卡，观察“常规”选项栏中的“用户名”已经设置为“建筑师-A”。

2）单击“协作”选项卡“管理协作”面板中的“工作集”工具。在弹出的“工作共享”对话框中将“将剩余图元移动到工作集”的值改为“外立面设计”（见图 20-1），单击“确定”按钮。

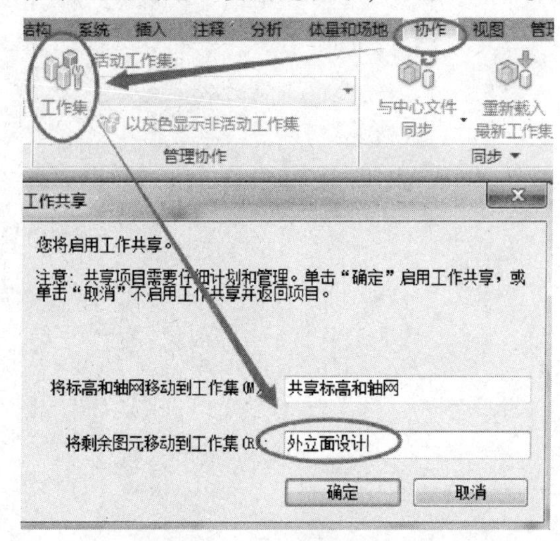

图 20-1 工作集启用

3）在弹出的“工作集”对话框中，单击右侧的“新建”，新建“内部布局设计”和“电梯布置”工作集（见图 20-2），单击“确定”按钮。

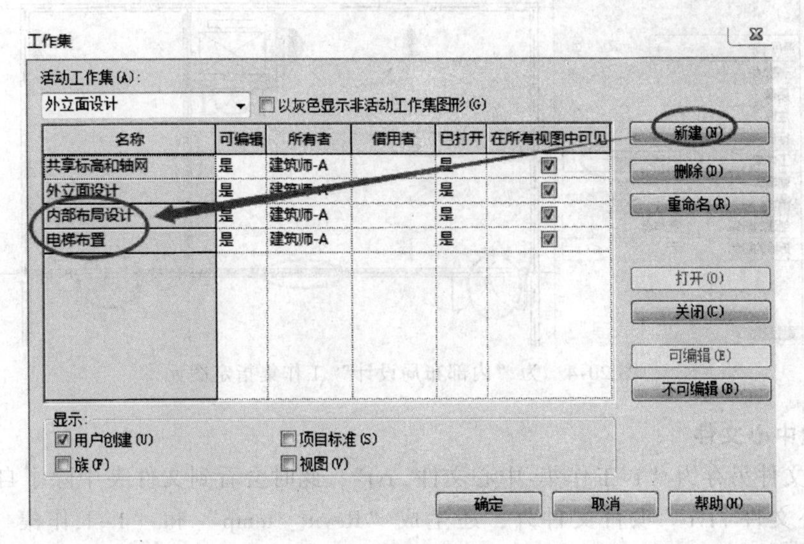

图 20-2　新建工作集

2. 为工作集指定图元

1）选择“电梯”，在“属性”面板中将“工作集”由原先的“外立面设计”改为“电梯布置”（见图 20-3）。

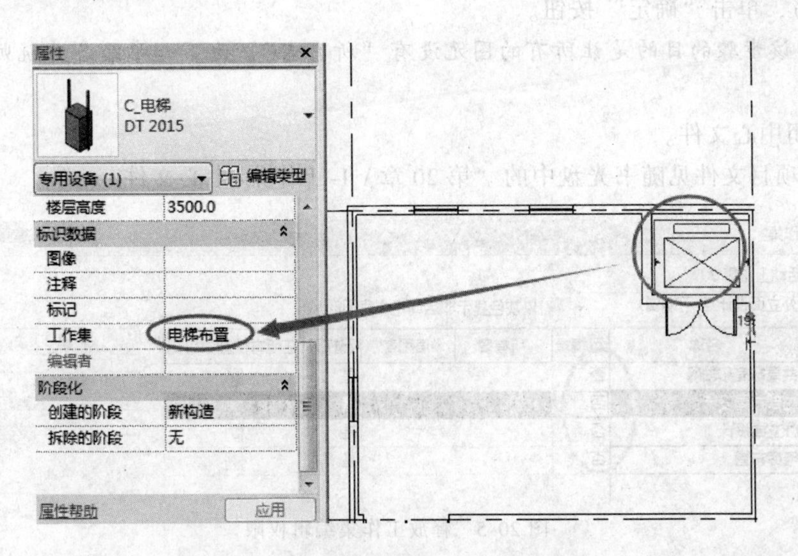

图 20-3　为“电梯布置”工作集指定图元

2）同理，选择建筑物内部的墙体和门，在“属性”面板中将“工作集”由原先的“外立面设计”改为“内部布局设计”（见图 20-4）。

3）观察“协作”选项卡“管理协作”面板中的“活动工作集”为“外立面设计”，单击下方的“以灰色显示非活动工作集”按钮，观察轴线、电梯、内部墙体和门等非“外立面设计”工作集中的图元，均以灰色显示。

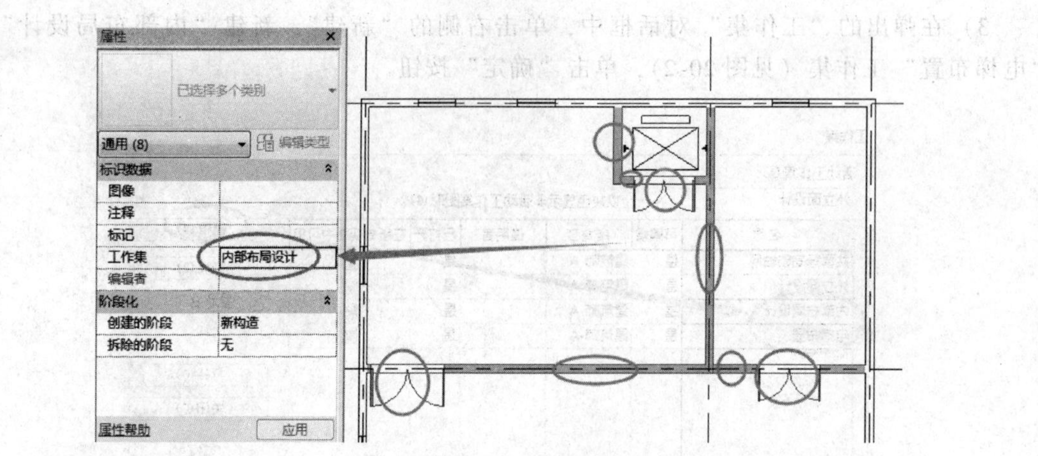

图 20-4　为“内部布局设计”工作集指定图元

3. 创建中心文件

将项目文件另存为“1-工作集-中心文件.rvt”，此时会看到文件夹中除了自动生成“1-工作集-中心文件.rvt”项目文件外，还生成“Revit_ temp”和“1-工作集-中心文件_backup”文件夹。

4. 释放工作集编辑权限

1）单击“协作”选项卡“管理协作”面板中的“工作集”按钮，在打开的“工作集”对话框中，将所有工作集的“可编辑”均改为“否”，注意到此时“所有者”栏变为空（见图 20-5），单击“确定”按钮。

【注】　该步骤的目的是让所有的图元没有“所有者”，为下一步给各建筑师指定工作任务做准备。

2）关闭中心文件。

完成的项目文件见随书光盘中的“第 20 章\1-工作集-中心文件.rvt”。

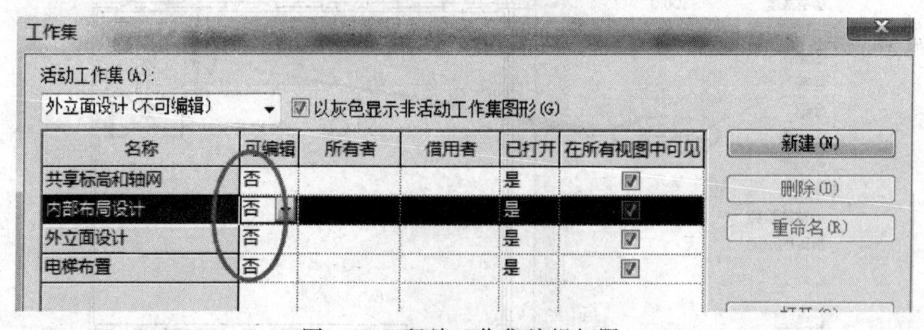

图 20-5　释放工作集编辑权限

20.1.2　签出工作集

在上节操作中，已经创建了“中心文件”。下一步，各建筑师通过局域网打开中心文件，创建各自的本地文件。具体操作如下。

1. 各设计师读取中心文件创建各自的本地文件

1）“建筑师-A”打开随书光盘中的“第 20 章\1-工作集-中心文件.rvt”。

【注】　“建筑师-A”打开项目文件的含义是在“选项”对话框的“常规”选项卡中，

“用户名”为“建筑师-A”（见图20-6）。

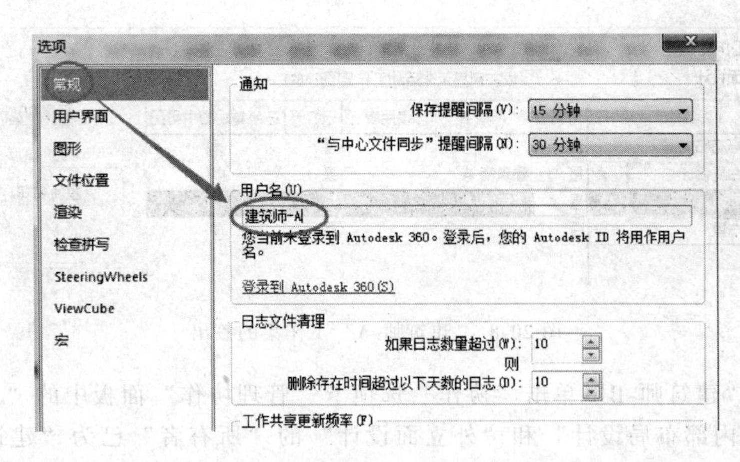

图20-6 建筑师-A

2）“建筑师-A”建立本地文件夹，文件夹命名为“建筑师-A”。打开中心文件（见图20-7），将中心文件另存到本地文件夹“建筑师-A”中，命名项目文件为“建筑师-A”。

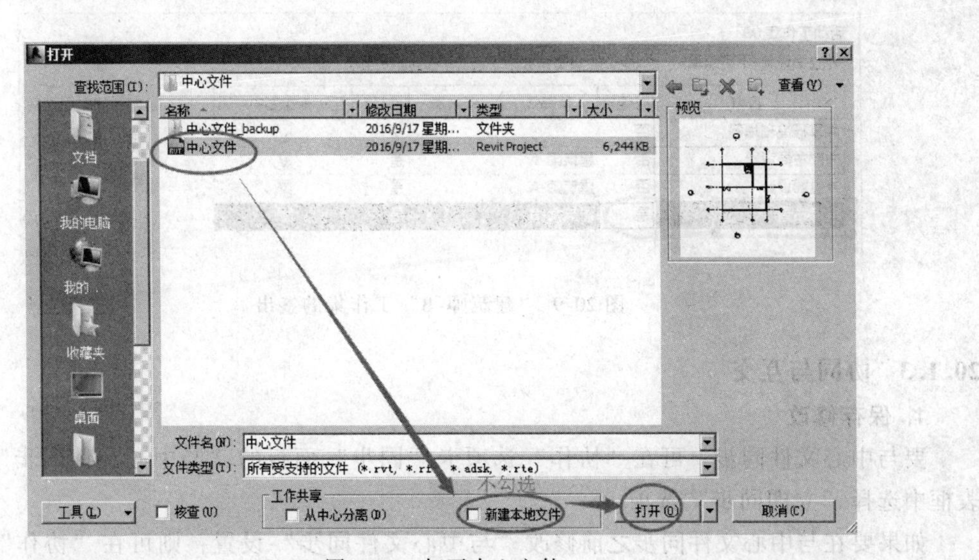

图20-7 打开中心文件

3）同样，“建筑师-B”打开中心文件，另存到本地文件夹“建筑师-B”中，命名项目文件为“建筑师-B”。

【提示】 若在同一台计算机上操作，应采取双击桌面Revit 2016图标的方式新建一个Revit项目文件，打开“选项”对话框的“常规”选项卡，将“用户名”设定为“建筑师-B”，再打开“中心文件”，另存到本地文件夹“建筑师-B”中，命名为“建筑师-B”。

2. 签出工作集编辑权限

1）“建筑师-A”单击“协作”选项卡“管理协作”面板中的“工作集”工具，将“内部布局设计”和“外立面设计”的“可编辑”改为“是”（见图20-8）。此时，“所有者”变为“建筑师-A”。单击“确定”按钮。

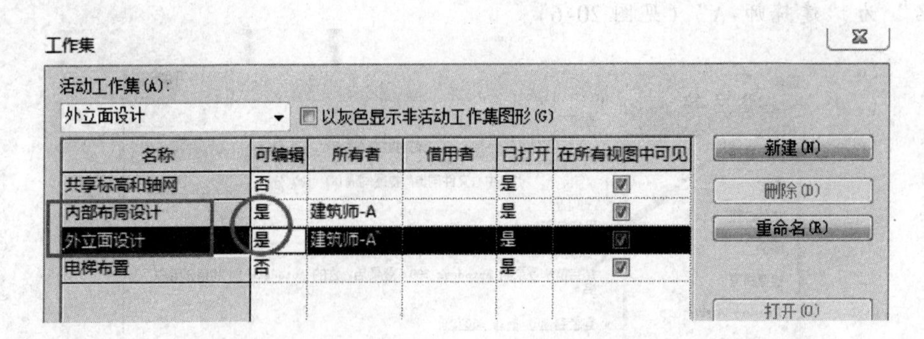

图 20-8 “建筑师-A”工作集的签出

2）同理，“建筑师-B”单击“协作”选项卡“管理协作”面板中的“工作集”工具（注意，此时“内部布局设计”和“外立面设计”的“所有者”已为“建筑师-A”），将“电梯布置”的“可编辑”改为“是”（见图 20-9）。此时，“所有者”变为“建筑师-B”。单击“确定”按钮。

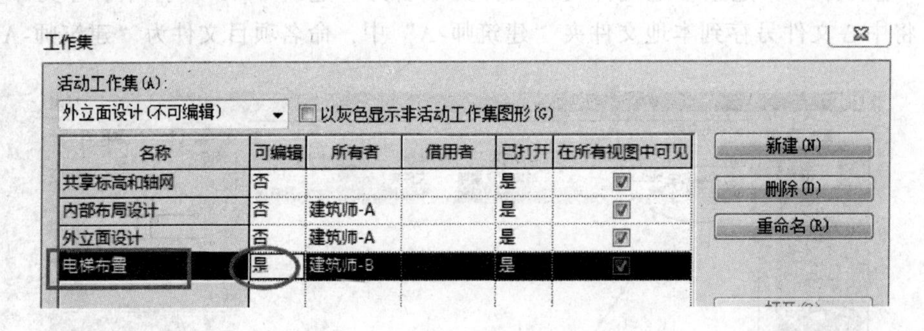

图 20-9 “建筑师-B”工作集的签出

20.1.3 协同与互交

1. 保存修改

要与中心文件同步，可在“协作”选项卡“同步”面板的“与中心文件同步”下拉列表框中选择“立即同步”选项。

如果要在与中心文件同步之前修改“与中心文件同步”设置，则可在“协作”选项卡“同步”面板的“与中心文件同步”下拉列表框中选择“同步并修改设置”选项。此时，弹出“与中心文件同步”对话框，单击“确定”按钮。

【注】 建议项目小组成员 1~2h 便将工作保存到中心一次，以便于项目小组成员间及时交流设计内容。

2. 重新载入最新工作集

项目小组成员间协同设计时，如果要查看他人的设计修改，只需要单击“协作”选项卡“同步”面板中的“重新载入最新工作集”按钮即可。

3. 图元借用

默认情况下，没有签出编辑权的工作集的图元只能查看，不能选择和编辑。如果需要编辑这些图元，可单击该图元，单击弹出的“使图元可编辑”图标按钮（见图 20-10）。

如果该图元没有被其他小组成员签出，则Revit会批准请求，可编辑修改该图元。如果图元已经被其他小组成员签出，则将显示错误，单击“放置请求”向所有者请求编辑权限，此时该图元的所有者会收到“已收到编辑请求”提示，单击“批准”，可赋予用户编辑权。小组成员也可单击“协作”选项卡“通信”面板中的“正在编辑请求”工具，弹出“编辑请求”对话框，其中显示来往的请求信息，单击某一条请求信息，可“授权”或“拒绝”他人进行图元编辑，或“撤销”自己提出的编辑请求。

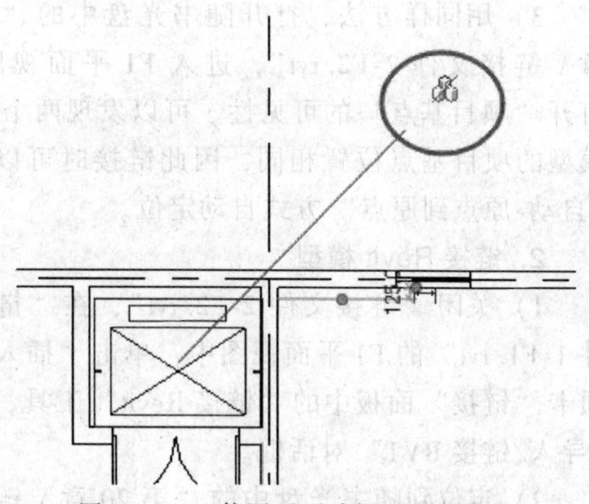
图 20-10　“使图元可编辑”图标按钮

图元借用被批准后，修改完借用图元后单击“与中心文件同步”下拉列表框中的“同步并修改设置”选项，弹出“与中心文件同步”对话框其中的“借用的图元”复选框默认为勾选状态（见图 20-11），单击“确定”按钮后可返回借用图元，即借用图元返回到不可编辑状态。

图 20-11　“借用的图元”复选框处于勾选状态

20.1.4　管理工作集

1. 工作集备份

单击“协作”选项卡“管理模型”面板中的“恢复备份”工具，选择要恢复的版本进行备份。

2. 工作集的修改记录

1）单击“协作”选项卡“管理模型”面板中的“显示历史记录”工具，选择中心文件，单击“打开”，弹出“历史记录”对话框。

2）单击“导出”按钮，可将历史记录导出为 TXT 文件。

20.2　“链接 Revit 模型”协同设计

20.2.1　链接 Revit 模型

1. 确定链接 Revit 模型的基点

1）打开随书光盘中的“第 20 章\链接文件 1-F1.rvt”，进入 F1 楼层平面视图。

2）执行“VV”快捷命令，在弹出的“可见性/图形替换”对话框的“模型类别”选项卡中，展开“场地”节点，勾选“项目基点”复选框（见图 20-12），单击“确定”按钮。绘图区域会显示项目基点符号⊗。

3）用同样方法，打开随书光盘中的“第 20 章\链接文件 2-F2. rvt”，进入 F1 平面视图中，打开“项目基点”的可见性。可以发现两个 Revit 模型的项目基点位置相同，因此链接时可以使用“自动-原点到原点”方式自动定位。

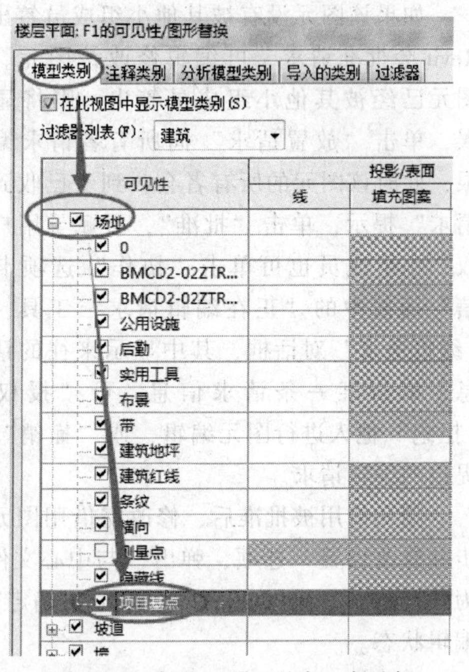

图 20-12　勾选“项目基点”复选框

2. 链接 Revit 模型

1）关闭“链接文件 2-F2. rvt”，在“链接文件 1-F1. rvt”的 F1 平面视图中，单击“插入”选项卡“链接”面板中的“链接 Revit”工具，弹出“导入/链接 RVT”对话框。

2）定位到随书光盘中的“第 20 章\链接文件 2-F2. rvt”，链接模型的“定位”方式保持“自动-原点到原点”不变，单击“打开”按钮（见图 20-13），即可将“链接文件 2-F2. rvt”模型自动定位链接到当前的建筑模型中。

【注】　定位方式有 6 种：①自动-中心到中心，即自动对齐两个 Revit 模型的图形中心位置定位；②自动-原点到原点，即自动对齐两个 Revit 模型的项目基点；③自动-通过共享坐标，即自动通过共享坐标定位（共享坐标的应用详见 20. 2. 3 节）；④手动-原点，即被链接文件的项目基点位于鼠标指针中心，移动鼠标指针单击放置定位；⑤手动-基点，即被链接文件基点位于鼠标指针中心，移动鼠标指针单击放置定位（该选项只用于带有已定义基点的 AutoCAD 文件）；⑥手动-中心，即被链接文件的图形中心位于鼠标指针中心，移动鼠标指针单击放置定位。

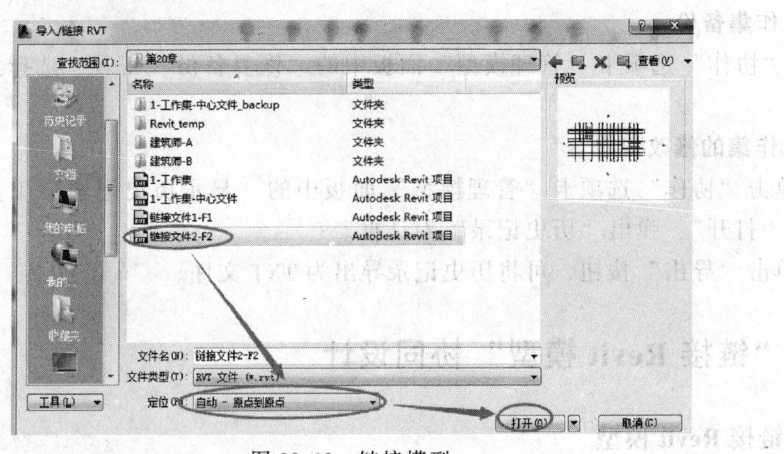

图 20-13　链接模型

20. 2. 2　编辑链接的 Revit 模型

1. 竖向定位链接的 Revit 模型

进入到某一立面视图，查看链接模型的标高在垂直方向上是否和当前项目文件的标高一致。如果链接模型位置不对，可单击选择链接模型，用“修改”选项卡中的“对齐”或

“移动”工具，以轴网、参照平面、标高或其他图元边线为定位参考线，精确定位模型位置。本例的模型已经自动对齐，不再设置。

【注】 可复制、镜像链接模型以创建多个链接模型，不需要链接多个项目文件。

2. RVT 链接显示设置

1）执行“VV”快捷命令，打开“可见性/图形替换”对话框，单击选择“Revit 链接”选项卡。

2）勾选“半色调”复选框，可以将链接模型灰色显示；单击选择“按主体视图”，打开“RVT 链接显示设置”对话框，链接模型的显示有“按主体视图”“按链接视图”和“自定义”3 种方式，这里选中“自定义”单选按钮（见图 20-14）。在后面“模型类别”“注释类别”“分析模型类别”或“导入类别”选项卡中，将模型类别设置为“自定义”（见图 20-15），可自定义图元的可见性。

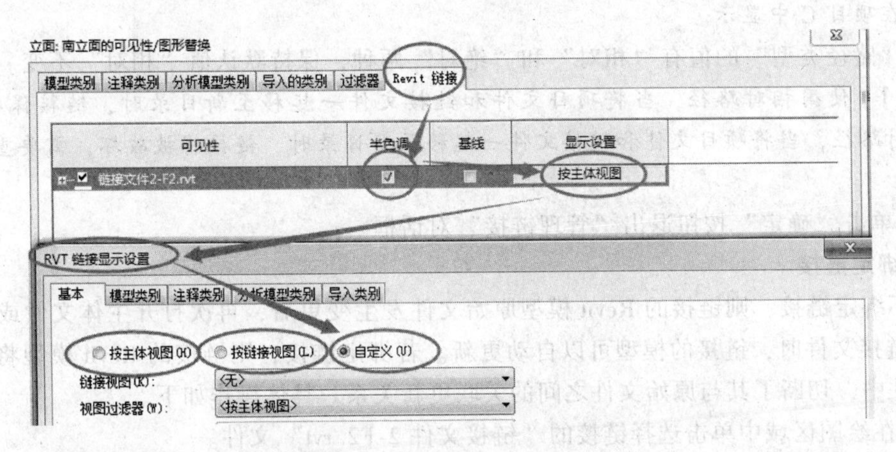

图 20-14　RVT 链接显示设置

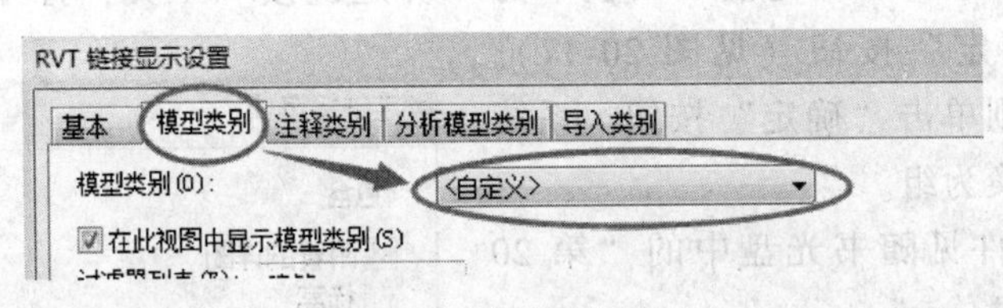

图 20-15　自定义可见性

3. 管理链接

1）单击“插入”选项卡“链接”面板中的“管理链接”工具，弹出“管理链接”对话框。单击“链接文件”，可执行“重新载入来自”“重新载入”“卸载”“添加”“删除”命令（见图 20-16）。

【注】 重新载入来自，用来对选中的链接文件进行重新选择以替换当前链接的文件。重新载入，用来重新从当前文件位置载入选中的链接文件以重新链接卸载了的文件。卸载，用来删除所有链接文件在当前项目文件中的实例，但保存其位置信息。删除，删除了链接文件在当前项目文件中的实例的同时，也从“管理链接”对话框的文件列表中删除选中的文件。

2）单击“参照类型”，将“覆盖”改为“附着”。

【注】选中“覆盖”不载入嵌套链接模型，选中“附着”则显示嵌套链接模型。如项目 A 被链接到项目 B，项目 B 被链接到项目 C，当项目 A 在项目 B 中的参照类型为“覆盖”时，项目 A 在项目 C 中不显示，项目 C 链接项目 B 时系统会提示项目 A 不可见，当项目 A 在项目 B 中的参照类型为“附着”时，项目 A 在项目 C 中显示。

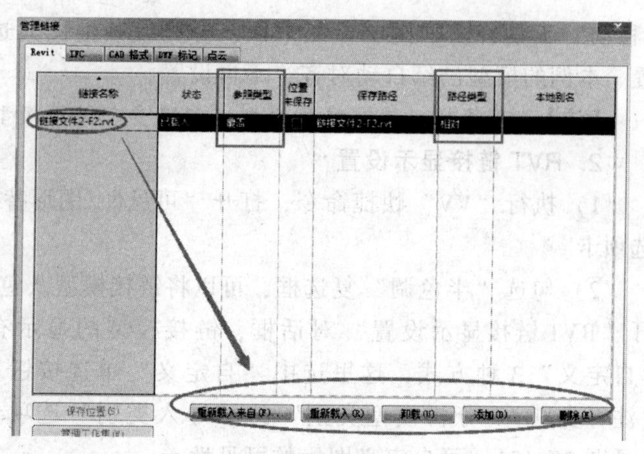

图 20-16 “管理链接”对话框

3）“路径类型”的值有“相对”和“绝对”两种，保持默认值“相对”不变。

【注】使用相对路径，当将项目文件和链接文件一起移至新目录时，链接保持不变。使用绝对路径，当将项目文件和链接文件一起移至新目录时，链接将被破坏，需要重新链接模型。

4）单击“确定”按钮退出“管理链接”对话框。

4. 绑定链接

若不绑定链接，则链接的 Revit 模型原始文件发生变更后，再次打开主体文件或“重新载入”链接文件时，链接的模型可以自动更新。若绑定链接，则链接的 Revit 模型将绑定到主体文件中，切断了其与原始文件之间的关联更新关系。具体操作如下。

1）在绘图区域中单击选择链接的“链接文件 2-F2. rvt”文件。

【注】可以通过触选所有模型，然后用“过滤器”只勾选“RVT 链接”过滤选择。

2）单击上下文选项卡“链接”面板中的“绑定链接”工具，打开“绑定链接选项”对话框，单击“确定”按钮（见图 20-17）。若遇到错误提示，则单击“确定”按钮。系统即可将链接模型转换为组。

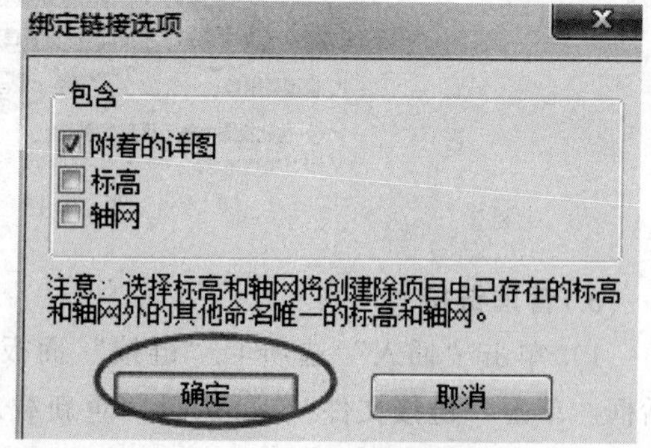

图 20-17 “绑定链接选项”对话框

完成的项目文件见随书光盘中的“第 20 章 \ 链接文件 3-完成 . rvt”。

20. 2. 3 共享坐标

打开随书光盘中的“第 20 章 \ 共享坐标 \ 共享坐标-链接模型 . rvt”。在三维视图中，观察该项目文件已经链接了“共享坐标-单体模型 . rvt”。分别单击两栋楼，观察其“属性”面板中的“名称”分别为“西楼”和“东楼”。

1. 发布坐标

1）单击西楼，单击“属性”面板中“共享场地”参数后面的“未共享”按钮。在弹出的“选择场地”对话框中，单击“更改”按钮。在弹出的“位置、气候和场地”对话框中，单击“重命名”按钮。在弹出的“重命名”对话框中，输入“新名称”为“西楼”（见图20-18），单击3次“确定”按钮退出“共享场地”的修改。此时“共享场地”已经修改为“西楼”。

【注】 在“选择场地”对话框中能看到，当前西楼的位置是保存在“共享坐标-单体模型.rvt”中，而不是保存在“共享坐标-链接模型.rvt”中。

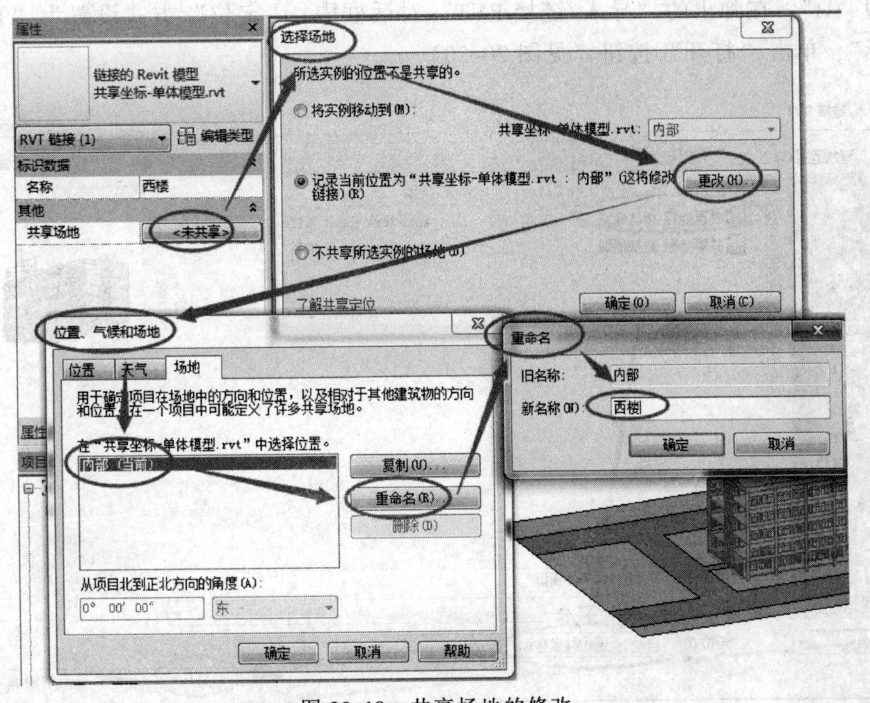

图20-18　共享场地的修改

2）用同样方法，选择东楼，单击“属性”面板中的“未共享”按钮，单击“选择场地”对话框中的“更改”按钮，在弹出的“位置、气候和场地”对话框中单击“复制”按钮，输入名称“北楼”，单击“确定”按钮（见图20-19），关闭所有对话框完成北楼“共享场地”的设置。

【注】 同样，当前北楼的位置是保存在“共享坐标-单体模型.rvt”中，而不是保存在“共享坐标-综合模型.rvt”中。

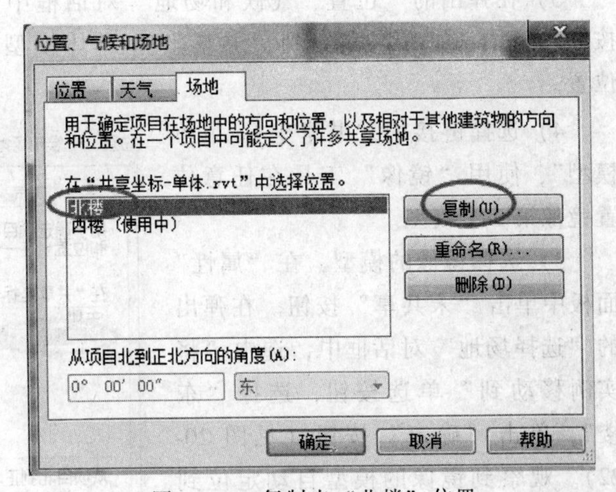

图20-19　复制出“北楼”位置

3）保存位置。单击“插入”选项卡“链接”面板中的“管理链接”工具。在弹出的“管理链接”对话框中，选择“共享坐标-单体模型.rvt”，单击左下方的“保存位置”按钮进行保存。保存完成后，单击“确定”按钮退出“管理链接”对话框。

完成的项目文件见随书光盘中的“第 20 章 \ 共享坐标-完成 \ 共享坐标-链接模型 . rvt”。

2. 测试共享坐标

1）打开随书光盘中的“第 20 章 \ 共享坐标-完成 \ 共享坐标-链接模型 . rvt”，删除西楼和东楼两个链接模型，并在弹出的“警告”对话框中单击“删除链接”按钮。

2）单击“插入”选项卡“链接”面板中的“链接 Revit”工具，重新选择“共享坐标-单体模型 . rvt”，在弹出的“导入/链接 RVT”对话框中，“定位”方式设置为“自动-通过共享坐标”，单击“打开”按钮（见图 20-20）。

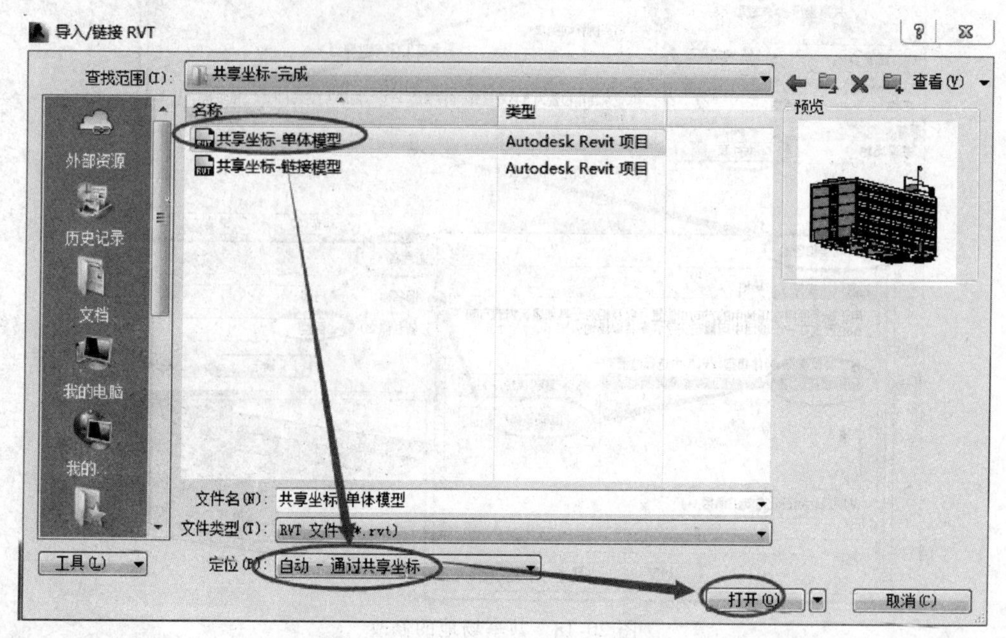

图 20-20　通过“共享坐标”打开

3）在弹出的“位置、气候和场地”对话框中，单击“西楼（当前）”，单击“确定”按钮（见图 20-21）。观察到“共享坐标-单体模型 . rvt”会自动定位到“西楼（当前）”位置。

4）选择链接的“共享坐标-单体模型”，使用“镜像”工具在任意位置镜像第 2 个模型。

5）选择镜像的模型，在“属性”面板中单击“未共享”按钮。在弹出的“选择场地”对话框中，选中“将实例移动到”单选按钮，选择“东楼”，单击“确定”按钮（见图 20-22）。观察到镜像的模型自动定位到“东楼”。

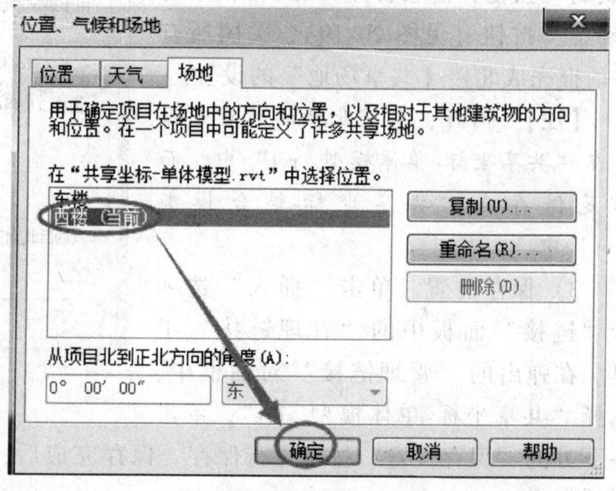

图 20-21　选择共享坐标

3. 共享坐标的重新定位

创建共享坐标之后，可以随时查

询链接文件的某参照点的坐标值，并可以通过设置新的坐标值来重新定位链接模型的位置。

1）报告共享坐标：单击“管理”选项卡“项目位置”面板中的“坐标”下拉按钮，在下拉菜单中选择“报告共享坐标”工具。移动鼠标指针在“西楼”旗帜右上角点单击拾取点，则选项栏中会自动报告该点的坐标值（见图 20-23）。

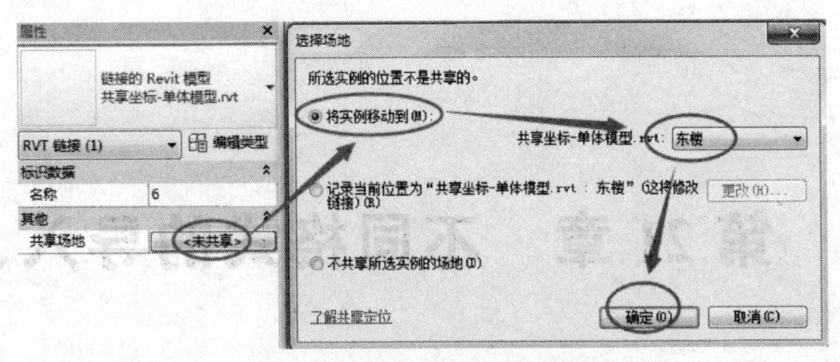

图 20-22　确定“共享场地”

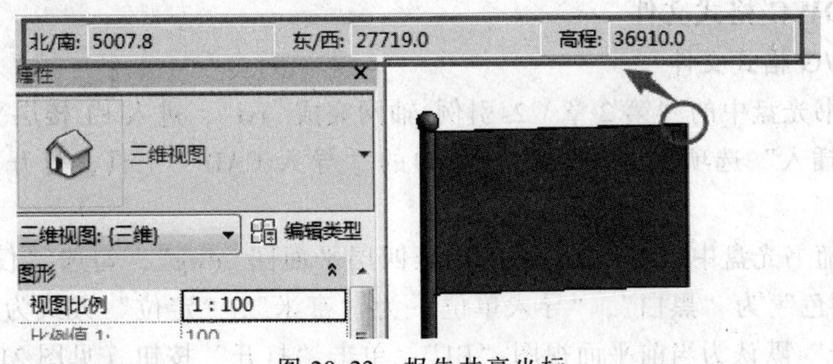

图 20-23　报告共享坐标

2）重新定位共享坐标：单击“管理”选项卡“项目位置”面板中的“坐标”下拉按钮，在下拉菜单中选择“在点上指定坐标”工具。重新单击“西楼”旗帜右上角点，弹出“指定共享坐标”对话框，将“北/南”坐标值由原先的“5007.8”改为“2000.0”，观察到链接模型的位置向北偏移 3007.8mm（5007.8-2000.0=3007.8）。

完成的项目文件见随书光盘中的“第 20 章＼共享坐标-重新定位-完成＼共享坐标-链接模型.rvt”。

第 21 章　不同格式的导入、导出与发布

21.1　DWG 格式文件的导入与导出

21.1.1　导入 DWG 格式文件

1. 导入 DWG 格式文件

1）打开随书光盘中的“第 2 章\2-引例-轴网完成.rvt”，进入 F1 楼层平面视图。

2）单击“插入”选项卡“导入”面板中的“导入 CAD”工具，打开“导入 CAD 格式”对话框。

3）定位到随书光盘中的“第 21 章\二至四层平面图.dwg”，勾选“仅当前视图”复选框，设置“颜色”为“黑白”，“导入单位”为“毫米”，“定位”方式为“自动-中心到中心”，“放置于”默认为当前平面视图“F1”，单击“打开”按钮（见图 21-1）。

2. 编辑导入的 DWG 格式文件

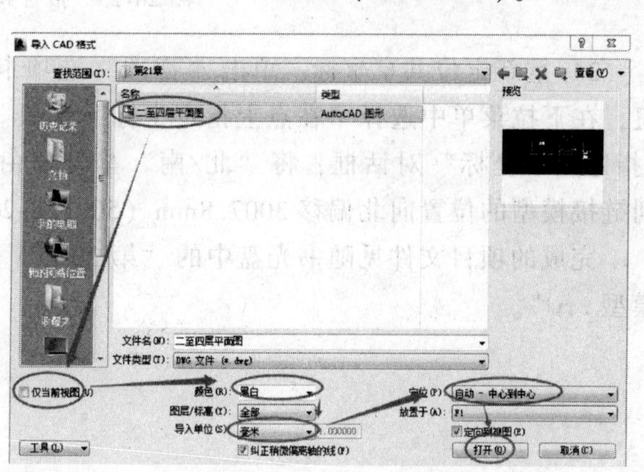

图 21-1　导入 CAD 文件

单击导入的 CAD 底图，可进行如下编辑：①在“属性”面板中，实例属性修改“底部标高”和“底部偏移”，类型属性修改“导入单位”和“比例系数”；②在上下文选项卡中，单击“删除图层”工具，勾选要删除的图层名称，单击“确定”按钮，可删除不需要的图层；③在上下文选项卡中，单击“分解”工具，可编辑导入的 DWG 图元，含“部分分解”工具（可将导入图元分解为文字、线和嵌套的 DWG 符号（图块）等图元）和“完全分解”工具（可将导入图元分解为文字、线和图案填充等 AutoCAD 基础图元）。

创建完成的项目文件见随书光盘中的“第 21 章\1-导入 CAD-完成.rvt”。

21.1.2　链接 DWG 格式文件

“导入”的 DWG 文件和原始 DWG 文件之间没有关联关系，不能随原始文件的更新而自动更新。“链接”的 DWG 文件能够和原始的 DWG 文件保持关联更新关系，能够随原始文件的更新而自动更新。

1. 链接 DWG 格式文件

1）打开随书光盘中的“第 2 章\2-引例-轴网完成.rvt”，进入 F1 楼层平面视图。

2）单击“插入”选项卡“链接”面板中的“链接 CAD”工具，打开“链接 CAD 格式”对话框。

3）定位到随书光盘中的“第 21 章\ 二至四层平面图 . dwg”，按图 21-1 所示进行设置，单击“打开”按钮。

2. 编辑导入的 DWG 格式文件

链接的 DWG 文件，可以同导入的 DWG 文件一样设置“属性”面板参数，如“删除图层”，“查询”图元信息，设置“可见性/图形替换”等，但不能“分解”。

单击“插入”选项卡“链接”面板中的“管理链接”工具，打开“管理链接”对话框。单击“CAD 格式”选项卡，单击选择链接的 DWG 文件，可以进行卸载、重新载入、删除等操作，单击“导入”按钮可以将链接文件转换为导入 DWG 模式（见图 21-2）。

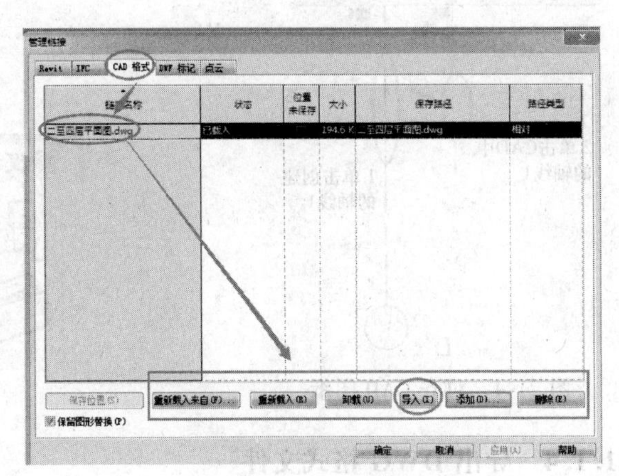

图 21-2　管理链接

21.1.3　DWG 格式作为底图进行建模的基本方法

导入或链接 CAD 文件后，可以利用 CAD 文件作为底图，快速创建 Revit 图元，一般步骤如下。

1）打开随书光盘中的“第 21 章\ 1-导入 CAD-完成 . rvt”，进入 F1 楼层平面视图。

2）执行“VV”快捷命令，打开“可见性/图形替换”对话框，单击“导入的类别”选项卡，勾选“半色调”复选框（见图 21-3），单击“确定”按钮退出。

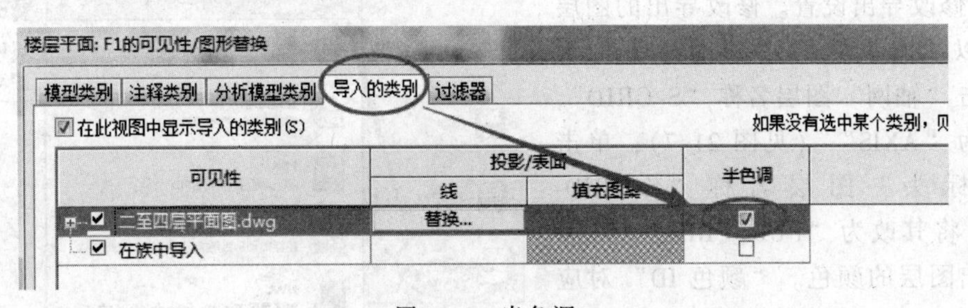

图 21-3　半色调

3）利用“对齐”命令使 CAD 图纸与创建完成的轴网对齐：单击“修改”选项卡“修改”面板中的“对齐”工具，先单击创建的轴线 1，再单击 CAD 图纸中的轴线 1（见图 21-4）。同样，使 CAD 图纸中的轴线 A 对齐到创建的轴线 A。至此，完成 CAD 底图的对齐操作。

完成的项目文件见随书光盘中的“第 21 章\ 2-CAD 作为底图初步设置-完成 . rvt”。

4）创建 Revit 图元：以 CAD 作为底图创建 Revit 图元的步骤与直接创建 Revit 图元的步骤相同，只是在创建图元的过程中，多使用“拾取线”工具（见图 21-5），拾取 CAD 底图上的线，快速创建相应的图元。

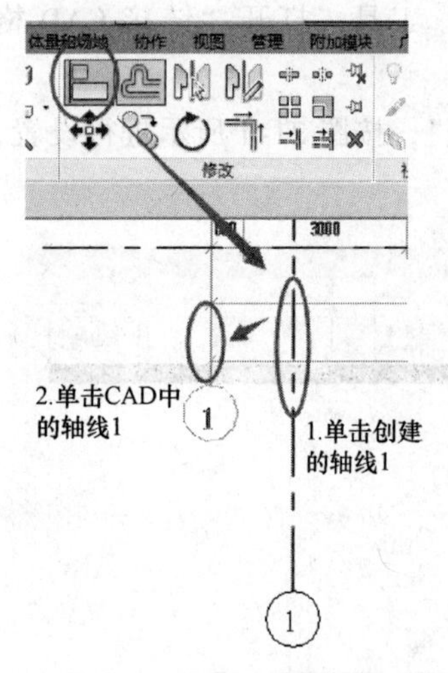

图 21-4　对齐 CAD 图纸

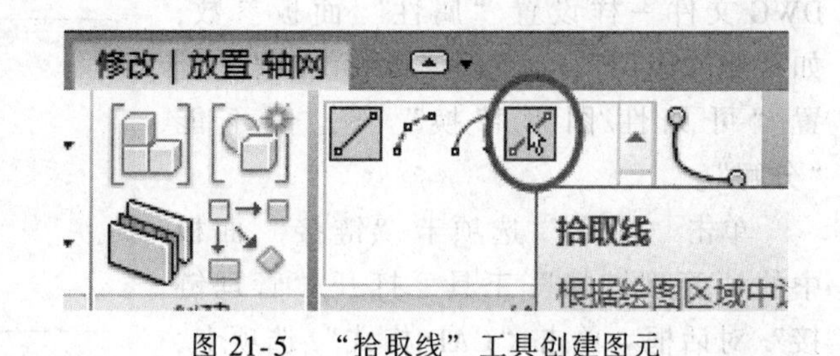

图 21-5　“拾取线”工具创建图元

21.1.4　导出 DWG 格式文件

1）打开随书光盘中的“第 15 章\7-布置视图完成.rvt”。

2）打开要导出的视图，如在项目浏览器中展开“图纸（全部）”节点，双击图纸名称“A101-平面图”，打开图纸。

3）在应用程序主菜单中选择“导出”→“CAD 格式”→“DWG”命令（见图 21-6），打开“DWG 导出”对话框。

4）单击“任务中的导出设置”右边的方框按钮，弹出“修改 DWG/DXF 导出设置”对话框。

5）修改导出设置。修改导出的图层名称，以“轴网”和“轴网标头”为例：单击“轴网”图层名称“S-GRID”，将其改为“AXIS”（见图 21-7）；单击“轴网标头”图层名称“S-GRID-IDEN”，将其改为“PUB_ BIM”。然后修改导出图层的颜色。“颜色 ID”对应的是导出 CAD 里的图层颜色，但该处的“颜色 ID”由 ID 号代替，不是直接选取颜色。最后单击“线”“填充图案”“文字和字体”等选项卡可进行相应的修改。

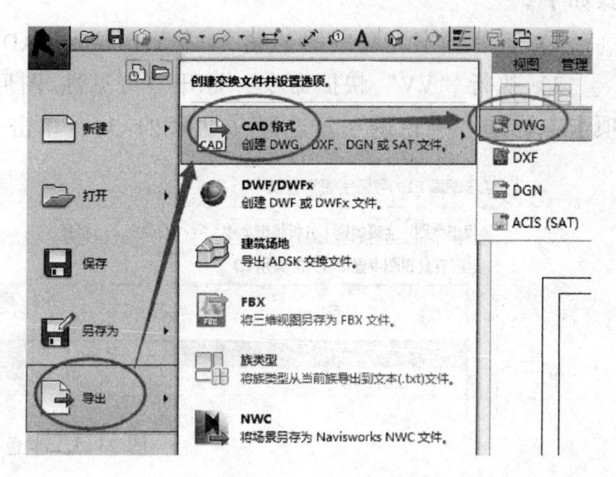

图 21-6　导出 CAD

【注】“修改 DWG/DXF 导出设置”对话框中的图层名称对应的是导出的 CAD 文件中的图层名称，默认情况下是“美国建筑师学会标准”，“轴网”的图层名称为“S-GRID”，“轴网标头”的图层名称为“S-GRID-IDEN”。按照图 21-7 所示修改后，导出的 DWG 文件，轴网在“AXIS”图层上，“轴网标头”在“PUB_ BIM”图层上，符合我们的绘图习惯。

6）修改完导出设置后，单击“修改 DWG/DXF 导出设置”对话框左下角的“复制导出

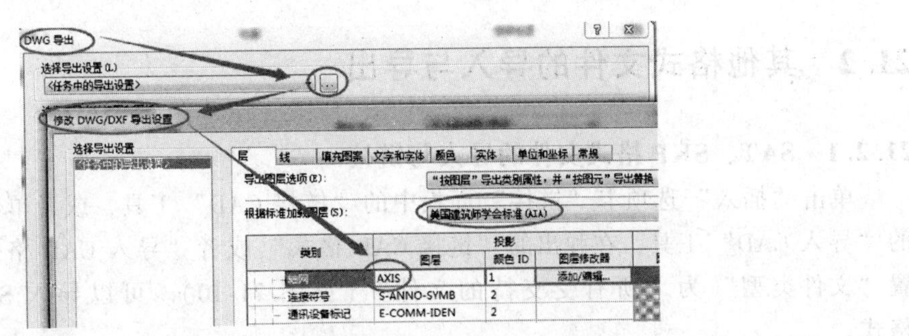

图 21-7　默认的导出设置

设置”图标按钮。在弹出的“新的导出设置”对话框中输入名称“<任务中的导出设置>1”，单击“确定”按钮，退出“修改 DWG/DXF 导出设置”对话框（见图 21-8）。

7）在“DWG 导出”对话框中，在“导出”下拉列表框中默认选择导出“当前视图/图纸”。也可以从“导出”下拉列表框中选择“任务中的视图/图纸集”，然后从激活的“按列表显示”下拉列表框中选择要导出的视图。本例按默认选择导出“当前视图/图纸”。

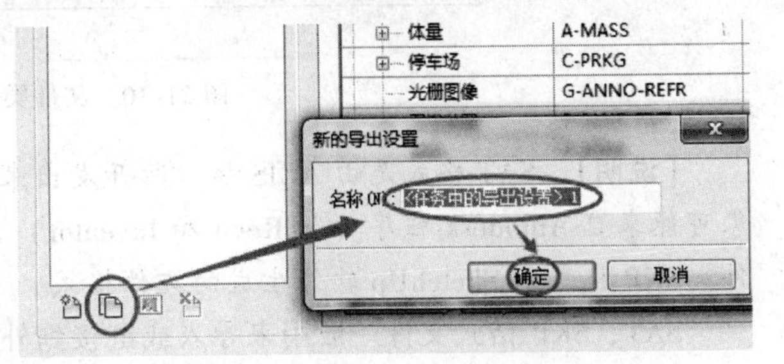

图 21-8　复制自定义的导出设置

8）单击“下一步”按钮，设置导出文件保存路径，设置“文件名/前缀”为“F2 平面图导出”，“文件类型”选择“AutoCAD 2010 DWG 文件（*.dwg）”，“命名”选择“手动（指定文件名）”，单击“确定”按钮导出 DWG 文件（见图 21-9）。

完成的项目文件见随书光盘中的“第 21 章\ 3-CAD 导出设置-完成 .rvt”，导出的 CAD 文件见随书光盘中的“第 21 章\F2 平面图导出-楼层平面-F2-出图 .dwg”。

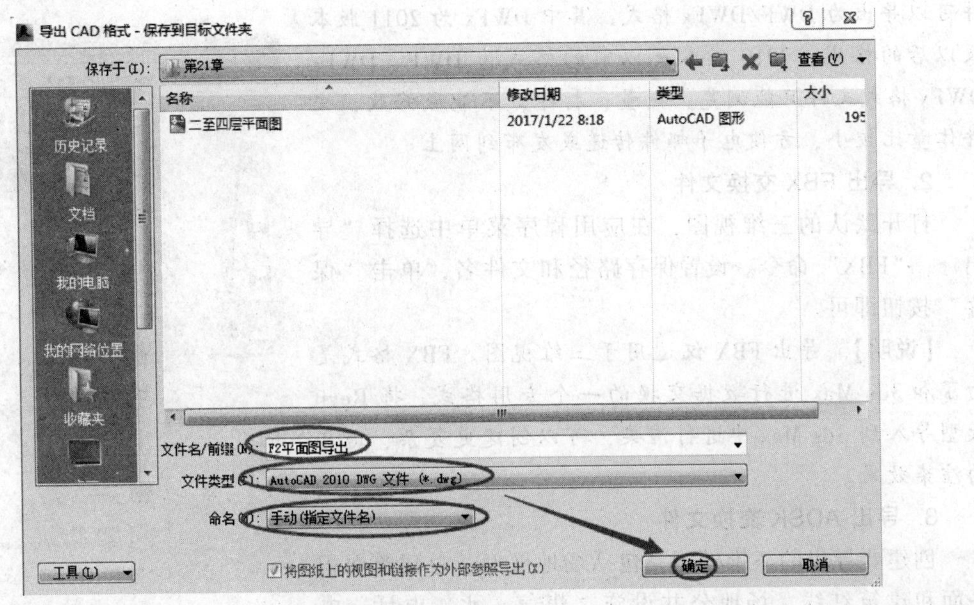

图 21-9　导出 CAD 格式

21.2 其他格式文件的导入与导出

21.2.1 SAT、SKP 格式文件的导入与链接

单击“插入”选项卡“链接”面板中的“链接 CAD”工具，或者单击“导入”面板中的“导入 CAD”工具，在弹出的“链接 CAD 格式”或者“导入 CAD 格式”对话框中，设置“文件类型”为“所有受支持的文件”（见图 21-10）。可以导入 SAT 格式或者 SKP 格式。

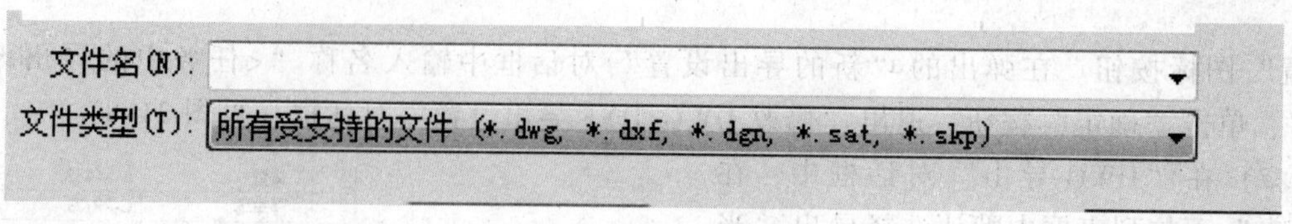

图 21-10 文件类型的选择

【说明】 SAT 格式是由 ACIS 核心所开发出来的应用程序的共通格式档案，SAT 格式对象可能来自 Autodesk 程序（如 Revit 和 Inventor）以及类似 Rhino 和 CATIA 之类的第三方软件。SKP 格式是 SketchUp 软件生成的文件格式。

SAT、SKP 格式文件一般用来导入或链接到外部体量族或内建体量族中，然后用体量面工具创建墙、幕墙和屋顶等 Revit 图元。

21.2.2 导出 DWF/DWFx、FBX、ADSK、NWC 交换文件

1. 导出 DWF/DWFx 交换文件

单击左上角的应用程序图标按钮，在应用程序菜单中选择“导出”→“DWF/DWFx”命令（见图 21-11）。

【说明】 DWF/DWFx 格式是同 DWG 格式对应的浏览格式，AutoCAD、Revit 等多种软件可以导出为 DWF/DWFx 格式，其中 DWFx 为 2011 版本及以后的格式，2010 版本及以前的格式为 DWF。DWF/DWFx 格式文件只能浏览、测量、打印，不能做修改，文件体量比较小，方便电子邮件传递或发布到网上。

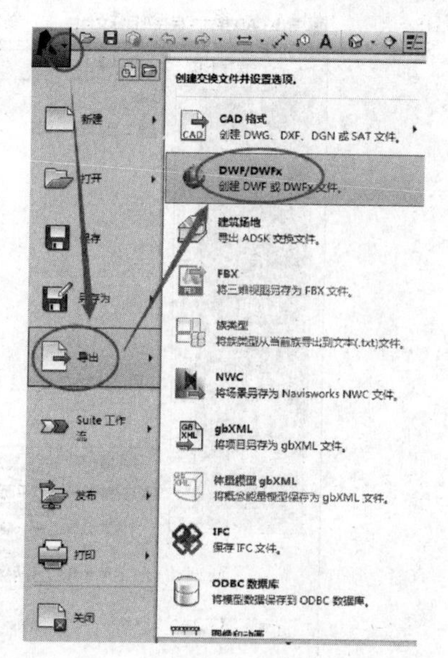

图 21-11 导出 DWF/DWFx 文件

2. 导出 FBX 交换文件

打开默认的三维视图，在应用程序菜单中选择“导出”→“FBX”命令。设置保存路径和文件名，单击“保存”按钮即可。

【说明】 导出 FBX 仅适用于三维视图。FBX 格式是为了和 3ds Max 进行数据交换的一个专用格式，将 Revit 模型导入到 3ds Max 中进行渲染，可以创建更复杂、逼真的渲染效果。

3. 导出 ADSK 交换文件

创建要导出的三维模型，包括场地模型、总建筑面积平面和建筑红线、场地公共设施（煤气、水、电话、电

缆、蒸汽接管等)、建筑模型等，建议尽可能地简化模型，只将相关图元显示出来。

1）在应用程序菜单中选择“导出”→“建筑场地”命令。打开“建筑场地导出设置”对话框，设置相关选项即可。

2）单击“下一步”按钮设置保存路径和文件名，即可创建ADSK文件。

【说明】ADSK文件是土木工程应用程序（如AutoCAD Civil 3D软件）的文件。建筑设计师可以在Revit中进行建筑设计，然后将相关的建筑内容以三维模型的形式导出到AutoCAD Civil 3D软件中进行相关操作。

4. 导出NWC交换文件

1）在应用程序菜单中选择“导出”→“NWC”命令，弹出“导出场景为”对话框。

2）单击对话框下方的“Navisworks设置”进行导出设置，设置完成后指定文件名和保存路径，单击“保存”按钮即可。

【说明】NWC是一种缓存文件，应用于Autodesk的Navisworks软件。该软件是当前做碰撞检测、施工模拟的一款主流BIM软件，该软件有跨平台、跨专业、多格式、轻量化信息模型整合，以及实时漫游、三维校审、碰撞检查、渲染、4D/5D模拟、交互式动画等功能。

21.2.3　导出图像和动画

在应用程序菜单中选择“导出”→“图像和动画”命令，其中有3个子命令：漫游、日光研究和图像。

21.2.4　导出明细表与报告

在应用程序菜单中选择“导出”→“报告”命令，其中有两个子命令：明细表和房间/面积报告。

【说明】导出“房间/面积报告”功能，可以创建一个详细报告，描述平面视图（楼层平面和面积平面）中定义的面积。这些报告将包含楼层在相应标高处的所有房间和面积的信息，每个报告都将生成一个HTML文件。可以导出为两种文件格式（见图21-12）：①Revit房间面积三角测量报告，对于选定平面中的每个房间或面积，此报告将包含房间边界或面积边界的图像，这些边界都经过三角测量及注释，每个图像下面都会有一个表格，显示三角测量面积以及房间总面积和窗口总面积的计算；②Revit房间面积数值积分报告，对于选定平面中的每个房间或面积，此报告将包含一个表格，列出线段、子面积以及它们的尺寸标注，每个表格下面都会有房间总面积和窗口总面积。

图21-12　两种导出报告的文件类型

21.2.5　导出gbXML文件、IFC文件和ODBC数据库

1. 导出gbXML文件

在应用程序菜单中选择“导出”→“gbXML”命令。

【说明】gbXML文件用于使用第三方负荷分析软件应用程序来执行负荷分析。在平面视图中的所有区域中放置房间构件后，可将设计导出为gbXML文件。

2. 导出 IFC 文件

在应用程序菜单中选择“导出”→“IFC”命令。

【说明】 IFC 文件是用 Industry Foundation Classes 文件格式创建的模型文件。IFC 标准是国际协同工作联盟（International Alliance for Interoperability, IAI）组织制定的建筑工程数据交换标准，为不同软件应用程序之间的协同问题提供了解决方案，IFC 标准在全球得到了广泛应用和支持。

3. 导出 ODBC 数据库

在应用程序菜单中选择“导出”→“ODBC 数据库”命令。

【说明】 ODBC 是一种能够与许多软件驱动程序协同工作的通用导出工具。Revit 支持的 ODBC 数据库有 Microsoft Access、Microsoft Excel、Microsoft SQL Server 等。

21.3 将 DWF、DWG、DXF、DGN、SAT 文件发布到 Autodesk Buzzsaw

单击左上角的应用程序图标按钮，在应用程序菜单中选择“发布”命令，可将 DWF、DWG、DXF、DGN、SAT 文件发布到 Buzzsaw 服务器站点（见图 21-13）。

【说明】 Autodesk Buzzsaw 是一种项目数据管理与协同作业服务，可以使用它集中存储、管理和共享来自 Internet 链接的项目数据文档。Buzzsaw 用户可以利用手机上的 Buzzsaw 软件，通过网络访问自己的 AEC 项目信息。可以查看二维和三维 DWF 文件，同时也能查看有关的设计元素和元数据、项目文档和图像，以及上传到 Buzzsaw 云储运的项目照片。

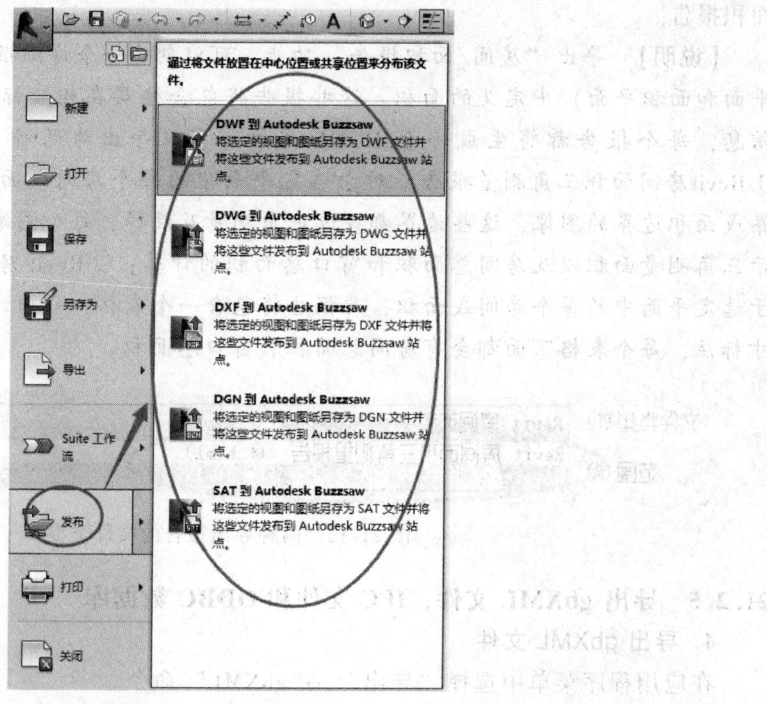

图 21-13 文件的发布

教材使用调查问卷

尊敬的老师：

您好！欢迎您使用机械工业出版社出版的教材，为了进一步提高我社教材的出版质量，更好地为我国教育发展服务，欢迎您对我社的教材多提宝贵的意见和建议。敬请您留下您的联系方式，我们将向您提供周到的服务，向您赠阅我们最新出版的教学用书、电子教案及相关图书资料。

本调查问卷复印有效，请您通过以下方式返回：

邮寄：北京市西城区百万庄大街22号机械工业出版社建筑分社（100037）
张荣荣（收）

传真：010-68994437（张荣荣收）　　E-mail：54829403@qq.com

一、基本信息

姓名：________ 职称：________ 职务：________

所在单位：________________

任教课程：________________

邮编：________ 地址：________________

电话：________ 电子邮件：________________

二、关于教材

1. 贵校开设土建类哪些专业？

□建筑工程技术　□建筑装饰工程技术　□工程监理　□工程造价

□房地产经营与估价　□物业管理　□市政工程　□园林景观

2. 您使用的教学手段：□传统板书　□多媒体教学　□网络教学

3. 您认为还应开发哪些教材或教辅用书？________________

4. 您是否愿意参与教材编写？希望参与哪些教材的编写？

课程名称：________________

形式：　□纸质教材　□实训教材（习题集）　□多媒体课件

5. 您选用教材比较看重以下哪些内容？

□作者背景　□教材内容及形式　□有案例教学　□配有多媒体课件

□其他________________

三、您对本书的意见和建议（欢迎您指出本书的疏误之处）________________

____

____

____

四、您对我们的其他意见和建议________________

____

____

请与我们联系：

100037　北京百万庄大街22号

机械工业出版社·建筑分社　张荣荣　收

Tel：010-88379777（O），68994437（Fax）

E-mail：54829403@qq.com

http://www.cmpedu.com（机械工业出版社·教材服务网）

http://www.cmpbook.com（机械工业出版社·门户网）

http://www.golden-book.com（中国科技金书网·机械工业出版社旗下网站）